Akademie der Wissenschaften der DDR
Institut für Geographie und Geoökologie

Beiträge zur Geographie 32

Strukturen und Prozesse im Wirtschafts- und Naturraum -Fallstudien-

Akademie-Verlag · Berlin

Akademie
der Wissenschaften
der DDR

Institut
für Geographie
und Geoökologie

Beiträge zur Geographie

BAND 32

Herausgegeben von Prof. Dr. sc. nat. Heinz Lüdemann

unter Mitwirkung von
Prof. Dr. phil. habil. Dr.-Ing. E. h. Edgar Lehmann
Prof. Dr. rer. nat. habil. Günter Haase
Prof. Dr.. sc. nat. Rudolf Krönert
Prof. Dr. sc. nat. Gerhard Mohs

Strukturen und Prozesse im Wirtschafts- und Naturraum

– Fallstudien –

Mit 26 Abbildungen und 56 Tabellen

AKADEMIE-VERLAG BERLIN 1985

Band 32 der Beiträge zur Geographie (bis Band 27/28 Wissenschaftliche Veröffentlichungen des Geographischen Instituts der Deutschen Akademie der Wissenschaften bzw. des Deutschen Instituts für Länderkunde)

Redaktion: Dr. rer. nat. Jutta Haase
Redaktionsschluß: 25. 6. 1984

ISSN 0138-4422

Erschienen im Akademie-Verlag Berlin, DDR-1086 Berlin, Leipziger Straße 3–4

Lizenznummer: 202 · 100/445/85
P 195/85
Printed in the German Democratic Republic
Gesamtherstellung: VEB Druckhaus „Maxim Gorki", 7400 Altenburg
LSV 5005
Bestellnummer: 763 453 7 (2154/32)
03200

Inhaltsverzeichnis

Vorwort

Die Analyse, Diagnose und Prognose von Prozessen in Natur- und Wirtschaftsräumen ist eines der Grundanliegen moderner geographischer Forschung. Das gilt sowohl für die Grundlagenforschung als auch für angewandte Forschungen mit der Zielsetzung, wissenschaftliche Begründungen für ökonomische, soziale, ökologische und andere Entscheidungen durch und für die Gesellschaft darzulegen. Die Forschungen am Institut für Geographie und Geoökologie bei der Akademie der Wissenschaften der Deutschen Demokratischen Republik dienen in der Regel beiden Aspekten; sie zielen auf die Gewinnung neuer theoretischer Erkenntnisse ebenso wie auf praxisrelevante Aussagen.

Auch die für den vorliegenden Band zusammengestellten Fallstudien, die Ergebnisse von jeweils mehrjährigen Forschungen darstellen, sind auf diese beiden Aspekte orientiert. Der räumliche Bezug ist dabei das Territorium der DDR in seiner Gesamtheit oder in Beispielsgebieten.

Sachlich umfassen die Beiträge ein Spektrum, das von der Struktur und Funktion des nationalen Siedlungssystems bis hin zur Typisierung von Naturräumen in der topischen und nanochorischen Dimension reicht. Dazwischen liegen die sachlich und räumlich auf die Flächennutzung in einem durch Braunkohlenbergbau, Industrie und Besiedlung besonders intensiv genutzten Wirtschaftsraum bezogene Studie, ein Beitrag zum Prozeß des wissenschaftlich-technischen Fortschritts in seinen räumlichen Wirkungen am Beispiel der Standortverteilung der Industrie sowie der ebenfalls stärker auf typologische Charakterisierung zielende Beitrag über Geokomplexformen.

Die Herausgeber hoffen, mit den in diesem Band zusammengefaßten theoretisch und methodisch ausgerichteten Fallstudien das wissenschaftliche Interesse nicht nur von Geographen im In- und Ausland, sondern darüber hinaus auch von Wissenschaftlern benachbarter Disziplinen und von Praktikern vor allem der territorialen Planung anzusprechen.

Gerhard Mohs
im Auftrag des
Herausgeberkollegiums

Beiträge zur Geographie	Bd. 32	S. 7–50	Berlin 1985

Voraussetzungen und Ansatzpunkte zur Erforschung der Struktur und Funktion nationaler Siedlungssysteme

Von FRANKDIETER GRIMM

Inhalt

1. Zielstellung

Traditioneller Schwerpunkt der geographischen Erforschung menschlicher Siedlung sind die Einzelsiedlungen und ihr Verbund in Räumen von der Größenordnung des täglichen Aktions- und Kommunikationsraumes der Bevölkerung.

Mit der steigenden gesellschaftlichen Arbeitsteilung ist aber unweigerlich auch eine zunehmende territoriale Arbeitsteilung verbunden, d. h. vor allem eine zunehmende Arbeitsteilung zwischen den einzelnen Siedlungen. Daraus ergibt sich die Frage, inwieweit sich die geographische Erforschung der menschlichen Siedlung auf die Einzelsiedlungen und ihren Verbund in lokaler bzw. mikroregionaler Dimension beschränken kann. Es wird deutlich, daß bei der Arbeitsteilung und -verbindung von Siedlungen über den lokalen bzw. mikroregionalen Rahmen hinaus vor allem der Verbund der Siedlungen im gesamtstaatlichen (nationalen) Rahmen bedeutsam ist.

Das weite Interesse an Fragen der gesamtstaatlichen Arbeitsteilung und -verbindung von Siedlungen führte zur Bildung einer Kommission Nationale Siedlungssysteme auf dem Internationalen Geographischen Kongreß 1976 in Moskau, die der Förderung, Koordinierung und Auswertung entsprechender Untersuchungen in den Partnerländern der Internationalen Geographischen Union (IGU) dient. In Vorbereitung der Bildung dieser Kommission sowie im Verlaufe der Kommissionsarbeit entstanden eine Reihe theoretisch-konzeptioneller Arbeiten, die sich mit Wesen und Inhalt nationaler Siedlungssysteme bzw. wesentlicher Teilaspekte befassen, u. a. durch CHOREV (1975), BOURNE (1975), GOCHMANN, LAPPO u. a. (1976), FOMIN (1976), CHODŽAEV, CHOREV (1976), DZIEWONSKI (1977, 1979), DZIEWONSKI, JERCZYNSKI (1978), HANSEN, KORCELLI (1978), SCHÖLLER (1978), LAPPO (1978), BARTELS (1979), GRIMM (1980a, b). Die Kernpunkte dieser Arbeiten sind in einer Richtlinie enthalten, die der Erarbeitung von individuellen Beiträgen zu den nationalen Siedlungssystemen einzelner Länder diente (Guidelines N.S.S.). Sie präsentiert in Kurzfassung den internationalen Kenntnisstand zu Beginn der Arbeit der IGU-Kommission Nationale Siedlungssysteme.

Durch die engen Kontakte des Instituts für Geographie und Geoökologie zum Institut für Geographie und Territorialorganisation der Polnischen Akademie der Wissenschaften in Warschau sowie durch die Mitwirkung des Autors als korrespondierendes Mitglied der IGU-Kommission Nationale Siedlungssysteme stehen unsere gesamtstaatlich orientierten Siedlungsforschungen seit Jahren in befruchtender Wechselwirkung mit diesen internationalen Forschungen. Das Konzept nationaler Siedlungssysteme konnte von uns in seiner Entstehung verfolgt und beeinflußt werden. Daher liegt es nahe, mit Blick auf das eigene Land zu prüfen, inwieweit das durch die Guidelines N.S.S. dokumentierte Konzept nationaler Siedlungssysteme eine tragfähige Grundlage für eingehendere Untersuchungen über ein gesamtstaatliches Siedlungssystem abzugeben vermag. Ziel des vorliegenden Beitrages ist es, das in der IGU-Kommission vorgegebene Konzept so weiterzuentwickeln, daß es für einen sozialistischen Industriestaat wie die DDR anwendbar ist, und weitere Schlußfolgerungen für die theoretisch-methodologische Weiterentwicklung des Konzepts nationaler Siedlungssysteme abzuleiten. Die Untersuchung konzentriert sich auf die Struktur und Funktion nationaler Siedlungssysteme, da die Klärung dieser Grundposition von entscheidender Bedeutung sowohl für das Gesamtkonzept als auch für vertiefte partielle Fragestellungen ist.

In den Richtlinien der IGU-Kommission Nationale Siedlungssysteme wird ein erheblich breiterer Themenkreis angesprochen. Er umfaßt Definitionen, die historische Entwicklung, die gegenwärtige Struktur einschließlich der Sonderstellung städtischer Agglomerationen und politisch-administrativer Zentren, weiterhin die künftige Entwicklung nationaler Siedlungssysteme. Insgesamt zeichnet sich ab, daß als vorrangiges Problem die Bestimmung der Struktur nationaler Siedlungssysteme angesehen wird, und diese Thematik setzt die Klärung der Funktion des betrachteten Systems voraus. Eine zweite gesonderte Aufgabe betrifft die Entwicklung und das Zeitverhalten nationaler Siedlungssysteme. Ihre Bearbeitung erfordert eine zusätzliche Untersuchung in mindestens gleicher Größenordnung und muß späteren Forschungen zum Siedlungssystem der DDR vorbehalten bleiben.

2. Das Konzept der IGU-Kommission Nationale Siedlungssysteme

Mit der Schaffung der IGU-Kommission Nationale Siedlungssysteme auf dem XXIII. Internationalen Geographischen Kongreß in Moskau wurde dokumentiert, daß die Siedlungs- und Bevölkerungsgeographie bestrebt ist, eine neue Dimension ihrer Untersuchungen zu erreichen. In den früheren Etappen siedlungsgeographischer Forschung hatten vor allem die einzelnen Siedlungen, ihre Eigenschaften und ihre Verteilung über die Erdoberfläche interessiert, später dann Siedlungseinheiten in der Dimension des täglichen Aktions- und Kommunikationsraumes der Bevölkerung. Beide Maßstabsebenen bleiben weiterhin bedeutsam, doch kommt nunmehr die Zusammenschau in größeren räumlichen Zusammenhängen hinzu. Dabei wird auf nationale bzw. gesamtstaatliche (beide Bezeichnungen werden im folgenden Text synonym verwendet) Siedlungssysteme mit der Begründung orientiert, daß Staaten relativ selbständige politische und ökonomische Einheiten darstellen, denen eigene spezifische Siedlungssysteme entsprechen. Als definitorische Vorgabe wird formuliert, daß „für die allgemeinen Zwecke der Arbeit der IGU-Kommission Nationale Siedlungssysteme angenommen wird, daß ein Siedlungssystem gebildet wird durch eine Anzahl von Siedlungseinheiten, die durch einige wichtige Wechselwirkungen miteinander verbunden sind. Solche Systeme sind offen und dynamisch, d. h., sie ändern sich in Raum und Zeit und behalten dennoch ihre grundsätzliche Identität bei. Das schließt ein, daß ihre Identifizierung in speziellen Fällen die Identifizierung von Komponenten, deren gegenseitigen Wechselwirkungen (d. h. der funktionalen Struktur des Systems) und der Relation des gesamten Systems zu seiner Umgebung beinhaltet (einschließlich der Verbindungen zu anderen Siedlungssystemen)“ (Guidelines N.S.S., S. 235).

Da die zitierten Richtlinien der IGU-Kommission zur Erarbeitung der Länderbeiträge an gut zugänglicher Stelle publiziert worden sind (Geographia Polonica 39, 1978), ist eine ausführlichere Wiedergabe des Materials nicht nötig. Wohl aber wird es erforderlich auszusagen, inwieweit in den Richtlinien ein Konzept nationaler Siedlungssysteme sichtbar wird und welche Aspekte für die konkrete Untersuchung eines nationalen Siedlungssystems dienen können. Eine solche Einschätzung läßt sich thesenhaft wie folgt zusammenfassen:

1. Die Richtlinien in Verbindung mit den im gleichen Band der Geographia Polonica erschienenen Aufsätzen enthalten den allgemeinen Rahmen sowie zahlreiche wertvolle Ansatzpunkte und Aspekte für eine Arbeitshypothese, die jedoch noch der Präzisierung bedarf. Die Richtlinien bilden den kleinsten gemeinsamen Nenner der Auffassungen der Autoren und sind stellenweise bewußt pragmatisch formuliert.
2. Die tragenden Grundbegriffe der Arbeitshypothese nationale Siedlungssysteme werden mehr umschrieben als eigentlich definiert, z. T. wird sogar nur eine Definition bestimmter Grundbegriffe gefordert.
3. Eindeutig bestimmt ist das Attribut national, das in der Terminologie der IGU-Kommission synonym mit gesamtstaatlich verwendet wird.
4. Nicht angesprochen wird die Frage, ob mit der räumlichen Erweiterung der Bezugseinheit menschliche Siedlung von bisher lokal/regional auf gesamtstaatlich auch eine inhaltliche Erweiterung des Forschungsgegenstandes Siedlung erfolgen muß.
5. Die Verwendung des Begriffes System läßt verschiedene Möglichkeiten offen. Zwar erfolgt eine terminologische Anlehnung an die Systemtheorie, doch wird dem Bearbeiter überlassen, wie streng diese Termini im Sinne der Systemtheorie gefaßt werden.
6. Der Begriff Siedlung wird nicht definiert, sondern als bekannt vorausgesetzt, was angesichts der Mehrdeutigkeit dieses Terminus zu Unklarheiten führen muß.

Die angeführten Punkte lassen zugleich erkennen, bei welchen Positionen ein Weiterdenken erforderlich ist, ehe die Materialien der IGU-Kommission zu einer handhabbaren Arbeitshypothese werden. Als notwendig erweist sich in erster Linie eine ausführlichere und präzisere Bestimmung des Wesens und Inhalts der menschlichen Siedlung, des Wesens und Inhalts von Siedlungssystemen, des Wesens und Inhalts nationaler Siedlungssysteme und der Struktur und Funktion nationaler Siedlungssysteme (Grimm 1983).

3. Zum Wesen der menschlichen Siedlung

Angesichts der Vielfalt der siedlungsbezogenen geographischen Forschungen und der Komplexität des Untersuchungsobjektes überrascht es nicht, daß zum Gegenstand der Siedlungsgeographie und zur Bestimmung des Begriffes Siedlung unterschiedliche Auffassungen bestehen. Übereinstimmend jedoch wird der Begriff Siedlung im Sprachgebrauch der Geographie und ihrer Nachbarwissenschaften als allgemeiner Terminus für menschliche Ansiedlungen verwendet, von der Großstadt bis zum Dorf und zur abgelegenen Kleinstsiedlung. Weber und Benthien (1976, S. 111) geben eine Begriffsbestimmung für Siedlung, die in allgemeiner Form diese Auffassung zusammenfaßt:

„Siedlung ist ... die allgemeine Bezeichnung für die verschiedensten Formen menschlicher Niederlassung auf unserer Erde. Unter Siedlung wird die Gesamterscheinung einer menschlichen Niederlassung verstanden.“

Eine solche Begriffsbestimmung wird in Fachkreisen generell akzeptiert, doch ist dies hauptsächlich ihrer Allgemeinheit und Unverbindlichkeit zuzurechnen. Sie bedarf einer entscheidenden Erweiterung und Vertiefung. In der zitierten Fassung werden lediglich die Form und Erscheinung der Siedlung angesprochen, nicht aber ihr Wesen. Die Kennzeichnung läßt offen, welche Attribute der Siedlung einbezogen werden. Sie läßt sogar offen, ob in erster Linie die materielle Substanz der Siedlung (Wohnstätten, Arbeitsstätten, Infrastruktur) oder die Bewohner der Siedlung gemeint sind.

Eine Definition, die die bestehenden Unzulänglichkeiten der hier zitierten und vieler anderer geographischer Begriffsbestimmungen zur menschlichen Siedlung vermeiden will, sollte zweckmäßigerweise zunächst *von einer Bestimmung des Wesens der menschlichen Siedlung ausgehen* und erst danach die *Erscheinung* der Siedlung kennzeichnen.

Die Lehre vom *Wesen* und das Verständnis des Wesens der Dinge, Prozesse usw. in seiner gegensätzlichen Einheit mit der *Erscheinung* gehören zu den grundlegenden Positionen der marxistisch-leninistischen Erkenntnistheorie (siehe dazu Lenin, Werke, Bd. 38, S. 118—155). Unter Wesen wird die Einheit des Allgemeinen und Notwendigen verstanden, die Gesamtheit der allgemeinen, invarianten Bestimmungen eines Dinges, Prozesses usw., die diesem notwendigerweise zukommen, es ist im Unterschied zur Erscheinung der Sinneserkenntnis nicht unmittelbar zugänglich (nach: Philosophisches Wörterbuch 1974, Bd. 2).

Der Begriff des Wesens steht dem Begriff der Allgemeinheit nahe, doch besteht folgender qualitativer Unterschied: „Die Begriffe der Dinge, Prozesse usw. müssen, wenn sie wissenschaftlich adäquat sein wollen, das Wesen der Dinge, Prozesse usw. erfassen. Der Begriff als Wesensbegriff muß allerdings unterschieden werden vom Allgemeinbegriff. Ein Begriff, der nur ein vielen Erscheinungen Gemeinsames erfaßt, hat nur den Charakter empirischer Allgemeinheit. Diese empirische Allgemeinheit braucht noch keinesfalls das Wesen der Dinge zu erfassen. Ein Allgemeinbegriff ist nur dann Wesensbegriff, wenn er nicht nur den Charakter der Allgemeinheit hat, sondern das Wesen der Dinge tatsächlich widerspiegelt“ (Philosophisches Wörterbuch 1974, Bd. 2, S. 1298).

Der Wesensbegriff ist ein philosophischer Grundbegriff, der „die Vertiefung der Erkenntnis der Erscheinungen, der Welt etc. durch den Menschen zum Ausdruck" bringt (LENIN, Werke, Bd. 38, S. 142).

Das Wesen der menschlichen Siedlung kann somit nicht durch die Erfassung der Gesamterscheinung einer menschlichen Niederlassung verstanden werden. Siedlungen sind keineswegs nur sinnvoll angeordnete Agglomerationen von Gebäuden, in denen Menschen wohnen. Es sind aber auch nicht nur räumlich agglomerierte Menschengruppierungen, die sich durch bestimmte Kennziffern charakterisieren lassen. Entscheidend ist vielmehr, daß die *menschliche Siedlung ihrem Wesen nach in erster Linie eine gesellschaftliche Organisationsform* ist. Die einzelnen Siedlungseinheiten und die von ihnen gebildeten räumlichen Systeme enthalten Komponenten verschiedenster Art, doch sie alle, auch die gegenständlichen, können nicht außerhalb der menschlichen Tätigkeit begriffen werden.

„Die entscheidende Komponente eines jeden sozialen Systems ist der Mensch als soziales Wesen. Der Mensch ist der letzte, gewissermaßen elementare Träger der sozialen Systemqualität. Als Komponente eines jeden sozialen Systems, als Verkörperung dessen Wesen, bleibt er stets ... Teil dieses Systems ... In sozialen Systemen beliebiger Kompliziertheit und Organisationsebene tritt der Mensch als Hauptkomponente auf" (AFANASSJEW 1979, S. 39/40).

Siedlungen sind vor allem als *lokale Organisationsformen der Gesellschaft* zu verstehen, einschließlich der Wohn- und Arbeitsstätten und der zugehörigen Infrastruktur (SCHMIDT-RENNER 1964a; BÖNISCH, MOHS, OSTWALD 1976). Bereits in früheren Phasen der menschlichen Entwicklungsgeschichte hatte es sich als vorteilhaft erwiesen, soziale Gemeinschaften zu bilden, um gemeinsam zu leben und arbeitsteilig zu produzieren. Bereits frühzeitig wurden diese Menschengemeinschaften seßhaft, schufen sich Wohnungen und weitere für Produzieren und Leben notwendige Einrichtungen. Kurz: die Menschen siedelten sich an. Die sozialen Gemeinschaften gestalteten in zunehmendem Maße eine eigene Umwelt und formten Siedlungen. Daher können Siedlungen in ihrem Wesen als lokalisierte, standortfest gewordene Menschengemeinschaften aufgefaßt werden, die der Reproduktion der menschlichen Gesellschaft dienen. Die Siedlung schließt damit auch die umgestaltete bzw. gebaute Umwelt ein, die der Existenz und Entwicklung der dortigen sozialen Gemeinschaften dient. Die menschliche Siedlung generell sowie jede einzelne Siedlungseinheit bestehen aus *Siedlungsgemeinschaften* (Bevölkerung) und *Siedlungssubstanz* (Wohnungen, Produktionsstätten, Infrastruktur).

Theoretische Arbeiten zum gesellschaftlichen Reproduktionsprozeß und seinem Kernstück, dem volkswirtschaftlichen Reproduktionsprozeß, abstrahieren in der Regel weitgehend von deren räumlicher Struktur. Zur Bestimmung des Wesens der menschlichen Siedlung ist es aber gerade entscheidend, den territorialen Aspekt hervorzuheben und davon ausgehend die Stellung der Siedlung im gesellschaftlichen Reproduktionsprozeß zu bestimmen. Dabei ergibt sich, daß *bestimmte Phasen des Reproduktionsprozesses* bevorzugt oder sogar ausschließlich *an Siedlungen gebunden* sind. Nahezu die gesamte Industrieproduktion, Zirkulation, Distribution und Konsumtion einschließlich der zugehörigen Überbaufunktionen werden in Siedlungen realisiert. *Siedlungen* sind somit *entscheidende Glieder des gesellschaftlichen Reproduktionsprozesses,* betrachtet unter *territorialem Aspekt.* Die räumliche Organisation nach Siedlungen (Siedlungsgemeinschaften und ihre Siedlungssubstanz) ist angesichts des heutigen Entwicklungsstandes der Produktivkräfte der einzige Weg der territorialen Organisation des gesellschaftlichen Reproduktionsprozesses; es gibt hierfür keine gleichwertige Alternative.

Siedlungen sind relativ stabil in Raum und Zeit. Ihre Stabilität beruht auf der Beständigkeit der Siedlungssubstanz und auf der Tendenz der kontinuierlichen Reproduktion der Siedlungsgemeinschaften. Dabei ist die Siedlungssubstanz auch langfristig sehr stabil, besonders die Grundrißgestaltung des Siedlungsnetzes und der Grundriß der einzelnen Siedlung. Demgegenüber sind die Siedlungsgemeinschaften weitaus dynamischer und flexibler. Auf lange Sicht aber sind es die gesellschaftlichen Wandlungen, die die Veränderungen der Siedlungssubstanz bestimmen, obwohl infolge der Langlebigkeit gerade der Siedlungssubstanz auch eine umgekehrte Beeinflussung mitspielen kann.

Siedlungen werden in ihrem Wesen durch die Gesellschaftsordnung und den Entwicklungsstand der Produktivkräfte bestimmt. Jede einzelne Siedlung ist ein Teil der Gesellschaft, betrachtet unter speziellem Aspekt. Daher unterscheiden sich Städte und Dörfer der entwickelten sozialistischen Länder grundsätzlich von den Städten und Dörfern entwickelter kapitalistischer Länder, Städte und Dörfer in entwickelten Industrieländern von denen in Entwicklungsländern usw. Diese allgemeinen, gesellschaftlich bedingten Unterschiede der Siedlungen (vor allem der Siedlungsgemeinschaften) werden modifiziert und sogar überprägt durch Wirkungen der Siedlungssubstanz: vereinheitlichend bei globalen Trends der Technologie, differenzierend bei Unterschieden der historischen Entwicklung und der Naturbedingungen.

Siedlungseinheiten sind spezialisierte Teile komplexerer Gesamtheiten, letztlich der globalen Gesamtheit der menschlichen Siedlung. Die einzelnen Siedlungseinheiten (kurz: Siedlung) kooperieren miteinander, d. h., die einzelnen Siedlungsgemeinschaften wirken zusammen bei der Nutzung ihrer jeweiligen Siedlungssubstanz. Die vereinten Wirkungen der spezialisierten Siedlungen führen zu ökonomischen und sozialen Leistungen, die durch einzelne, isoliert fungierende Siedlungen nicht erreicht werden können. Daraus ergibt sich die Möglichkeit und in bestimmtem Maße sogar die Notwendigkeit, die Arbeitsteilung und -kooperation der Siedlungen unter Systemaspekt zu erfassen, d. h. Siedlungssysteme zu untersuchen.

4. Der Gegenstand siedlungs- und bevölkerungsgeographischer Forschung

Siedlungen sind in erster Linie territoriale Gemeinschaften: *Siedlungsgemeinschaften*. Diese Gemeinschaften haben sich eine *Siedlungssubstanz* geschaffen (Häuser, Straßen usw.), die sie nutzen und weiterentwickeln. Dadurch sichern die Siedlungsgemeinschaften ihre unmittelbare Existenz und erbringen arbeitsteilige Leistungen im Verbund mit anderen Siedlungen. Eine Begriffsbestimmung der Siedlung setzt zunächst vor allem eine klare Unterscheidung und Definition ihrer beiden hauptsächlichen Komponenten und des Wechselverhältnisses beider voraus: der Siedlungsgemeinschaften und der Siedlungssubstanz. Erst auf dieser Grundlage kann die Siedlung hinreichend genau für die Anwendung systemorientierten Herangehens definiert werden.

In ähnlicher Weise nehmen Schmidt-Renner und Dziewonski eine Trennung von Siedlungsgemeinschaften und Siedlungssubstanz vor. Schmidt-Renner (1964b) unterscheidet zwischen menschlichen und sachlichen Funktionsfaktoren der Stadt, wobei er stets vom Primat der Gesellschaft ausgeht. DZIEWONSKI (1977, S. 4) führt aus:

„Das Konzept des Siedlungssystems umfaßt sowohl die Gemeinschaften (communities), die die Siedlungen bewohnen und als ihr ‚Inhalt' aufgefaßt werden können, als auch die materiellen Bestandteile (technische Infrastruktur der Siedlungen, Gebäude, ...), die als die ‚Formen' dieser Siedlungen und ihrer Systeme aufgefaßt werden können".

4.1. Siedlungssubstanz

Definitionen, in denen Siedlungen vor allem als Agglomerationen der materiell-technischen Substanz aufgefaßt werden, sind weit verbreitet. Dieser Gegenstandsbestimmung wird mit der von WEBER und BENTHIEN (1976, S. 111) gegebenen Definition entsprochen:

„Jeder menschliche Wohnplatz, auch jede isoliert gelegene menschliche Wohnstätte, jede Arbeitsstätte und jede Vereinigung menschlicher Arbeits- und Wohnstätten mit den dazugehörigen ergänzenden Anlagen an einer beliebigen Stelle der Erdoberfläche bedeuten im geographischen Sinne eine Siedlung ... Alle Siedlungen begegnen uns in der Geosphäre als in ganz bestimmter Weise räumlich umrissene und territorial eingeordnete Objekte. Sie heben sich deutlich von ihrer Umgebung ab."

Derartige Definitionen beruhen auf der Tatsache, daß das augenfälligste Merkmal einer jeden Siedlung das Erscheinungsbild ihrer Siedlungssubstanz ist, sei es im Aufriß oder Grundriß. Daher stand die Erfassung des Erscheinungsbildes der Siedlungssubstanz zunächst im Vordergrund siedlungsgeographischer Arbeiten.

Ein charakteristisches Beispiel solcher siedlungsgeographischer Forschung ist die Darstellung HASSINGERS (1933). Sie enthält folgende Schwerpunkte:

1. Grundbegriffe und Methoden,
2. Baustoff und Bauformen der Behausungen nach ihrer geographischen Verbreitung,
3. Lage, Form und Bild ländlicher Siedlungen,
4. Lage, Form und Bild städtischer Siedlungen,
5. Siedlungen verschiedener Zweckbestimmung,
6. das Gefüge der Siedlungslandschaft.

Vor allem in Mitteleuropa nahm sich die Siedlungsgeographie zurückliegender Jahrzehnte der Erfassung der Siedlungssubstanz unter historisch-genetischem Aspekt an. Bei dieser Art des Herangehens standen sich Siedlungsgeographie und Historische Geographie nahe. Ausgehend von einer Erfassung der Siedlungssubstanz unter dem Aspekt ihrer Entwicklungsgeschichte wurde bei diesen Forschungen versucht, bestehende Ordnungsprinzipien und Regelhaftigkeiten herauszuarbeiten, z. B. hinsichtlich des Grundrisses von Dörfern. Für die Siedlungen der DDR wurde mit dem Atlas des Saale- und mittleren Elbegebietes (SCHLÜTER, AUGUST 1958, 1960, 1961) eine besonders umfassende Leistung dieser Art geschaffen.

Weit weniger galt die Aufmerksamkeit der Geographen der *aktuellen Siedlungssubstanz in ihrer Erscheinung, ihren Eigenschaften und ihren Nutzungsmöglichkeiten.* Derartige Fragestellungen wurden bei großmaßstäbigen Untersuchungen vorzugsweise der Städtebauforschung und -praxis überlassen. Auch heute noch wird die Siedlungssubstanz in der geographischen Forschung der DDR nur peripher behandelt. Generell aber wird ihre Bedeutung akzeptiert. Die Kenntnis und Bewertung der aktuellen Siedlungssubstanz, d. h. der Wohn- und Arbeitsstätten sowie der Infrastruktur in Siedlungen, ist aber zur Beurteilung der ablaufenden und möglichen Entwicklungsprozesse in Siedlungen nicht weniger wichtig als beispielsweise die Kenntnis des naturräumlichen Hauptstockwerkes zur Beurteilung von Entwicklungen in den Freiräumen (Räume außerhalb der Siedlungen).

Die *Erforschung der Siedlungssubstanz* im Rahmen geographischer Arbeiten ist aus folgenden Gründen bedeutsam:

1. Die Siedlungssubstanz ist als integraler, relativ stabiler Teil der Siedlung eine entscheidende Existenz- und Entwicklungsbedingung von Siedlungsgemeinschaften und damit von Siedlungen überhaupt. Sie ist von hoher Bedeutung für das Stabilitätsverhalten von Siedlungen und Siedlungssystemen.
2. Die konkrete Planung der Entwicklung von Siedlungen erfolgt vorrangig als Planung der Siedlungssubstanz, bei Städten zusammengefaßt in den Generalbebauungsplänen; diese Planung der Flächennutzung und ihre Verwirklichung im Bau von Häusern, Straßen usw. ist die konkrete räumliche Fixierung gesellschaftlicher Zielstellungen.
3. Infolge der engen Korrelation von Siedlungssubstanz und Siedlungsgemeinschaft kann die Analyse der Siedlungssubstanz oft als methodisches Hilfsmittel für Untersuchungen zu Siedlungsgemeinschaften genutzt werden, z. B. läßt sich aus der Existenz von chemischen Großbetrieben wie Buna und Leuna auf das Vorhandensein einer zahlenmäßig großen Arbeiterklasse, auf ein Potential der angewandten chemischen Forschung usw. schließen.
4. Die Erforschung der Siedlungssubstanz ist darüber hinaus erforderlich im Rahmen von Untersuchungen zur Flächennutzung, die den gesamten geographischen Raum einbeziehen. Derartige Arbeiten werden in der Regel nicht zur Siedlungsgeographie gerechnet, denn ihr Schwerpunkt liegt außerhalb von Siedlungen, dennoch enthalten sie gleichfalls Aussagen zur Siedlungssubstanz, ausgedrückt durch die Nutzung der Siedlungsfläche.

4.2. Siedlungsgemeinschaften

Ein tieferes Eindringen in das Wesen von Siedlungen und die Anwendung systemorientierten Denkens sind nur dann möglich, wenn die wirkenden Prozesse und die den Siedlungen zugrunde liegenden Triebkräfte und Gesetzmäßigkeiten untersucht werden, d. h. als gesellschaftliche Kategorie. Diese Zusammenhänge wurden in der DDR besonders eingehend von SCHMIDT-RENNER (1958, 1961, 1965) untersucht. Er faßt Siedlungen vor allem als „Standorte gesellschaftlicher Verrichtungen“ auf, als „örtliche Konzentrationen des sachlich und territorial differenzierten Lebens der Gesellschaft“ (SCHMIDT-RENNER 1958, S. 16). Dementsprechend sieht er in den Städten die „Funktionszentren im arbeitsteiligen Territorium der Gesellschaft“, die „lokalen Komplexe von Produktions-, Dienstleistungs- und Konsumtionsstandorten vielfältiger Art im territorialen Funktionssystem der Gesellschaft“.

„Die sozialistischen Städte sind vor allem als lokale Kollektive (als örtliche Gemeinschaften) von Menschen anzusehen. Sie haben in ihrem lokalen Zusammenschluß bestimmte Aufgaben zu erfüllen, welche ihnen die gesamte Gemeinschaft im Rahmen einer planmäßigen territorialen Arbeitsteilung stellt. Zur Erfüllung dieser gesamtgesellschaftlichen Aufgaben wie auch zur Kultivierung ihres eigenen örtlichen Zusammenlebens empfangen und schaffen diese lokalen Kollektive spezifisch städtische Produktions- und andere Einrichtungen bzw. bilden die ererbten um oder erweitern sie zweckmäßig. Diese lokalen Kollektive mit all ihren Einrichtungen werden zu harmonisch in sich gefügten lokalen Teilorganismen, zu planmäßig wechselwirkenden Teilen des sozialistischen Gesamtorganismus" (SCHMIDT-RENNER 1958, S. 21).

Die Entstehung, Entwicklung und Existenz von Städten läßt sich nach SCHMIDT-RENNER auf „städtebildende Faktoren" zurückführen, d. h. letztlich auf die Lokalisierung von Gruppen arbeitsteiliger Produzenten und Dienstleistender. Sie sind Ursache und Träger der speziellen Funktionen der Städte. Analoges gilt sinngemäß für jede einzelne Siedlung. Die Auffassung, daß *Siedlungen primär als sozialökonomische Kategorie* behandelt werden müssen, wird auch in aktuellen Begriffsbestimmungen der Territorialökonomie und Territorialplanung in der DDR vertreten:

„Die Siedlungen sind die örtlichen Organisationsformen der Gesellschaft und deren Reproduktion mit ihren Wohn- und Arbeitsstätten sowie dazugehörigen Einrichtungen, Anlagen und Netzen der technischen Infrastruktur" (nach BÖNISCH, MOHS, OSTWALD 1976, S. 226 und 299; gekürzt).

Siedlungsgemeinschaften sind somit die eigentlichen *Elemente* der Siedlungs-Gesamtheit und damit auch der Siedlungssysteme. Sie sind die Partner bei der Kooperation von Siedlungen. Dabei sind sie in ihrer Tätigkeit aufs engste mit ihrer Siedlungssubstanz verbunden. Konkrete Formen sind Siedlungsgemeinschaften der Einzelsiedlungen, Siedlungsgemeinschaften der Gemeinden, Siedlungsgemeinschaften der Gemeindeverbände, Siedlungsgemeinschaften der Kreise, Siedlungsgemeinschaften der Stadt-Umland-Regionen usw.

In der konkreten historischen Entwicklung von Siedlungen stellt sich dieser Zusammenhang komplizierter dar:

„In den meisten Fällen entwickeln sich die Infrastrukturen entweder früher oder später als die Gemeinschaften, die die Siedlung bewohnen. In der Realität ist nur eine voll entwickelte (fully matured) Gemeinschaft in der Lage, ihre eigene, spezifische Form der Siedlung bewußt zu beeinflussen und zu entwickeln" (DZIEWONSKI 1977, S. 4).

Das generelle Prinzip des Primats der Entwicklung der Siedlungsgemeinschaft bei der Entwicklung der Siedlungen wird davon nicht beeinträchtigt. Geht man von einer solchen eindeutigen Bestimmung des Primats der Gesellschaft (hier: der Siedlungsgemeinschaften) in der Siedlung aus, so ist die Stellung der *Siedlungssubstanz* klar zu umreißen: Die Siedlungssubstanz ist *territoriale Bedingung* des gesellschaftlichen Reproduktionsprozesses der Siedlungsgemeinschaften.

„Die Arbeits- und Lebensprozesse der Menschen vollziehen sich ... objektiv unter bestimmten räumlich differenzierten Bedingungen. Sie werden geprägt vom Charakter des Wirtschaftsterritoriums des jeweiligen Landes, vom jeweiligen Wirtschaftsgebiet und von den Orten, in denen diese Prozesse ablaufen. Diese spezifischen, aus der Objektivität und den gesellschaftlichen Erscheinungsformen des Raumes gegebenen Bedingungen sollen als territoriale Bedingungen des gesellschaftlichen Reproduktionsprozesses bezeichnet werden" (BÖNISCH, MOHS, OSTWALD 1976, S. 20).

Mit ihrer Begriffsbestimmung lehnen sich die Autoren an die Kennzeichnung der gegenständlichen Bedingungen des Arbeitsprozesses durch K. MARX an (Das Kapitel, Bd. I, S. 188): „Im weitren Sinn zählt der Arbeitsprozeß unter seine *Mittel* ... alle *gegenständlichen Bedingungen*, die überhaupt erheischt sind, damit der Prozeß stattfinde. ... Das allgemeine Arbeitsmittel dieser Art ist wieder die *Erde selbst*, denn sie gibt dem Arbeiter den *locus standi* [den Platz, wo er steht] und seinem Prozeß *den Wirkungsraum* (*field of employment*). Durch die Arbeit schon vermittelte

Arbeitsmittel dieser Art sind z. B. Arbeitsgebäude, Kanäle, Straßen usw." (Hervorhebung im Original)

Die methodische Trennung von Siedlungsgemeinschaften und Siedlungssubstanz gilt für alle Dimensionen der Untersuchungen menschlicher Siedlung, sowohl für das einzelne Dorf als auch für die Gesamtheit aller Einzelsiedlungen eines Landes. Dabei ist es gebräuchlich, die Gesamtheit der Siedlungssubstanz miteinander verbundener Einzelsiedlungen als *Siedlungsnetz* zu bezeichnen. In diesem Sinne soll der Begriff Siedlungsnetz in der vorliegenden Studie verstanden werden. Für die Ansprache der *funktional* miteinander verbundenen Siedlungen (Siedlungsgemeinschaften) bietet sich ein systemorientiertes Herangehen an, d. h. die Untersuchung dieser Gesamtheit als *Siedlungssystem*.

Eine solche klare Unterscheidung von Siedlungssubstanz und Siedlungsgemeinschaft wird oft nicht eingehalten, und gerade damit wird der Weg zur komplexen Auffassung von Siedlungen verbaut. Diese Unschärfen sind z. T. eine Folge der zurückliegenden Schwerpunktverschiebung in der siedlungsgeographischen Forschung (vgl. den folgenden Abschnitt 4.3.), so daß Pokšiševskij (1978, S. 114) von einer „terminologischen Trägheit/Beharrung" im deutschsprachigen Raum spricht. Weiterhin ist die Vermischung auch darin begründet, daß unter Ausnutzung der engen Korrelation von Siedlungssubstanz und -gemeinschaft aus methodischen Gründen meist diejenigen Daten zur Kennzeichnung der Siedlung (sowohl der Siedlungssubstanz als auch der Siedlungsgemeinschaft) herangezogen werden, die am besten zugänglich sind.

4.3. Siedlung als Forschungsgegenstand

Unter der gleichbleibenden Bezeichnung Siedlungsgeographie vollzog sich in den zurückliegenden Jahrzehnten eine bemerkenswerte Verlagerung des Forschungsschwerpunktes. Siedlungsgeographische Untersuchungen früherer Jahrzehnte befaßten sich vorrangig mit der Siedlungssubstanz, wie es beispielsweise in dem umfangreichen Grundriß der Siedlungsgeographie von Schwarz (1961) dokumentiert wird. Demgegenüber geht heute die siedlungsgeographische Forschung in der DDR wie auch international fast ausnahmslos vom Primat der Siedlungsgemeinschaft in der Siedlung aus, wenn auch dieser Tatbestand oft nicht explizit ausgedrückt wird.

In der Forschungspraxis ist diese Wandlung, die mit der Verschmelzung von Siedlungs- und Bevölkerungsgeographie verbunden ist, oft sehr weit gediehen. So fungiert in der DDR seit mehr als 10 Jahren ein Arbeitskreis Siedlungs- und Bevölkerungsgeographie, der die entsprechenden Arbeiten der ökonomisch-geographischen Grundlagenforschung sachbezogen diskutiert; am Geographischen Institut der Polnischen Akademie der Wissenschaften besteht eine Abteilung Siedlungs- und Bevölkerungsgeographie usw. In der UdSSR ist unter der Gesamtbezeichnung Bevölkerungsgeographie in ähnlicher Weise ein komplexes Herangehen üblich (Pokšiševskij 1978). Nach wie vor gibt es aber auch bevölkerungsgeographische Forschungen, die sich auf demographische Probleme konzentrieren und dort eine weitere Vertiefung anstreben. Sie haben in dem Maße eine Existenzberechtigung im Rahmen geographischer Forschung, in dem sie zu den komplexeren Fragestellungen der Siedlungs- und Bevölkerungsgeographie beitragen können.

Die sowjetische Geographie, deren Entwicklungsgang sich von dem der mitteleuropäischen Siedlungsgeographie unterscheidet, faßte bereits in früheren Jahrzehnten die Siedlung vor allem als gesellschaftliche Kategorie auf. Nicht ohne Berechtigung wird in der UdSSR heute die Erforschung der Siedlungen als Teil der „Bevölkerungsgeographie" betrachtet, einer Bevölkerungsgeographie allerdings, die um ein Vielfaches komplexer und umfassender ist als in anderen Ländern (POKŠIŠEVSKIJ 1978). Für die wissenschaftliche Diskussion und das Sprachverständnis in der DDR erscheint es als zweckmäßig, die Einheitlichkeit und Komplexität entsprechender Forschungen durch den Oberbegriff *Siedlungs- und Bevölkerungsgeographie (kurz: Siedlungsgeographie)* auszudrücken.

Die Umorientierung der Siedlungsgeographie von der früher dominierenden Erfassung und Interpretation der Siedlungssubstanz zur heute vorherrschenden Erforschung der Siedlungsgemeinschaften (einschließlich der zugehörigen Siedlungssubstanz) macht neue, tiefergehende Forschungsansätze möglich. Sie ist ein wichtiger Schritt beim Vordringen von der Erscheinung zum Wesen der Siedlung. Die Umorientierung der Siedlungsgeographie gestattet die verstärkte Einbeziehung gesellschaftswissenschaftlicher Erkenntnisse, die Anwendung neuer Forschungsmethoden wie der Systemanalyse und die gezieltere Orientierung der Arbeiten auf die Erfordernisse der Territorialplanung und -strategie. Sie ermöglicht eine komplexere Behandlung des Gegenstandes der Siedlungsgeographie, nachdem eine klare Aussage zur bestimmenden Priorität, zur Einordnung der Siedlung in den gesellschaftlichen Reproduktionsprozeß getroffen ist. Mit dieser Neuorientierung ist zugleich eine Verschmelzung von siedlungs- und bevölkerungsgeographischer Forschung zur Siedlungs- und Bevölkerungsgeographie erfolgt, in der die bisherige demographisch ausgerichtete Bevölkerungsgeographie voll integriert ist, die aber darüber hinaus alle räumlich bezogenen Aktivitäten des Menschen im gesellschaftlichen Reproduktionsprozeß und das zugrunde liegende territoriale Bedingungsgefüge einschließt. Die so gekennzeichnete Siedlungsgeographie (Siedlungs- und Bevölkerungsgeographie) ist nunmehr auch den Forschungen zur Produktions- und Dienstleistungsgeographie sehr nahe gerückt. Es treten Überschneidungen beider geographischer Richtungen auf, und eine genaue Abgrenzung wird schwierig (WROBEL 1980).

Ausgehend von den Darlegungen zur Siedlungssubstanz, zu den Siedlungsgemeinschaften und zu den Beziehungen beider in der Siedlung wird für die Untersuchung des Siedlungssystems der DDR folgende *Definition des Gegenstandes der Siedlungs- und Bevölkerungsgeographie* verwendet:

Gegenstand der Siedlungs- und Bevölkerungsgeographie (kurz: Siedlungsgeographie) ist die menschliche Siedlung unter geographischem Aspekt, d. h. die territorial differenzierte Gesamtheit von Siedlungseinheiten. Die Siedlungseinheiten (kurz: Siedlungen) sind die örtlichen Organisationsformen der Gesellschaft und deren Reproduktion (Siedlungsgemeinschaften) mit ihren Wohn- und Arbeitsstätten sowie dazugehörigen Einrichtungen, Anlagen und Netzen der technischen Infrastruktur (Siedlungssubstanz). Die Siedlung — sowohl die Einzelsiedlung als auch ihre verschiedenartigen Kombinationsformen — dient dem Wohnen/Leben und dem Arbeiten der Bevölkerung sowie der Schaffung von Produktions- und Infraleistungen im Rahmen der territorialen Arbeitsteilung der Gesellschaft.

5. Zur geographischen Anwendung systemorientierter Vorstellungen auf die menschliche Siedlung

5.1. Zum Wesen von Systemen

Das im vorigen Abschnitt erläuterte Anliegen siedlungsgeographischer Forschung ist selbst dann noch sehr umfassend, wenn man es im wesentlichen auf gesamtstaatliche Aspekte der Siedlungs- und Bevölkerungsgeographie eines Landes beschränkt. Daher ist nach Verfahren zu suchen, die Vielfalt und Kompliziertheit des Forschungsgegenstandes überschaubar machen. Eine derartige Möglichkeit wird in der DDR, in der UdSSR, in der VR Polen und vielen anderen Ländern in der Systemanalyse gesehen, denn „der Begriff System ist ein Mittel im Kampf mit dem Komplizierten, eine Methode, das Einfache im Komplizierten zu finden" (Černjak, zit. bei Wollkopf u. a. 1979).

In der heute gebräuchlichen Fachterminologie ist ein System im allgemeinen Sinne eine „geordnete Mannigfaltigkeit irgendwelcher materieller oder ideeller Objekte" (Philosophisches Wörterbuch 1974, Bd. 2, S. 1199). Systemtheoretische Vorstellungen gehen davon aus, daß im Aufbau und Funktionieren derartiger Gesamtheiten (Systeme) Regelhaftigkeiten und Gesetzmäßigkeiten auftreten, die bei verschiedenartigen Gesamtheiten (Systemen) analog sind. Sie betreffen sowohl die Verteilung und Anordnung der Einzelobjekte (Elemente) als auch ihr Zusammenwirken (Relationen) für einen gemeinsamen Zweck (Funktion des Systems) und außerdem das Verhalten des Systems bei Einwirkungen von außen.

„Ein kybernetisches System kann ganz allgemein als eine Anzahl von funktionell verbundenen Teilen (oder Elementen) bezeichnet werden. Durch die ökonomische Kybernetik ... werden beispielsweise solche Systeme wie die Volkswirtschaft als Ganzes ... untersucht. Immer muß es jedoch möglich sein, in einem solchen System Teile oder Elemente nachzuweisen, deren durch funktionelle Verbindung gesichertes gemeinsames Wirken erst ein System begründet ... Untersucht man ein materielles Objekt (System) unter dem Systemaspekt, so werden vor allem die Arten des bestehenden Systems, dessen innerer Aufbau (Struktur), die in ihm ablaufenden Umwandlungsprozesse (Transformation) und die wesentlichen Systemeigenschaften ... betrachtet" (Richter 1975, S. 14).

Die aktuellen systemtheoretischen Vorstellungen wurden oft von mathematisch-kybernetischer Seite entwickelt und haben sich vor allem dort bewährt, wo relativ einfache Systeme vorliegen. Das ist am ehesten bei Technik und Naturwissenschaften der Fall. Schwieriger ist es, das systemtheoretische Herangehen auf die Untersuchung gesellschaftlicher, insbesondere ökonomischer Systeme anzuwenden, da hier Abstraktionen oder Vereinfachungen nötig werden, die angesichts der tatsächlich vorliegenden Komplexität und Kompliziertheit problematisch sein können. Vor allem in der UdSSR wird daran gearbeitet, systemtheoretische Vorstellungen zu entwickeln, die dieser Spezifik Rechnung tragen. Zentralbegriff dieser Arbeiten ist das sogenannte *große System*. Bisher liegen aber noch keine so abgerundeten Ergebnisse vor, daß sie unmittelbar für eine Untersuchung des Siedlungssystems der DDR übernommen werden könnten.

„Eine systemtheoretische Konzeption, die versucht, mit diesen Schwierigkeiten fertig zu werden, gruppiert sich um den Begriff des sogenannten großen Systems ... Zu den wesentlichen Merkmalen großer Systeme werden in der Literatur u. a. gezählt: Das System kann nur in seinen Teiltermen untersucht werden, nicht jedoch insgesamt. Es besitzt mehrere Ziele seiner Bewegung bzw. eine Reihe komplizierter Teilziele oder auch Ziele, die einander ablösen. Es besitzt gleichzeitig mehrere Strukturen (z. B. technologische, leistungsmäßige, informationelle Strukturen usw.). Es ist unmöglich, ein solches System in einer einzigen Sprache zu beschreiben. ... Die mathematische Modellierung derartiger großer Systeme zielt darauf hin, sie durch einen Komplex inhomogener, jedoch untereinander verbundener und voneinander abhängiger mathematischer Modelle darzustellen" (Philosophisches Wörterbuch 1974, Bd. 2, S. 1201).

Vor allem aus der Kompliziertheit großer Systeme ist es zu erklären, daß der Systembegriff vielfach vom Standpunkt der *Mengenlehre* behandelt wird. G. Schmidt (1979,

S. 152) hebt hervor, daß uns die Mengentheorie „einen widerspruchsfreien und zugleich eindeutigen Systembegriff liefert“. Weit verbreitet ist die Definition von HALL und FAGEN (zit. bei HAGGETT 1973), nach der ein System eine Menge von Objekten mit Relationen zwischen diesen Objekten und zwischen ihren Attributen (Eigenschaften) ist. Systeme werden als „willkürlich abgegrenzte Teilausschnitte der realen Welt“ aufgefaßt, die „bestimmte gemeinsame Funktionalzusammenhänge aufweisen“ (HAGGETT 1973, S. 22). Obwohl auch in dieser Definition angedeutet wird, daß das System eine Ganzheit bildet („willkürlich“ und „bestimmte“ deuten auf eine Zielorientierung des Systems hin), so reicht doch eine solche allgemeine Kennzeichnung nicht aus. Gerade die Durchsicht vieler siedlungsgeographischer Arbeiten zeigt, daß unter der Bezeichnung „Siedlungssystem“ dann letztlich oft nur die Kennzeichnung einer Menge von Objekten (Siedlungen), bestenfalls noch einiger Relationen erfolgt. Es ist aber von grundlegender Bedeutung für Systemdenken und Systemanalyse, daß ein System als *Ganzes* aufgefaßt wird, das eine *neue Qualität gegenüber seinen Teilen* besitzt und das eine *Funktion* zu erfüllen hat.

„Die Interpretation des Systembegriffs in Termini der Mengenlehre genügt nicht der Aufgabe, Systemgebilde spezifisch zu beschreiben, und kann bei deren Erforschung lediglich als ein analytisches Hilfsmittel gelten. Es gibt folgenden prinzipiellen Unterschied zwischen Menge und System: Ausgangspunkt der Bildung einer Menge sind die Elemente, deren bestimmte Zusammensetzungen eben die jeweilige Menge bilden; für das System dagegen ist das Merkmal der Ganzheit primär, d. h. die Tatsache, daß es sich um ein Ganzes handelt, welches aus wechselwirkenden (zusammenhängenden) Teilen besteht ... Somit bestimmt die (von der Mengenlehre abgeleitete, Verfasser) Gruppe von Systemdefinitionen im Grunde gar nicht diesen Begriff. ... Daraus folgt, daß praktisch jegliche Systemdefinition, die als dem Gegenstand adäquat zu bezeichnen ist, die Eigenschaften der Ganzheit als wesentliches und maßgeblichstes Attribut eines jeden Systems beinhalten muß“ (BLAUBERG 1979, S. 78/79).

„Der Begriff ‚System‘ liegt in einer bestimmten Hinsicht dem Begriff der Menge nahe (jedes System kann als Menge angesehen werden), doch methodologisch sind diese beiden Begriffe wesensverschieden. Bei der Bildung einer Menge sind die Elemente ursprünglich, deren Zusammenstellungen diese oder jene Menge bilden. Für ein System ist aber primär, daß es ein gewisses Ganzes darstellt, das aus zusammenwirkenden (verknüpften) Teilen zusammengesetzt ist. Für ein System sind seine Elemente nicht vorgegeben; sie werden im Prozeß der Aufgliederung des Systems als Ganzheit aufgebaut (oder ausgewählt), wobei jedes System eine Möglichkeit verschiedener Untergliederungen zuläßt. Jede Untergliederung eines Systems stellt eine Menge dar, doch das System selbst ist keine Menge“ (SADOWSKI 1979, S. 120).

Die Forderung, daß ein System eine Ganzheit bilden und eine bestimmte Funktion ausüben muß, ist die grundlegende Voraussetzung für die erfolgreiche Anwendung der Systemanalyse. Ist diese Elementarforderung erfüllt, dann kann die Untersuchung weiterer entscheidender Fragen der Systemanalyse mit Aussicht auf Erfolg in Angriff genommen werden:

- Wie groß ist das System (Anzahl seiner Elemente oder Teile)?
- Auf welche Weise und mit welcher Effektivität verläuft der Transformationsprozeß in den einzelnen Systemteilen?
- Auf welche Weise sind die Systemteile miteinander verbunden (gekoppelt)?
- Wie effektiv ist der Umwandlungsprozeß im gesamten System?
- Wie hat sich das bestehende System entwickelt?
- Was gehört (welche anderen Systeme gehören) zur Umgebung des Systems? usw. (nach RICHTER 1975, S. 14).

Für die Lösung dieser und weiterer Fragen kann das methodische Instrumentarium der Systemanalyse eingesetzt werden.

Die Anwendung systemorientierten Denkens auf gesellschaftswissenschaftliche Fragestellungen ist zweifellos erheblich schwieriger als in den traditionellen Nutzungsbereichen dieser Herangehensweise. Die moderne Systemtheorie nahm ihren unmittelbaren Ausgang in den Naturwissenschaften. Dort und in der Technik fand sie ihre schnellste und umfangreichste Anwendung. Die zu untersuchenden Zusammenhänge und Sachverhalte lassen sich in ihren wesentlichen Aspekten messen, formalisieren und in Modelle fassen. In diesen Bereichen bildete sich auch die Auffassung heraus, die mathematische Modellbildung sei die „ranghöchste Stufe systemorientierten Arbeitens" (WOLLKOPF u. a. 1979).

Systemorientierte Betrachtungsweisen und die Anwendung der Systemtheorie bieten vielversprechende Ansatzpunkte auch für mehrere gesellschaftswissenschaftliche Disziplinen einschließlich der Ökonomischen Geographie (SAUŠKIN 1973, GOCHMANN 1976), denn „die systemtheoretische Betrachtungsweise zwingt zu einem schärferen Durchdenken der Probleme und wirkt insofern außerordentlich befruchtend auf den Forschungsprozeß" (G. SCHMIDT 1979, S. 153). Die hohe Komplexität gesellschaftlicher Systeme läßt es jedoch selten zu, diese Systeme in ihren wesentlichen Aspekten zu formalisieren. Weit mehr als in naturwissenschaftlichen und technischen Systemen muß im Bereich der Gesellschaftswissenschaften mit Beispieldaten, Stellvertretergrößen usw. gearbeitet werden. Demzufolge kann der *mathematischen Modellierung in gesellschaftlichen Systemen* — einschließlich der territorialen Systeme der menschlichen Siedlung - *nicht die gleiche Zentralstellung* zukommen, die sie in den vorher genannten weniger komplizierten Systemen innehat.

Die gegenwärtigen Untersuchungen zur Formalisierung von Siedlungssystemen, darunter auch die eigenen Arbeiten (GRIMM 1974, GRIMM/HÖNSCH 1974, GRIMM 1977a), behandeln Teilaspekte des Siedlungssystems, ohne deren Stellung zum Gesamtsystem zu bestimmen. Dabei konzentriert sich die ökonomisch-geographische Forschung bisher vorwiegend auf die Erfassung von Strukturen zur Typenbildung und Klassifikation, weniger auf die Erfassung der Dynamik von Prozeßabläufen (G. SCHMIDT 1979, WOLLKOPF u. a. 1979). Bei beiden Problemkreisen sind mathematische Ansätze angebracht, und die bestehenden Möglichkeiten sind noch längst nicht ausgeschöpft (vgl. z. B. MARGRAF/USBECK 1979). Trotzdem besteht die *Hauptaufgabe der systemorientierten Untersuchungen der menschlichen Siedlung unter geographischem Aspekt* gegenwärtig und in absehbarer Zukunft vor allem in der *inhaltlichen Durchdringung* und in einem vertieften Verständnis für das *Wesen von Siedlungssystemen.*

Eine vorsichtig abschätzende Position zu den Möglichkeiten und Grenzen systemorientierten Denkens bei der geographischen Erforschung der menschlichen Siedlung wird auch von DZIEWONSKI und JERCZYNSKI (1978, S. 203) vermittelt:

> „Systemtheorien und Systemterminologie werden hauptsächlich als konzeptioneller Rahmen für die logische Organisation der Forschung und für die Bestimmung von Analogien (Isomorphie) zwischen verschiedenen Erscheinungen genutzt. Bei einem solchen Vorgehen werden die Resultate mit relativ traditionellen Methoden gewonnen".

Andererseits ist die Formalisierung und selbst die Modellierung begrenzter Teilsysteme des Siedlungssystems bereits heute möglich. Sie kann sowohl sachlich als auch methodisch fördernd sein. Einwände sind erst dann zu erheben, wenn diese modellierten Teilsysteme für *das* Siedlungssystem ausgegeben werden, wenn behauptet wird, damit sei die ranghöchste Stufe systemorientierten Arbeitens bereits erreicht.

Sofern die Mathematisierung und Modellierung überhaupt als ranghöchste Stufe der wissenschaftlichen Durchdringung gesellschaftlicher Systeme akzeptiert werden kann, so würde sie jedenfalls ein Eindringen in die zu untersuchenden Probleme erfordern, von dem die heutige Forschung zu Siedlungssystemen noch weit entfernt ist. Zum gegenwärtigen Zeitpunkt muß sich eine systemorientierte Untersuchung der Siedlungsgesamtheit eines Landes begrenztere Ziele stellen: beizutragen zum besseren Verständnis der Struktur und Funktion des Siedlungssystems — eines Siedlungssystems allerdings, das den wesentlichen Merkmalen eines Systems gerecht zu werden vermag: System-Funktion, Ganzheit, Differenziertheit, Zusammenwirken der Elemente (Marksoo 1977, Afanassjew 1979, Blauberg 1979, Sadowski 1979).

5.2. Siedlungsgefüge

In zunehmendem Maße wird auch *in der Geographie* versucht, Begriffsapparat und Methodologie der *Systemanalyse* auf den Forschungsgegenstand unserer Fachdisziplin anzuwenden. Gochman (1976, S. 75) bezeichnet die Geographie als „eine Fundamentalwissenschaft, die große dynamische Raumsysteme erforscht“ und formuliert als allgemeines Anliegen einer Theoretischen Geographie die „Modellierung integraler Natur- und Gesellschaftssysteme von territorialer Struktur“ (ders., S. 82). Sauškin (1973, S. 4) bestimmt den Forschungsgegenstand der Ökonomischen Geographie als „territoriale Systeme, die im Lebensprozeß der Gesellschaft gebildet werden, territoriale Erscheinungen produktiver und einiger anderer Arten der gesellschaftlichen Tätigkeit des Menschen“. Er definiert die Ökonomische Geographie als die „Wissenschaft von den Prozessen der Entstehung, Entwicklung und vom Funktionieren territorialer sozioökonomischer Systeme und von der Steuerung dieser Systeme“ (ders., S. 5). Sauškin drückt die Überzeugung aus, daß die Nutzung des Systemdenkens und der Systemanalyse in der Geographie erst in den Anfängen steckt und daß sie für mehrere Jahrzehnte anregend sein wird.

Besonders weit verbreitet sind Termini der Systemanalyse in der Siedlungs- und Bevölkerungsgeographie. Die verwendete Terminologie entspricht aber leider nicht einer gleichermaßen fundierten Anwendung systemorientierter Denkweisen (Wollkopf u. a. 1979, Usbeck/Wollkopf 1979, G. Schmidt 1979). Bestenfalls deuten sie den beabsichtigten theoretischen Hintergrund an. Nur einige wenige Arbeiten in der DDR gehen über diesen Rahmen hinaus, z. B. v. Känel (1969, 1970) und Wagner (1972, 1976). Trotz der generellen Überzeugung und der ständig wiederholten Versicherung, daß systemorientierte Verfahren für siedlungsgeographische Untersuchungen von Nutzen seien, da sie die komplizierte Siedlungsgesamtheit und -vielfalt in besser faßbarer Weise darzustellen vermögen, ist man von einer Anwendung des Systemdenkens und der Systemanalyse im strengeren Sinne noch weit entfernt:

„Der Vorschlag, Siedlungsnetze als Systeme zu behandeln, beruht auf der intuitiven Überzeugung, daß sie eine interne Organisation aufweisen sowie gewisse Verhaltenseigenschaften, wie sie in anderen komplexen Systemen ermittelt worden sind ... Eine solche Entscheidung macht es nötig, eine bestimmte Forschungsprozedur zu wählen. Der konzeptionelle Rahmen für eine solche Prozedur kann vielleicht in der allgemeinen Systemtheorie und anderen verwandten Theorien gefunden werden ... Zumindest gegenwärtig ist es außerordentlich schwierig, diese theoretischen Vorstellungen in die praktische Forschungsarbeit bei empirischen räumlichen Untersuchungen umzusetzen. Diese Schwierigkeiten führen zu vielen Vereinfachungen, Annahmen und Begrenzungen. Demzufolge sind die durchgeführten Untersuchungen keine Systemanalysen im echten Sinne des Begriffes System, sondern sie verwenden nur einige Aspekte der Systemanalyse" (DZIEWONSKI/JERCZYNSKI 1978, S. 201–202).

Für die Mehrzahl der territorial differenzierten Siedlungs-Gesamtheiten, die in der geographischen und verwandten Fachliteratur als Siedlungssysteme bezeichnet werden, ist der Terminus Siedlungsgefüge zutreffender, da unverbindlicher. *Siedlungsgefüge* bestehen aus einer *Menge von Siedlungen* und den *Verbindungen zwischen diesen Siedlungen.* Die Kennzeichnung der Siedlungen und Verbindungen erfolgt durch eine Reihe von Attributen, von denen Bevölkerungs- und Beschäftigtenzahlen sowie Verkehrsstromdaten am häufigsten verwendet werden.

Geographen, Territorialökonomen und Territorialplaner in der DDR verwenden zur Bezeichnung von Siedlungsgefügen meist den Begriff Siedlungsstruktur. Dieser Terminus wurde zunächst aus der „Territorialstruktur des gesellschaftlichen Reproduktionsprozesses" (BÖNISCH, MOHS, OSTWALD 1976) abgeleitet bzw. daran angepaßt. Durch die unterschiedlich enge Bezugnahme auf die zitierte Begriffsanlehnung sowie durch die Mehrdeutigkeit des Terminus Struktur hat der Begriff Siedlungsstruktur heute ein breites Bedeutungsspektrum. Im vorliegenden Beitrag werden daher nur die Begriffe Siedlungsgefüge, Siedlungssystem und Siedlungsnetz definiert und verwendet.

Die Untersuchung der räumlich geordneten *Menge von Siedlungen* erfaßt sowohl die statistische als auch die räumliche Anordnung der Siedlungen, wobei jeweils bestimmte Attribute betrachtet werden, darunter fast stets die Einwohnerzahlen. Es wird versucht, sowohl die konkreten Erscheinungsformen als auch die allgemeinen Regelhaftigkeiten dieser Anordnungen zu erkennen. Zur konkreten Anordnung der Siedlungen (meist auf Gemeindebasis) liegen für die DDR umfangreiche Bearbeitungen vor, z. B. durch M. u. W. STAMS (1976), im Atlas DDR (1976ff.) und bei der kartographischen Auswertung der VBWGZ (Volks-, Berufs-, Wohnraum- und Gebäudezählung) 1971. Weit weniger als beispielsweise in der VR Polen wurden hingegen mathematisch-statistische Berechnungen zur räumlichen Anordnung der Siedlungen in der DDR durchgeführt.

Mathematisch-statistische Berechnungen zur Kennzeichnung der statistischen und räumlichen Ordnung von Siedlungen sind international weit verbreitet, ganz besonders im angloamerikanischen Sprachraum. Sie sind eng verbunden mit der Entwicklung der Regional Science Association. Im Rahmen der dort selbst gesteckten Aufgabe — der Erkenntnis formaler Regelhaftigkeiten der räumlichen Ordnung — haben diese Forschungen einen beachtlichen Stand erreicht, und die Ergebnisse wurden in instruktiven Gesamtdarstellungen zusammengefaßt (ABLER, ADAMS, GOULD 1971, HAGGETT 1973).

Die Ökonomische Geographie der DDR hat diese Entwicklung mit Zurückhaltung verfolgt. Vor allem drei Einwände sind geltend zu machen:

1. Die berechneten Anordnungen erfassen nur Mengen von Siedlungen, nicht aber Systeme (vgl. Zitate BLAUBERG und SADOWSKI). Ihre Aussagekraft ist daher von vornherein begrenzt. Die Berechnungen erfassen genau genommen nur eine Vorstufe zum Verständnis von Siedlungssystemen und streben dort eine Perfektionierung an. Darüber kann leicht das Hauptziel der Untersuchung von Siedlungen und Siedlungssystemen vergessen werden, die Erkenntnis der Entwicklungsgesetzmäßigkeiten und Entwicklungsbedingungen von Siedlungen im geographischen Raum.

2. Bei der Formalisierung und Mathematisierung ist die Gefahr immanent, die (meist vom Datenmaterial geprägte) Subjektivität der Wahl der Elemente und Relationen sowie deren Attribute zu vergessen, was oft zur Vernachlässigung der (quantitativ schwer faßbaren) gesellschaftlichen Erscheinungen und Triebkräfte der Siedlungssysteme führt. Die Gefahr des Abgleitens auf positivistische und konvergenztheoretische Positionen liegt nahe, besonders beim Vergleich von Siedlungssystemen von Ländern verschiedener Gesellschaftsordnung.
3. Der praxisbezogene Nutzen der erreichbaren Erkenntnisse ist gering. Infolge des hohen Abstraktionsgrades scheidet eine Anwendung für die Territorialplanung in einem Land der Größenordnung der DDR praktisch aus. Es verbleibt lediglich die Möglichkeit, Siedlungssysteme verschiedener Länder in einigen Attributen präziser miteinander zu vergleichen, doch wird diese Möglichkeit durch die Bindung an Vergleichbares, d. h. vor allem an Staaten gleicher Gesellschaftsordnung, eingeschränkt.

Trotzdem wurden die international diskutierten mathematisch-statistischen Forschungsansätze in der DDR mit Aufmerksamkeit beobachtet und in vielen Fällen hinsichtlich ihrer Anwendbarkeit auf DDR-Verhältnisse geprüft, vor allem an der Technischen Universität Dresden (Kind 1968) und in den letzten Jahren vorwiegend am Institut für Geographie und Geoökologie (G. Schmidt 1979, Margraf/Usbeck 1979, Krönert 1979). Diese Berechnungen waren aber stets in umfassendere Forschungsprogramme eingebaut und dienten der Präzisierung von Teilaussagen, z. B. der genaueren Kennzeichnung der Stellung der Städte der DDR in der Proportionalität ihrer Umland- und Fernfunktionen (Grimm 1977a).

Eine Kennzeichnung der Siedlungsgefüge lediglich auf der Grundlage der Bestimmung ihrer Elemente und deren Attribute ist nicht ausreichend. Ihr muß eine gleichermaßen fundierte Kennzeichnung der *Relationen* zur Seite gestellt werden. Diese Notwendigkeit wird zwar grundsätzlich anerkannt, doch widerspiegelt sich dies kaum in der praktischen Forschungsarbeit, abgesehen von den Angaben zu räumlichen Lagebeziehungen.

„Die Beschreibung und vor allem die Messung von Wechselbeziehungen und Wechselwirkungen im Siedlungssystem wird wahrscheinlich wegen des Fehlens geeigneter Daten besonders schwierig sein. Obwohl hier keine schnellen Antworten erwartet werden können, sind Anstrengungen und Fortschritte nötig, um das Siedlungssystemkonzept voll zur Geltung zu bringen" (Guidelines N.S.S., S. 237).

Im Rahmen der theoretischen Vorarbeiten für die IGU-Kommission Nationale Siedlungssysteme legte Bartels (1979) eine systematische Zusammenstellung der in Frage kommenden Beziehungen in Siedlungsgefügen (Siedlungssystemen bei Bartels) vor (vgl. Tab. 1).

In der konkreten Forschungsarbeit werden zu jeder der hier ausgewiesenen Relationen Kenntnisse erarbeitet, wobei die Schwerpunkte stark von der Datenlage abhängig sind. Vor allem die räumlichen Beziehungen in Siedlungsgefügen (Lagebeziehungen, Interaktionswege, Interaktionsströme, Leitungsbeziehungen) sind untereinander oft hoch korreliert. So wird im Forschungsprozeß meist die am besten zugängliche Datengruppe analysiert (z. B. Pendlerströme, Migration, Telefonströme, Güterströme, politisch-administrative Beziehungen). Das erreichte Ergebnis wird dann für die Zielebene interpretiert (z. B. Migration als Kennzeichen für territoriale Impulse und Schwerpunktverlagerungen, Telefonströme als Ausdruck wirtschaftlicher Kooperation). Oft auch begnügt sich der Bearbeiter damit, eine Beziehungsgruppe fundiert zu analysieren und

Tabelle 1. Beziehungen in Siedlungsgefügen (nach BARTELS 1979)

Interrelationen	
1. Räumliche Lagebeziehungen	Distanzen in km, Kostenaufwand, Zeitaufwand, darstellbar als absolute Lagekennzeichnungen der Elemente
2. Größen- oder Teilhabe-Relationen	z. B. Einwohneranteile, Anteil an der Volkswirtschaft eines Landes, darstellbar als absolute Größenkennzeichnungen der Elemente
3. Struktur-Relationen	Kennzeichnung von Abweichungen der strukturellen Zusammensetzung der Elemente, z. B. der Beschäftigtenstruktur, der Umlandfunktionen
Interaktionen	
4. Interaktionswege	Verkehrswege, Informationskanäle zwischen den Siedlungen, soweit sie Voraussetzung oder Potential der folgenden (5. und 6.) Interaktionen sind
5. Interaktionsströme	tatsächliche Austausch- und Interaktionsströme jeder Art, Personen-, Güter- und Informationsströme; Interaktionsströme sind Grundlage für Siedlungssysteme im engsten Sinne (gemäß der Definition nach BARTELS)
6. Beziehungen der Leitung/Organisation	Ausdrucksformen der gesellschaftlich-organisatorischen Abhängigkeiten einzelner Siedlungselemente voneinander, z. B. in Verbindung mit der Hauptstadtfunktion (BARTELS nennt diese Beziehungen Machtbeziehungen)

darzustellen (z. B. Pendelwanderung), und er überläßt die Interpretation und Weiterverarbeitung des Ergebnisses dem potentiellen Nutzer.

Prüfen wir die in der geographischen Fachliteratur als Siedlungssysteme bezeichneten Siedlungs-Gesamtheiten kritisch, so sind sie in der überwiegenden Mehrzahl treffender als *Siedlungsgefüge* zu bezeichnen, wie z. B. ein großer Teil der Länderdarstellungen für die IGU-Kommission Nationale Siedlungssysteme (The National Settlement Systems 1979). Elemente dieser Siedlungsgefüge in gesamtstaatlicher Dimension sind die Gemeinden bzw. höher aggregierte Einheiten, meist politisch-administrative Einheiten. Attribute der Elemente werden vorwiegend durch bevölkerungsbezogene Daten angegeben, zumeist zur Bevölkerungs- und Beschäftigtenstruktur. Zur Kennzeichnung räumlicher Beziehungen dienen die Migration der Bevölkerung sowie verschiedene Verkehrsstromdaten.

Die Entscheidung der überwiegenden Mehrzahl der Bearbeiter von Siedlungsgefügen für gerade diese Daten repräsentiert die Erfahrung internationaler jahrzehntelanger siedlungs- und bevölkerungsgeographischer Forschung. Sie beruht auf der empirisch gewonnenen und theoretisch untermauerten Überzeugung, daß eben diese Angaben besonders gut zur Kennzeichnung der Siedlungs- und Bevölkerungs-Gesamtheit eines Landes in ihrer territorialen Differenziertheit geeignet sind. Abweichungen von Land zu Land beruhen auf der unterschiedlichen gesellschaftlichen und natürlichen Situation der einzelnen Länder, auf Unterschieden der bestehenden Datensituation und auf den unterschiedlichen Schwerpunkten der ausgewerteten Primäruntersuchungen.

Die eindrucksvolle Vielfalt und Qualität der publizierten geographischen Darstellungen von Siedlungsgefügen beweist, daß ein solches Vorgehen nach wie vor tragfähig und fruchtbar ist und einem gesellschaftlichen Bedürfnis sowohl der Planung und Forschung als auch der Information benachbarter Disziplinen gerecht zu werden vermag. Die größere Unverbindlichkeit der Siedlungsgefüge gegenüber den Siedlungssystemen hat durchaus ihre Vorteile, denn sie gestattet ein umfassenderes Einbeziehen aller erreichbaren Informationen zur Siedlungs-Gesamtheit. Aus der Sicht der Erforschung der präziser definierten, deutlicher zielorientierten Siedlungssysteme ist die Analyse der entsprechenden Siedlungsgefüge ein wertvoller, unverzichtbarer Schritt der Annäherung an eine systemorientierte Bestimmung der Siedlungs-Gesamtheit.

5.3. Siedlungssysteme

Die Bedeutung der Erforschung einer Siedlungs-Gesamtheit als Siedlungsgefüge ist unbestritten. Trotzdem ist ihr Aussagewert begrenzt. Für die Bestimmung von Siedlungssystemen ist die Kennzeichnung von Siedlungsgefügen nur unzureichend geeignet. Diese mangelnde Eignung beruht letztendlich in der unvermeidlichen Subjektivität der Wahl der das Siedlungsgefüge kennzeichnenden Elemente und Relationen sowie deren Attribute. Eine solche Begrenztheit ist keineswegs auf Siedlungsforschungen beschränkt. Sie gilt vielmehr generell für alle wissenschaftlichen Untersuchungen, die von der Erfassung der Elemente ausgehen.

„So gut wie gesperrt ist bei der Definierung der Ganzheit der Weg ‚von unten nach oben', d. h. ein Weg, wo man mit der empirischen Fixierung von Ganzheitsmerkmalen niedrigen Typs beginnt und sie dann durch Merkmale ergänzt, die ganzheitliche Gebilde höheren Typs charakterisieren. Bei einem solchen Verfahren hängt die Auswahl der Merkmale wesentlich davon ab, welcher Typ der Ganzheit zum Ausgangspunkt gewählt wird, aber gerade diese Frage kann unmöglich auf empirischer Ebene gelöst werden, denn die Antwort beruht auf einer gewissen theoretischen Vorstellung von der Ganzheit, d. h., sie setzt voraus, daß es in der Wissenschaft bereits eine Definition der Ganzheit gibt" (Blauberg 1979, S. 82).

In den Richtlinien der IGU-Kommission Nationale Siedlungssysteme für die Erarbeitung einzelner Länderdarstellungen wurde eine Begriffsbestimmung für Siedlungssysteme vorgegeben. Es liegt nahe zu prüfen, inwiefern diese Begriffserläuterung gemäß der Forderung Blaubergs eine theoretische Vorstellung von der Ganzheit „Siedlungssystem" vermittelt.

„Ein Siedlungssystem wird durch eine Anzahl von Siedlungseinheiten gebildet, die durch einige wichtige Wechselbeziehungen (Interaktionen) miteinander verbunden sind. ... Ihre Definition schließt die Identifizierung der Komponenten, der Wechselbeziehungen untereinander (d. h. der funktionalen Struktur des Systems) und der Beziehung des ganzen Systems zu seiner Umgebung ein (einschließlich Verbindungen zu anderen Siedlungssystemen)" [Guidelines N.S.S., S. 215].

Die Formulierung gibt offensichtlich den kleinsten gemeinsamen Nenner der Auffassungen der Beteiligten wieder. Sie nennt entscheidende Positionen, die zur Kennzeichnung von Siedlungssystemen erforderlich sind: Elemente, Relationen, Beziehungen zur Systemumgebung. Es wird aber nicht eigentlich definiert. Vielmehr wird dargelegt, welche Positionen zu einer Definition des Siedlungssystems gehören. Somit fehlt letztlich eine klare Aussage zu der entscheidenden Frage:

Was versteht man unter einem Siedlungssystem?

Die unverbindliche Begriffserläuterung mag als Rahmen für international koordinierte Forschungen akzeptabel sein. Vielleicht ist sie sogar unvermeidlich. Für eine präzisere Erforschung von Siedlungssystemen reicht sie nicht aus, denn sie läßt die *Frage nach dem Wesen des Siedlungssystems offen.* Die zitierte Formulierung macht nicht deutlich, daß zunächst das Wesen, die Ganzheit und Funktion von Siedlungssystemen geklärt sein muß, daß außerdem ausgesagt werden muß, welche der vielen Systemdefinitionen zugrunde gelegt wird. Erst daran anschließend können die in der Guidelines-Erläuterung angesprochenen Positionen genauer bestimmt werden:

— Welches sind die Elemente des Systems (Siedlungseinheiten)?
— Durch welche Attribute werden die Elemente gekennzeichnet?
— Welche Wechselbeziehungen zwischen den Elementen sind systembildend?
— Welche sind die wichtigsten Wechselbeziehungen?
— Wie ist die Struktur des Siedlungssystems, d. h. die Summe der Relationen (und Elemente)? Welche Subsysteme lassen sich im Siedlungssystem ausgliedern?
— Was ist die Umgebung des Siedlungssystems, und wie steht das Siedlungssystem mit seiner Umgebung in Beziehung?

Eine fundierte Studie, die sich mit Wesen und Inhalt von Siedlungssystemen auf der Grundlage der allgemeinen Systemtheorie und der Kybernetik befaßt, wurde von Marksoo (1977) publiziert. Die Autorin untersuchte zunächst zahlreiche siedlungs- und bevölkerungsgeographische Arbeiten hinsichtlich der Verwendung systemorientierter Betrachtungsweisen. Als Gemeinsamkeit der analysierten Untersuchungen stellt sich heraus, daß

„im wesentlichen alle Autoren ein System als ein bestimmtes, intern verbundenes Ganzes auffassen, das sich wegen dieser internen Verbundenheit von seiner Umgebung unterscheidet, d. h. von einem Supersystem. Für ein System ist die Aufgliederung in Teile charakteristisch, wobei der kleinste Teil, der keiner weiteren Untergliederung unterliegt, als Element bezeichnet wird. Das System als Ganzes ist nicht einfach die Summe der Elemente. Es ist vielmehr eine neue Qualität, die einige Eigenschaften besitzt, die nicht von einzelnen Elementen hervorgerufen werden. Die Verbindungen und Beziehungen zwischen den Elementen, aber auch zwischen Elementgruppen (Subsystemen) bestimmen die Struktur des Systems. Der Begriff Struktur selbst setzt eine Aufgliederung des Ganzen in Teile voraus. Die Aufgliederung des Systems in mehrere Teile hat mehrere Aspekte, der wichtigste Aspekt ist die Berücksichtigung des hierarchischen inneren Aufbaus des Systems. Das allgemeinste Schema dafür ist: Supersystem > System > Subsystem > Element (Marksoo 1977, S. 5/6).

Steht diese Kennzeichnung noch der Begriffserläuterung der Guidelines N.S.S. nahe, so geht Marksoo demgegenüber deutlich weiter und bestimmt die *Funktion eines Siedlungssystems:*

„Hauptziel des Funktionierens des Siedlungssystems (ist es), entsprechend den Möglichkeiten jeder Entwicklungsetappe eine optimale territoriale Organisation der Bevölkerung, der Produktion und der sie bedienenden Zweige zu erreichen, verbunden mit dem Schutz und der Verbesserung der natürlichen Umwelt" (Marksoo 1977, S. 34).

Diese sehr umfassende System-Funktion schließt die gesamte Zielstellung der Gesellschaft eines Staates ein, wie sie im Falle der DDR durch das Programm der SED festgelegt worden ist. Die Spezifik des Siedlungssystems gegenüber anderen gesellschaftlichen Systemen mit vergleichbarer Tielstellung besteht im *geographischen Aspekt,* in der Berücksichtigung der „Territorialität" (russ. territorial'nost') des Systems. Außerdem ist das Siedlungssystem auf die Siedlungs-Gesamtheit beschränkt, d. h., die territorialen Komponenten außerhalb der Siedlung gehören nicht zum betrachteten System.

Der das Siedlungssystem gegenüber anderen gesellschaftlichen Systemen gleicher Zielstellung unterscheidende geographische Aspekt umfaßt zwei hauptsächliche Seiten (siehe auch KOLOTIEVSKI 1976):

— die *territoriale Differenzierung*, d. h. die Siedlungs-Gesamtheit, wird vorrangig hinsichtlich der territorialen Unterschiede der Siedlungen (Siedlungsgemeinschaften und Siedlungssubstanz) betrachtet einschließlich der Unterschiede der System-Umgebung, z. B. der naturräumlichen Differenzierung,
— die *territoriale Kooperation*, d. h. die territoriale Differenzierung der Siedlungs-Gesamtheit, wird in ihrer Einheit mit der Verknüpfung ihrer Teile erfaßt, und als System-Relationen treten vorwiegend die territorialen, horizontalen Beziehungen der Siedlungen (Siedlungsgemeinschaften) in Erscheinung.

Die umfassende Gegenstandsbestimmung und Zielformulierung für Siedlungssysteme wirft die Frage auf, worin sich diese Systeme denn noch von komplex-geographischen Standortsystemen unterscheiden, die von BÖNISCH, MOHS, OSTWALD (1976, S. 33) folgendermaßen charakterisiert werden:

„Auf Grund der Entwicklung der Organisation der gesellschaftlichen Arbeit (ist) das Standortsystem von Wirtschaft und Gesellschaft auf dem Territorium des Landes nach Gebieten und Siedlungen gegliedert. Damit sind auch die Prozesse, die Sphären, Bereiche und Ebenen der gesellschaftlichen Reproduktion entsprechend territorial (räumlich) gegliedert und verteilt. Dazwischen müssen bestimmte quantitativ meßbare Beziehungen und Proportionen der Reproduktion bestehen. Die Art und Weise dieses komplexen Zusammenhanges von Standorten wird zusammengefaßt als ‚territoriale Organisation der gesellschaftlichen Reproduktion' bezeichnet."

WRÓBEL (1980) bezweifelt daher die Existenz eines eigenständigen polnischen Siedlungssystems neben dem komplexen Standortsystem von Wirtschaft und Gesellschaft. Desgleichen betrachtet SIMMONS (1979) das Siedlungssystem Kanadas zugleich als umfassendes Standortsystem ("The Canadian Urban System is simply another way of describing the geography of the country"). Eng miteinander verknüpft werden Siedlungssysteme und gesamtes Standortsystem der Wirtschaft und Gesellschaft auch zumeist in der sowjetischen Geographie (CHOREV 1975, LAPPO 1978, PITJURENKO 1977, AGAFONOV/LAVROV 1978 u. v. a.).

Derartige Auffassungen müßten konsequenterweise zur Aufgabe des Siedlungssystem-Konzepts, insbesondere des Konzepts des nationalen Siedlungssystems führen. Einer solchen Konsequenz steht jedoch die Überzeugung und Erfahrung der überwiegenden Mehrzahl der Ökonomischen Geographen vieler Länder gegenüber (auch der zitierten Autoren aus der UdSSR!), daß Siedlungssysteme dennoch spezifische, relativ eigenständige Gebilde darstellen, die sich von ihrer System-Umgebung unterscheiden und eine spezifische System-Funktion besitzen (DZIEWONSKI 1977, DZIEWONSKI/JERCZYNSKI 1978, HANSEN/KORCELLI 1978). Diese von einer breiten Mehrheit getragene Überzeugung fand ihren Niederschlag nicht zuletzt in der Gründung einer Kommission Nationale Siedlungssysteme der Internationalen Geographischen Union auf dem XXIII. Internationalen Geographischen Kongreß 1976 in Moskau (GRIMM 1977) und in den bisherigen beachtlichen Arbeitsergebnissen dieser Kommission (The National Settlement Systems I bis IV, BOURNE u. a. 1984).

Nimmt man als ausreichend gesichert an, daß Siedlungssysteme und ganz besonders nationale Siedlungssysteme existieren, dann muß es auch möglich sein, die *Funktion dieser Systeme* zu bestimmen und davon ausgehend ihre *Ganzheit* zu charakterisieren. Dabei muß *von den Prozessen ausgegangen* werden, die das Siedlungssystem tragen und formen. Ihre *Spezifik* gegenüber der Gesamtheit besteht darin, daß sie *in Siedlungen* verwirklicht werden. *Spezifische Funktionen der Siedlungen* im gesellschaftlichen Reproduktionsprozeß sind vorwiegend die Produktionsleistungen der Industrie, die Leistungen der Infrabereiche (Infraleistungen) und die Leistungen des Überbaus sowie — gesehen unter dem Aspekt der Bedürfnisbefriedigung — die Realisierung des Wohnens/Lebens und Arbeitens der Bevölkerung. Abb. 1 veranschaulicht die Zusammenhänge. Sie verdeutlicht, daß demgegenüber die komplexen Standortsysteme der Wirtschaft und Gesellschaft die Nutzung der Freiräume zwischen den Siedlungen einschließen, d. h. vor allem die unmittelbare Nutzung des Naturraumes durch Landwirtschaft (hauptsächlich Pflanzenproduktion), Forstwirtschaft, Wasserwirtschaft und Bergbau.

Weit verbreitet ist in der internationalen geographischen Literatur zu Siedlungen und Siedlungssystemen die Auffassung, daß mit diesen Begriffen ausschließlich die demographischen und sozialen Aspekte der Siedlung angesprochen werden sollten. Diese Auffassung wird knapp und treffend von HANSEN (1978, S. XV) dargelegt:

„Kernpunkt von Forschungen zu menschlichen Siedlungen und Diensten (human settlements and services) ist die Bevölkerung: wie viele es sind, wo sie leben und arbeiten, welche Arbeit sie haben, ihre Bedürfnisse und Erfordernisse für verschiedene Dienstleistungen und weitere Bedingungen und ihre Beziehungen zu Ressourcen und Umwelt.“

Eine solche Konzeption mag noch in der lokalen und bestenfalls regionalen Dimension (bis zur Größenordnung der Stadt-Regionen bis Zone 2 nach KRÖNERT 1979) anwendbar sein, da in dieser Dimension die tägliche Aktion und Kommunikation der Bevölkerung prägenden Einfluß auf das gesamte Siedlungssystem hat. Derartige Einschränkungen sind bei Funktionen und Beziehungen, die über den täglichen Aktions- und Kommunikationsraum hinauswirken, nicht vertretbar. So läßt sich z. B. die Beziehung von Berlin zu Eisenach im Siedlungssystem schwerlich auf soziale Kontakte beschränken, d. h. auf Wohnungswechsel, Urlaubsreisen, Telefongespräche, Briefpost usw. Vielmehr bestehen die wesentlichsten Beziehungen beider Städte darin, daß Berlin als Hauptstadt der DDR zahlreiche staatlich-politische Leistungen auch für Eisenach erbringt,

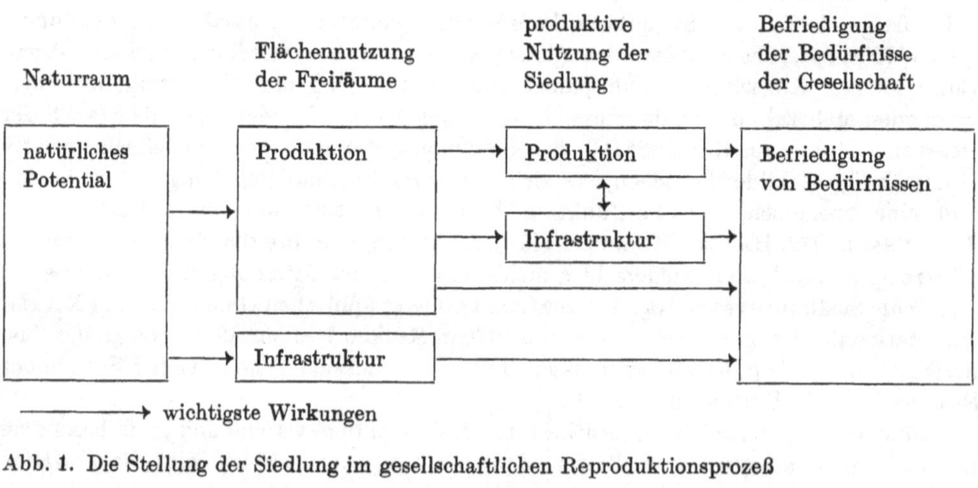

Abb. 1. Die Stellung der Siedlung im gesellschaftlichen Reproduktionsprozeß

daß Berlin als politisches, ideologisches und kulturelles Zentrum Leistungen für Eisenach schafft (z. B. Fernsehen, Radio, Zeitungen, Buchproduktion) und daß Berlin als größter Industriestandort der DDR wichtige Produktionsleistungen auch für Eisenach bietet, z. B. in der Elektroindustrie. Die direkte Gegenleistung Eisenachs für Berlin besteht u. a. in der Herstellung von PKW, in seiner Rolle als beliebtes Touristenziel. Die anfangs genannten sozialen Kontakte sind demgegenüber nachgeordnet, bzw. sie sind oft nur eine abgeleitete Erscheinung der wesentlicheren ökonomischen und politischen Systembeziehungen.

Siedlungsuntersuchungen in gesamtstaatlichen Dimensionen müssen daher dem bestimmenden Einfluß ökonomischer Faktoren sowie der Bedeutung des Überbaus stärker Rechnung tragen, wie dies auch in einer Reihe fundierter Länderbeiträge der IGU-Kommission Nationale Siedlungssysteme sichtbar wird, z. B. für die UdSSR (Lappo/Pivovarov 1979). die RSFSR (Chorev/Smidovič 1978), Australien (Logan u. a. 1979), Kanada (Simmons 1979) und Venezuela (Chaves 1979). Die ökonomische Basis der Siedlungen und die ökonomischen Beziehungen zwischen den Siedlungen sind derart eng in die Siedlungs-Gesamtheit integriert, daß eine Trennung auch nur methodischer Art nicht aufrechterhalten werden kann. Die ökonomische Basis der menschlichen Siedlung muß daher als systemimmanenter Bestandteil von Siedlungssystemen erfaßt werden. Sie kann weder vernachlässigt noch als System-Umgebung neben das eigentliche Siedlungssystem gestellt werden.

Zusammenfassend läßt sich feststellen, daß das *Wesen von Siedlungssystemen* darin besteht, daß die menschliche Gesellschaft mit der Siedlung (Siedlungsgemeinschaft mit zugehöriger Siedlungssubstanz) eine territoriale Organisationsform geschaffen hat, die in territorialer Arbeitsteilung und -verbindung mit anderen Siedlungen wesentliche Erfordernisse der menschlichen Gesellschaft nach Wohnen/Leben und Arbeiten, nach Produktions- und Infraleistungen in zweckmäßiger Weise zu realisieren vermag. Dementsprechend ergibt sich folgende *Definition*:

Siedlungssysteme sind territorial differenzierte Siedlungs-Gesamtheiten, d. h. Gesamtheiten von Siedlungsgemeinschaften mit zugehöriger Siedlungssubstanz. Siedlungssysteme dienen in Arbeitsteilung und -verbindung ihrer Teile (Elemente) der Verwirklichung der Bedürfnisse des Wohnens/Lebens und Arbeitens, der Produktion, Distribution, Zirkulation und Konsumtion — einschließlich damit verbundener Leistungen der Leitung/Steuerung. Siedlungssysteme sind in Siedlungseinheiten gegliedert. Diese Siedlungseinheiten vollbringen in ihrem Zusammenwirken Leistungen, die für die einzelnen Siedlungseinheiten (als Gesamtmenge) nicht erreichbar sind. Siedlungssysteme sind Teilsysteme des umfassenderen Standortsystems der Wirtschaft und Gesellschaft.

5.4. Struktur von Siedlungssystemen

Der Strukturbegriff wird in der Geographie und verwandten Wissenschaften unterschiedlich weit definiert. Traditionell dient er der allgemeinen Kennzeichnung des Aufbaus, der Gliederung einer Gesamtheit, z. B. der Bevölkerungsstruktur. Die Systemtheorie hingegen faßt den Strukturbegriff wesentlich enger und versteht unter der Struktur eines Systems „die Gesamtheit der Relationen, die zwischen den einzelnen Elementen des Systems bestehen, wobei von der konkreten Natur der Elemente abgesehen wird“ (Philosophisches Wörterbuch 1974, Bd. 2, S. 1042). Dabei ist allerdings zu beachten, daß der Begriff Relation sehr weit verstanden wird, d. h. „jede irgendwie geartete

Beziehung umfaßt, die zwischen gegebenen Objekten auf Grund bestimmter Eigenschaften dieser Objekte bestehen bzw. hergestellt werden können" (Philosophisches Wörterbuch 1974, Bd. 2, S. 1041). In der vorliegenden Arbeit soll der systemtheoretischen Strukturdefinition insofern gefolgt werden, daß die System-Struktur als Gesamtheit der Relationen aufgefaßt wird, andererseits jedoch soll auch die konkrete Natur der Elemente in bestimmtem Maße in den von uns verwendeten Strukturbegriff einbezogen werden.

Siedlungssysteme als typische große Systeme sind dadurch gekennzeichnet, daß sie durch mehrere Strukturen charakterisiert werden können. Wichtigste Strukturgliederungen der Siedlungssysteme sind:

— die hierarchische Struktur von Siedlungssystemen
— die sachlich-inhaltliche Struktur von Siedlungssystemen

Hierarchische Strukturen

Nahezu alle Bearbeiter von Siedlungssystemen heben die hierarchische Gliederung als eines der Hauptmerkmale dieser Systeme hervor, u. a. auch die bereits zitierte Diskussion der Siedlungssysteme durch MARKSOO (1977, S. 2), nach der Siedlungssysteme „territoriale Systeme mit zentralisiert-hierarchischem Aufbau und mit zielgerichtetem Verhalten der Selbstregulierung und Selbstorganisation offener Systeme" sind. Es gibt kaum eine Untersuchung zu Siedlungssystemen, in der nicht deren vertikal geordnete hierarchische Struktur und ihr räumliches Abbild enthalten ist, wie z. B. für die UdSSR (CHODŽAEV/CHOREV 1976), für die DDR (GRIMM 1977a, 1980a, b), für kapitalistische Industriestaaten (BOURNE 1975). Eine relativ umfassende Übersicht der hierarchischen Struktur eines nationalen Siedlungssystems liegt für die UdSSR vor (MARKSOO 1977):

MARKSOO (1977, S. 18—27) entwickelte und diskutierte ein Schema, das bisherige Vorstellungen zur hierarchischen Struktur nationaler Siedlungssysteme treffend zusammenfaßt (vgl. Tab. 2). Obwohl das Schema die Verhältnisse in der UdSSR umreißt, ist es doch darüber hinaus von allgemeiner Gültigkeit, insbesondere für Siedlungssysteme anderer sozialistischer Staaten. Das Schema konzentriert sich auf die wesentlichsten systembildenden Beziehungen der einzelnen hierarchischen Ebenen und die von ihnen geprägten Siedlungssysteme (Teil-Siedlungssysteme). Es macht sichtbar, daß einige Beziehungen nur in bestimmten hierarchischen Ebenen bedeutsam sind, andere wiederum in allen Maßstabsbereichen. Mit anderen Worten: einige Systembeziehungen sind territorial gebunden und distanzabhängig, andere kaum. Das Schema läßt erkennen, daß sich der Schwerpunkt der systembildenden Funktionen und Relationen von den Pendler- und Dienstleistungsfunktionen der lokalen Systeme zu den politisch-administrativen, wirtschaftsorganisatorischen und Produktionsfunktionen in gesamtstaatlichen Systemen verschiebt. Es wird sichtbar, daß zumindest in sozialistischen Ländern vor allem diejenigen Ebenen durch systembildende Funktionen und Relationen abgesichert werden, die mit der politisch-administrativen Territorialgliederung identisch sind. Ergänzt werden müßte das Schema um eine Einordnung der Stadtagglomerationen. Sie werden hier nur als Zentren größerer Siedlungssysteme genannt, sind aber zugleich selbst territoriale Siedlungssysteme eines bestimmten Ranges.

Das hier wiedergegebene Schema konzentriert sich auf die für die UdSSR bedeutsamen Größenordnungen. Es könnte erweitert werden bis zu dem größten vorstellbaren Siedlungssystem: dem Welt-Siedlungssystem. Andererseits müßte ein vollständiges Schema auch die kleinsten territorialen Systeme zur Realisierung der Systemfunktionen Wohnen/Leben/Arbeiten/Produzieren/Infraleistungen berücksichtigen. Für die Untersuchung nationaler Siedlungssysteme sind diese Erweiterungen allerdings nicht erforderlich.

Tabelle 2. Gesamtheit der Beziehungen, die für die Herausbildung von Siedlungssystemen verschiedenen hierarchischen Ranges in der UdSSR wirksam sind (MARKSOO 1977)

Siedlungs-system (S.)	Hauptzentrum	hauptsächliche systembildende Beziehungen					
		Leitungsbeziehungen		Produk-tions-bezieh.	Dienstleistungsb.		Arbeits-pendler-bezieh.
		polit.-admin.	wirtsch.-organis.		episo-dische	period. u. tägl.	
gesamt-staatliches Sied-lungssystem	Hauptstadt der UdSSR (Moskau)	××	××	××	×		
Großregions-S.	große polyfunktionale Stadt mit gesamt-staatlicher Bedeutung		××	××	×		
Repubik-S. Oblast-S.	Republikshauptstadt Oblastzentrum	××	××	××	××	×	
Teil-republiks-S. Regions-S.	große polyfunktionale Zentren mit Republiks- und Oblastbedeutung		××	××	××	×	×
Rayon-S.	Rayons-Zentrum (Stadt, städtische Siedlung)	××	××	××	×	××	×
Teilrayons-S. lokales S.	Kleinstadt, städtische Siedlung, großes Dorf		×	×		××	××
unterstes S. (Staatsgut, Forstwirt-schaftsbetrieb)	Zentrum des betr. Betriebes		××	××		×	××

×× Hauptbeziehungen × sonstige Beziehungen

Die Zusammenstellungen zur hierarchischen Gliederung von Siedlungssystemen, wie das vorgestellte Beispiel von MARKSOO für die UdSSR, machen die Komplexität und Kompliziertheit dieser Systeme sichtbar (vgl. auch BOURNE 1975). Insbesondere die nationalen Siedlungssysteme sind zu kompliziert, als daß sie als einheitliche Ganzheit analysiert und daraus unmittelbare Maßnahmen zur Steuerung abgeleitet werden könnten. Sie sind *große Systeme* bereits in dem Sinne, „daß ein System für den Beobachter groß ist, wenn es dessen Möglichkeiten in einer bestimmten, für die Erreichung seines Ziels wichtigen Hinsicht übersteigt" (Wörterbuch der Kybernetik, S. 258). Daraus folgt, daß ein Schema wie das hier vorgestellte nur ein erster Schritt zum Verständnis der hierarchischen Struktur von Siedlungssystemen sein kann. Eine genauere Prüfung ergibt, daß sich *in einem solchen Schema mehrere hierarchische Strukturen überlagern*. Es sind die hierarchischen Strukturen von sachlich-inhaltlich bestimmten Teilsystemen des Siedlungssystems. Daher gilt es zunächst, diese sachlich-inhaltlich begrenzten Teilsysteme zu definieren und für sie deren hierarchische Strukturen zu ermitteln. Als letzter Schritt kann sich dann ein neues Schema anschließen, das durch die Zusammenführung der hierarchischen Strukturen der hauptsächlichen Teilsysteme des Siedlungssystems gebildet wird.

Sachlich-inhaltliche Strukturen

Wenn man sich nicht mit einer Erforschung von Siedlungsgefügen begnügt, d. h. lediglich die erkennbaren Erscheinungen menschlicher Siedlung erfaßt und damit letztlich auf ein komplexes, systemtheoretisches Herangehen verzichtet, muß das Siedlungssystem als ein typisches großes System zunächst in seinen *Teilsystemen* erforscht werden. Das *Gesamt-System* ist dann als ein *Komplex untereinander verbundener Teilsysteme* zu verstehen.

Diese Teilsysteme sind aus *Teil-Funktionen* des gesamten Siedlungssystems abzuleiten. Sie müssen überschaubar (und damit erforschbar) und in ihrer Stellung zum Gesamtsystem bestimmt sein. Geht man von der System-Funktion des Siedlungssystems generell aus, die mit dem Ziel des gesellschaftlichen Reproduktionsprozesses identisch ist, so liegt es nahe, als die entscheidenden Teil-Funktionen des Siedlungssystems diejenigen zu wählen, die *die beiden wichtigsten Teilziele des gesellschaftlichen Reproduktionsprozesses repräsentieren:*

— die Erzielung hoher volkswirtschaftlicher Leistungen in der Produktion und im nichtproduzierenden Bereich, d. h. Infrabereich (volkswirtschaftliche Zielstellung) und
— die Befriedigung der Bedürfnisse der Bevölkerung nach Wohnen/Leben und Arbeiten (soziale Zielstellung).

In Übertragung dieser beiden Zielstellungen auf das Siedlungssystem lassen sich als hauptsächliche *Teil-Systeme* ein *volkswirtschaftlich orientiertes* und ein *bedürfnisorientiert es* ableiten (vgl. dazu auch ähnliche Auffassungen bei Schultze 1978):

1. Das volkswirtschaftlich orientierte (Teil-) Siedlungssystem ist eine Siedlungs-Gesamtheit, die in Arbeitsteilung und -verbindung von Siedlungs-Einheiten der Hervorbringung volkswirtschaftlich wichtiger Leistungen der Produktion und der Infrabereiche dient; dieses System wird im folgenden als *Ö-Siedlungssystem* bezeichnet (Ö = Ökonomie).
2. Das bedürfnisorientierte (Teil-) Siedlungssystem ist eine Siedlungs-Gesamtheit, die in Arbeitsteilung und -verbindung von Siedlungs-Einheiten der Befriedigung der Bedürfnisse der Bevölkerung nach Wohnen/Leben und Arbeiten dient; dieses System soll im folgenden als *B-Siedlungssystem* bezeichnet werden (B = Bedürfnisse).

Die Zugrundelegung dieser beiden miteinander verbundenen, aber doch relativ eigenständigen Hauptziele des gesellschaftlichen Reproduktionsprozesses bildet einen Kernpunkt der Gesellschafts- und Wirtschaftspolitik von Partei und Regierung in der DDR (Einheit von Wirtschafts- und Sozialpolitik, siehe Programm der SED, S. 22ff.). Sie findet auch zunehmend Eingang in die theoretische und praktische Forschungsarbeit der Ökonomischen Geographen der DDR.

Schultze (1978, S. 35—36) unterscheidet zwischen Wirtschaftsraum und sozialem Reproduktionsraum der Bevölkerung. Er betont, daß heute die Ökonomische Geographie über die einst vorherrschende Produktionsorientierung hinausgewachsen sei und die „Territorialstruktur des gesellschaftlichen Reproduktionsprozesses in seiner ganzen Breite" einbeziehe. „Dabei geht es weniger um die Standortverteilung der einzelnen Elemente in ihrem wechselseitigen Zusammenhang als vielmehr um den systemaren Aufbau und die Funktionsweise mehr oder weniger komplex strukturierter territorialer Einheiten." Es sei notwendig, „deutlicher zwischen der ökonomischen Reproduktion im engsten Sinne und der sozialen Reproduktion zu unterscheiden. In diesem Sinne wurde in der Ökonomischen Geographie der Begriff des Wirtschaftsraumes als Aktionsraum für den ökonomischen Prozeß ergänzt durch den Begriff des Lebensraumes bzw. des Aktions- und Kommunikationsraumes der Gesellschaft".

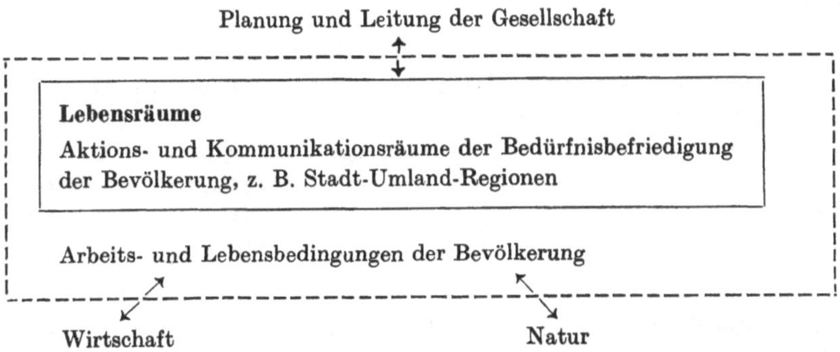

Abb. 2. Lebens/Aktions- und Kommunikationsräume der Bevölkerung (nach Krönert 1979)

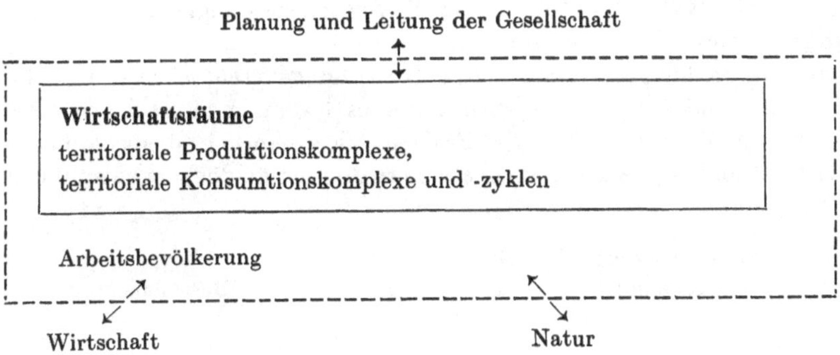

Abb. 3. Wirtschaftsräume (nach Krönert 1979)

Krönert (1977, 1979) prägte den Begriff des Aktions- und Kommunikationsraumes der Bevölkerung (identisch mit Schultzes sowie dem Reproduktionsraum) und stellte ihn dem Wirtschaftsraum gegenüber (vgl. Abb. 2 und 3).

Heinzmann (1979) unterstreicht die Berechtigung der Untergliederung in Wirtschaftsraum und Lebensraum der Bevölkerung, da sie sich u. a. „reproduktionstheoretisch aus den zwei Seiten des Arbeitsprozesses, der materiell-technischen und der sozialökonomischen herleiten" (S. 7). Er legt dar, daß von der einheitlichen gesamtgesellschaftlichen Zielstellung ausgehend für die verschiedenen territorialen Teilsysteme Teilzielfunktionen abgeleitet werden müssen. Bezugnehmend auf diese Standortsysteme führt er aus, daß „die Ableitung objektiv existierender Standortsysteme aus dem Prozeß der territorialen Arbeitsteilung ... eine allgemein anerkannte und theoretisch grundlegende Ausgangsposition (ist) ... So formieren z. B. die produktiven Prozesse der Volkswirtschaft andere Standortsysteme als die Reproduktionsprozesse der Arbeitskraft und der Bevölkerung. Die Ausbildung qualitativ unterschiedlicher Standortsysteme muß in viel stärkerem Maße aus dem Wesen und der inneren Struktur des Reproduktionsprozesses abgeleitet werden und nicht primär — wie das allerdings vielfach noch vorherrscht — aus der Analyse territorialer Strukturmerkmale" (S. 6).

Eine erste konkrete Umsetzung derartiger Vorstellungen wurde mit der Darstellung des Siedlungssystems der DDR für die IGU-Kommission Nationale Siedlungssysteme versucht (Grimm 1979).

Ö-Siedlungssysteme und *B-Siedlungssysteme* unterscheiden sich von den in den Zitaten angesprochenen Wirtschafts- und Lebensräumen sowie den Standortsystemen der Wirtschaft und Gesellschaft vor allem dadurch, daß sie bewußt *auf die Siedlungen und deren Zusammenwirken beschränkt* werden:

- das *B-Siedlungssystem* ist weitgehend mit einem bedürfnisorientierten Standortsystem der Gesellschaft identisch (Abweichungen: Arbeiten außerhalb von Siedlungen, Erholung außerhalb von Siedlungen),
- das *Ö-Siedlungssystem* ist wesentlich begrenzter als das Standortsystem der Wirtschaft, denn es erfaßt nur die ökonomischen Prozesse in Siedlungen (vorwiegend Industrie, Infraleistungen, Leitung/Organisation), nicht aber die ökonomische Nutzung außerhalb der Siedlungen (vorwiegend Landwirtschaft/Pflanzenproduktion, Forstwirtschaft, Wasserwirtschaft, Bergbau).

Die Grundzüge des B-Siedlungssystems und des Ö-Siedlungssystems in ihrer Stellung im gesellschaftlichen Reproduktionsprozeß sowie die wesentlichsten Zusammenhänge in Wirtschaftsräumen und Lebensräumen der Bevölkerung werden in den beigegebenen Schemata veranschaulicht (vgl. Abb. 2, 3, 4 und 5). Sie machen zugleich den hohen Komplexitätsgrad jeder dieser Einheiten sichtbar.

Beide Teilsysteme des Siedlungssystems — das B-Siedlungssystem ebenso wie das Ö-Siedlungssystem — sind noch immer zu komplex, um als System im Sinne der Systemtheorie untersucht zu werden. Dennoch ist die Problematik wesentlich überschaubarer. Zwar ist es erforderlich, noch begrenztere Subsysteme zu definieren, doch ist es nunmehr

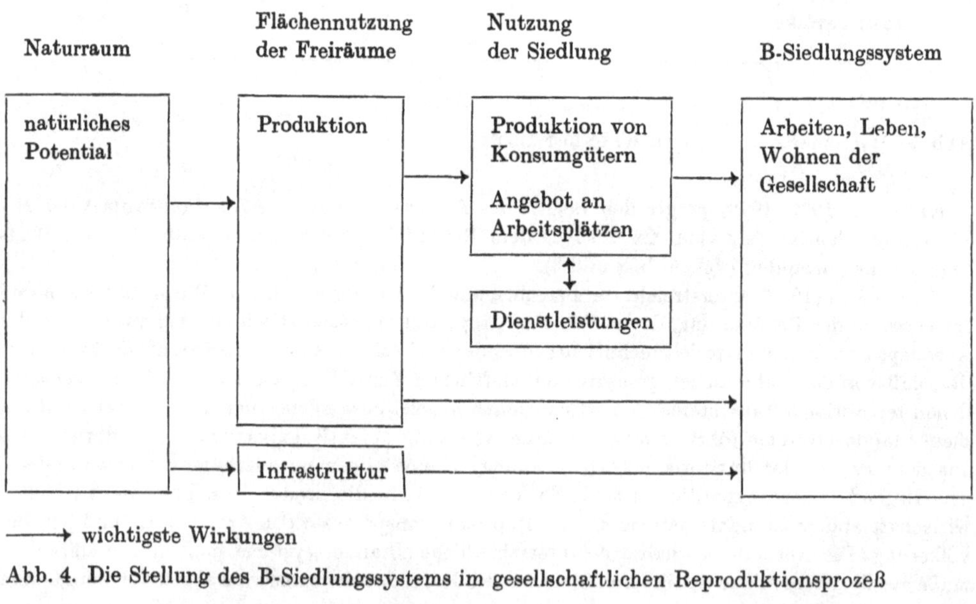

Abb. 4. Die Stellung des B-Siedlungssystems im gesellschaftlichen Reproduktionsprozeß

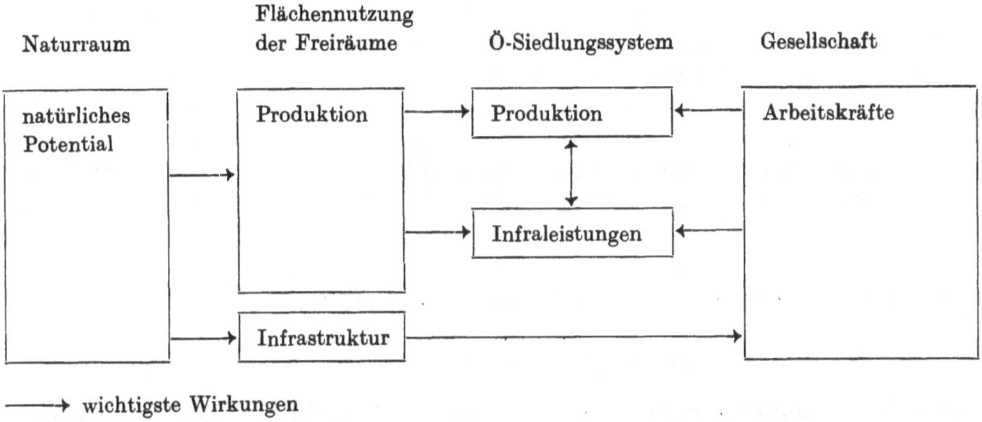

Abb. 5. Die Stellung des Ä-Siedlungssystems im gesellschaftlichen Reproduktionsprozeß

möglich, deren Stellung zu einem der beiden großen Teilsysteme des Siedlungssystems zu bestimmen — und damit letztlich auch zum gesamten Siedlungssystem (vgl. Abb. 4 und 5).

Neben den beiden komplexeren Teilsystemen des Siedlungssystems ist es möglich, unter etwas anderem Aspekt ein weiteres Teilsystem des Siedlungssystems zu bestimmen: *das territoriale Bevölkerungssystem.* Die Sonderstellung eines solchen Teilsystems ist gerechtfertigt infolge der hohen Bedeutung der Bevölkerung in Siedlungssystemen, es erfaßt die demographischen Aspekte der Bevölkerung. Territoriale Systeme der Bevölkerung werden in der geographischen Fachliteratur häufig vorgestellt, und nicht selten werden sie trotz ihrer Begrenztheit sogar als Siedlungssysteme ausgegeben. Daher dient die gesonderte Untersuchung nicht nur der Bearbeitung eines wichtigen Problemkreises in Siedlungssystemen, sondern auch der Wertung und Einordnung der zahlreichen Methoden und Aussagen zu territorialen Bevölkerungssystemen in das umfassendere Konzept der Siedlungssysteme.

Zur Integration der Teilsysteme und -strukturen

Die bisherigen Ausführungen lassen erkennen, daß eine Integration der Teilsysteme und ihrer Strukturen zum gesamten Siedlungssystem zunächst nur als relativ allgemeiner Rahmen gelten kann und daß die konkrete Forschungsarbeit sich auf begrenztere Aspekte konzentrieren muß. Dennoch sind Fortschritte auf allen Ebenen der Komplexität und Abstraktion erforderlich, um dem Idealziel einer komplexen Erfassung von Siedlungssystemen schrittweise näherzukommen.

„Bei der Klassifizierung der bisher entwickelten Modelle von Siedlungssystemen ergibt sich eine offensichtliche Gliederung in allgemeine und partielle Modelle. Die partiellen Modelle sind bereits sehr zahlreich und in der Mehrzahl der Fälle praktisch anwendbar. Die allgemeinen Modelle sind ziemlich selten. Sie sind theoretisch und sehr komplex. Da sie komplex sind, sind sie praktisch niemals anwendbar. ... Worin besteht dann ihr Wert? ... In solchen Modellen, obwohl praktisch niemals anwendbar, ist es leichter, die Anatomie, die Struktur des Systems zu verstehen. Außerdem können mit ihrer Hilfe die Zusammenhänge zwischen verschiedenen einfachen und praktisch anwendbaren partiellen Modellen identifiziert und definiert werden" (Dziewoński 1977, S. 11).

Ansatzpunkte für die zunehmende Integration der Teilsysteme des Siedlungssystems ergeben sich einerseits aus der Erforschung jedes einzelnen Teilsystems, andererseits aber vor allem bei der Untersuchung der Groß- und Mittelstädte und des von ihnen gebildeten Städtesystems. Daneben aber bleibt die Untersuchung des Siedlungsgefüges, d. h. der Erscheinung ohne tieferes Eindringen in das Wesen der Siedlungssysteme, eine eigenständige Aufgabe siedlungsgeographischer Forschung, durch die indirekt auch verbesserte Kenntnisse zur territorial differenzierten Siedlungs-Gesamtheit erzielt werden können.

6. Nationale Siedlungssysteme und die Spezifik der DDR

6.1. Zum Wesen nationaler Siedlungssysteme

Nationale Siedlungssysteme gemäß der Definition der IGU-Kommission Nationale Siedlungssysteme umfassen die menschliche Siedlung von Staaten in ihrer territorialen Differenziertheit und Verbundenheit. Sie können als eigenständige Systeme aufgefaßt werden, da „Staaten zur Zeit die am vollständigsten entwickelten und kristallisierten politischen und ökonomischen Ganzheiten (Regionen) darstellen, die ihre eigenen spezifischen Siedlungssysteme zu entwickeln versuchen“ (Guidelines N.S.S., S. 235).

Das Konzept der nationalen Siedlungssysteme bringt nicht nur eine neue Dimension in die Behandlung von Siedlungssystemen, sondern führt vor allem zu Fragen der inhaltlichen Erweiterung des Begriffs Siedlungssystem. Bisher wurden Siedlungssysteme vorrangig als Systeme räumlicher Spezialisierung und Kooperation von Menschen (Siedlungsgemeinschaften) unter sozialräumlichem Aspekt aufgefaßt. *Gesamtstaatliche Standortsysteme* sind demgegenüber aber vor allem politische und wirtschaftliche Einheiten (siehe Zitat). Daher können gesamtstaatliche Standortsysteme die wirtschaftliche und politische Territorialorganisation nicht unberücksichtigt lassen. Mehr noch: die ökonomischen und politischen Beziehungen sind die wichtigsten territorialen Beziehungen überhaupt in gesamtstaatlichen Standortsystemen der Gesellschaft und Wissenschaft. Dies gilt in vollem Umfang auch für *nationale Siedlungssysteme*, die zu den grundlegendsten Standortsystemen im Rahmen eines Staates gehören. Nationale Siedlungssysteme werden gekennzeichnet durch die territoriale Spezialisierung und Kooperation von Siedlungen auf den Gebieten der Wirtschaft, Politik, im sozialen und kulturellen Bereich.

Das Konzept des nationalen Siedlungssystems als eine Fortsetzung und Weiterentwicklung der Konzepte regionaler und lokaler Siedlungssysteme führt konsequenterweise zur Einbeziehung der Wirtschaft. Nun aber entsteht die Frage: Worin besteht dann der Unterschied zwischen dem nationalen/gesamtstaatlichen Siedlungssystem und dem gesamten Standortsystem der Gesellschaft und Wirtschaft im Rahmen eines Staates? Die Antwort kann nur darin bestehen, daß die nationalen Siedlungssysteme auf die sozialen und ökonomischen Prozesse *in Siedlungen* und *zwischen Siedlungen* begrenzt sind, d. h. z. B. im wirtschaftlichen Bereich auf die Industrie und Infrastruktur in den Siedlungen und auf die dortigen Einrichtungen der Wirtschaftsleitung und -steuerung (wie Abb. 1 es ausweist).

Daraus folgt die Bestimmung des Wesens nationaler Siedlungssysteme. Es besteht darin, daß alle Siedlungen eines Staates (Siedlungsgemeinschaften unter Nutzung ihrer Siedlungssubstanz) arbeitsteilig differenziert und verbunden sind, um ein gemeinsames Ziel zu verwirklichen: hohe soziale und ökonomische Leistungen für die Bevölkerung des betreffenden Staates (zur Differenzierung dieses Zieles vgl. Abschnitt 6.3.). In Abhängigkeit von Untersuchungsziel und -aufwand kann das nationale Siedlungssystem in Teileinheiten gegliedert werden: Siedlungseinheiten (Elemente, Teilsysteme). Kleinste Einheit ist die Einzelsiedlung (Stadt, Dorf). Das nationale Siedlungssystem seinerseits ist ein Teilsystem des gesamten Standortsystems der Gesellschaft und Wirtschaft eines Staates. Gegenüber diesem Supersystem ist das nationale Siedlungssystem auf Siedlungen begrenzt.

Mit der Einbeziehung der Wirtschaft in das Konzept des nationalen Siedlungssystems entsteht eine weitere Frage: Wie steht es um den Inhalt lokaler und regionaler Siedlungssysteme, die bisher vorwiegend als sozial bestimmte Systeme aufgefaßt werden? Es gibt nur eine konsequente Antwort: Auch bei lokalen und regionalen Siedlungssystemen müssen diese ökonomischen Aspekte berücksichtigt werden. Demzufolge müssen die bisher als lokale Systeme bezeichneten Siedlungssysteme präziser eingeordnet werden: sie sind nicht nur Teilsysteme des nationalen Siedlungssystems wegen ihrer geringen Dimension, sondern auch Teilsysteme in sachlich-inhaltlicher Sicht. Die Anerkennung von sozialökonomisch bestimmten Siedlungssystemen in allen hierarchischen Ebenen eines Staates ist die logische Konsequenz aus der Anerkennung dieser Komplexität bei nationalen Siedlungssystemen.

6.2. Groß- und Mittelstädte im nationalen Siedlungssystem

Groß- und Mittelstädte haben eine herausragende, dominierende Stellung in nationalen Siedlungssystemen. Ihre besondere Bedeutung wird in zahlreichen diesbezüglichen Studien unterstrichen, z. B. bei NEČADA/HANA (1974), FOMIN (1976), GOCHMAN, LAPPO u. a. (1976), BELUSZKI (1975, 1976), JERCZYNSKI (1977), in allen Länderberichten für die IGU-Kommission Nationale Siedlungssysteme (The National Settlement Systems 1979, I. und II.), vgl. auch entsprechende Vorstellungen zur Makrostruktur des Siedlungsnetzes in der DDR bei BÖNISCH, MOHS, OSTWALD (1976).

Auf Grund der besonderen Bedeutung der Groß- und Mittelstädte ist es durchaus berechtigt zu fragen, ob die Analyse des nationalen Siedlungssystems auf sein Städte-Subsystem beschränkt werden kann (Guidelines N.S.S.). Die Antwort ist weitgehend abhängig von der genaueren Begriffsbestimmung der beiden tragenden Grundbegriffe „Stadt" und „System". Es läßt sich sowohl ein *Städtesystem im engeren Sinne* bestimmen als auch ein *Städtegefüge*, das die Städte unter einem sehr weit gefaßten Systembegriff zusammenfaßt.

a) Das einzige größere Teilsystem nationaler Siedlungssysteme, das ausschließlich durch Groß- und Mittelstädte und ihr Zusammenwirken verwirklicht wird und somit als *Städtesystem* bezeichnet werden kann, ist das System der *Leitung/Organisation von Gesellschaft und Wirtschaft*. Nur dieses Teilsystem erfüllt die Bedingung, eine Ganzheit mit spezifischer System-Funktion zu bilden, und auch die Anforderung, auf Städte (bzw. die dortigen Siedlungsgemeinschaften) begrenzt zu sein. Dem relativ ganzheitlichen Städtesystem der Leitung/Organisation sind *einige weitere partielle Städtesysteme* zur Seite zu stellen, vor allem für die Wissenschaft und für spezielle Bereiche der Produktion und Infrastruktur.

Städtesysteme der Leitung/Organisation von Gesellschaft und Wirtschaft wurden in den letzten Jahren vor allem von skandinavischer Seite untersucht (TÖRNQVIST 1970, 1973; PRED 1973, 1976;

Ahnström 1973). Diese inhaltlich und methodisch interessanten Arbeiten sind in ihrer Aussage jedoch auf kapitalistische Industrieländer orientiert und für uns nicht direkt anwendbar. Städtesysteme der Leitung/Organisation in vergleichbarer Stellung zum gesamten Siedlungssystem existieren selbstverständlich auch in sozialistischen Staaten. Sie bedürfen aber wegen ihrer grundlegend anderen Spezifik einer gesonderten Untersuchung. Entsprechende Ansätze und Hinweise finden sich u. a. bei Chorev (1975), Grimm (1974), Marksoo (1977) und Ryšavy (1980). Der besonderen Bedeutung politisch-administrativer Funktionen und Zentren im nationalen Siedlungssystem wird durch eine ausführliche Kommentierung in den Richtlinien der IGU-Kommission Nationale Siedlungssysteme entsprochen (Guidelines N.S.S., S. 239).

b) Viel umfangreicher ist demgegenüber die Zahl derjenigen Siedlungsfunktionen, die zwar in ihrer Mehrzahl, nicht aber ausschließlich auf Groß- und Mittelstädte konzentriert sind. In all diesen Fällen bilden die Groß- und Mittelstädte kein eigenständiges, ganzheitliches Städtesystem, sondern sind Bestandteile (allerdings die wesentlichsten) umfangreicherer territorialer Systeme: des gesamtstaatlichen Siedlungssystems und letztlich sogar des gesamtstaatlichen Standortsystems der Gesellschaft und Wirtschaft. Es ist zutreffender, die Groß- und Mittelstädte aus dieser umfassenden Sicht nicht als Städtesystem, sondern als *Städtegefüge* zu bezeichnen (analog dem Begriff Siedlungsgefüge, der sich gleichfalls auf die Erfassung einer Menge von Elementen und ihrer Verbindungen beschränkt). Diese Städtegefüge sind in etwa als Synonym für den Terminus „Makrostruktur des Siedlungsnetzes“ (Bönisch, Mohs, Ostwald 1976) aufzufassen. Das gesamtstaatliche Städtegefüge erfaßt auch einige Städtesysteme im engeren Sinne, als größtes und geschlossenstes das Städtesystem der Leitung/Organisation von Gesellschaft und Wirtschaft.

Diese weite Auffassung des Systembegriffes (der der Verfasser wegen ihrer Unverbindlichkeit nicht folgt) liegt zahlreichen Ausarbeitungen zu gesamtstaatlichen Städtegefügen zugrunde, außer in den Beiträgen der IGU-Kommission Nationale Siedlungssysteme (The National Settlement Systems 1979) u. a. für die UdSSR (Chorev 1975, Lappo 1978), die ČSSR (Nečada/Hana 1974), die Ungarische VR (Beluszki 1975, 1976; Toth 1978) und Indien (Alam u. a. 1979a, b). Darüber hinaus erfolgten allgemeinere, theoretische Arbeiten zum Städtegefüge vor allem von polnischer Seite (Dziewonski/Jerczynski 1978, Dziewonski 1979). In diesen Arbeiten wird das gesamtstaatliche Städtegefüge meist als Städtesystem (national urban system) bezeichnet.

Die Frage der IGU-Kommission Nationale Siedlungssysteme, ob „die Analyse des nationalen Siedlungssystems auf sein städtisches Subsystem begrenzt werden kann“ (Guidelines N.S.S., S. 237), ist daher wie folgt zu beantworten: Das Städtesystem der Leitung/Organisation (Städtesystem im engeren Sinne) als Teilsystem des nationalen Siedlungssystems widerspiegelt zwar wesentliche Züge auch des gesamten Siedlungssystems, kann aber nicht Stellvertreter für das Ganze sein. Das Städtegefüge (Städtesystem im weiteren Sinne) kann weitgehend das gesamte nationale Siedlungssystem widerspiegeln, sofern die lokalen und regionalen Teilsysteme in ihrer Struktur unter dem Betrachtungsmaßstab bleiben. Das Städtegefüge ist allerdings keine eigenständige Ganzheit und kann demzufolge auch nicht als eigenes System (Teilsystem des nationalen Siedlungssystems) aufgefaßt werden.

6.3. Die Spezifik des Siedlungssystems der DDR

Die Einordnung und die Interpretation der Fallstudie zur DDR (Grimm 1980) setzen eine Erörterung der Spezifik des DDR-Siedlungssystems voraus. Zwei Fragen sind zu beantworten:

– Welchem Typ von Siedlungssystemen ist das DDR-Siedlungssystem zuzurechnen?
– Welche individuellen Spezifika prägen das DDR-Siedlungssystem?

Da Siedlungssysteme in erster Linie Organisationsformen der Gesellschaft sind, muß eine *Typisierung nationaler Siedlungssysteme* hauptsächlich von der Funktion und Struktur der Gesellschaft in den betreffenden Staaten ausgehen, d. h. von der jeweiligen Gesellschaftsordnung. Ergänzende Kriterien sind vor allem die historische Entwicklung des betreffenden Siedlungssystems (die Nachwirkungen früherer Gesellschaftsordnungen), die Größe und die natürliche Ausstattung des Landes. Auf dieser Grundlage schufen Dziewonski und Jerczynski (1978, S. 206 bis 208), ähnlich später auch Bourne u. a. (1984), eine Typisierung nationaler Siedlungssysteme. Diese Typisierung ist im wesentlichen geeignet, die zahlreichen veröffentlichten Fallstudien (The National Settlement Systems 1979) zu vergleichen und einzuordnen:

A-1 kapitalistische Länder mit Siedlungssystemen, die bereits in früheren Epochen intensiv entwickelt waren (z. B. westeuropäische Staaten, vielleicht Japan),
A-2 kapitalistische Länder mit Siedlungssystemen, die nur extensiv entwickelt sind (z. B. in Nordamerika, Australien, Neuseeland),
B-3 dichtbesiedelte Entwicklungsländer (z. B. die Staaten Süd- und Südostasiens),
B-4 dünnbesiedelte Entwicklungsländer (z. B. die meisten Länder Lateinamerikas, Afrikas und des Nahen Ostens),
C-5 sozialistische Länder mit Siedlungssystemen, die bereits in früheren Epochen intensiv entwickelt waren (z. B. die meisten Länder im östlichen Mitteleuropa, der Westteil der UdSSR),
C-6 sozialistische Länder mit großen dünnbesiedelten Räumen (z. B. der asiatische Teil der UdSSR und die Mongolische Volksrepublik).

Die DDR gehört unzweifelhaft zu Typ C-5 des dargestellten Schemas.

Die allgemeine *Systemfunktion nationaler Siedlungssysteme*, die Erzielung hoher sozialer und ökonomischer Leistungen für die Bevölkerung des betreffenden Staates, wird in der DDR und anderen Staaten des Types C-5 und C-6 *entsprechend den Zielstellungen der sozialistischen Gesellschaft* spezifiziert. Im konkreten Fall der DDR wird diese Zielstellung durch die DDR-Verfassung und das Parteiprogramm der SED formuliert (Verfassung der DDR, Programm der SED):

„Die Sozialistische Einheitspartei Deutschlands stellt sich das Ziel, in der Deutschen Demokratischen Republik weiterhin die entwickelte sozialistische Gesellschaft zu gestalten und so grundlegende Voraussetzungen für den allmählichen Übergang zum Kommunismus zu schaffen. ... Die Gestaltung der entwickelten sozialistischen Gesellschaft macht es notwendig, alle Vorzüge und Triebkräfte, alle Seiten und Bereiche des gesellschaftlichen Lebens, die Produktivkräfte und Produktionsverhältnisse, die sozialistische Ideologie und Kultur, die Gesamtheit der Arbeits- und Lebensbedingungen sowie die Landesverteidigung planmäßig auf hohem Niveau zu entwickeln. Die entwickelte sozialistische Gesellschaft setzt die ungeteilte Herrschaft der sozialistischen Produktionsverhältnisse voraus. ... Entwickelte sozialistische Gesellschaft – das heißt also, alle Bedingungen zu schaffen, damit sich die gesellschaftlichen Beziehungen und die körperlichen und geistigen Fähigkeiten der Menschen voll entfalten können, alle Möglichkeiten zu eröffnen, daß sie ihr Leben inhaltsreich und kulturvoll zu gestalten vermögen, daß das Denken und Handeln der Werktätigen von der sozialistischen Ideologie, der marxistisch-leninistischen Weltanschauung der Arbeiterklasse geprägt wird“ (Programm der SED 1976, S. 19 bis 22).

Die Unterscheidung der Typen C-5 und C-6 rechtfertigt sich aus den gravierenden Unterschieden, die bei verschiedener Bevölkerungsdichte und „Investitionsdichte“ im ererbten Siedlungsnetz bestehen. Auf Grund der Langlebigkeit der Grundfonds prägen sie in besonderem Maße die Siedlungssubstanz (Siedlungsnetze), weniger die Siedlungsgemeinschaften. Daraus resultieren gewisse Ähnlichkeiten beispielsweise der Siedlungssysteme entwickelter sozialistischer und kapitalistischer Staaten (Typen A-1 und C-5) oder der Siedlungsnetze in dünnbesiedelten Räumen mit rascher Industrieentwicklung (Typen A-2 und B-6, beispielsweise Sibirien nach LAPPO/PIVOVAROV 1979 und CHOREV/SMIDOVIČ 1978 im Vergleich zu Australien und Kanada nach LOGAN u. a. 1979 und SIMMONS 1979). Diese Ähnlichkeiten betreffen in erster Linie die *Erscheinung* der verglichenen nationalen Siedlungssysteme und berühren nicht das grundsätzlich unterschiedliche, von den Gesellschaftsordnungen bestimmte *Wesen* dieser Systeme.

Die *individuelle Spezifik des DDR-Siedlungssystems* im Vergleich zu anderen Systemen des Typs 5 besteht in der hohen Bevölkerungsdichte, dem hohen Industrialisierungs- und Urbanisierungsgrad der DDR (jeweils Höchstwerte aller Staaten dieses Typs), der exponierten Lage der DDR am Rande der RGW-Staatengemeinschaft, der relativ jungen Geschichte als eigenes Staatsgebilde, der geringen Größe des Staatsterritoriums, der politisch-administrativen Gliederung in Bezirke und Kreise, Besonderheiten der Naturbedingungen u. v. a. Für die Struktur des DDR-Siedlungssystems besonders prägend ist die Gliederung in 15 Bezirke und 219 Land- und Stadtkreise. Sie weist verwandte Züge zur Gliederung nach lokalen, regionalen und nationalen Siedlungssystemen auf, wie sie für viele Staaten dieser Größenordnung nachzuweisen ist (Tab. 3).

Tabelle 3. Größenordnung der Siedlungssysteme in der DDR
(nach KRÖNERT 1979 und GRIMM 1979)

Fläche in km²	Raumeinheit	Bezeichnung
< 100	Siedlung, Gemeinde, Stadtteil, Gemeindeverband	örtlich
100 bis 1000	Gemeindeverband, Kreis, Stadtkreis	mikroregional (lokal)
1000 bis 10000	Kreis, Kreisgruppe, Bezirk	mesoregional (regional i. e. S.)
10000 bis 100000	Bezirksgruppe, Republik	makroregional (national) gesamtstaatlich

Auf der Grundlage der dargestellten Überlegungen zu den Siedlungssystemen generell, zu nationalen Siedlungssystemen und zur Einordnung des DDR-Siedlungssystems wurde eine Fallstudie zur DDR durchgeführt, die der Prüfung und Weiterentwicklung des hier erörterten Konzepts diente (GRIMM 1980). Die umfangreiche Arbeit konnte bisher nur in komprimierter Form publiziert werden (GRIMM 1979; GRIMM in BOURNE u. a. 1984). Die folgenden Schlußfolgerungen basieren sowohl auf den hier erläuterten theoretischen Überlegungen als auch auf den Erfahrungen der Fallstudie zum DDR-Siedlungssystem.

7. Schlußfolgerungen für die weitere Erforschung nationaler Siedlungssysteme

Die vorliegende Untersuchung zu Struktur und Funktion nationaler Siedlungssysteme am Beispiel des Siedlungssystems der DDR führt zu Schlußfolgerungen sowohl für weitere diesbezügliche Forschungen in der DDR als auch für die Erforschung nationaler Siedlungssysteme generell. Sie lassen sich in folgenden Punkten thesenhaft zusammenfassen:

1. Die *allgemeine Ausgangshypothese* der IGU-Kommission Nationale Siedlungssysteme, daß Siedlungssysteme im nationalen (gesamtstaatlichen) Rahmen existieren und daß sie durch miteinander verbundene Siedlungseinheiten gebildet werden, kann als *Rahmenvorgabe* auch für weitere Forschungen zu nationalen Siedlungssystemen beibehalten werden. Für konkrete Forschungen, die zu vergleichbaren Ergebnissen und letztlich zu Modellierungen führen sollen, bedarf sie jedoch der weiteren Präzisierung, insbesondere hinsichtlich der genaueren Bestimmung der Grundbegriffe „System“ und „Siedlung“. Eine solche präzisierte Definition der tragenden Begriffe sollte durch die IGU-Kommission erarbeitet und bei späteren Untersuchungen verbindlich angewandt werden. Die vorliegende Studie zum Siedlungssystem der DDR sowie die zugehörigen begleitenden Ausarbeitungen (GRIMM 1980a) versuchen, geeignete Ansatzpunkte zur Präzisierung der Grundvorstellungen und Grundbegriffe aufzuzeigen.
2. Ausgangspunkt einer *präsizeren Bestimmung von Siedlungssystemen* muß die Kennzeichnung der diese Systeme tragenden *Prozesse* und der durch sie bewirkten *System-Funktion* sein. Tragender Prozeß der Siedlungssysteme ist der gesellschaftliche Reproduktionsprozeß, der dem Arbeiten und Wohnen/Leben der Gesellschaft und der Schaffung der dafür erforderlichen Voraussetzungen (Produktions- und Infraleistungen) dient. Siedlungssysteme erfassen diesen Prozeß in seiner territorialen Differenziertheit und Verflechtung, begrenzt auf die Differenziertheit und Verflechtung von Siedlungen. Bisherige Begriffsbestimmungen zu Siedlungssystemen gehen meist nicht mit der erforderlichen Konsequenz von dem zugrunde liegenden Prozeß aus und laufen dadurch Gefahr, bei einer Beschreibung von Regelhaftigkeiten der räumlichen Ordnung von Siedlungen stehenzubleiben.
3. Systemorientierte Forschungen machen eine *präzisere Fassung des Begriffes Siedlung* erforderlich. Im Systemzusammenhang sind die Siedlungen als standörtlich fixierte Menschengruppen aufzufassen: *Siedlungsgemeinschaften.* Diese Siedlungsgemeinschaften wirken in Siedlungssystemen arbeitsteilig zusammen. Die *Siedlungssubstanz* (Wohnhäuser, Straßen, Fabriken u. a.) gehört untrennbar zur Siedlung, sie ist ein notwendiges Attribut zum Wirksamwerden der Siedlungsgemeinschaften. Die Siedlungssubstanz bestimmt meist vordergründig das Bild der Siedlung, und sie ist am ehesten der direkten Planung und Steuerung durch Territorialplanung, Städtebau usw. zugänglich. Dennoch sind es die Siedlungsgemeinschaften, die im Siedlungssystem unmittelbar wirksam werden. Eine klare Bestimmung und Einordnung der *Grundkategorien Siedlung, Siedlungsgemeinschaft* und *Siedlungssubstanz* ist Voraussetzung für eine tragfähige Anwendung des Systemkonzepts auf die menschliche Siedlung (zum Doppelsinn des Wortes „Siedlung“ und gleichermaßen „Stadt“ siehe auch Begriffe wie „Städtebau“ und „Stadt-

verordneter“ : der erste Begriff bezieht sich auf die technisch-materielle Substanz der Stadt, der zweite Begriff auf die Stadtbewohner).

4. Die Hypothese von der Existenz nationaler Siedlungssysteme, d. h. von Siedlungssystemen im gesamtstaatlichen Rahmen, bedeutet eine *Erweiterung bisheriger Siedlungssystemkonzepte* nicht nur in der Dimension, sondern auch in der inhaltlichen Bestimmung. Da Staaten vor allem politische und ökonomische Ganzheiten darstellen, sind auch die politischen und ökonomischen Beziehungen für das Zusammenwirken im nationalen Siedlungssystem von besonderer Bedeutung. Mit dieser Erweiterung ist das nationale Siedlungssystem einem territorialen System nahegerückt, das sämtliche räumliche Beziehungen von Gesellschaft und Wirtschaft im Rahmen eines Staates einschließt (Standortsystem der Gesellschaft und Wirtschaft). Das nationale Siedlungssystem unterscheidet sich von einem solchen Supersystem dadurch, daß es sich auf die Prozesse in Siedlungen und zwischen Siedlungen beschränkt. Die konsequente Einbeziehung von wirtschaftlichen und politischen Funktionen und Beziehungen wurde bisher nur in wenigen Länderberichten zu nationalen Siedlungssystemen versucht. Sie müßte bei Aufrechterhaltung des Konzepts nationaler Siedlungssysteme für alle Darstellungen derartiger Systeme durchgesetzt werden.

5. Die Einbeziehung *politischer und ökonomischer Funktionen und Beziehungen* in Konzeptionen zu Siedlungssystemen kann nicht auf die nationale gesamtstaatliche Dimension beschränkt bleiben. Vielmehr wird es erforderlich, neben den bisher in der mikroregionalen und mesoregionalen Dimension vorwiegend untersuchten sozialen künftig auch die dort wirkenden politischen und ökonomischen Funktionen und Beziehungen zu erfassen.

6. Nationale Siedlungssysteme sind der Kategorie der „*großen Systeme*“ zuzuordnen. Daraus folgt, daß ihre Erforschung nicht in einem einheitlichen Komplex, sondern vor allem durch die *Untersuchung besser überschaubarer Teilsysteme* erfolgen muß. Die Teilsysteme lassen sich aus einer Untergliederung des das Siedlungssystem tragenden gesellschaftlichen Reproduktionsprozesses bestimmen: Bestimmung von Teil-Funktionen des Siedlungssystems und darauf gerichteter Prozesse, Bestimmung der dadurch gebildeten Teilsysteme. Nur begrenzt sind die Erfolgsaussichten von Forschungen, in denen eine Untergliederung des Siedlungssystems primär von räumlichen Teileinheiten ausgeht.

7. Abgeleitet aus den beiden Hauptzielen des gesellschaftlichen Reproduktionsprozesses, dem sozialen und dem ökonomischen, lassen sich *2 Teilsysteme des nationalen Siedlungssystems von relativ hoher Komplexität* ausweisen:
   - das bedürfnisorientierte B-Siedlungssystem (Teilsystem) und
   - das volkswirtschaftlich orientierte Ö-Siedlungssystem (Teilsystem).

   Als ein *weiteres eigenständiges Teilsystem* ist das Städtesystem der Leitung/Organisation von Wirtschaft und Gesellschaft erkennbar. Die Ausscheidung dieser 3 Teilsysteme gestattet sowohl eine vollständige Untersuchung der wesentlichsten Aspekte nationaler Siedlungssysteme als auch die Einordnung bisher vorliegender Teilergebnisse. Es erweist sich als zweckmäßig, daneben die demographischen Erscheinungen und Zusammenhänge im Rahmen eines eigenen Teil-Siedlungssystems zu untersuchen und in ihrer Position zum gesamten Siedlungssystem und seinen Teilsystemen zu bestimmen.

8. Das *B-Siedlungssystem* ist auf die *Realisierung sozialer Funktionen* orientiert (Arbeiten, Wohnen/Leben) und entspricht damit der Mehrzahl der international gebräuchlichen Begriffsbestimmungen für Siedlungssysteme insgesamt. Spezifika des B-Siedlungssystems sind die starke Bindung an Personenbeziehungen, die besondere Bedeutung der Dimension der täglichen Aktion und Kommunikation der Bevölkerung sowie die hierarchische Gliederung. Eine Besonderheit von B-Siedlungssystemen sozialistischer Länder ist die weitgehende Anlehnung an die politisch-administrative Territorialorganisation.

   Nationale Siedlungssysteme allein auf der Grundlage sozialer Beziehungen im gesamtstaatlichen Rahmen lassen sich nicht rechtfertigen, da die wesentlichsten Funktionen und Beziehungen zur gesamtstaatlichen Integration ökonomischer und politischer Art sind. Das nationale/gesamtstaatliche B-Siedlungssystem eines Landes ist kaum mehr als die Addition der lokalen/mikroregionalen B-Siedlungssysteme. Eine Beschränkung der Siedlungsdefinition auf soziale Beziehungen und Funktionen würde den Verzicht auf die Untersuchung gesamtstaatlicher Siedlungssysteme bedeuten. Eine Erweiterung auf die gesamtstaatlichen wesentlichen ökonomischen und politischen Beziehungen und Funktionen führt allerdings andererseits zu Konsequenzen, die über bisher diskutierte Vorstellungen der IGU-Kommission Nationale Siedlungssysteme hinausgehen.

9. Das *Ö-Siedlungssystem* ist auf die *Realisierung ökonomischer Funktionen* orientiert (Produktion, Infraleistungen). Seine gesonderte Ausweisung ist die logische Konsequenz der Erweiterung des Siedlungssystemkonzepts auf die gesamtstaatliche Dimension, wobei an traditionelle siedlungsgeographische Inhaltsbestimmungen mit ökonomischer Orientierung angeknüpft werden kann (vgl. Begriffe wie Industriestadt, Hafenstadt, Kurort). Ö-Siedlungssysteme sind von Land zu Land sowie auch innerhalb einzelner Länder erheblich vielgestaltiger als die B-Siedlungssysteme. Sie stehen dem komplexen Standortsystem der Wirtschaft eines Landes nahe. Der Kenntnisstand zu Ö-Siedlungssystemen ist deutlich geringer als zu B-Siedlungssystemen. Künftige Forschungen zu nationalen Siedlungssystemen müssen zu einer genaueren, allgemein anerkannten Bestimmung der Ö-Siedlungssysteme (Wesen, Inhalt, Abgrenzung gegenüber dem umfassenderen Standortsystem der Wirtschaft) und zu einer Systematisierung der in verschiedenen Ländern und verschiedenen Dimensionsstufen existierenden Ö-Siedlungssysteme führen.

10. Ein *Teilsystem* des Siedlungssystems, das im wesentlichen *auf Groß- und Mittelstädte beschränkt* ist, läßt sich in der DDR nur für die Leitung/Organisation der Gesellschaft und Wirtschaft belegen, außerdem für die Wissenschaft. Ähnliches dürfte für alle anderen dichtbesiedelten sozialistischen und kapitalistischen Industriestaaten gelten, in denen die Industrie nicht mehr ausschließlich in Städten vertreten ist.

    Mit allen ihren anderen Funktionen des Arbeitens und Wohnens/Lebens, der Produktion und Infraleistungen sind die Städte in spezifischer Weise in andere Standortsysteme eingebunden (B-Siedlungssystem, Ö-Siedlungssystem, weitere Standortsysteme), doch bilden sie hierbei kein eigenständiges Städtesystem.

11. Demographische Sachverhalte sind ein Grundbestandteil aller Siedlungssysteme. Oft werden sie relativ isoliert untersucht, was teils auf ihrer besonderen Bedeutung beruht, teils in der Datenlage begründet ist. Es ist möglich, ein Teilsystem des

Siedlungssystems auszugliedern, das in Kooperation der Siedlungen (Siedlungsgemeinschaften) der *Reproduktion der Bevölkerung* dient. Verbreitet sind hierbei vor allem Migrationsmodelle. Für die Erforschung nationaler (und anderer) Siedlungssysteme ist es von entscheidender Bedeutung, die Stellung der jeweils untersuchten Bevölkerungsdaten oder -systeme zum Siedlungssystem insgesamt oder zu seinen komplexeren Teilsystemen zu bestimmen. Bisherige Darstellungen z. B. zur Migration lassen eine solche Einordnung und Bewertung meist vermissen und stehen damit noch zu beziehungslos neben der Siedlungssystemforschung.

12. Ausgehend von der am Beispiel der DDR erprobten Gliederung des nationalen Siedlungssystemes in Teilsysteme wird es möglich, die bereits vorliegenden Modellierungen zu begrenzteren Teil-Siedlungssystemen in ihrer Stellung und Bedeutung für das Gesamtsystem zu bestimmen. Für das B-Siedlungssystem, das Städtesystem der Leitung/Organisation und das territoriale Bevölkerungssystem sind bei Ländern wie der DDR die weitgehende *Quantifizierung und Modellierung* in greifbare Nähe gerückt. Eine darüber hinausgehende Integration dieser Teilsysteme in das umfassende nationale Siedlungssystem ist bis auf weiteres nur deskriptiv möglich, wobei die standörtlich fixierten Siedlungsgemeinschaften und ihre zugehörige Siedlungssubstanz die entscheidenden Bezugspunkte bilden.
13. *Die Gesamtheit der menschlichen Siedlung eines Staates* (Siedlungsgemeinschaften und Siedlungssubstanz) wird in der Regel deskriptiv als *Menge von Einzelsiedlungen und ihrer Relutionen* erfaßt. In Abhängigkeit von der Datenlage und der Wissenschaftsentwicklung der Siedlungsgeographie werden hierbei bestimmte Attribute der Siedlungen und Verbindungen gekennzeichnet, wie z. B. Einwohnerzahlen oder Pendlerströme. Dabei wird nicht geprüft, ob die untersuchte Menge ein System abbildet. Es ist zutreffender, diese territorial differenzierten Siedlungs-Gesamtheiten als Siedlungsgefüge zu bezeichnen, bestenfalls als Siedlungssysteme im weitesten Sinne. Für ihre Untersuchung sollte man Orientierungen ausarbeiten, um durch die Wahl geeigneter Kennziffern die internationale Vergleichbarkeit und die Weiterführung der Analysen zur Erforschung von wirklichen Siedlungssystemen zu ermöglichen.
14. Die vorliegende Untersuchung hatte das Ziel, in Verbindung von theoretischer Diskussion und empirischer Erprobung einen unmittelbaren Beitrag zur Weiterentwicklung des Konzepts der nationalen Siedlungssysteme zu leisten. Darüber hinaus bietet sie Ansatzpunkte zur Bestimmung des Wesens, Inhalts, und Profils einer modernen Siedlungs- und Bevölkerungsgeographie als Teildisziplin der Ökonomischen Geographie und zur Untersuchung komplexer geographischer Probleme mit Hilfe systemorientierter Verfahrens- und Denkweisen.

Резюме

Предпосылки и исходные точки изучения структуры и функции национальных систем расселения

Применение разработанной комиссией IGU по Национальным системам расселения в 1976 г. концепции исследований к конкретным изучениям требует дальнейщего выяснения теоретических и методологических основ, прежде всего для определения фундаментальных понятий ,,поселение‘‘ и ,,система‘‘.

Единицы расселения (коротко: поселения), представленные со своими важными для функционирования системы признаками, являются элементами системы расселения. Они локальные, зафиксированные определенным размещением организационные формы общества. Для включения единиц расседения в системы расселения представляется целесообразным рассмотреть отдельные единицы как локально зафиксированные сообщества людей (сообщества расселения), которые создали свои собственные специфические пространственные условия (субстанция расселения: здания и инфраструктура) и их используют. В единицах расселения сообщество и субстанция расселения под первенством сообщества тесно и постоянно взаимодействуют.

Системы расселения охватывают по множеству единиц расселения, но система более чем множество. Целостность и новое качество системы расселения по отношению к множеству отдельных единиц определяется совместной функцией системы и процессами ее реализации. Системы расселения служат удовлетворению потребностей в жилье жизни, в работе/производстве и в бытовом обслуживании, включая связанные с ними деятельности руководства/управления. Системы расселения разделяют на единицы расселения, среди которых существуют разнообразные отношения. Эти единицы в своем взаимодействии функционируют лучше и эффективнее чем отдельные единицы расселения (как общее множество). Системы расселения являются подсистемами обширной системы размещения хозяйства и общества.

Системы расселения — *большие системы*, и их можно исследовать конкретно только подсистемами. Подразделение в более подробные пространственные единицы широко распространено в географических исследованиях. Однако, такое подразделение только редко ведет к упрощению сложной большой системы, так что или можно описать множества или необходимо подразделить все ещё слишком большую систему. В противоположность этому для выявления лучше поддающихся исследованию единиц, перспективнее исходить из *частичных функций* общей системы расселения и изучать направленные на них *процессы*. С учетом двух самых важных частичных целеи процесса воспроизводства представляется целесообразным различать направленную на хозяйство и направленную на потребности подсистемы

— Ö-система расселения (Ö = Ökonomie [хозяйство]) и
— B-система расселения (B = Bedürfnisse [потребности]).

Таким образом возможны дальнейшие подразделения системы. Так можно понимать общую систему как комплекс связанных друг с другом подсистем, причем надо обратить внимание на положение каждой изучаемой подсистемы в общей системе.

Исследование национальной системы расселения ГДР как и каждой другой отдельной системы расселения с позицией концепции комиссии IGU по Национальным системам расселения рассматривается как *примерное исследование*. Для распределения и оценки отдельных исследованией в рамках общих планируемых исследований Дзивонский и Ерчинский (1976) провели типизацию, с помощью которой можно разделить в типов и которая оказывалась применимой. Система расселения ГДР относится к типу С-5: социалистические страны с высокой плотностью населения, которые были высоко развитыми уже в прошлых эпохах. Общирные результаты анализов структуры и функции системы расселения ГДР были опубликованы (Гримм 1979, 1980 и Гримм в Боурне и др. 1984).

Дальнейшее системное изучение национальных как и всех других систем расселения нуждается в более точном закладывании теоретических и методологических основ, направленное на применение системного анализа. Для этого данная статья должна быть вкладом. Наряду с этим надо учитывать, что изложения национальных систем расселения в целом, которые имеют только слабое отношение к системным представлениям, как это действительно для многих изложений разных стран в рамках комиссии IGU по национальным системам расселения, высоко ценятся. Но было бы более и точнее отказаться от терминологии теории систем при таких исследования по географии расселения.

Summary

Preconditions and starting points of an Investigation of the Structure and Function of National Settlement Systems

The application of the research concept of the IGU commission on national settlement systems (Guidelines NSS, 1976) demands an improvement of its theoretical and methodological base. Most important are clear definitions of the basic terms "settlement" and "system".

The *settlement units* (abridged: settlements) are the *elements* of the settlements system. They are shown by their attributes which are important for the working of the system. Settlements are locally fixed forms of the organization of human society. In systems' research it is useful to consider the individual settlement units as localized communities of people who have created their own specific surroundings and who use them. There is a continuous interaction of people and their surroundings within the settlements in the course of which people play the leading part.

Each *settlement system* contains a set of settlements but a system is more than an only quantity. The entity and new quality of a settlement system compared with a set of individual settlements is being determined by a common systems' function and by the processes which realize the function. Settlement systems meet the requirements of working and living, of production, services and management by means of the specialization and interaction of their elements. Settlement systems are composed of settlement units which are related to each other. These settlement units put into practise by means of their cooperation efforts which cannot be acchieved by the mere set of individual settlements. Settlement systems are subsystems of the more comprehensive spatial system of economy and society.

Settlement systems are *big systems*. They are not operational. One can only investigate them as several subsystems. Geographical research usually prefers a subdivision *into smaller spatial units*. Such a subdivision only seldom results in a simplification which is necessary in order to get an operational system. In most cases research of smaller spatial units meets the same difficulties: either to restrict research work to a mere description of the set or to arrive at a further subdivision of the big system. Therefore it is more promising to start from some *subfunctions* of the whole settlement system and to investigate the *processes* which are directed to their realization. Starting from the two most important partial targets of the process of reproduction of human society it is useful to distinguish between two subsystems:

- a subsystem which meets the economic aims of human society: Ö settlement (sub)system (Ö Ökonomie [economy])
- a subsystem which meets the social requirements of human society: B settlement (sub)system (B = Bedürfnisse [requirements])

Starting from the subdivision of the systems' function further subdivisions of the system are possible. The whole system may be understood as a complex of subsystems which are linked with each other. Investigating the individual subsystems one has to consider their position within the system as a whole.

The *empirical investigation of the national settlement system of the GDR* as well as the investigation of other national settlement systems may be considered a *case study* of the general research program of the IGU commission on national settlement systems. Dziewoński and Jerczyński (1976) elaborated a classification of national settlement systems in order to give a general framework of the case studies and their interpretation. The settlement system of the GDR is a C-5 system after Dziewoński/Jerczyński: socialist countries with settlement intensively developed in earlier formations. The extensive empirical results of the case study of the GDR settlement system (Grimm 1980) have been partly published up to now (Grimm 1979, Grimm in Bourne and others 1984).

The paper emphasizes the demand for a profound theoretical and methodological base of systems' research about national settlement systems. It pleads for the limitation of systems' terminology to research on human settlement which really uses systemic approach. On the other hand, the author agrees that there may be interesting geographical presentations of the entity of human settlement of a nation without a strict consideration to systems. It would be better to avoid systems' terminology and to use a more general terminology if doing so.

Literatur

Abler, R., Adams, J., u. P. Gould: Spatial organization. Englewood Cliffs 1971.

Afanassjew, V.: Systemdenken in der sozialen Erkenntnis. Gesellschaftswissenschaften, Moskva 1979, 1, S. 34–51.

Agafanov, N. T., u. S. B. Lavrov: Some connections between urbanization and the forms of the social organization of production. Geographia Polonica, Warszawa, **39** (1978), S. 27–32.

Ahnström, L.: Styrande och ledande verksamhet i Västeuropa – en ekonomisk-geografisk studie (Aktivitäten der Steuerung und Administration in Westeuropa – ökonomisch-geographische Studie). Stockholm 1973.

Alam, K., Gopi, K. N., u. a.: Metropolitan Systems of India. Osmania University Hyderabad, 1979(a).

Alam, M., u. R. Parthasarathy: The Indian Settlement System. The National Settlement System I, Warszawa 1979(b).

Atlas Deutsche Demokratische Republik (Atlas DDR): 1. Lieferung Gotha/Leipzig 1976, 2. Lieferung 1981.

Bartels, D.: Theorien nationaler Siedlungssysteme und Raumordnungspolitik. Geogr. Zeitschrift, Wiesbaden, **67** (1979) 2, S. 110–146.

Beluszki, P.: Hierarchie der Siedlungen in Ungarn. Petermanns Geogr. Mitteilungen, Gotha/Leipzig, **119** (1975) 1, S. 40–53.

Beluszki, P.: A complex settlement pattern map of Hungary. International Geography 1976, Bd. 7, Geography of population, Moskva 1976, S. 100–102.

Blauberg, I.: System und Ganzheit. Gesellschaftswissenschaften, Moskva, **17** (1979) 1, S. 75–90.

Bourne, L. S., Sinclair, R., u. K. Dziewonski (Hrsg.): Urbanization and Settlement Systems – International Perspectives. New York 1984.

Bönisch, R., Mohs, G., u. W. Ostwald: Territorialplanung. Berlin 1976.

Bourne, L. S.: Urban systems: strategies for regulation. A comparison of Australia, Canada, Britain and Sweden. Oxford 1975.

Chaves, L. F.: The Settlement System of Venezuela. The National Settlement Systems I, Warszawa 1979.

Chodžaev, L. G., u. B. S. Chorev: Edinaja sistema rasselenija v SSSR. Sovremennye problemy geografii, Moskva 1976, S. 377–390.

Chorev, B. S.: Problemy gorodov. 2. Aufl., Moskva 1975.

Chorev, B., u. S. Smidovič: Formirovanie sistemy na territorii Rossijskoj Sovetskoj Federativnoj Socialističeskoj Respubliki. IGU Kommission Nationale Siedlungssysteme, Moskva 1978.

Dziewoński, K.: Theories of settlement networks: a survey. Spatial planning and policy – theoretical foundations. Warszawa 1975.

Dziewoński, K.: Analytics of settlement systems. Papers of the Regional Science Association 1977.

Dziewoński, K.: Systems of main urban centres, functioning within the national settlement systems. IGU Commission on National Settlement Systems, Warszawa 1979.

Dziewoński, K.: Settlement systems: Theoretical assumptions and research problems. The National Settlement Systems, Warszawa 1980, S. 3–34.

Dziewoński, K., u. M. Jerczyński: Theory, methods of analysis and historical development of national settlement systems. Geographia Polonica, Warszawa **39** (1978), S. 201–210.

Dziewoński, K., Jerczyński, M., u. P. Korcelli: The Polish Settlement System. The National Settlement Systems II, Warszawa 1979.

Fomin, G. N.: Naučnye osnovy i puti realizacii generalnoj schemy rasselenija v SSSR. Sovremennye problemy geografii, Moskva 1976, S. 348–365.

Gochman, W.: Theoretische Geographie. Gesellschaftswissenschaften, Moskva 1976, 2, S. 74–89.

Gochman, V. I., Lappo, G. M., Maergojz, I. M., u. Ja. G. Mašbic: Geografičeskie problemy urbanizacii. Sovremennye problemy geografii, Moskva 1976, S. 268–287.

Grimm, F.: Die Kreisstädte der DDR und ihre Rolle im Siedlungssystem. Geogr. Berichte, Gotha/Leipzig, **19** (1976) 4, S. 229–247.

Grimm. F.: Zur Stellung der Städte der DDR im Siedlungssystem nach ihren Innen-, Umland- und Fernfunktionen. Sitzungsberichte d. Akad. d. Wiss. d. DDR, Berlin, **19 N** (1977a), S. 20–39.

Grimm, F.: Neuere Forschungsergebnisse zu Urbanisierungsprozessen und Siedlungssystemen auf dem XXIII. Internationalen Geographischen Kongreß. Geogr. Berichte, Gotha/Leipzig, **22** (1977b) 2, S. 144–156.

Grimm, F.: The Settlement System of the German Democratic Republic. The National Settlement Systems II, Warszawa 1979.

Grimm, F.: The nature of national settlement systems. IGU-Kommission Nationale Siedlungssysteme, Leipzig 1980a.

Grimm, F.: Zur Erforschung der Städte der Grundstruktur des Siedlungssystems der DDR. Beiträge zur Geographie, Berlin, **30** (1980b), S. 71–84.

Grimm, F.: Some preconditions concerning systemic approach to national settlement systems. The National Settlement Systems V, Leipzig 1983, (Wiss. Mitteilungen des Inst. f. Geographie und Geoökologie d. AdW, Leipzig, **10** (1983), S. 205–222.

Grimm, F.: Struktur und Funktion nationaler Siedlungssysteme. Eine Untersuchung am Beispiel der DDR. Diss. (B), Akademie d. Wiss. d. DDR, Leipzig 1980.

Grimm, F., u. I. Hönsch: Zur Typisierung der Zentren der DDR nach ihrer Umlandbedeutung. Petermanns Geogr. Mitteilungen, Gotha/Leipzig, **118** (1974) 4, S. 282–288.

Haggett, P.: Einführung in die kultur- und sozialgeographische Regionalanalyse. Berlin-W./New York 1973.

Hampl, M.: Teorie komplexity a differenciace sveta (Theorie der Komplexität und Differenziertheit der Welt). Praha 1971.

Hansen, N. M.: Systems approaches to human settlements. IIASA Laxenburg, 1976, RM-76-3.

Hansen, N. M., u. P. Korcelli: The development of urban agglomerations within the national settlement systems. Geographia Polonica, Warszawa, **39** (1978), S. 211–222.

Hassinger, H.: Die Geographie des Menschen. Handbuch der geographischen Wissenschaft. Allgemeine Geographie II. Das Leben auf der Erde. Potsdam 1933, S. 167–542.

Heinzmann, J.: Territoriale Aspekte des gesellschaftlichen Reproduktionsprozesses. Wiss. Mitteilungen d. Inst. f. Geographie u. Geoökologie d. AdW, Leipzig, **1** (1979), S. 4–10.

Hönsch, F.: Die Lehre von den Territorialen Produktionskomplexen. Wiss. Abhandlungen d. Geogr. Gesellschaft d. DDR, Leipzig, **13** (1976), S. 39–48.

IGU Commission on National Settlement Systems: Guidelines for the contents of individual national reports on settlement systems (kurz: Guidelines N.S.S.). Geographia Polonica, Warszawa, **39** (1978), S. 235–240.

IGU Commission on National Settlement Systems, PAN Institute of Geography and Spatial Organization: The National Settlement Systems I, II, Warszawa 1979.

IGU Commission on National Settlement Systems, PAN Institute of Geography and Spatial Organization: The National Settlement Systems. Topical and national reports. Warszawa 1980.

Jerczynski, M.: Urban system of Poland: its development and functional organization. Geographia Polonica, Warszawa, **37** (1977), S. 73–88.

Jerczynski, M.: Zagadnienia specjalizacji bazy ekonomicznej wiekszych miast w Polsce. (Probleme der Spezialisierung der ökonomischen Basis der großen Städte in Polen). Prace Geograficzne, Wrocław/Warszawa, **97** (1973), S. 9–134.

JONES, R. (Hrsg.): Essays on World Urbanization. IGU Commission on the Processes and Patterns of Urbanization, London 1975.

KÄNEL, A. v.: Siedlungsstruktur und Siedlungssystem des Bezirkes Rostock. Habil.-Schrift, Greifswald 1969.

KÄNEL, A. v.: Siedlungsstruktur und Siedlungssysteme in den mecklenburgischen Bezirken. Geogr. Berichte Gotha/Leipzig, **15** (1970) 4, S. 249–261.

KIND, G.: Modellvorstellungen der Entwicklung von Zentralortsystemen. Petermanns Geogr. Mitteilungen, Erg.-H. Nr. 271, Gotha/Leipzig 1968, S. 207–223.

KLAUS, G., u. M. BUHR (Hrsg.): Philosophisches Wörterbuch. Bd. I, II, 10. Aufl., Leipzig 1974.

KLAUS, G., u. H. LIEBSCHER (Hrsg.): Wörterbuch der Kybernetik. 4. Aufl., Berlin 1976.

KOLOTIEVSKIJ, A. M.: Sostojanie i tendencii razvitija osnovnych teoretičeskich koncepcij v sovetskoj geografii. Teoretičeskie problemy geografii, Riga 1976, S. 3–18.

KORCELLI, P.: On Interrelations between Human Settlement Systems and Regional Socioeconomic Systems. Human Settlement Systems, Cambridge Mass., 1978, S. 231–245.

KRÖNERT, R.: Stadt-Umland-Regionen von Groß- und Mittelstädten der DDR. Geogr. Berichte Gotha, **22** (1977) 2, S. 81–101.

KRÖNERT, R.: Die Stadt-Umland-Regionen von Groß- und Mittelstädten als Aktions- und Kommunikationsräume der Bevölkerung in der DDR — Struktur und Tendenzen ihrer Entwicklung. Diss. (B), Akademie d. Wiss. d. DDR, Leipzig 1979.

LAPPO, G. M.: Razvitie gorodskich aglomeracij v SSSR. Moskva 1978.

LAPPO, G. M., u. JU. L. PIVOVAROV: The Settlement System of the USSR. The National Settlement System I, Warszawa 1979.

LENIN, W. I.: Konspekt zu Hegels „Wissenschaft der Logik". Die Lehre vom Wesen. In: Werke, Bd. 38, Berlin 1971.

LOGAN, M. J., MC KAY, J., u. J. S. WHITELAW: The Australian Settlement System. The National Settlement Systems I, Warszawa 1979.

LÜDEMANN, H., GRIMM, F., KRÖNERT, R., u. H. NEUMANN (Hrsg.): Stadt und Umland in der DDR. Petermanns Geogr. Mitteilungen, Erg.-H. Nr. 279. Gotha/Leipzig 1979.

MARGRAF, O., u. H. USBECK: Systemanalytische Beispielsuntersuchung (Experiment) zu lokalen und regionalen Siedlungssystemen. Leipzig 1979, Mskr.

MARKSOO, A.: Sistemy rasselenija na fone obščej teorii sistem i kibernetiki. Tartu riikliku ülikooli Toimetised **490**, Trudy po geografii, Tartu (1977), S. 3–49.

MARX, K.: Das Kapital, Bd. I, Berlin 1961.

MOHS, G.: Migration and Settlement: 4. German Democratic Republic. IIASA Laxenburg, 1980, RR-80-6.

MOHS, G., u. D. SCHOLZ: Der Wirtschaftsraum. Grundlagen seiner Analyse und seiner Typologie. Potsdam 1978.

NÉČADA, A., u. W. HENE: Vývoj a hlavní principy výhledove koncepce urbanizace ČSR (Entwicklung und Grundprinzipien der Perspektivkonzeption der Urbanisierung der ČSR). Invest, výstavba, Praha, **12** (1974), S. 291–296.

NEUMANN, H., u. R. KRÖNERT: Zur Konzeption der Sozialgeographie. Geogr. Berichte, Gotha/Leipzig, **25** (1980) 2, S. 101–112.

PITJURENKO, E. I.: Territorialnye sistemy gorodskich poselenii Ukrainskoj SSR. Kiev 1977.

POKŠIŠEVSKIJ, V. V.: Naselenie i geografija. Moskva 1978.

PRED, A.: The growth and development of systems of cities in advanced economies. Studies in Geography, Ser. B, Lund, **38** (1973), S. 9–82.

Programm der Sozialistischen Einheitspartei Deutschlands (kurz: Programm der SED): IX. Parteitag der SED. Berlin 1976.

RICHTER, K. J.: Kybernetische Analyse verkehrsökonomischer Systeme. Berlin 1975.

RYŠAVY, Z.: Administration and the Settlement System. The National Settlement Systems, Warszawa 1980, S. 137–170.

SADOWSKI, W.: Die Methodologie der Wissenschaft und das Systemdenken. Gesellschaftswissenschaften, Moskva, **17** (1979) 1, S. 106–125.

SAUŠKIN, JU. G.: Ėkonomičeskaja geografija: istorija, teorija, metody, praktika. Moskva 1973.

SCHERF, K.: Zu einigen ökonomischen, sozialen und territorialen Aspekten der sozialistischen Urbanisierung in der DDR. Wirtschaftswissenschaften, Berlin, **27** (1979) 1, S. 31–46.

SCHLÜTER, O., u. O. AUGUST (Hrsg.): Atlas des Saale- und mittleren Elbegebietes. Bd. 1–3, Leipzig 1958, 1960, 1961.

SCHMIDT, G.: Systemtheoretische Betrachtungsweise und Anwendung der Systemtheorie in der Geographie. Petermanns Geogr. Mitteilungen, Gotha/Leipzig, **123** (1979) 3, S. 151–157.

SCHMIDT-RENNER, G.: Ökonomisch-geographische Grundsatzfragen der Städtebildung. Geogr. Berichte, Gotha/Leipzig, **3** (1958) 1, S. 16–30.

SCHMIDT-RENNER, G.: Elementare Theorie der Ökonomischen Geographie. Berlin 1961.

SCHMIDT-RENNER, G.: Stadtplanung – Grundlagen und Aufgaben. Berlin 1964(a).

SCHMIDT-RENNER, G.: Kritische und konstruktive Studien zur Theorie der Städtebildung. Wiss. Zeitschrift d. Hochsch. f. Ökonomie, Berlin, **9** (1964b) 1, S. 61–71.

SCHMIDT-RENNER, G.: Ursachen der Städtebildung. Petermanns Geogr. Mitteilungen, Gotha/Leipzig, **109** (1965) 1, S. 23–31.

SCHÖLLER, P.: The role of the capital city within the national settlement system. Geographia Polonica, **39** (1978), S. 223–234.

SCHULTZE, E.: Der Wirtschafts- und Lebensraum der Gesellschaft. Wiss. Zeitschrift d. Päd. Hochschule Dresden, **4** (1978), Beiheft 1, S. 35–44.

SCHWARZ, G.: Allgemeine Siedlungsgeographie. 2. Aufl., Berlin-W., 1961.

SIMMONS, J. W.: The Canadian Urban System: an overview. The National Settlement Systems I, Warszawa 1979.

STAMS, M., u. W. STAMS: Bevölkerungsverteilung und Siedlungsnetz in der DDR. Zur Entwicklung und Auswertung der Karte „Bevölkerungsverteilung" im Atlas DDR. Geogr. Berichte, Gotha/Leipzig, **21** (1976) 1, S. 1–14.

TÖRNQVIST, G.: Contact systems and regional development. Lund Studies in Geography, Lund, Ser. B, **35** (1970).

TÖRNQVIST, G.: Contact requirements and travel facilities. Contact models of Sweden and regional development alternatives in the future. Lund Stud. Geogr., Ser. B, Lund, **38** (1973), S. 83–121.

TOTH, J.: Az alföldi városfejlödés elmált évszázada és az országos településhálózal-fejlesztesi koncepció (Die Entwicklung der Städte in der Großen Ungarischen Tiefebene in den letzten 100 Jahren und der gegenwärtige Plan zur Entwicklung des Siedlungsnetzes). Alföldi tanulmányck, Békéscsaba, **2** (1978), S. 125–150.

USBECK, H., u. M. WOLLKOPF: Zur Verwendung des Begriffes „Siedlungssystem" in siedlungsgeographischen Arbeiten des IGG. Wiss. Mitteilungen d. Inst. f. Geographie und Geoökologie d. AdW, Leipzig, **1** (1979), S. 11–18.

Verfassung der Deutschen Demokratischen Republik. Berlin 1974.

WAGNER, G.: Zu Grundfragen und Wegen der optimalen Entwicklung von Siedlungssystemen. Diss., Berlin 1972.

WAGNER, G.: Probleme der Entwicklung von Siedlungssystemen. Sitzungsberichte d. Akademie d. Wiss. d. DDR, **15 N** (1976), S. 22–23.

WEBER, E., u. B. BENTHIEN: Einführung in die Bevölkerungs- und Siedlungsgeographie. Gotha/Leipzig 1976.

WOLLKOPF, M., u. a.: Systemorientiertes Herangehen bei der Untersuchung einer Menge von Siedlungen. Mskr., Inst. f. Geographie u. Geoökologie d. AdW, Leipzig 1979.

WRÓBEL, A.: Das Siedlungssystem als ein Problem der Forschung. Beiträge zur Geographie, Berlin, **30** (1980), S. 11–18.

Dr. sc. nat. FRANKDIETER GRIMM, Akademie der Wissenschaften der DDR, Institut für Geographie und Geoökologie, 7010 Leipzig, Dimitroffplatz 1

Beiträge zur Geographie	Bd. 32	S. 51–101	Berlin 1985

Territoriale Wirkungsbedingungen des wissenschaftlich-technischen Fortschritts für die Standortverteilung der Industrie — eine theoretische Problemstudie

Von JOACHIM HEINZMANN

Inhalt

1. Einleitung

Die Gestaltung der entwickelten sozialistischen Gesellschaft in der Deutschen Demokratischen Republik vollzieht sich als ein komplizierter und widerspruchsvoller Prozeß, dessen wissenschaftlich begründete Leitung und Planung der tiefgründigen Analyse und Erforschung der darauf wirkenden Bedingungen bedürfen. Unter ihnen steht die Erschließung und Nutzung der Möglichkeiten des wissenschaftlich-technischen Fortschritts an erster Stelle.

„Immer mehr wird die Entwicklung der DDR als moderner sozialistischer Industriestaat von diesem qualitativen Prozeß des wissenschaftlich-technischen Fortschritts geprägt. In einem neuen Abschnitt seines Weges beweist auch unser Land, wie der Sozialismus die gewaltigen neuen Produktivkräfte zum Wohle des Volkes zu meistern vermag. Sie so zu entfalten, daß wir auch unter veränderten außenwirtschaftlichen Bedingungen angesichts der verstärkten internationalen

Klassenauseinandersetzung unsere Wirtschafts- und Sozialpolitik erfolgreich fortführen, darauf kommt es an“ (X. Parteitag der SED, Bericht des Zentralkomitees ..., Berlin 1981, S. 50).

Den Wirkungen des wissenschaftlich-technischen Fortschritts sind in vielfältiger Weise territorial relevante Aspekte immanent. Sie zu erkennen und für die sozialistische Gesellschaft nutzbar zu machen, ist eine aktuelle Anforderung an die Geo- und Territorialwissenschaften. Für die Ökonomische Geographie erwächst daraus die Aufgabe, sich besonders der Erforschung von Gesetzmäßigkeiten und Besonderheiten der Wechselwirkungen zwischen volkswirtschaftlichen Prozeßabläufen und territorialen Strukturbedingungen zuzuwenden, um daraus Ansätze zur Erschließung regionaler Struktureffekte für die Erfüllung der Hauptaufgabe im Sinne der Einheit von Wirtschafts- und Sozialpolitik abzuleiten.

Gegenstand der vorliegenden Arbeit sind die Wirkungsbedingungen, die der wissenschaftlich-technische Fortschritt für die langfristige Entwicklung der Standortverteilung der Industrie bietet. Es ergibt sich aus dem zu behandelnden Sachverhalt selbst, daß er im Rahmen dieser Arbeit nicht in seiner ganzen Vielfalt und Spezifik auszuschöpfen, sondern eine thematische Eingrenzung unerläßlich ist. Es sind die technisch-technologischen Aspekte des wissenschaftlich-technischen Fortschritts ebenso wie die ökonomischen oder betriebswirtschaftlichen Gesichtspunkte, die dem Geographen von vornherein Aussagegrenzen setzen. Trotzdem scheint es an der Zeit, daß sich vor allem die Ökonomische Geographie stärker mit aktuellen Problemen des Einflusses des wissenschaftlich-technischen Fortschritts auf die Gestaltung der Territorialstruktur auseinandersetzt. Die Eingrenzung in der vorliegenden Arbeit bezieht sich auf den Einwirkungsbereich des wissenschaftlich-technischen Fortschritts, indem die Standortverteilung der Industrie in den Mittelpunkt gestellt wird.

Der wissenschaftlich-technische Fortschritt realisiert sich in einer unüberschaubaren Vielfalt von Einzelaktivitäten. Jede technische oder technologische Neuerung bewirkt Veränderungen in den Entwicklungsbedingungen territorialer Teilstrukturen, die zudem durch regionale Besonderheiten modifiziert werden. Es ist nicht zu erwarten, daß diese oder jene technische Neuerung eine eindeutig determinierte und für alle Regionen zutreffende Wirkung in der Territorialstruktur zur Folge hat. Die innere Widersprüchlichkeit der Struktur des wissenschaftlich-technischen Fortschritts sowie die regionale Individualität jeder territorialen Strukturerscheinung sind der Grund dafür, daß die in der Arbeit getroffenen Aussagen vorrangig Tendenzcharakter tragen, deren praktische Umsetzung zu Leitungs- und Planungsentscheidungen in jedem Falle der objektbezogenen konkreten Einzeluntersuchung bedarf.

Mit der Auswahl des Themas begibt sich der Geograph auf ein Gebiet, das in enger Berührung zu anderen Wissenschaftsdisziplinen steht. Man wird vielleicht an mancher Stelle der Arbeit die Frage stellen, ob das noch Ökonomische Geographie sei. Der Autor ist sich der Tatsache bewußt, daß die zu behandelnde Problematik im Grenzbereich von Ökonomischer Geographie und Territorialökonomie liegt und daß bei ihrer Erörterung nicht immer eine disziplinäre Standortbestimmung erfolgen kann. Es wird daher ganz bewußt die Frage nach der Definition beider Wissenschaftsdisziplinen zugunsten der interdisziplinären Problemstellung zurückgedrängt.

2. Territoriale Wirkungsbedingungen des wissenschaftlich-technischen Fortschritts als Gegenstand geographischer Forschung

2.1. Gesellschaftliche Anforderungen an die Forschung

Die praktische Umsetzung der auf dem X. Parteitag der SED formulierten ökonomischen Strategie der 80er Jahre schließt die Aufgabe ein, die progressiven Möglichkeiten des wissenschaftlich-technischen Fortschritts und die Vorzüge des sozialistischen Gesellschaftssystems miteinander zu vereinen und mit hohem Effekt wirksam werden zu lassen. Die sich wandelnden volkswirtschaftlichen Reproduktionsbedingungen der nächsten Jahrzehnte und die konsequente Durchsetzung eines intensiven Entwicklungsweges der Wirtschaft erfordern die umfassende Erschließung aller qualitativen Wachstumsfaktoren. Unter ihnen nimmt der wissenschaftlich-technische Fortschritt den ersten Rang ein.

In allen Bereichen des gesellschaftlichen Lebens ist die *Durchsetzung des wissenschaftlich-technischen Fortschritts mit territorialen Anforderungen und Konsequenzen* verbunden, die sich unter zwei, allerdings eng miteinander verbundenen Aspekten betrachten lassen. Für den Bereich der Produktion ist eine bestimmte Reife und Qualität der territorialen Struktur der Wirtschaft eine der Voraussetzungen für eine effektvolle Wirksamkeit des wissenschaftlich-technischen Fortschritts. Das schließt u. a. die Bereitstellung territorialer Ressourcen in erforderlicher Quantität und Qualität, aber auch in ihrer standörtlichen und zeitlichen Verfügbarkeit, eine hohe Rationalität der territorialen Organisation der Produktion, eine flexibel nutzbare infrastrukturelle Ausstattung und nicht zuletzt ein qualifiziertes und mobiles geistig-schöpferisches Potential der Werktätigen ein. Zugleich eröffnet der wissenschaftlich-technische Fortschritt neue territoriale Bedingungen für einen intensiven und beschleunigten Ablauf wirtschaftlicher und gesellschaftlicher Prozesse. Das sind u. a. neue Lokalisationsbedingungen für die Produktion, neue Lösungsansätze für die Gestaltung natürlicher Umweltbedingungen oder die vielfältigen Möglichkeiten zur Verbesserung der Arbeits- und Lebensbedingungen der Bevölkerung. Es ist generell festzustellen, daß das Niveau der territorialen Organisation des gesellschaftlichen Reproduktionsprozesses maßgeblich die Effektivität des wissenschaftlich-technischen Fortschritts mitbestimmt.

Der Einfluß des wissenschaftlich-technischen Fortschritts auf die Wirkungsbedingungen der ökonomischen Gesetze des Sozialismus ist besonders in den folgenden *fünf Hauptrichtungen* zu sehen (Autorenkollektiv 1973):

- erweiterte Möglichkeiten für die Steigerung der Effektivität,
- rationellere Ausnutzung der Gesetze der Konzentration der Produktion,
- wachsende Bedeutung des Zeitfaktors für alle ablaufenden Prozesse,
- ständige Aufrechterhaltung der Proportionalität als einer grundlegenden Voraussetzung für das Wechselverhältnis von Dynamik und Stabilität,
- Intensivierung der Wechselbeziehungen zwischen Fondsersatz und Fondserweiterung.

Diese Hauptrichtungen sind auch in der territorialen Wirkungsweise der ökonomischen Gesetze und speziell in der Wirkung der Gesetzmäßigkeiten der Standortverteilung der Produktivkräfte erkennbar. Eine Vielzahl von Beispielen ist Beleg dafür, daß der wissenschaftlich-technische Fortschritt nicht nur die Zweigstruktur der Volkswirtschaft, sondern gleichermaßen auch deren territoriale Struktur verändert. Um so überra schender ist die Feststellung, daß in der umfangreichen Literatur zur Einschätzung der ökonomischen und sozialen Folgen des wissenschaftlich-technischen Fortschritts die damit verbundenen territorialen Komponenten nur sehr selten, in den meisten Fällen keine Erwähnung finden.

In der territorialökonomischen und ökonomisch-geographischen Literatur sind seit Anfang der 60er Jahre immer wieder Formulierungen zu finden, in denen auf die *Zusammenhänge von wissenschaftlich-technischem Fortschritt und Weiterentwicklung der Territorialstruktur* hingewiesen wird. In der DDR waren es 1970 Bönisch/Ostwald, die für die Prognose der Standortverteilung der Produktivkräfte einen tiefen wissenschaftlichen Einblick in die Dynamik des Zusammenhangs von wissenschaftlich-technischer Revolution, sozialistischen Produktionsverhältnissen und Lebensweise der Bevölkerung sowie der territorialen Organisation als Voraussetzung ansahen. Die von ihnen vorgenommene Zusammenstellung von Faktoren der wissenschaftlich-technischen Revolution (ebenda, S. 1856) bleibt allerdings auf einer Abstraktionsebene stehen, die einer Analyse der Spezifika und Differenziertheit in den Wechselbeziehungen zu den anderen Faktoren und ihrer territorialen Organisation nur schwer zugängig ist.

Zuvor hatte bereits Mohs (1967, S. 9) ausführlich auf die mit der wissenschaftlich-technischen Revolution verbundenen territorialen Strukturwandlungen hingewiesen. Trotz dieser relativ frühzeitigen Erkenntnis sind die bisher in der DDR zu diesem Problemkreis vorliegenden Forschungsergebnisse noch recht lückenhaft. Bönisch/Mohs/Ostwald rangieren Forschungen zu den territorialen Wirkungsbedingungen des wissenschaftlich-technischen Fortschritts auch in der neu bearbeiteten Auflage des Buches „Territorialplanung“ (1980, S. 259) sehr hoch ein.

Es mag sicher mehrere Ursachen für den nicht zufriedenstellenden Stand der Forschungen auf diesem Gebiet geben — sie sollen hier nicht im einzelnen analysiert werden. Ein wesentlicher Mangel vieler Untersuchungen, die Zusammenhänge zwischen wissenschaftlich-technischem Fortschritt und Entwicklung der Territorialstruktur aufzuhellen, ist in dem Versuch zu sehen, dafür allgemeingültige Schemata und Regeln aufstellen zu wollen und der inneren Widersprüchlichkeit und Differenziertheit der damit verbundenen Prozesse nicht genügend Beachtung zu schenken.

2.2. Aufgaben der Geographie

Die wissenschaftsdisziplinäre Einordnung der vorliegenden Arbeit erfolgte einleitend in den Grenzbereich von Territorialökonomie und Ökonomischer Geographie. Ohne den Anspruch zu erheben, die Aufgaben und den Entwicklungsstand der Industriegeographie oder gar der Ökonomischen Geographie umfassend bestimmen zu wollen, soll doch der Versuch unternommen werden, einige *spezifische Aufgaben und Möglichkeiten der Ökonomischen Geographie* herauszuarbeiten, wie sie zur Lösung der zur Diskussion stehenden Probleme beitragen kann.

Ein Ausgangspunkt ist in der Position der Geographie im System der Wissenschaften und in ihrer gesellschaftlich-produktiven Funktion zu sehen. Lüdemann (1980, S. 41) versteht die Geographie als

„... eine Wissenschaft, die sich der Erforschung territorialer (räumlicher) Systeme in Natur und Gesellschaft und der Aufdeckung ihrer Gesetzmäßigkeiten widmet, dabei die Wechselbeziehungen zwischen gesellschaftlichen und natürlichen Faktoren gebührend berücksichtigt, dynamische Prozesse zunehmend in die Untersuchungen einbezieht und Voraussetzungen für die langfristige Gestaltung derartiger Systeme erkundet."

Diese Aufgabenbestimmung der Geographie umfaßt im Rahmen von Grundlagenforschungen auf Gesetzeserkenntnis gerichtete Arbeiten ebenso wie deren praktische Nutzanwendung für die Planung territorialer Entwicklungsprozesse. Der hohe gesellschaftliche Stellenwert des wissenschaftlich-technischen Fortschritts verlangt von der Geographie, sich verstärkt sowohl mit theoretisch-methodologischen Problemen seiner Einbeziehung in territoriale Entwicklungsprozesse als auch damit verbundener Planungskonsequenzen auseinanderzusetzen. Die territorialen Wirkungsbedingungen und -möglichkeiten sind dabei ein zentrales Anliegen. Bereits in Auswertung des XXV. Parteitages der KPdSU haben führende sowjetische Geographen die der Akademie der Wissenschaften der UdSSR übertragene Aufgabe zur Ausarbeitung eines *langfristigen Programms des wissenschaftlich-technischen Fortschritts und seiner sozialökonomischen Folgen auch an die Adresse der Geographie gerichtet* verstanden. Sie leiteten daraus vordringliche Forschungsaufgaben ab zur Enthüllung von Gesetzmäßigkeiten und zur Prognostizierung der territorialen Aspekte und der sozial-ökonomischen Folgen des wissenschaftlich-technischen Fortschritts bei der Gestaltung von Gebieten mit unterschiedlichen geographischen Bedingungen, von neuen Erscheinungen im Wesen des Urbanisierungsprozesses, der Rekreation u. a. (GERASIMOV/PREOBRAŽENSKIJ 1976). In der DDR-Geographie blieb dieser Ruf bisher relativ ungehört. Es gibt nur wenige geographische Arbeiten, die sich mit spezifischen territorialen Aspekten des wissenschaftlich-technischen Fortschritts befassen.

Obgleich die Frage nach der Existenz geographischer Gesetze und/oder Gesetzmäßigkeiten geographischer Erscheinungen noch immer stark zur Diskussion steht, sind für den *Zusammenhang von Gesetzmäßigkeit und Prognose*, der sich als tragend für die gesellschaftliche Funktion der Geographie im Sozialismus erweist, einige Hauptaspekte zu beachten. Die Dynamik räumlicher Systeme umfaßt komplexe Entwicklungsprozesse, deren bestimmende Momente unter spezifischen räumlichen und zeitlichen Bedingungen in unterschiedlicher Art und Weise zusammenwirken und zu differenzierten Ergebnissen führen können. Hierin drückt sich aus, daß räumliche Systeme ihre Funktion mit Hilfe unterschiedlicher Strukturen erfüllen können, daß eine der Hauptaufgaben der Territorialforschung darin besteht, nach den gesellschaftlich optimalen Strukturen zu suchen.

Die Erfassung und *Bestimmung gesetzmäßiger Tendenzen* in der territorialen Entwicklung ist nur erfolgreich in Prognosen und Planungsentscheidungen umsetzbar, wenn es gelingt, sie *als Einheit mit all ihren Gegentendenzen und Nebenwirkungen* zu sehen. Bezogen auf die territorialen Wirkungsbedingungen des wissenschaftlich-technischen Fortschritts sei das an einem Beispiel skizzenhaft erläutert. Es ist unzweifelhaft, daß mit dem wissenschaftlich-technischen Fortschritt Tendenzen der räumlichen Konzentration der Produktion gefördert werden. Für den Erkenntnisprozeß, noch mehr aber für daraus abgeleitete prognostische Einschätzungen und Planungsentscheidungen ist jedoch von grundlegender Bedeutung, diese Konzentrationsprozesse detailliert in ihrer inneren Struktur und in ihrer dialektischen Wechselwirkung mit gleichzeitig ablaufenden Prozessen der Dekonzentration zu erkennen. Räumliche Konzentration kann zu positiven volkswirtschaftlichen Struktureffekten führen. Die Suche nach rationellen territorialen Organisationsformen der Produktion darf dabei nicht nur die Erfordernisse von Konzentration und Dekonzentration einbeziehen, sondern muß zugleich Anforderungen der Spezialisierung und Kombination der Produktion, die teilweise von gegenläufiger Wirkung sein können, berücksichtigen. Auf dieses Problem wies Pokšiševskij (1963, S. 234) hin, als er schrieb, man müsse

„... die wechselseitig bedingte Verteilung der verschiedenen untereinander verknüpften Produktionen innerhalb eines Areals von ihrer einfachen Koexistenz in diesem Areal unterscheiden. Hier entstehen Gesetzmäßigkeiten, die zum räumlichen Geflecht der Wirtschaft ... gehören."

Wenn die Tendenz zur räumlichen Konzentration als ein bestimmendes Wesensmerkmal des wissenschaftlich-technischen Fortschritts oder eine mit ihm verbundene Gesetzmäßigkeit erkannt ist, sind prognostische Ableitungen daraus für territoriale Organisationsformen nicht ohne gleichzeitige Berücksichtigung der gesetzmäßigen Erfordernisse nach einem hohen Grad der Gebietsspezialisierung und der innergebietlichen Kombination möglich.

In den sozialistischen Ländern hat sich die *Ökonomische Geographie* zu einer *anerkannten Grundlagenwissenschaft für die territoriale Planung* entwickelt. Die Bestimmung ihres Inhaltes und Zieles leitet sich somit aus den volkswirtschaftlichen Erfordernissen und Schwerpunkten der Gestaltung der territorialen Struktur der sozialistischen Gesellschaft ab. Die Rolle des wissenschaftlich-technischen Fortschritts für die territoriale Strukturentwicklung erkennend, formulierte Sanke bereits 1968 (S. 27) Aufgabenstellungen für die Ökonomische Geographie, die bis heute nichts von ihrer Aktualität verloren haben. Im Hinblick auf die prognostische Entwicklung der territorialen Strukturen der Volkswirtschaft seien Untersuchungen notwendig über die territorialen Auswirkungen des wissenschaftlich-technischen Fortschritts auf die strukturbestimmenden Zweige, über die territorialen Auswirkungen des wissenschaftlich-technischen Fortschritts auf die Infrastruktur und über die Auswirkungen des wissenschaftlich-technischen, sozialen und kulturellen Fortschritts auf die Lebensweise der Bevölkerung.

Mit der Erforschung der territorialen Wirkungsbedingungen des wissenschaftlich-technischen Fortschritts kann die Ökonomische Geographie einen wichtigen Beitrag leisten, die Grundprinzipien der sozialistischen Standortverteilung der Produktivkräfte weiter zu entwickeln, sie zu vervollkommnen und dem progressiven Entwicklungsstand der Produktivkräfte anzupassen. Bekanntermaßen hat die Geographie, insbesondere in der Sowjetunion, einen hohen Anteil an der Herausbildung der Grundprinzipien der sozialistischen Standortverteilung der Industrie (Kobachidse 1979; Hönsch 1979).

Im Rahmen des Wissenschaftssystems der Geographie sehen Mohs/Jacob (1977, S. 20) die *Hauptaufgaben der Industriegeographie* darin,

„... die Bedeutung der Industrie als Komponente der wirtschaftsräumlichen Entwicklung einzuschätzen, die Regeln und Besonderheiten zu erfassen, nach denen sich die Standortverteilung der Industrie in Ländern und Gebieten entwickelt, die Eigenarten bei der Herausbildung und Entwicklung von Industriegebieten zu erklären."

Dieser Orientierung für eine industriegeographische Grundlagenforschung ist grundsätzlich zuzustimmen. Es kommt darin die nach wie vor dominierende Rolle der Industrie als gebietsbildender Faktor einer komplexen wirtschaftsräumlichen Entwicklung zum Ausdruck. Es ist speziell die industrielle Produktion, die die Dynamik in Struktur und Funktion von Wirtschaftsräumen vorrangig bestimmt. Mit der weiteren Vergesellschaftung der Produktion ist die Komponente Industrie in ihrer Entwicklung immer enger mit anderen territorialen Teilstrukturen und Komponenten verflochten, so daß die gebietsbildende und entwicklungsbestimmende Kraft der Industrie nur im Rahmen dieses Verbundes zur Wirkung kommt.

Dieses Zusammenspiel zu erkennen, muß als eine weiterführende Aufgabe der Industriegeographie gesehen werden, die ihre volle Integration in den Gesamtbereich der Geographie erfordert. Immer mehr rückt an die Stelle der Frage, wo welche Industrie im Raum lokalisiert ist, die nach dem Funktionieren industrieller Standortsysteme im Rahmen regionaler Wirtschaftseinheiten. Das wiederum macht im methodologischen Bereich die Ergänzung ökonomischer, statistischer und mathematischer Betrachtungsweisen durch soziale, politische und ökologische Elemente der Bewertung von Lokalisationsfaktoren notwendig.

Will die Ökonomische Geographie als eine Grundlagenwissenschaft der territorialen Planung auch unter den komplizierter werdenden Wirtschaftsbedingungen der nächsten Jahrzehnte ihrer Funktion gerecht werden, so muß sie über das „Einschätzen", „Erfassen" und „Erklären" hinausgehen, muß aus diesen Grundlagenerkenntnissen praktikable Lösungsvarianten für die Territorialplanung unterbreiten, die unter den gegebenen politischen und ökonomischen Bedingungen realisierbar sind. Hierbei hat besonders die *Industriegeographie* einen Nachholebedarf. Sie wird dieser *gesellschaftlich-praktischen Funktion* nur gerecht, wenn sie nicht im nachhinein industrielle Entwicklungen im Territorium zu erklären versucht, sondern durch *prognostisch-analytische Arbeit* mögliche *künftige Entwicklungstendenzen sichtbar macht* und *unmittelbare Vorplanungsalternativen unterbreitet.* Die Einschätzung der territorialen Wirkungsbedingungen des wissenschaftlich-technischen Fortschritts gehört zweifellos zu diesem Aufgabenspektrum.

3. Wesensmerkmale des wissenschaftlich-technischen Fortschritts

Einsichten in die allgemeinen Wesensmerkmale des wissenschaftlich-technischen Fortschritts, in seine innere Struktur und in seine Prozeßabläufe, gehören zu den Voraussetzungen, um die Haupteinflußfaktoren auf die Standortverteilung der Produktivkräfte ableiten und ihre Wirksamkeit prognostizieren zu können. Einige Merkmale des wissenschaftlich-technischen Fortschritts, die in besonderem Maße bestimmend für die Wirkungszusammenhänge mit der Standortverteilung der Industrie sind, sollen dargestellt werden.

Von grundlegender Bedeutung ist die Feststellung, daß sich der *wissenschaftlich-technische Fortschritt* in erster Linie *im Produktionsprozeß durchsetzt.* Es ergibt sich daraus mit logischer Konsequenz, daß seine Folgen für die territoriale Prouktionsstruktur ebenfalls über den Produktionsprozeß vermittelt werden. Die Ableitung von Schlußfolgerungen für die Planung der Standortverteilung der Produktivkräfte aus diesen Wirkungszusammenhängen muß dabei von der marxistisch-leninistischen Auffassung vom *Produktionsprozeß als* einer untrennbaren *Einheit seiner materiell-technischen und sozial-ökonomischen Seite* ausgehen.

Die materiell-technische Seite umfaßt nach Arnold u. a. (1971, S. 14) die Einwirkung der Arbeitskräfte mit Hilfe von Produktionsinstrumenten auf die Arbeitsgegenstände und ist abgeleitet aus der Marxschen Analyse des Arbeitsprozesses. Bezogen auf die technischen und technologischen Wirkungen des wissenschaftlich-technischen Fortschritts auf die materiell-technische Seite des Produktionsprozesses sind diese weitgehend gesellschaftsneutral. Insofern ist es möglich, für die Wechselbeziehungen zwischen wissenschaftlich-technischem Fortschritt und Standortverteilung der Produktivkräfte einige allgemeingültige Tendenzen festzustellen.

Aber der Produktionsprozeß ist Einheit von materiell-technischer und sozial-ökonomischer Seite. K. MARX hat seinen gesellschaftlichen Charakter umfassend nachgewiesen. Die Analyse und Einschätzung der Wirkungsbedingungen des wissenschaftlich-technischen Fortschritts auf die territoriale Produktionsstruktur muß daher einerseits zwischen den beiden Seiten des Produktionsprozesses differenzieren, sie zugleich aber als dialektische Einheit verstehen und behandeln.

Die einseitige Überbetonung der Wirkung des wissenschaftlich-technischen Fortschritts auf die materiell-technische Seite des Produktionsprozesses führt sehr leicht zu einer Überbewertung neuer technischer und materieller Standortfaktoren. Die fortgeschrittene wissenschaftlich-technische Entwicklung ist aber gerade dadurch gekennzeichnet, daß von den vier Hauptfunktionen des Menschen im Arbeitsprozeß (nach BUHR/KRÖBER, 1977, S. 28: logische Funktionen, technologische Funktionen, energetische Funktionen, Transportfunktionen) besonders die logischen stärker in den Einflußbereich wissenschaftlich-technischer Neuerungen gelangen. Das führt unzweifelhaft zu einer *Bedeutungsverschiebung im Spektrum der Standortfaktoren der Produktion.*

Veränderungen in der Gesellschaft und deren Struktur als Ergebnis oder als Begleiterscheinung des wissenschaftlich-technischen Fortschritts vollziehen sich nicht automatisch. Das ist von grundlegender Bedeutung für die langfristige Planung der Standortverteilung der Produktivkräfte. Der Sozialismus verfügt über die gesellschaftlichen Voraussetzungen, Strukturveränderungen als zukunftsorientierte Zielstellung bewußt zu realisieren. Das setzt eine umfassende Kenntnis der Gesetzmäßigkeit im Wirken des wissenschaftlich-technischen Fortschritts voraus und erfordert eine langfristige Prognose der unter jeweils konkreten (gesellschaftlichen, nationalen, territorialen, natürlichen usw.) Bedingungen möglichen Alternativen. Der wissenschaftlich-technische Fortschritt führt aber nicht — wie in manchen Publikationen etwas mechanistisch dargestellt wird — automatisch zu qualitativen Veränderungen in der Struktur des Standortsystems der Produktion. Vielmehr ist es Aufgabe der Territorialforschung, die territoriale Wirksamkeit des wissenschaftlich-technischen Fortschritts in ihrer Vielfältigkeit zu untersuchen und daraus mögliche Varianten für die langfristige Planung der Standortverteilung der Produktivkräfte abzuleiten.

Ein weiteres Wesensmerkmal des wissenschaftlich-technischen Fortschritts von Bedeutung für die Entwicklung der Territorialstruktur, speziell für die Standortverteilung der Industrie, ist die *dialektische Einheit evolutionärer und revolutionärer Veränderungen.* Die Beschleunigung des wissenschaftlich-technischen Fortschritts ist von dynamischen Strukturveränderungen in der Volkswirtschaft begleitet. Sie dürfen aber nicht nur aus der Sicht revolutionärer Veränderungen gesehen werden. Vielmehr bilden für die langfristige Entwicklung der Territorialstruktur in der DDR die effektive Nutzung der vorhandenen Anlagen und Betriebe, die Vervollkommnung bereits entwickelter Prinzipien und Technologien, die umfassende Ausnutzung aller Vorteile und Möglichkeiten des vorhandenen Standortpotentials, der gegebenen territorialen Produktionsstruktur die Hauptquellen des ökonomischen Fortschritts. Damit wird der erforderliche Akkumulationsvorlauf für qualitative Veränderungen geschaffen.

„Tiefgreifende und komplexe, ihrem Gehalt nach revolutionäre Veränderungen in den materiellen Produktionsbedingungen müssen in der Regel in einem schrittweisen evolutionären Prozeß verwirklicht werden. Hier muß das vorhandene Potential an lebendiger und vergegenständlichter Arbeit klug eingesetzt werden" (Nick, 1974, S. 90).

In der DDR hat die Standortverteilung der industriellen Produktion auf der Makroebene eine Qualitätsstufe und Reife erreicht, die ihre Vervollkommnung und intensive Nutzung eindeutig in den Vordergrund rücken läßt. Revolutionäre Veränderungen sind zu erwarten, wenn qualitativ neue Standortfaktoren auftreten, die durchgehend auf die gesamte Industrie wirken.

Die *spezifischen Merkmale der wissenschaftlich-technischen Revolution* sehen Buhr/Kröber (1977, S. 326) in

„..., eine(r) grundlegende(n) Umgestaltung von Wissenschaft und Technik, ihrer Zusammenhänge und gesellschaftlichen Funktionen, die zu einer universellen Umwälzung in der Struktur und Dynamik der Produktivkräfte der Gesellschaft führt; diese Umwälzung bedeutet zugleich eine Veränderung der Rolle des Menschen im System der Produktivkräfte auf der Basis der komplexen technologischen Anwendung der Wissenschaft als unmittelbarer Produktivkraft, die alle Bestandteile der Produktion durchdringt und die gegenständlichen Lebensbedingungen des Menschen umgestaltet."

Aus dieser Definition sind zwei Aspekte besonders hervorhebenswert:

- Die universelle Umwälzung in der Struktur und Dynamik der Produktivkräfte vollzieht sich in allen drei Hauptelementen der materiell-gegenständlichen Produktivkräfte — es entwickeln sich qualitativ neue Energiequellen (z. B. Kernenergie), es kommen qualitativ neue Arbeitsgegenstände zum Einsatz (z. B. chemische Werkstoffe), und es setzt sich ein qualitativ neuer Typ von Arbeitsmitteln, gekennzeichnet durch Automatisierung, durch.
- Die neue Rolle des Menschen im System der Produktivkräfte ist vor allem darin zu sehen, daß er als geistiger Träger der Produktivkraft Wissenschaft auftritt.

Damit wird die wissenschaftlich-technische Revolution als ein Prozeß tiefgreifender Veränderungen aufgefaßt, der die verschiedensten Seiten des Lebens der Gesellschaft berührt und der durch seine komplexe Wirkungsweise charakterisiert ist. An anderer Stelle heben die Autoren (ebenda, S. 14) hervor, daß

„... in der wissenschaftlichen Untersuchung auf keinen Fall zugelassen werden darf, daß irgendeine Seite des Prozesses auch nur im geringsten isoliert betrachtet wird, wobei insbesondere jede Trennung zwischen dem wissenschaftlich-technischen und dem sozialen Aspekt vermieden werden muß."

Im Gegensatz zur bürgerlichen geht die marxistische Auffassung von der wissenschaftlich-technischen Revolution davon aus, daß den sozialökonomischen Bedingungen im Rahmen des gesetzmäßigen Zusammenhangs aller Seiten und Entwicklungsfaktoren der wissenschaftlich-technischen Revolution die entscheidende Rolle beizumessen ist. Für die langfristige Gestaltung der Standortverteilung der Produktivkräfte sind die Ziele daher eindeutig aus sozialökonomischen Entwicklungsbedingungen der sozialistischen Gesellschaft herzuleiten.

3.1. Wissenschaftlich-technischer Fortschritt und materiell-technische Basis

Zu den bedeutungsvollsten, zugleich aber auch kompliziertesten Aufgaben beim Aufbau der sozialistischen Gesellschaft gehört die Schaffung der dafür notwendigen materiell-technischen Basis: sie beeinflußt maßgebend den Gesamtfortschritt der sozialistischen Ordnung in allen ihren Bereichen.

„Wenn von der entwickelten sozialistischen Gesellschaft als einem einheitlichen sozialen Organismus gesprochen wird, so muß unterstrichen werden, daß der Schlüssel für die Lösung der Aufgaben auf allen Bereichen des gesellschaftlichen Lebens die leistungsfähige materiell-technische Basis, der Stand der Arbeitsproduktivität ist" (Reinhold 1973, S. 650).

Der wissenschaftlich-technische Fortschritt setzt sich vor allem durch eine qualitative Vervollkommnung der materiell-technischen Basis durch, die ihrerseits entscheidend für einen hohen Effekt der Intensivierung des volkswirtschaftlichen Reproduktionsprozesses ist. Für die Planung der Standortverteilung der Industrie ist die Feststellung wichtig, daß die Ergebnisse des wissenschaftlich-technischen Fortschritts in eine vorhandene materiell-gegenständliche Struktur der Produktion bei intensiver Nutzung dieses Potentials eingegliedert werden müssen.

„Die materiell-technische Basis ist die Gesamtheit der durch die menschliche Arbeit geschaffenen materiell-gegenständlichen Existenz- und Entwicklungsbedingungen der Gesellschaft sowie die nutzbaren natürlichen Ressourcen. Zur materiell-technischen Basis gehören die gegenständlichen Elemente der Produktivkräfte, das heißt, die Arbeitsmittel und die Arbeitsgegenstände, die technologischen Verfahren, die gesellschaftliche Organisation und die Struktur der Produktion, soweit sie an die gegenständlichen Elemente der Produktivkräfte gebunden sind" (Langendorf/Nick/Schulz, 1977, S. 647).

Diese Definition geht von einem relativ breiten Verständnis des Begriffes aus. Das ermöglicht es, neben den unmittelbaren Arbeits- und Produktionsmitteln weitere objektive Produktionsbedingungen in diese Kategorie einzubeziehen, wie z. B. die natürlichen Ressourcen, die gesellschaftliche Organisation oder auch die Standortbedingungen der Produktion. Eine solche weitergefaßte Definition entspricht den Bedingungen der intensiven volkswirtschaftlichen Reproduktion.

Tabelle 1. Erweiterung der Grundmittel der Industrie 1955—1977 (1955 ≙ 100%)

Elektrotechnik/Elektronik, Gerätebau	434%	Chemische Industrie	297%
		Leichtindustrie	247%
Metallurgie	335%	Lebensmittelindustrie	229%
Maschinen- und Fahrzeugbau	334%	Textilindustrie	199%
Energie- und Brennstoffindustrie	330%		

Quelle: Statist. Jahrbuch der DDR 1977, S. 83

Die langfristig angelegte Grundaufgabe, die materiell-technische Basis der sozialistischen Gesellschaft zu schaffen, schließt deren territoriale Strukturierung ein. Die wachsende Dimension der Grundfonds der Wirtschaft, ihre steigende Komplexität und innere Verflechtung stellen hohe Anforderungen an die Vervollkommnung der Standortsysteme und Standortkomplexe der Volkswirtschaft. Das läßt sich u. a. auch aus der *Entwicklung der Grundfonds der Industrie* in der DDR ableiten. Der durchschnittliche Grundmittelbestand der Industrie der DDR erhöhte sich von 78 Milliarden Mark 1955 auf 340 Milliarden Mark im Jahre 1982 (Preisbasis 1966); das entspricht einer Erweiterung auf 435%. Die gewaltige standortbildende Kraft dieser Grundmittel beruht u. a. darauf, daß ca. 60% als Gebäude, bauliche Anlagen und betriebliche Energieanlagen ortsfest sind und damit das materiell-gegenständliche Element des Produktionsstandortes bilden. Hinzu kommen die ebenfalls Milliardenbeträge umfassenden Grundfonds der technischen und sozialen Infrastruktur, die funktional mit den produzierenden Bereichen eng verkoppelt sind. Aus dieser Größenordnung ist ersichtlich, wie eng die Reproduktion der Grundfonds mit der Standortverteilung der Produktion verflochten ist.

Das *unterschiedliche Entwicklungstempo in der Grundfondsausstattung der Industriebereiche*, resultierend aus dem konzentrierten Investitionseinsatz in entwicklungsbestimmenden Zweigen, führt auch zu Proportionsverschiebungen in der Standortstruktur der Volkswirtschaft. Die Tempodifferenzierung nach Industriebereichen zeigt sich z. B. im Vergleich der Erweiterung der Grundmittel von 1955 bis 1977 (vgl. Tab. 1).

3.2. Der Zyklus Wissenschaft—Technik—Produktion

Ein Wesensmerkmal der wissenschaftlich-technischen Revolution ist die Herausbildung eines *einheitlichen Zyklus Wissenschaft—Technik—Produktion*. Seine innere Geschlossenheit und Proportionalität, seine einheitliche Leitung werden zu wichtigen Kriterien für die Effektivität der Volkswirtschaft. Innerhalb dieses Zyklus vollzieht sich eine vertikale Integration. Es intensivieren und bedingen sich gegenseitig die Wechselbeziehungen und Informationsströme zwischen Produktionsprozeß, Projektierung/Konstruktion/Entwicklung, angewandter und Grundlagenforschung.

Die Intensität der Informationsströme hat sich in der Geschichte des wissenschaftlich-technischen Fortschritts symptomatisch verändert (Abb. 1). Während über lange Zeiträume die Relationen J_1 und J_2 überwogen, J_3 und J_4 nur relativ geringen Umfang besaßen, sind unter den heutigen Bedingungen alle Informationsströme des Systems wesentlich intensiver geworden und gewinnen J_4 und J_3 eine zunehmend produktive Bedeutung.

Diese Gewichtsverlagerung ist von großer territorialer Relevanz für die Standortverteilung der Produktivkräfte. Als materielle Träger der Symbole S, T, P treten uns konkrete Standorte von Betrieben, Einrichtungen, Instituten, Organisationen gegenüber. Aus den Veränderungen in den funktionalen Beziehungen dieses Systems ergeben sich neue Standortbedingungen und Standortbeziehungen zwischen Forschungs- und Entwicklungseinrichtungen und Produktionsbetrieb.

Mit der Bedeutungszunahme der von S ausgehenden Beziehungen wird angedeutet, daß der *Wissenschaft in diesem System eine wichtige Rolle* zukommt. Es vollzieht sich eine Schwerpunktverlagerung der menschlichen Arbeit aus dem unmittelbaren Verarbeitungsprozeß in die Vorbereitungsphasen der Produktion. Auf diese Tendenz machte A. N. Kosygin bereits 1961 aufmerksam, als er auf der Allunionskonferenz der Wissenschaftler in Moskau (zitiert bei Dobrov 1970, S. 60) formulierte:

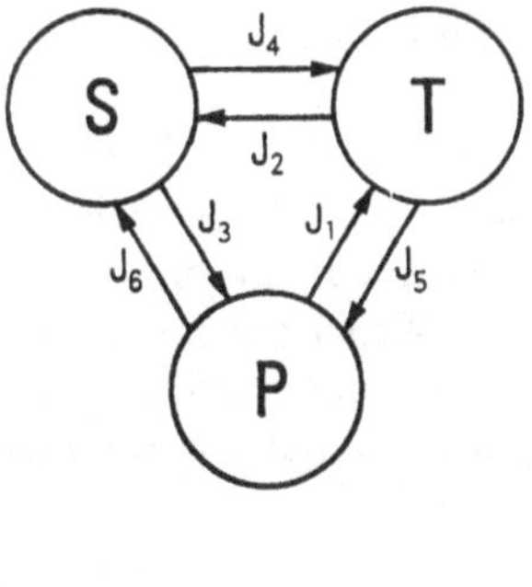

Abb. 1. Schema des Informationsaustausches im System Wissenschaft—Technik—Produktion (nach Dobrov 1970, S. 40) S = Wissenschaft, T = Technik, P = Produktion

„Bei aller Kompliziertheit und Mannigfaltigkeit der Wechselbeziehungen zwischen Wissenschaft und Technik einerseits und materieller Produktion andererseits, erfordert eine allseitige Entwicklung der materiellen Produktion offensichtlich, daß das Entwicklungstempo der Technik das Wachstumstempo der Produktion überflügelt und sich die Wissenschaft schneller als die Technik entwickeln muß.“

Produktionsvorbereitende Prozesse als Bindeglied zur Wissenschaft und Produktion entscheiden maßgeblich über das Tempo im Leistungsanstieg der Produktion.

Die Wissenschaft selbst ist mit ihrer Wirkung als Produktivkraft zu einem wichtigen Zweig der Volkswirtschaft geworden. Der Anteil der Aufwendungen für die Entwicklung der Wissenschaft am Nationaleinkommen ist ständig gestiegen; er beträgt in der UdSSR und in der DDR gegenwärtig etwa 4%. Es wird angenommen, daß er eine Größenordnung von etwa 5–7% erreicht. Damit wird auch die territoriale Strukturierung der im Wissenschaftsbereich vergegenständlichten Arbeit zu einem bemerkenswerten Einflußfaßtor für die volkswirtschaftliche Effektivität.

In der Regel vollzieht sich die Überführung von in der Grundlagenforschung neu entdeckten Gesetzen und Gesetzmäßigkeiten in den Produktionsprozeß durch vermittelnde Zwischenschritte der angewandten Forschung, Projektierung und Konstruktion. Institutionell drückt sich das in einem Netz — auch standörtlich gesehen — von wissenschaftlichen Forschungsinstituten, Industrieforschungseinrichtungen u. ä. aus. Für sie ist die Frage nach den territorialen Beziehungen zum Produktionsprozeß noch aktueller und direkter als bei der Grundlagenforschung. Auf eine Reihe bereits praktizierter wirtschaftsorganisatorischer Schritte in verschiedenen Ländern, die den Standortaspekt allerdings in unterschiedlicher Weise berücksichtigen, sei hingewiesen. Dazu zählen u. a. die Wissenschafts-Produktions-Vereinigungen (naučno-proizvodstvennye obedinenija) in der UdSSR, die Industrielaboratorien in den USA, die Einbeziehung wissenschaftlich-technischer Einrichtungen in die Industriekombinate der DDR.

In der UdSSR wird gegenwärtig über die Einführung *neuer Formen der Forschungsorganisation* diskutiert, und dabei wird den *territorialen Aspekten* große Aufmerksamkeit gewidmet. Kernproblem einer solchen neuen progressiven Forschungsorganisation ist die Gewährleistung einer einheitlichen Strategie zwischen Forschungsinstituten, zweiglichen Forschungs- und Entwicklungseinrichtungen und der Versuchsproduktion. In diesem Zusammenhang wird u. a. die Frage der Notwendigkeit einer *territorialen Planung von Wissenschaft und Technik* gestellt. Dieses regionale Experiment läßt erwarten, daß sich daraus Schlußfolgerungen für die Leitung und Planung der Aufgaben der territorialen Rationalisierung und der komplexen Entwicklung von Regionen in der DDR ableiten lassen, und sollte sehr intensiv studiert werden.

4. Wirkungsbedingungen des wissenschaftlich-technischen Fortschritts für das Standortgefüge der Industrie

Die kurze Charakterisierung einiger Wesensmerkmale des wissenschaftlich-technischen Fortschritts läßt erkennen, daß es sich bei seiner Verwirklichung nicht um einen einheitlichen Prozeß handelt. Vielmehr wirken in sehr vielfältiger Weise die konkreten volkswirtschaftlichen, wissenschaftlichen, zweiglichen, territorialen und zeitlichen Bedingungen darauf ein. Einschätzungen zu den ökonomischen, sozialen und territorialen

Folgen des wissenschaftlich-technischen Fortschritts setzen daher Kenntnis über seine innere Differenzierung und Strukturierung sowie die teilweise widersprüchlich ablaufenden Prozesse voraus.

Für die Untersuchung der Einwirkungen des wissenschaftlich-technischen Fortschritts auf die Standortverteilung der Industrie ist es aus methodischen Gründen zweckmäßig, den Einwirkungsbereich in zwei große Komplexe zu untergliedern, in das *Standortgefüge der Industrie* und in ihre *territoriale Organisation*. Diese „Trennung" ist als Hilfskonstruktion zu verstehen, um die Vielfalt innerer Verflechtungen und Beziehungen durchsichtig und handhabbar zu machen.

Unter dem *Standortgefüge* wird die *räumliche Verteilung der Standorte*, die *zweiglich organisierten Standortsysteme* und die *regional organisierten Standortkomplexe* umfassend, verstanden. Die *territoriale Organisation der Produktion* stellt die *Formen ihrer Vergesellschaftung* in den Betrachtungsmittelpunkt.

4.1. Auswirkungen der Dynamik der Zweigstruktur

Die Realisierung des wissenschaftlich-technischen Fortschritts im Produktionsprozeß ist mit einem ständigen Wandel der Erzeugnis- und Zweigstruktur der Industrie verbunden. Er ist Ausdruck der von den konkreten äußeren und inneren Reproduktionsbedingungen bestimmten volkswirtschaftlichen Strukturpolitik. So orientiert der X. Parteitag der SED auf die Erhöhung des Produktionsanteils hochveredelter und exportrentabler Erzeugnisse, auf die Erweiterung des Produktionsumfangs von Erzeugnissen, die der sozialistischen Rationalisierung dienen, und auf die Herstellung hochwertiger Konsumgüter.

Das innere Gefüge des industriellen Produktionsprozesses, das Zusammenwirken und die Abhängigkeit seiner einzelnen Teile und Glieder im Rahmen eines dynamischen Ganzen ist Veränderungen unterworfen, die um so umwälzender und schneller vor sich gehen, je höher der Anteil revolutionärer Elemente des wissenschaftlich-technischen Fortschritts ist. MARX wies sehr nachdrücklich auf den dynamischen Charakter der Zweigstruktur der Industrie hin:

> „Die moderne Industrie betrachtet und behandelt die vorhandene Form eines Produktionsprozesses nie als definitiv ... Durch Maschinerie, chemische Prozesse und andere Methoden wälzt sie beständig mit der technischen Grundlage der Produktion die Funktionen der Arbeiter und die gesellschaftlichen Kombinationen des Arbeitsprozesses um" (K. MARX, 1947, S. 512).

Unter den Bedingungen der gegenwärtigen wissenschaftlich-technischen Revolution erfahren diejenigen Zweige ein besonders rasches Wachstum, die das Entwicklungstempo und die Qualität der Arbeitsprozesse anderer Zweige der Volkswirtschaft stimulieren.

Die *Rangfolge im Entwicklungstempo* unterliegt zeitlichen Verschiebungen, die durch die spezifischen nationalen Wirtschaftsstrukturen und Ressourcensituationen differenziert werden. SCHULZ (1966) hat eine intensive Analyse der Entwicklungstendenzen der Industriezweigstruktur in den hochindustrialisierten Ländern anhand umfangreichen statistischen Materials vorgenommen. Er leitete daraus einige allgemeine Grundthesen über die Veränderung der Industriestruktur unter dem Einfluß der wissenschaftlich-technischen Revolution ab und prüfte sie für die Bedingungen der DDR.

Die metallverarbeitende Industrie der DDR weist im Vergleichszeitraum 1936 bis 1964 ein überdurchschnittliches Entwicklungstempo gegenüber dem der Industrie insgesamt auf (vgl. Abb. 2). Führt man die Zahlenreihe 1936/64 für die 70er Jahre weiter, so zeigen sich für die DDR einige neue Tendenzen (vgl. Tab. 2).

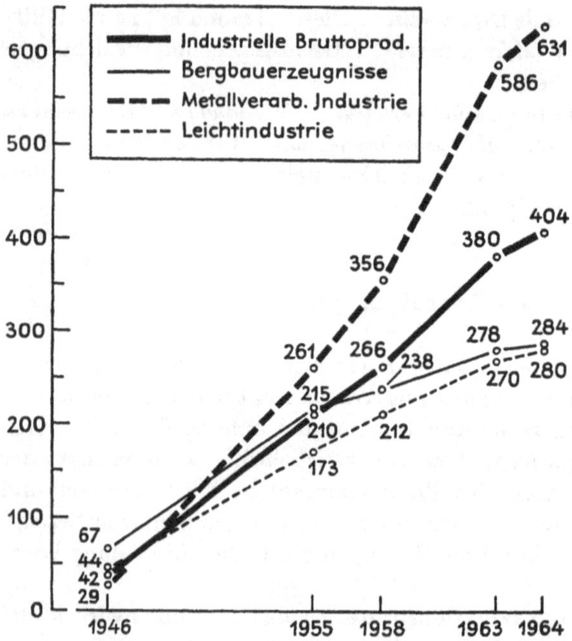

Abb. 2. Entwicklung des industriellen Produktionsvolumens in der DDR 1936–1964 (1936 ≙ 100% – nach SCHULZ 1966, S. 71)

Tabelle 2. Anteil der metallverarbeitenden Industrie[1]) an der industriellen Bruttoproduktion in der DDR (in %)

	Maschinen- u. Fahrzeugbau	Elektrotechnik/ Elektronik/Gerätebau	metallverarbeitende Industrie
1949	15	3	18
1955	17	4	21
1960	19	5	24
1965	21	6	27
1970	21	7	28
1975	21	8	29
1980	23	9	32
1982	23	10	33

Quelle: Statist. Jahrbuch der DDR, 1983, S. 2

[1]) Metallverarbeitende Industrie = Maschinen- und Fahrzeugbau plus Elektrotechnik/Elektronik/ Gerätebau

Der Anteil der metallverarbeitenden Industrie an der Bruttoproduktion der Industrie pendelt sich offensichtlich in einer Größenordnung von 30–35% ein. Allerdings tritt in ihrer inneren Struktur eine Schwerpunktverlagerung von den Zweigen des Maschinen- und Fahrzeugbaus zu denen der Elektrotechnik, der Elektronik und des wissenschaftlichen Gerätebaus auf.

Für die Gewährleistung eines langfristig stabilen und hohen Leistungszuwachses der Wirtschaft ist es von großer Wichtigkeit, in der jeweiligen Entwicklungsphase diejenigen Zweige und Erzeugnisgruppen zu bestimmen und besonders zu fördern, die eine besondere volkswirtschaftliche Breitenwirkung ausüben. Die vorrangige Entwicklung solcher Zweige schließt die allseitige Sicherung ihrer territorialen Standortanforderungen und den konzentrierten Einsatz standortgebundener Ressourcen dafür ein.

Tabelle 3 zeigt für die DDR die *Rangfolgeverschiebungen im Entwicklungstempo der Zweige:*

– Seit Mitte der 60er Jahre entwickeln sich die Zweige Elektrotechnik/Elektronik/Gerätebau schneller als die des Maschinen- und Fahrzeugbaus. Das zeigt sich deutlich in der Forcierung des Entwicklungstempos des Datenverarbeitungs- und Büromaschinenbaus etwa ab 1965 und der elektronischen Industrie ab Beginn der 70er Jahre. Die Produktion von Meß-, Steuer- und Regeltechnik weist dagegen ab Mitte der 60er Jahre ein relativ geringeres Entwicklungstempo auf. Diese Strukturveränderungen sind ein Hinweis auf die qualitativ neue Etappe der wissenschaftlich-

Tabelle 3. Rangfolge der Industriezweige nach der Steigerung der industriellen Bruttoproduktion für die Zeiträume 1960–1970 (1960 ≙ 100) und 1970–1980 (1970 ≙ 100)

1960–1970		1970–1980	
1. Datenverarbeitungs- u. Büromaschinenindustrie	447	1. Elektronische Industrie	308
2. Chemieausrüstungsbau	336	2. Datenverarbeitungs- u. Büromaschinenindustrie	278
3. Bau-, Baustoffkeramikmaschinenbau	336	3. Plast- u. Elastverarbeitungsmaschinenbau	266
4. Bau v. luft- u. kältetechnischen Ausrüstungen	334	4. Landmaschinenbau	249
		5. Werkzeugmaschinenbau	239
5. Industrie der Meß-, Steuer- u. Regeltechnik	316	6. Feinmechanische u. optische Industrie	231
6. Chemiefaserindustrie	298	7. Chemiefaserindustrie	230
7. Plastindustrie	295	8. Plastindustrie	225
8. Elektronische Industrie	258	9. Industrie der Meß-, Steuer- u. Regeltechnik	199
9. Pharmazeutische Industrie	248		
10. Bau v. Metallkonstruktionen	235	10. Elektrotechnische Industrie	192
11. Landmaschinenbau	233	11. Erdöl-, Erdgas- u. Kohlewertstoffindustrie	180
12. Erdöl-, Erdgas- u. Kohlewertstoffindustrie	227	12. Energie	170
13. Feinmechanische u. optische Industrie	221	13. Schwarzmetallurgie	170
		14. Chemieausrüstungsbau	165
14. Metallwarenindustrie	220		

Quelle: Statistisches Jahrbuch der DDR 1975 (S. 110) und 1983 (S. 140)

technischen Revolution, die besonders durch die Anwendung der Computer- und Datenverarbeitungstechnik, durch Automatisierung und Einsatz der Mikroelektronik gekennzeichnet ist.
- In den Zweigen des Maschinen- und Fahrzeugbaus dominieren zunehmend der Bau von Plast- und Elastverarbeitungsmaschinen, von Landmaschinen und der Werkzeugmaschinenbau.
- Ausdruck der Umgestaltung der Rohstoffbasis und des Einsatzes neuer moderner Werkstoffe ist der überdurchschnittliche Produktionszuwachs in der Plast- und Chemiefaserindustrie.

In nur etwa 20 Jahren hat sich im Entwicklungstempo der Industriezweige ein grundlegender Wandel vollzogen. Die kurzen analytischen Darstellungen deuten die Dynamik in der zweiglichen Struktur der Industrie an. Dynamik der Zweigstruktur der Produktion impliziert zugleich Veränderungen ihrer territorialen Struktur. Aus der Tatsache, daß sich der wissenschaftlich-technische Fortschritt in den einzelnen Zweigen der Industrie mit unterschiedlicher Intensität und mit zeitlichen Phasenverschiebungen durchsetzt, und aus den Gesetzmäßigkeiten des Zusammenwirkens zweiglicher und territorialer Produktionsstrukturen läßt sich logischerweise schlußfolgern, daß in der territorialen Wirksamkeit dieser Prozesse Differenzierungen auftreten müssen. Die weitere Aufhellung dieser Zusammenhänge bietet einen wichtigen Ansatz für eine Qualifizierung der langfristigen Planung der Standortverteilung der Produktion.

4.2. Standortaspekte von Innovationsprozessen

Um die Frage zu beantworten, wie sich Proportionsveränderungen in der Zweigstruktur vollziehen, muß sich die Territorialforschung stärker dem Wirkungsmechanismus der Dialektik von revolutionären und evolutionären Prozessen des wissenschaftlich-technischen Fortschritts und seinen territorialen Aspekten widmen. Einen Ansatz dafür können die Ergebnisse und Erkenntnisse der Innovationsforschung bieten. Obgleich dieses Problem im Rahmen der vorliegenden Arbeit nicht ausführlich behandelt werden kann, soll doch auf einige Anknüpfungspunkte hingewiesen werden.
Maier (1979, S. 1) definiert Innovation als

„... Prozeß der Schöpfung, Entwicklung, Anwendung und Ausbreitung eines neuen Produktes oder Prozesses für einen neuen oder bereits identifizierten Bedarf" (Übers. aus dem Engl. v. Verf.) und unterscheidet zwei Hauptarten von Innovationen (Haustein/Maier 1979, S. 12):

Basisinnovationen: fundamentale, strategische, radikale, diskontinuierliche Veränderungen — revolutionäre Prozesse.
Ihre Hauptfunktion ist es, in einem bestehenden System einen Umschwung auszulösen und es in einen qualitativ neuen Zustand mit höherer Effektivität umzuwandeln.

Verbesserungsinnovationen: kumulative, taktische, kontinuierliche Veränderungen, Rationalisierung bestehender Systeme — evolutionäre Prozesse.
Ihre Hauptfunktion liegt in der Ausbilanzierung und ständigen Verbesserung des gegebenen Systems mit dem Ziel, eine höhere Effektivität dieses Systems zu erreichen.

Beide Innovationsarten können sowohl auf die Veränderung von Produkten, als auch von Prozessen gerichtet sein. Besonders von den Basisinnovationen in denjenigen Zweigen, von denen die bereits erwähnte volkswirtschaftliche Breitenwirkung ausgeht, sind die grundlegenden zweiglichen und territorialen Strukturveränderungen zu erwarten.

Die Hauptaufgabe der gegenwärtigen Innovationsforschung (Haustein/Maier 1979, S. 7) besteht in der Beantwortung der Frage, was die Bedingungen und Folgen der Realisierung von Basisinnovationen in den Hauptproduktionsbereichen sind, um die allgemeine Ressourcenverknappung zu überwinden und eine Verbesserung der Arbeits- und Lebensbedingungen zu erreichen. Besonders ein ausgewogenes Verhältnis von Basis- und Verbesserungsinnovationen ist für eine effektive Gestaltung der Intensivierungs- und Rationalisierungsprozesse einschließlich ihrer territorialen Komponente von großer Bedeutung.

Bei einer kritischen Durchsicht der Literatur zur Innovationsforschung ist festzustellen, daß territoriale Aspekte nur in sehr wenigen Fällen in die Betrachtung einbezogen werden. Einen möglichen Ansatz für eine *Bewertung territorialer Konsequenzen aus Innovationen* als Basis für Leitungs- und Planungsentscheidungen bietet die von Haustein/Maier (1979, S. 23/24) vorgelegte Typisierung von Innovationen in größere, mittlere und kleinere Basisinnovationen und in sehr bedeutende, normale und kleine Verbesserungsinnovationen mit ihrem differenzierten Anteil an Grundlagen- und Anwendungsforschung und ihrer unterschiedlichen Wirkungsbreite auf ihr Anwendungsfeld und das Produktionssystem selbst (vgl. Tab. 4). Diesen Typen sind auch differenzierte Wirkungen auf das System der Standortverteilung der Produktivkräfte bzw. auf die territorialen Strukturbedingungen an ihrem Einsatzstandort zuordenbar. In Tab. 5 sind einige Beispiele zusammengestellt. Umfassendere empirische Untersuchungen sind erforderlich, um derartige Zusammenhänge weiter aufzuklären und in den langfristigen territorialen und zweiglichen Konzeptionen sowie volkswirtschaftlichen Bilanzen die effektive territoriale Einordnung von Neuerungsprozessen berücksichtigen zu können.

Tiefgreifende Veränderungen in der territorialen Grundstruktur der Standortverteilung der Produktion gehen von den Basisinnovationen aus. Für die leitungsmäßige Beherrschung, beispielsweise auch für die Ausarbeitung der Generalschemata der Standortverteilung der Produktivkräfte, ist aber die dialektische Einheit revolutionärer und evolutionärer Elemente der Neuerungsprozesse von eminenter Bedeutung. Die Mehrheit wissenschaftlich-technischer Neuerungen trägt evolutionären Charakter, sind Verbesserungsinnovationen, die in der Regel in bestehende Produktionsstandorte harmonisch eingefügt werden müssen. Auf diese Weise vollzieht sich eine ständige qualitative Vervollkommnung und Effektivitätserhöhung in der Standortverteilung der Industrie. Dadurch gewinnen lokale, regionale und überregionale Standortkomplexe einerseits an Stabilität, erfordern andererseits aber zugleich Flexibilität, um die qualitativ neuen Standortanforderungen an diesen gegebenen Standorten selbst ausgleichen zu können.

Basisinnovationen können zu revolutionären Veränderungen in den territorialen Grundstrukturen der Standortverteilung der Produktion führen, sie setzen sich aber in der Regel ebenfalls in einem evolutionären Prozeß durch. Das ist in der Stabilität der Produktionsstandorte, der Bindung des Produktionsprozesses an langlebige bauliche Grundfonds und infrastrukturelle Einrichtungen sowie in den vielfältigen funktionalen Verflechtungen mit anderen Elementen der Territorialstruktur begründet. Für die Methodologie der langfristigen Planung der Standortverteilung der Produktivkräfte ist es notwendig, die zu erwartenden und anzustrebenden revolutionären Veränderungen herauszuarbeiten, um sie in harmonische Übereinstimmung mit der intensiven Nutzung und Effektivitätserhöhung der gegebenen Territorialstruktur zu bringen.

Tabelle 4. Innovationstypen und ihre Merkmale (nach HAUSTEIN/MAIER 1979, S. 23/24)

Typ P	Anteil der Grundlagenforschung	Anteil der angewandten Forschung	Anwendungsfeld	Wirkung auf das Produktionssystem	Beispiele
Größere Basisinnovationen (BI 1)	hoch	hoch	Veränderungen des gesamten Bedarfssystems und seiner Struktur	Veränderung des gesamten Produktionssystems	Nutzung der Mikroelektronik, neue Energiesysteme
Mittlere Basisinnovationen (BI 2)	mittel	hoch	Herausbildung eines neuen Bedarfskomplexes	Eröffnung neuer Dimensionen für ganze Industriezweige	Nutzung von Mikroprozessoren, von Kernenergie
Kleinere Basisinnovationen (BI 3)	gering	mittel	Bedeutende Modifikationen vorhandener Bedarfskomplexe	Herausbildung neuer Industriezweige	Nutzung der „Schnellen Brüter“
Sehr bedeutende Verbesserungsinnovationen (II 1)	mittel	hoch	Neuer Bedarf Einführung eines neuen Produktes in einen bestehenden Bedarfskomplex	Neue industrielle Subzweige (Erzeugnisgruppen)	Einführung des Polyesters
Bedeutende Verbesserungsinnovationen (II 2)	gering	gering	Bedeutende Modifikationen des Bedarfskomplexes — neue Parameter bekannter Produkte	Neue Produktketten oder -prozesse	Einführung des Thomasverfahrens in der Stahlproduktion, der elektrischen Zahnbürste
Normale Verbesserungsinnovationen (II 3)	keine	gering	Einfache Modifikationen differenziert vorhandenen Bedarfs	Verbesserte Produktketten oder Prozesse	Fluorzahnpasta
Kleine Verbesserungsinnovationen (II 4)	keine	keine	geringe Verbesserungen	geringe Verbesserungen	Rationellere Nutzung des Telefons

Tabelle 5. Standortwirksamkeit von Innovationstypen

Typ der Innovation	Wirkung auf Produktionssystem	Beispiele	Tendenzielle Standortauswirkungen (Beispiele)
Größere Basisinnovation	Veränderung des gesamten Produktionssystems	Nutzung der Mikroelektronik; neue Energiesysteme	Potentielle Möglichkeiten für Veränderungen in der Grundstruktur der Standortverteilung der Produktion und zur Vertiefung der territorialen Arbeitsteilung — Völlige Umprofilierung ganzer Industriebereiche an gegebenen Standorten und/oder Standortneugründungen zur Herausbildung eines neuen Produktionszweiges — Qualitativ neue Standortanforderungen in den Anwenderbereichen mit neuer Standortorientierung
Mittlere Basisinnovation	...	...	...
Kleinere Basisinnovation	Herausbildung neuer Industriezweige	Nutzung der „Schnellen Brüter"	Potentielle Möglichkeiten zur Rationalisierung und Umprofilierung ganzer Industriezweige, besonders Veränderungen der territorialen Spezialisierung und Konzentration; Qualitativ neue Relationen im System Standortanforderungen — Standortbedingungen.
Sehr bedeutende Verbesserungsinnovationen	Neue Erzeugnisgruppen	Einführung der Kunstfaser in der Textilindustrie	Produktionsumstellungen an bestehenden Betriebsstandorten mit Auswirkungen auf Bereitstellung territorialer Ressourcen. Große Möglichkeiten für territoriale Rationalisierung.
Bedeutende Verbesserungsinnovationen	...	...	...
Normale Verbesserungsinnovationen	Verbesserte Produktionsprozesse		Geringere Standortwirksamkeit. Lokale Modifikationen im System Standortanforderungen — Standortbedingungen
Kleine Verbesserungsinnovationen	Geringe Verbesserungen		

4.3. Materiell-technische Basis und Standortverteilung der Industrie

Die durch die wissenschaftlich-technische Revolution bewirkte qualitative Umwälzung der technischen Basis der Produktion, die u. a. durch den Einsatz neuer Materialien und Energiequellen, neuer Technologien und Maschinensysteme, neuer Leitungs- und

Organisationsformen charakterisiert wird, schließt Veränderungen in der Standortverteilung der Industrie ein. Das ergibt sich aus der Tatsache, daß die gegenständlichen Elemente der Produktivkräfte in ihrer regionalen Struktur selbst Bestandteil der materiell-technischen Basis und damit ein wichtiger Bestimmungsfaktor für die Effektivität des volkswirtschaftlichen Reproduktionsprozesses sind. Struktur und Niveau der materiall-technischen Basis, Struktur und Niveau der Standortverteilung der Industrie gehören zu den tempo- und qualitätsbestimmenden Faktoren für die Erfüllung grundlegender sozialpolitischer Zielstellungen. Die materiell-technische Basis des Sozialismus

„... ist einem qualitativ neuen Ziel der Produktion und qualitativ neuen sozialen Triebkräften unterworfen, die die Struktur und Dynamik der materiell-technischen Basis entscheidend prägen; sie ist charakterisiert durch eine qualitativ neue gesellschaftliche Organisation der Produktion im Rahmen der gesamten Volkswirtschaft, durch eine zunehmende proportionale Entwicklung der Zweige und der Territorien" (LANGENDORF/NICK/SCHULZ 1977, S. 642).

Der erreichte Reifegrad der materiell-technischen Basis und der Standortverteilung der industriellen Produktion in der DDR ermöglichen und erfordern deren intensive Nutzung und Vervollkommnung. Dieser Prozeß der Intensivierung der Volkswirtschaft stellt sich als ein klug aufeinander abgestimmtes Verhältnis von rationeller Nutzung und Vervollkommnung bestehender Standorte, Standortssysteme und -komplexe einerseits und der reibungslosen Einfügung neuer Produktionsstandorte in dieses Gefüge andererseits dar. Die Einfügung neuer Erzeugnisse und Verfahren in bestehende Produktionseinheiten besitzt eindeutig den Vorrang. Nur über diesen Weg ist die Volkswirtschaft in der Lage, die erforderlichen Akkumulationsmittel für die Erweiterung der Produktionsbasis erwirtschaften zu können. Aber Intensivierung bedeutet nicht den generellen Verzicht auf industrielle Neubauten. In nicht wenigen Fällen wird die Einführung neuer Erzeugnisse oder Verfahren in vorhandenen Betrieben nicht möglich sein oder nicht den möglichen Effekt bringen. Doch selbst in diesen Fällen darf die Schaffung neuer Produktionskapazitäten und neuer Standorte nicht zu einer Extensivierung der industriellen Arbeitsplätze oder der eingesetzten Ressourcen führen.

Jede neue Produktionskapazität — eventuell mit Ausnahme der Energieproduktion — kann im Prinzip nur „Ersatzinvestition" auf höherer Stufenleiter für physisch und moralisch verschlissene Anlagen sein. Die zeitliche, räumliche und sachliche Überlagerung revolutionärer und evolutionärer Aspekte im Produktionsprozeß bewirkt, daß sich die Vervollkommnung der materiell-technischen Bedingungen der Standortverteilung stets als Einheit von

— Einfügung neuer Techniken, Technologien und Produkten in bestehende Standortsysteme und Standortkomplexe,
— Erweiterung von Produktionskapazitäten durch Vergrößerung vorhandener Produktionsstandorte und
— Schaffung neuer Produktionsstandorte

vollzieht. Die aufgeführte Reihenfolge kann als Rangfolge im Prozeß der Entscheidungsfindung für die zu wählende Optimalvariante angesehen werden. Starke und über längere Zeiträume anhaltende lokale oder regionale Konzentrationen dieser Prozesse haben nicht nur Veränderungen in den Standortkomplexen dieser Dimensionsstufe zur Folge, sondern können langfristig zu qualitativen Veränderungen und zu Proportionsverschiebungen in übergeordneten (überregionalen/nationalen/internationalen) Standortsystemen der Produktion führen.

Entwicklungsetappen der Gestaltung der materiell-technischen Basis der kommunistischen Gesellschaft

Die Entwicklung der materiell-technischen Basis der kommunistischen Gesellschaft vollzieht sich in mehreren Phasen, die mit spezifischen standortpolitischen Aufgaben verbunden sind. Ihre nur kurze Charakterisierung soll in erster Linie die Bedeutung des Hinweises hervorheben, daß die langfristige Planung der Standortverteilung der Produktivkräfte stets mit der wirtschaftspolitischen und damit verbunden der standortpolitischen Zielstellung der Entwicklungsetappe der materiell-technischen Basis in Übereinstimmung gebracht werden muß.

Übergangsperiode vom Kapitalismus zum Sozialismus

Die Übergangsperiode vom Kapitalismus zum Sozialismus ist durch die Übernahme, die volle Ausnutzung und die Vervollkommnung der im Kapitalismus geschaffenen materiell-technischen Basis gekennzeichnet. Das bezieht sich auch auf die materiell-technische Seite des Standortgefüges der Industrie.

Unter den historischen Bedingungen der DDR umfaßt die Übergangsperiode *zwei Etappen der Entwicklung der Standortverteilung der Industrie* (vgl. Kehrer 1980, S. 106). Die erste von 1945 bis 1950 ist durch den Wiederaufbau der vom Krieg zerstörten Industrie an den in kapitalistischer Zeit entstandenen traditionellen Standorten gekennzeichnet. In der zweiten Etappe von 1950 bis etwa 1970 erfolgte eine vorwiegend extensive Erweiterung der industriellen Basis des Landes. Als Hauptmerkmale der Standortentwicklung nennt Kehrer:

„– Entstehung neuer Standorte und Standortkomplexe der Industrie,
– Erweiterung und Umprofilierung bestehender Industriestandorte und Standortkomplexe,
– Erweiterung und Veränderung der Standortrelationen innerhalb der Industrie,
– wachsende Inanspruchnahme territorialer Produktionsbedingungen durch die Industrie,
– Erweiterung und Vertiefung der Verflechtungen zu den anderen territorialen Teilstrukturen,
– Auswirkungen auf andere sozial-ökonomische Prozesse im Territorium (z. B. auf die Urbanisierung),
– verstärkter Eingriff in die natürliche Umwelt,
– Veränderung der ökonomischen Struktur von ganzen Gebieten.“

Dementsprechend richtete sich die Standortpolitik in dieser Etappe auf zwei Hauptziele:

a) Wiederaufbau, Ausnutzung und Erweiterung der Produktionskapazitäten an den traditionellen Industriestandorten, vor allem in den industriellen Ballungsgebieten Halle–Leipzig, Dresden, Karl-Marx-Stadt–Zwickau, Berlin.
b) Rasche Industrialisierung ehemals sozial und ökonomisch rückständiger Gebiete, besonders in den nördlichen und östlichen Bezirken.

Nur zwei Beispiele sollen für diese Entwicklung stehen:

– Es erfolgte der Aufbau einer modernen Brennstoff- und Energiebasis unter Nutzung des Primärenergieträgers Rohbraunkohle. Das war verbunden mit einer umfassenden

Erweiterung der Braunkohlenförderung und -verarbeitung im Raum Halle—Leipzig, seit Anfang der fünfziger Jahre zugleich mit einer großangelegten Erschließung des Niederlausitzer Reviers. Mit dem Aufbau der ersten Braunkohlenkokerei der Welt in Lauchhammer und des Gaskombinates „Schwarze Pumpe" fanden neueste wissenschaftlich-technische Erkenntnisse ihre unmittelbare Umsetzung in die Großproduktion und trugen zu revolutionären Veränderungen der Territorialstruktur im Bezirk Cottbus bei.

— 1958 wurde auf der Chemiekonferenz des Zentralkomitees der SED in Leuna das Chemieprogramm der DDR vorgelegt. Dieses Programm beinhaltete die Anwendung der in dieser Zeit sich weltweit vollziehenden revolutionären Entdeckungen und Entwicklungen in der Chemie auf die Bedingungen der chemischen Industrie in der DDR. Unter Nutzung der Produktionserfahrungen der Carbochemie und ihrer Ergänzung durch die Erdölverarbeitung wurden die traditionellen Standorte der chemischen Großproduktion wie Leuna (Leuna II), Buna, Böhlen, Bitterfeld beträchtlich erweitert. Der Neubau des Erdölverarbeitungswerkes in Schwedt schuf einen der bedeutendsten Industriestandorte im Norden der DDR und ließ u. a. eine Industriestadt mit heute über 50000 Einwohnern wachsen.

Diese Beispiele einer konsequenten Realisierung der standortpolitischen Zielsetzung ließen sich fortsetzen. Produktionserweiterungen an traditionellen Standorten des Schwermaschinenbaues (Magdeburg, Leipzig), der Elektrotechnik (Berlin, Dresden, Leipzig) fanden Ergänzung durch die Errichtung neuer Industriezentren, z. B. in Rostock (Werftindustrie), Greifswald (Elektronik), Eisenhüttenstadt (Eisenhüttenkombinat Ost), Frankfurt (Halbleiterwerk) u. a.

Anfang der sechziger Jahre waren in der DDR die Aufgaben der Übergangsperiode vom Kapitalismus zum Sozialismus im wesentlichen gelöst. Auf der 14. Tagung des Zentralkomitees der SED im November 1961 konnte der Sieg der sozialistischen Produktionsverhältnisse festgestellt werden. Die Arbeiterklasse und die anderen Werktätigen hatten unter der Führung der SED beträchtliche Ergebnisse beim Aufbau der materiall-technischen Basis des Sozialismus erzielt (vgl. Geschichte der SED, 1978, S. 438).

Bezogen auf die Standortpolitik lassen sich die Merkmale der Übergangsperiode jedoch bis etwa Ende der 60er Jahre verfolgen. Mohs/Herrmann (1979, S. 161) bezeichnen diesen Entwicklungsprozeß als Etappe der sozialistischen Industrialisierung und gelangen zu der Einschätzung, daß

> „... wesentliche Disproportionen zwischen den Industriezweigen abgebaut und bedeutende Schritte zur Verminderung der regionalen Disproportionen im Wirtschaftsterritorium der DDR gegangen"

wurden. In dieser Periode hat das Standortgefüge der Industrie in der DDR revolutionäre Veränderungen erfahren.

Etappe der Gestaltung der entwickelten sozialistischen Gesellschaft

Der Aufbau der materiell-technischen Basis der entwickelten sozialistischen Gesellschaft vollzieht sich als sehr vielschichtiger und widersprüchlicher Prozeß; er umfaßt einen historisch relativ langen Zeitraum, in dem noch vorhandene Reste der kapitalistischen Gesellschaft allmählich abgebaut und überwunden werden und in dem sich die dem Sozialismus eigenen Gesetze und Prozesse immer stärker durchsetzen. Diese

Aufgabe steht seit Anfang der 70er Jahre im Mittelpunkt der Wirtschaftspolitik in der DDR. In zunehmendem Maße wird die Intensivierung zum vorherrschenden Typ der wirtschaftlichen Entwicklung. Der Fünfjahrplan 1966/70 stellte die Aufgabe, die quantitative Erweiterung der materiell-technischen Basis mit der komplexen sozialistischen Rationalisierung zu verbinden. Der VIII. Parteitag formulierte 1971 endgültig als

„Hauptweg, um den Umfang und die Qualität der gesellschaftlichen Produktion zu steigern, ... ihre Intensivierung und die Erhöhung der Effektivität" (Protokoll ..., 1971, Bd. 2, S. 323).

Die Entwicklung von Wissenschaft und Technik tritt damit an die erste Stelle der Einflußfaktoren für die territoriale Strukturierung der materiell-technischen Basis der Industrie.

Die *Hauptziele der Standortpolitik in der Etappe der Gestaltung der materiell-technischen Basis der entwickelten sozialistischen Gesellschaft* lassen sich wie folgt zusammenfassen:

- Volle Ausnutzung der vorhandenen Produktionskapazitäten und der bestehenden materiell-technischen Struktur des Standortgefüges der Produktion zur Erhöhung ihrer Effektivitätswirkung auf die Volkswirtschaft. Das umschließt eine hohe Auslastung der vorhandenen Anlagen sowie ihre Modernisierung und Erneuerung an den gegebenen Standorten. Die territorialen Konzentrationen der Produktion bilden Fixpunkte der Vervollkommnung der Standortverteilung der Produktion.
- Weiterer konsequenter Abbau noch vorhandener Disproportionen im Standortgefüge der Industrie. Das schließt die volle Ausschöpfung aller Effektivitätsreserven in den industriellen Ballungsgebieten, den rationellen Einsatz aller territorialen Ressourcen und die Erweiterung der industriellen Produktionsbasis in den Nordbezirken ein.
- Erhöhung des Niveaus der territorialen Organisation der Produktion, insbesondere die stärkere Beachtung des räumlichen Aspekts bei der Vertiefung der Geschlossenheit der Reproduktionsprozesse in den Kombinaten.

Als qualitativ neue Momente im Ergebnis dieser Entwicklung sehen SCHULTZE/WEHNER (1979, S. 63)

„... den territorialen Niveauausgleich im ökonomischen und sozialen Entwicklungsstand der Gebiete, eine relativ gleichmäßigere Standortverteilung der Produktivkräfte und die Herausbildung weitgehend neuartiger territorialer Beziehungen."

Die aktuell zu gestaltenden Standortsysteme und Standortkomplexe müssen sowohl gegenwärtigen Bedingungen und Möglichkeiten als auch künftigen Erfordernissen entsprechen. Maßstab einer langfristigen Orientierung der Standortverteilung der Produktivkräfte kann letztlich nur die zu entwickelnde materiell-technische Basis des Kommunismus sein.

4.4. Rangverschiebungen zwischen den Standortfaktoren

Der Begriff „Standortfaktor" nimmt in der marxistisch-leninistischen Theorie der Standortverteilung der Produktivkräfte einen festen Platz ein. Sowohl in der DDR als auch in anderen sozialistischen Ländern existiert dazu eine umfangreiche Literatur (ausführliche Übersicht siehe SCHILDE 1978). Übereinstimmend werden als *Standortfaktoren* diejenigen *bestimmenden Wirkungen für die territoriale Organisation der Produktion* bezeichnet, die sich aus der räumlich unterschiedlichen Verteilung der elementaren Bedingungen der gesellschaftlichen Produktion — Natur, Bevölkerung, Produktionsweise — ableiten. Gestützt auf die Arbeiten, insbesondere von SCHMIDT-RENNER (1957 und 1966), weist SCHILDE (1978, S. 236) fünf allgemeine Standortfaktorengruppen aus (Naturbedingungen — Bevölkerung — Entwicklungsstand der Produktivkräfte — Produktionsverhältnisse — Überbauverhältnisse) und untergliedert sie weiter in 15 historische und sachlich konkrete Standortfaktorengruppen.

- Verbesserung der Arbeits- und Lebensbedingungen,
- Territoriale Organisation der Leitung und Planung,
- Landeskultur und Umweltschutz,
- Volkswirtschaftliche Fonds (Investitions-, Grundfonds u. a.),
- Bedürfnisse und volkswirtschaftlicher Bedarf,
- Sozialistische ökonomische Integration,
- Wissenschaftlich-technischer Fortschritt,
- Organisationsformen der gesellschaftlichen Arbeit,
- Bestehende Bereichs-, Zweig-, Erzeugnisgruppen- und Territorialstruktur der Industrie,
- Wissenschaftsstruktur,
- Bevölkerungs- und Arbeitskräftestruktur,
- Ressourcenstruktur (Fläche, Energie, Wasser, Bodenschätze),
- Technische und soziale Infrastruktur,
- Siedlungsstruktur,
- Weitere Standortfaktoren.

Von einer gleichen Gruppendifferenzierung gehen BÖNISCH/MOHS/OSTWALD (1980, S. 125) aus, fassen allerdings noch einmal nach internen und externen Faktoren der territorialen Produktionsstruktur zusammen. Die Notwendigkeit derartiger Gliederungen der Standortfaktoren für den Erkenntnisgewinn ist unbestritten. Die umfangreiche Literatur zu diesem Problemkreis darf jedoch nicht darüber hinwegtäuschen, daß die Beantwortung solcher Fragen, wie die nach ihrem komplexen Zusammenwirken, nach ihrer Dynamik und Rangordnung nur sehr lückenhaft möglich ist.

Die angeführten Gliederungen verzichten auf eine Wichtung der Standortfaktorengruppen nach ihrer volkswirtschaftlichen Relevanz. Der wissenschaftlich-technische Fortschritt erscheint gleichrangig neben anderen Faktoren. In der vorliegenden Arbeit wird an einigen Beispielen der Nachweis geführt, daß er in zunehmendem Maße zu dem dominanten Faktor der Standortbildung und -entwicklung wird und Verschiebungen im Wirkungsanteil anderer Standortfaktoren auslöst.

Standortfaktoren der Naturabhängigkeit der Produktion

Tendenziell ermöglicht der wissenschaftlich-technische Fortschritt eine *größere Standortunabhängigkeit der Produktion von den Naturbedingungen.* Das betrifft in erster Linie ihre Bindung an Standorte der Brenn- und Rohstoffvorkommen. Moderne Energieträger und die Möglichkeiten ihres Ferntransportes, Substitutionen im Rohstoff- und Materialeinsatz, neuartige Transportsysteme u. ä. Entwicklungen bewirken in der Tendenz größere, naturunabhängige Freizügigkeit in der Standortwahl.

Am Beispiel der Glasindustrie sei der Bedeutungswandel von Standortfaktoren skizziert. Für einen langen Entwicklungszeitraum war ihre Rangfolge für die Glasindustrie (vgl. H. Friedrich 1975):

1. Lage zu den Standorten der Brennstoffe,
2. Lage zu den Rohstoffvorkommen,
3. Arbeitskräfteangebot,
4. Lage zu den Absatzgebieten.

Im Gebiet der heutigen DDR bildete der Thüringer Wald bis zur Mitte des vorigen Jahrhunderts ein Produktionszentrum der handwerklichen Glashütten. Kieselsäurehaltiges Gestein als Rohstoff, Holz als Brennstoff und für die Herstellung von Pottasche waren dafür ausschlaggebend. Danach fanden zunehmend Kohle und Gas als Brennstoff in der Glasindustrie Verwendung. Die Herstellung von Massenglas als Tafel- und Spiegelglas wurde vorzugsweise in das Gebiet der Niederlausitz verlagert, in dem mit den Braunkohlenvorkommen und Glassanden vorteilhafte Standortbedingungen gegeben waren. Die Thüringer Glasindustrie spezialisierte sich stärker auf technisches Glas. Die natürlichen Brennstoff- und Rohstoffvorkommen blieben die dominanten Standortfaktoren.

Das heutige Bild der Standortverteilung der Glasindustrie in der DDR läßt zwar die traditionellen Produktionszentren noch erkennen, aber neue große Produktionsstandorte sind hinzugekommen, die eine stärkere Unabhängigkeit von den beiden bisher dominanten Standortfaktoren zeigen. Die Substitution der Kohlebefeuerung durch Öl und später durch Gas löste weitgehend die Standortabhängigkeit von den Kohlevorkommen. Zu den wichtigsten Standortfaktoren zählen heute der Anschluß an eine Ferngasleitung als Energiequelle, die Lage an günstigen Verkehrsadern zur Sicherung einer reibungslosen Rohstoffversorgung und die möglichst große Nähe zu den Verbrauchern. Diesen Standortprinzipien entspricht zum Beispiel das in den sechziger Jahren errichtete Flachglaskombinat in Torgau. Zum Zeitpunkt seines Neubaus waren Erweiterungsmöglichkeiten und Produktionserfahrungen der Glashütte in Torgau und relativ günstige Erschließungsbedingungen für Arbeitskräftereserven ausschlaggebende Standortfaktoren. Die rasche Produktionserweiterung des größten Bauglasproduzenten der DDR verlangte aber, die standörtlichen Produktionsbedingungen so zu gestalten, daß sie den modernen Anforderungen des wissenschaftlich-technischen Fortschritts genügen. So fand das Flachglaskombinat in Torgau Anschluß an das Ferngasverbundnetz der DDR und wurden die Verkehrseinrichtungen der Eisenbahn und der Elbhafen Torgau den neuen Produktionsanforderungen entsprechend ausgebaut.

Die allgemeine, durch den wissenschaftlich-technischen Fortschritt getragene Tendenz einer größeren naturunabhängigen Standortfreizügigkeit hebt in keiner Weise die für die sozialistische Standortpolitik grundlegende Erkenntnis Lenins (Werke, Bd. 27, 1960, S. 312) in seiner Ausarbeitung über den Entwurf eines Planes wissenschaftlich-technischer Arbeiten auf. Danach müssen jene Pläne

„... unter dem Gesichtspunkt der Rohstoffnähe und des geringstmöglichen Verlustes an Arbeit beim Übergang von der Rohstoffbearbeitung zu allen darauf folgenden Fertigungsstadien der Halbfabrikate bis zur Erzielung des Fertigprodukts“

eine rationelle Standortverteilung der Industrie enthalten. Nach wie vor werden Prozesse der Aufbereitung und der ersten Verarbeitungsstufe von Naturrohstoffen vorzugsweise in der Nähe ihres Vorkommens lokalisiert. Dafür sprechen unter anderem die hohen Kostenaufwendungen für weiträumige Transporte. Der wissenschaftlich-technische Fortschritt erweitert lediglich die technischen Möglichkeiten der standörtlichen Trennung. Inwieweit sie konkret Anwendung finden können, obliegt einem Optimierungsvorgang, in dem das Zusammenwirken verschiedener Standortfaktoren mit ihren teilweise gegenläufigen Richtungen Beachtung finden muß.

Die Wechselbeziehungen zwischen Produktion und Naturbedingungen sind nicht nur unter dem Aspekt der Inanspruchnahme von natürlichen Ressourcen zu sehen. Es zeigen sich im Zusammenhang mit der zunehmenden Massenhaftigkeit und der regionalen Konzentration der Produktion Tendenzen ihrer Naturabhängigkeit in einem qualitativ neuen Sinn. *Umfang und Intensität des Stoffwechsels zwischen Produktion und Naturhaushalt, der Entzug von Stoffen und Energie aus dem Naturhaushalt, ihr Gebrauch oder Verbrauch im Produktionsprozeß und ihre Rückführung in den Naturhaushalt erhöhen die Rolle des ökologischen Aspekts im System der Standortfaktoren.* Stoffeinträge (Immissionen, Abwasser, Abprodukte) in hohen Konzentrationen und mit hoher Toxizität übersteigen oft das natürliche Vermögen des Stoffabbaus und führen zu Umweltbelastungen und zu Naturfolgeprozessen mit schädlichen Auswirkungen für die Nutzung durch die Gesellschaft. Die Belastung und Belastbarkeit der Landschaftselemente und -einheiten wird zu einem beachtenswerten Standortfaktor.

„Unter Belastbarkeit eines Territoriums mit gegebenen natürlichen Eigenschaften und einer bestimmten Nutzung verstehen wir das Vermögen, bei einer Belastung durch gesellschaftliche Einflüsse so zu reagieren, daß eine Erhaltung und Regeneration der wesentlichen Eigenschaften möglich ist" (Heinzmann/Neumeister 1979, S. 110).

Bewertungskriterien für die Eignung, Belastung und Belastbarkeit von Naturpotentialen und -prozessen müssen verstärkt in das System der Standortfaktoren einbezogen werden, eine wissenschaftliche Aufgabenstellung, die ein Zusammenwirken der natur- und gesellschaftswissenschaftlichen Zweige der Geographie erforderlich macht (vgl. u. a. Heinzmann/Herrmann/Hönsch 1979; Kunicyn/Retejum 1968).

Energetische Basis und Kommunikationssystem als Standortfaktoren

Für alle Industriezweige sind diejenigen Standortfaktoren von besonderem Gewicht, die mit der Sicherung der energetischen Basis ihres Produktionsprozesses und mit den Transportaufwendungen im Zusammenhang stehen. Wissenschaftlich-technische Neuerungen tragen in beiden Volkswirtschaftsbereichen häufig revolutionären Charakter und können zu Veränderungen in der Standortorientierung der Industrie führen.

Prognostische Aussagen zur Gestaltung der Standortverteilung der Industrie müssen verstärkt längerfristig zu erwartende Veränderungen in der Struktur des Energiedargebots und damit gekoppelter Standortbedingungen berücksichtigen. Die vorherrschende Bindung der Energieerzeugung an die Standorte ihrer natürlichen Grundlagen und die technischen Schwierigkeiten des Elektroenergietransports über große Entfernungen gehören zu den prägenden Faktoren der Standortsysteme vieler Industriezweige. Erfolgreiche Versuche zur Übertragung elektrischer Energie über sehr große Entfernungen mittels hochgespannten Gleichstroms bis 1500 kV, insbesondere aber das weitere Anwachsen des Anteils der Kernenergie an der erzeugten Gebrauchsenergie, werden neue Möglichkeiten für das Standortverhalten der Industriezweige eröffnen.

Beide Entwicklungen ermöglichen eine größere standörtliche Unabhängigkeit zu den naturgegebenen Primärenergievorkommen. Die Standorte von Kernkraftwerken sind nicht an die natürlichen Vorkommen der Bodenschätze oder an umfangreiche Transportsysteme für die Brennstoffe gebunden, wie das vor allem für die Kraftwerke auf Braunkohlenbasis erforderlich ist. Mit der Einführung neuer technologischer Verfahren werden künftig die gegenwärtig im Vordergrund stehenden Anforderungen der Kernkraftwerke an die Naturbedingungen in Form der erforderlichen Wasservorräte für Kühlzwecke oder der ökologischen Belastung der Umwelt infolge thermischer und radioaktiver Emissionen an Gewicht verlieren. Für die in den 80er und 90er Jahren zu erwartenden Kernkraftwerke kann eine weitgehend freie Standortwahl angenommen werden. Ihre räumliche Verteilung kann in erster Linie nach dem Aspekt der Verbrauchernähe erfolgen. *Größere Freizügigkeit in der Standortwahl von Energieerzeugungsanlagen* eröffnet als Sekundäreffekt zugleich einen erweiterten Mobilitätsspielraum im Standortverhalten energieintensiver Erzeugnisgruppen, wie zum Beispiel Zement-, glaserzeugende, feinkeramische, eisenerzeugende oder Nichteisenmetallindustrie.

Eine zweite Tendenz im Zusammenhang mit dem Energieeinsatz im Produktionsprozeß besitzt Bedeutung für künftige Standortentscheidungen. Neue Verfahren und Technologien lassen einen *geringeren spezifischen Energiebedarf pro Produkteneinheit* erwarten. Die Strategie der volkswirtschaftlichen Entwicklung der DDR in den 80er Jahren geht von einer entschiedenen Verbesserung des Wirkungsgrades beim Einsatz von Energie aus. Die Energieeinsparung ist eines der Hauptkriterien für die Effektivitätsbeurteilung neuer Verfahren. Das erweitert auch auf der Anwenderseite die Tendenz zu höherer Standortmobilität in bezug auf die Energiequellen.

In ähnlicher Weise wirken *technische Entwicklungen im Transportwesen* und ihre territoriale Umsetzung als technische Infrastruktur auf die Standortverteilung der Industrie. In den Verkehrssystemen vollzieht sich eine schnelle technische Entwicklung, um den wachsenden Transportanforderungen auf rationelle Art gerecht zu werden. Aus den sehr vielfältig damit verbundenen territorialen Konsequenzen sei eine Tendenz herausgegriffen, von der langfristig wirksame Impulse für die Gestaltung der Standortverteilung der Industrie ausgehen können.

In der Vergangenheit waren Knoten im Verkehrsnetz die bevorzugten Standorte industrieller Entwicklung. In den letzten Jahren läßt sich ein allgemeiner *Trend zu einer Kanalisierung und Bündelung verschiedener Verkehrs- und Kommunikationsarten zu gemeinsamen Trassen* beobachten. Autobahnen, Straßen, Eisenbahnlinien, Energiefernleitungen, Pipelines und andere technische Infrastrukturanlagen werden nach Möglichkeit gebündelt in parallelen Trassen geführt. Außer den erweiterten Möglichkeiten der Investitionskoordinierung können sich dadurch neue Ansatzpunkte für die Schaffung von Industriestandorten bieten. LAPPO (1979) hat an Beispielen aus der UdSSR und anderen sozialistischen Staaten nachgewiesen, daß in der Territorialstruktur der Wirtschaft vieler Länder und Gebiete mit hohem Entwicklungsniveau die *Bedeutung ökonomischer Lineamente* zunimmt[1]). Mit Recht fordert er die Geographen auf, dieses Phänomen einer intensiven Erforschung zu unterziehen, besonders hinsichtlich der Typisierung dieser Lineamente, der Bewertung des volkswirtschaftlichen Potentials an ihren Polen und der intensiveren Nutzung der Räume entlang der Linien zwischen den Zentren.

Unter den von ihm ausgewiesenen Lineamenttypen erscheinen diejenigen zwischen großen städtischen Zentren für die Bedingungen der DDR von besonderem Gewicht. LAPPO geht bei der Bestimmung dieses Typs davon aus, daß sich in der Periode der

[1]) Er versteht darunter sowohl von den Naturbedingungen vorgezeichnete linienhafte Elemente in der Ausprägung der Territorialstruktur, z. B. entlang von Gebirgsrändern, Meeresküsten und großen Flüssen, als auch die zielgerichtete Anlage infrastruktureller Magistralen zwischen großen Städten.

wissenschaftlich-technischen Revolution die Maßstäbe der Beziehungen zwischen Gebieten und Zentren erweitern und sich eine „Polymagistralisierung" herausbildet, die sich u. a. in solcherart bereits charakterisierten gebündelten Kommunikationstrassen ausdrückt. Diese territoriale Strukturform sollte als Standortfaktor für Produktionsentwicklungen einer neuen Bewertung unterzogen werden. So wären u. a. die vielerorts zu beobachtenden Prozesse einer Magistralisierung wirtschaftlicher Aktivitäten auf ihre Anwendungsbedingungen für die DDR zu untersuchen, um die Frage beantworten zu können, ob durch eine zielgerichtete Konzentration von Kommunikationsströmen der verschiedensten Art volkswirtschaftliche und regionale Struktureffekte erzielt werden können, die einerseits wirtschaftliche Impulse für bisher zwischen großen Zentren gelegene Gebiete auslösen und zugleich eine gewisse Entlastung hochkonzentrierter Ballungskerne bieten könnten.

Es würde an die von Scholz/Rosin (1979, S. 165) aufgestellte These anzuknüpfen sein,

> „... daß in Gebieten bereits durchschnittlich höherer territorialer Konzentration der Urbanisierungsprozeß nicht nur auf Städtewachstum und Strukturwandel der ländlichen Siedlungen im Einflußbereich der Städte beschränkt bleibt, sondern zugleich auch außerhalb der städtischen Einflußbereiche längs bevorzugter Entwicklungslinien verläuft."

Das Territorialmodell einer Knoten-Band-Struktur des Siedlungsnetzes dürfte für solche Entwicklungstendenzen relativ gute Ansatzpunkte bieten, wenn es in sinnvoller Weise mit den Prinzipien eines hierarchisch gestuften Systems von Siedlungszentren gekoppelt werden kann. Für das Ballungsgebiet Halle—Leipzig sind analytisch eine Reihe von Merkmalen der Knoten-Band-Struktur nachgewiesen, die unter der Wirkung ökonomischer, historischer und natürlicher Faktoren entstanden.

> „Darin üben eine Großstadt oder einige große Städte die Funktion der Ballungskerne aus, zwischen denen — verbunden durch eine ebenso beschränkte Zahl mittelstädtischer Sekundärknoten — sich mehr oder weniger deutlich ausgebildete Bänder urbanisierter Siedlungen entwickeln" (Scholz 1980, S. 74).

Die dargestellten territorialen Zusammenhänge begründen, daß das Kriterium hoher volkswirtschaftlicher Effektivität bei der Standortwahl von Industrieinvestitionen deren Übereinstimmung mit der langfristigen Gestaltung der Siedlungsstruktur bedingt. Unter Beachtung der Entwicklungsmöglichkeiten einer Knoten-Band-Struktur sollte darum die Tendenz sehr kritisch überprüft werden, nur die städtischen Zentren als Ansatzpunkte für die territoriale Konzentration der Produktion zu sehen.

Dieses Kapitel zusammenfassend ist abzuschätzen, daß der wissenschaftlich-technische Fortschritt tendenziell die Standortfreizügigkeit der Produktionsprozesse der Industrie erhöht und damit prinzipiell neue Möglichkeiten für eine rationelle Standortverteilung der Industrie im gesamtgesellschaftlichen Interesse eröffnet. Die damit im Zusammenhang stehenden Tendenzen sollten sehr umfassend untersucht werden, um alle möglichen Varianten einer Standortwahl zu kennen und gegeneinander abwägen zu können, da andererseits durch die wachsende Anlagenintensität der Produktionskapazitäten einmal fixierte Standorte eine große zeitliche Stabilität aufweisen.

5. Wirkungsbedingungen des wissenschaftlich-technischen Fortschritts für die territoriale Organisation der Produktion

5.1. Territoriale Verflechtungen von Wissenschaft und Produktion

Die Entwicklung der Wissenschaft zur unmittelbaren Produktivkraft impliziert qualitativ neue Organisationsprinzipien für die Verbindung von Wissenschaft und Produktion. Etwa seit Beginn der 70er Jahre werden in der geographischen und territorialökonomischen Literatur der DDR die territoriale Produktions- und Wissenschaftsstruktur als eine Einheit aufgefaßt. BÖNISCH/MOHS/OSTWALD (1977, S. 155) definieren:

„Die territoriale Produktions- und Wissenschaftsstruktur ist die räumliche Organisation des Produktionssystems und der Wissenschaftseinrichtungen (mit unmittelbarer Produktionswirksamkeit). Sie umfaßt die Standortverteilung der Produktionsstätten und der produktionsgebundenen Einrichtungen für Forschung, Entwicklung und Ausbildung einschließlich der zwischen diesen Standorten bestehenden kooperativen Beziehungen."

Wenn mit dieser Definition grundsätzliche Wesenszusammenhänge der territorialen Organisation von Wissenschaft und Produktion auch gefaßt werden, so umschließt sie noch nicht das einheitliche System Wissenschaft—Technik—Produktion. So wird z. B. differenziert zwischen dem Produktions*system* und den Wissenschafts*einrichtungen*. Für den Produktionsbereich wird mit der Verwendung des Systembegriffs dessen innere Organisiertheit und Verflechtung zum Ausdruck gebracht. Für den Wissenschaftsbereich wird dagegen nur von den Wissenschaftseinrichtungen als den Objekten gesprochen. Die neueren Erkenntnisse zum Inhalt des Zyklus Wissenschaft—Technik—Produktion weisen darauf hin, daß beide Teilsysteme (Produktions- und Wissenschaftssystem) eine eigenständige Struktur, eine relativ selbständige innere Organisiertheit und Verflechtung aufweisen, zugleich aber auf vielfältige Weise miteinander verkoppelt sind. In diesem Koppelungsmechanismus üben Technik und Technologie eine spezifische Funktion aus.

In der zweiten, neu ausgearbeiteten Auflage des Buches „Territorialplanung" wird die genannte einheitliche Definition der territorialen Produktions- und Wissenschaftsstruktur von den Autoren leider nicht wieder aufgegriffen, obwohl die funktionale Verflochtenheit beider Teilbereiche hervorgehoben wird. Die Zusammengehörigkeit von Wissenschaft—Technik—Produktion in einem Zyklus relativer Geschlossenheit sollte auch für die Territorialforschung Anlaß sein, ihre territorialen Aspekte als Einheit zu definieren.

Danach ist die *territoriale Produktions- und Wissenschaftsstruktur* als die *einheitliche räumliche Organisationsform des Zyklus Wissenschaft—Technik—Produktion* aufzufassen, *die die jeweils spezifischen Bedingungen der Standortverteilung von Produktion und Wissenschaft einschließt. Sie umfaßt die Standortverteilung der Produktionsstätten und der produktionswirksamen Einrichtungen für Forschung, Entwicklung und Ausbildung einschließlich der zwischen diesen Standorten bestehenden kooperativen Beziehungen.*

Die Verwendung des allgemeinen Wissenschaftsbegriffes im Zusammenhang mit der Betrachtung von Wechselbeziehungen zur territorialen Produktionsstruktur muß sehr sorgfältig erfolgen, subsumiert er doch solche relativ selbständigen Kategorien wie Grundlagenforschung, angewandte Forschung, Forschung und Entwicklung, Projektierung, Konstruktion, Ausbildung, Lehre u. ä., die ihrerseits in sehr unterschiedlicher

Weise mit dem Produktionsprozeß gekoppelt sind. Der von BÖNISCH/MOHS/OSTWALD (1980, S. 71) formulierten Konsequenz für die territoriale Organisation aus der Entwicklung der Wissenschaft zur unmittelbaren Produktivkraft ist zuzustimmen, die sich in den Tendenzen zu einer immer engeren räumlichen Verflechtung zwischen den Forschungs-, Ausbildungs- und Produktionsstätten äußert und ein wesentliches Merkmal des räumlichen Konzentrationsprozesses darstellt.

Diese neue Qualität räumlicher Kooperation und Kombination stellt sich aber nicht spontan ein. Vielmehr muß durch die Territorialforschung die Frage beantwortet werden, worin die bewertenden Merkmale einer hohen Effektivität derartiger räumlicher Kooperation bestehen, zwischen welchen Einrichtungen diese Kooperation besonders eng sein muß, welche wissenschaftlichen und Produktionsprozesse in besonderem Maße der standörtlichen Nähe bedürfen. Es erscheint notwendig, daß sich die Territorialforschung und speziell die Ökonomische Geographie verstärkt diesen Fragen zuwendet, um für strategische Standortorientierungen im Rahmen des Generalschemas der Standortverteilung der Produktivkräfte eine hinreichende wissenschaftliche Basis zu haben.

Faktoren der Intensivierung der räumlichen Kooperation und Kombination von Produktion und Wissenschaft

In der Grundtendenz wirkt der wissenschaftlich-technische Fortschritt fördernd auf eine *Intensivierung nahräumlicher Kooperation von Produktion und Wissenschaft.* Zu den fördernden Faktoren gehören die folgenden:

- Die Entwicklung der Wissenschaft zur unmittelbaren Produktivkraft, die kontinuierliche Überführung wissenschaftlicher Erkenntnisse in den Produktionsprozeß, der breite Erfahrungsaustausch zwischen Produktion und Wissenschaft sind mit einer Erweiterung der Informationsbeziehungen zwischen beiden volkswirtschaftlichen Bereichen verbunden. Die *Intensivierung der Informationsbeziehungen* fördert die räumliche Nähe miteinander kooperierender Einrichtungen der Produktion und Wissenschaft.
- Die Zeitintervalle der Substitution einer technischen Generation durch die nächste verkürzen sich. Abb. 3 zeigt, daß sich in den Jahren von 1910 bis 1980 die Substitutionszeit von 25—50 auf 7—9 Jahre verringert hat, daß es hinsichtlich der weiteren Tendenz aber divergierende Auffassungen gibt.
  Die *Verkürzung der Lebenszyklen von Technikgenerationen* ist mit einem hohen Aufwandszuwachs an Kosten und Zeit für die damit verbundenen Forschungs- und Experimentierarbeiten, für die Organisations-, Leitungs- und ökonomischen Faktoren verbunden. Auch in diesem Zusammenhang sei auf eine Darstellung von DOBROV (1978, S. 19) zur Abschätzung des Kosten- und Zeitaufwandes für die Vorbereitung neuer Technikgenerationen verwiesen (vgl. Abb. 4).
  Die volkswirtschaftliche Größenordnung der Zeit- und Kostenfaktoren bei der Überführung wissenschaftlich-technischer Erkenntnisse in die Produktion fördert eine nahräumliche Kombination beider Bereiche.
- Unter sozialistischen Bedingungen bilden sich qualitativ neue Formen des *Zusammenwirkens von Werktätigen der Produktion und der Forschung* heraus. Das rechtzeitige Zusammenführen von Aktivitäten der Forschungsinstitute mit denen der Forschungs-, Entwicklungs- und Produktionsabteilungen der Kombinate fördert eine

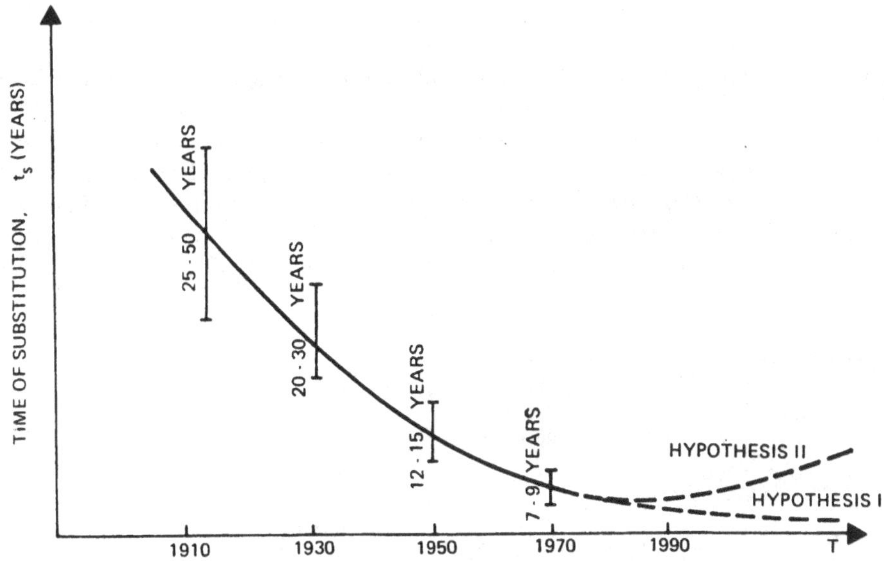

Abb. 3. Entwicklung der Substitutionszeit der Technik (nach Dobrov 1978, S. 16)

		Stage	Cost (%)	Time (years)
INNOVATION		Goal Setting	1	?
INNOVATION		Research	5 - 10	2 - 3
INNOVATION		Development	10 - 20	1 - 2
INNOVATION	INTRODUCTION	Preparation for Production.	40 - 60	1
INNOVATION	INTRODUCTION	Organization of Manufacture	5 - 15	1
INNOVATION	INTRODUCTION	Organization of Market	10 - 25	1
		TOTAL	100	6 - 8

Abb. 4. Schätzung der Aufwandsstruktur im Lebenszyklus der Technik (nach Dobrov 1978, S. 19)

schnelle Überführung von Forschungsergebnissen in die Produktion. Die Interaktion zwischen Schöpfern und Praktikern bereits während der wissenschaftlichen Problembearbeitung ist eine der Voraussetzungen für volkswirtschaftlich effektive Lösungsvarianten. Gemeinsame Überleitungskollektive mit sich verändernder Zusammensetzung in den verschiedenen Phasen der Überführung haben sich als eine Form der Gemeinschaftsarbeit bewährt. (vgl. Abb. 5). Die räumliche Nähe der Arbeitsstätten der in den Kollektiven zusammenwirkenden Werktätigen unterstützt deren Wirksamkeit und Kontinuität.

— Die Erforschung komplizierter natürlicher und technischer Systeme und Prozesse ist mit einem wachsenden materiellen und finanziellen Aufwand verbunden. Die naturwissenschaftliche und technische Forschung bedarf heute vielfach apparativer Ausstattungen, die denen von Produktionsbetrieben gleichkommt. Dieser Trend erfordert objektiv *neue Organisationsformen der territorialen Kooperation von Wissenschaft und Produktion.* In Gebieten hoher Konzentration von wissenschaftlichen Einrichtungen und von Kombinaten wurden in den letzten Jahren „Kooperationsräte Wissenschaft" gebildet (MUNDT 1979). Sie verfolgen das Ziel, eine territorial abgestimmte Strategie der gemeinsamen Errichtung und Nutzung von Anlagen, Werkstätten, Technika, Laboratorien usw., einer koordinierten Informationsversorgung, Aus- und Weiterbildung zu erarbeiten. Diese sowohl für den Forschungs- als auch für den Produktionsprozeß effektvolle Zusammenarbeit bietet darüber hinaus neue Ansätze für die territoriale Rationalisierung.

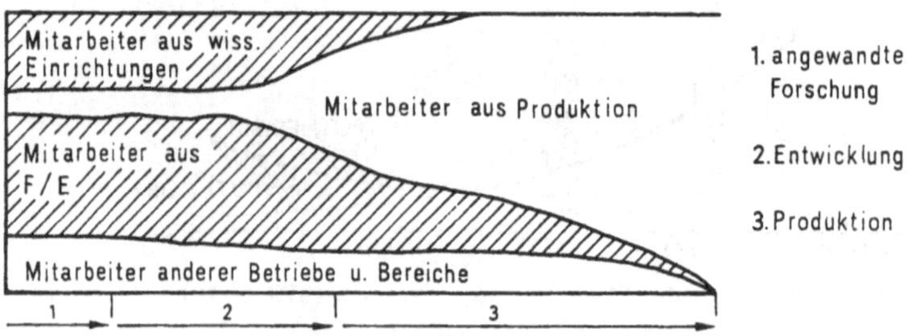

Abb. 5. Schema der Zusammensetzung von Überleitungskollektiven (nach HAEFNER/SIMMEL 1978, S. 74)

— Die Leitung und Planung großer komplexer Produktionseinheiten, die Steuerung automatisierter Produktionssysteme erfordern die ständige Mitwirkung wissenschaftlich-technischer Zentren. Die *Standortnähe der Kombinatsleitungen und der industriezweigorientierten Wissenschaftseinrichtungen* ist dafür von Vorteil. An dieser Stelle sei noch einmal die große Rolle persönlicher Kontakte für die Ausbreitung wissenschaftlich-technischer Neuerungen hervorgehoben. Ohne die Bedeutung moderner Informations- und Kommunikationsmittel mindern zu wollen, ist die persönliche Erfahrung und Kenntnis, die geistige Schöpferkraft die Hauptquelle für jeden Informationstransfer. Unter diesem Aspekt ist durch eine gesunde zwischenbetriebliche Mobilität von wissenschaftlichen, technischen und Leitungskadern eine schnelle Verbreitung wissenschaftlich-technischer Neuerungen zu erwarten. Es ist ein richtiges Verhältnis zwischen einer stabilen Stammbelegschaft und einer gezielten Fluktuation erforderlich. Die standörtliche Nähe der Kombinatsleitungen und industriezweig-spezifischen Wissenschaftseinrichtungen erleichtert diesen Prozeß.

— Die *Ausbildung von Fachkräften* für die Produktion (Hoch- und Fachschulkader) gestaltet sich zu einer gemeinsamen Aufgabe der Hoch- und Fachschulen sowie der Industriekombinate. Praxiserfahrene Kader werden in die Ausbildung und Lehre einbezogen, die Ausbildung erfolgt möglichst praxisnah und in ständigem Kontakt mit den Produktionsbetrieben. Der schnelle Umschlag wissenschaftlich-technischer Erkenntnisse bedingt die kontinuierliche Weiterbildung der technischen und Führungskader der Produktion. Die Tätigkeit der Betriebsakademien ist eng mit den Hoch- und Fachschulen gekoppelt.

– Nicht zuletzt werden mit der Entwicklung sozialistischer Persönlichkeiten nicht nur die Beziehungen der Produktionsbereiche zu den technischen und Naturwissenschaften enger, sondern es bilden sich vielfältige neue Formen des *Zusammenwirkens von Produktionsbetrieben mit Einrichtungen der Kunst- und Geisteswissenschaften* heraus. Diese Beziehungen gewinnen an Gewicht für die gesellschaftliche Entwicklung in den Betrieben und im Territorium.

Die Intensität der räumlichen Kooperation und Kombination von Produktion und Wissenschaft ist nach Industriezweigen als auch nach den Funktionen wissenschaftlicher Einrichtungen sehr differenziert ausgeprägt. Der unterschiedliche Grad der wissenschaftlich-technischen Durchdringung von Produktionsprozessen, Tempounterschiede bei technischen und technologischen Veränderungen bieten den Ansatz für eine Industriezweiggruppierung nach ihrer Wissenschaftsintensität.

Ein Vergleich der Gruppierung nach FRIEDRICH/HARTMANN (1979, S. 90), die sich auf Untersuchungen der OECD (Organization for Economic Cooperation and Development) über den Forschungs- und Entwicklungsanteil am Umsatz gründet (vgl. Tab. 6), mit der KEHRERS (1975, S. 35/36; 1976, S. 57/58), die aus dem Anteil der Beschäftigten in Forschung und Entwicklung der Industrie der DDR an den Gesamtbeschäftigten abgeleitet ist (vgl. Tab. 7), zeigt eine weitgehende Übereinstimmung.

Tabelle 6. Gruppierung der Wirtschaftszweige nach ihrer Wissenschaftsintensität (nach FRIEDRICH/HARTMANN 1979)

sehr forschungsintensiv	forschungsintensiv	durchschnittlich forschungsintensiv	nicht forschungsintensiv
Chemie Pharmazie Elektrotechnik/ Elektronik Flugzeugbau	Fahrzeugbau Maschinenbau Metallverarbeitung Erdölchemie	Nichteisen- und Eisenmetallurgie Transportausrüstung	Textilindustrie Papierindustrie Lebensmittel- und Getränkeindustrie

Bei der Herausarbeitung standortstrategischer Orientierungen kann davon ausgegangen werden, daß den Faktoren der räumlichen Kombination und Kooperation von Wissenschaft und Produktion eine wachsende Bedeutung für die volkswirtschaftliche Effektivität der territorialen Produktions- und Wissenschaftsstruktur zukommt. Zugleich weist die Gruppierung der Industriezweige nach dem Grad ihrer Wissenschaftsintensität darauf hin, daß diese Faktoren nach Industriezweigen differenziert in unterschiedlich starkem Maße wirksam werden. Für die wissenschaftsintensiven Zweige der Gruppen 1 bis 3 von KEHRER (1976) sollten deshalb detaillierte analytische Untersuchungen über die möglicherweise zu erreichenden Effekte aus ihrer territorialen Verflechtung mit den wissenschaftlichen Einrichtungen durchgeführt werden, um daraus entsprechende Schlußfolgerungen für die künftige territoriale Organisation dieser Beziehungen ableiten zu können.

Tabelle 7. Gruppierung der Wirtschaftszweige nach ihrer Wissenschaftsintensität (nach Kehrer 1976)

1. Gruppe:	Elektrotechnik/Elektronik, Gerätebau (wie Bau von Datenverarbeitungsanlagen, von wissenschaftlichen Geräten sowie Vakuumtechnik, Nachrichten- und Meßtechnik);
2. Gruppe:	Petrolchemie, Pharmazie, Fotochemie, Bau von Fernseh- und Rundfunkgeräten, Chemieanlagen-, Werkzeugmaschinen, Landmaschinenbau;
3. Gruppe:	metallverarbeitende Industrie mit komplizierten Erzeugnissen und Technologien: Kältetechnik, Hydraulik, Plast-, Elast-, Textil-, polygraphischer Maschinenbau, Bau von Elektromaschinen und Kraftwerksanlagen;
4. Gruppe:	Zweige der metallverarbeitenden Industrie mit geringerem Kompliziertheitsgrad: Schiffbau, Getriebebau, Herstellung von Armaturen, Normteilen, Metallwaren; Lebensmittel-, Glas-, keramische Industrie;
5. Gruppe:	weitere Zweige der Leichtindustrie, Textilindustrie, Metallurgie, Kohle- und Energiewirtschaft.

Territoriale Organisationsformen der regionalen Kombination von Produktion und Wissenschaft

In der territorialökonomischen und ökonomisch-geographischen Literatur sind Probleme der territorialen Entwicklungsbedingungen und der Standortverteilung der Wissenschaft, der Einrichtungen der Forschung, der Entwicklung/Konstruktion/Projektierung, der Ausbildung und Lehre bisher relativ wenig Gegenstand detaillierter Untersuchungen. Die Bestimmung differenzierter Standortfaktoren für die verschiedenen wissenschaftlichen Funktionsbereiche, der Wechselbeziehungen zwischen Standortverteilung wissenschaftlicher Einrichtungen und der Produktionsstruktur, der territorialen Organisationsformen des Zusammenwirkens von Wissenschaft und Produktion und die sich daraus ergebenden Zusammenhänge mit dem Urbanisierungsprozeß bedürfen einer intensiveren Erforschung. Es sind daraus neue Aufschlüsse für die langfristige Orientierung der Standortverteilung der Produktivkräfte zu erwarten.

Prinzipiell kann davon ausgegangen werden, daß von einer möglichst hohen *räumlichen Kongruenz zwischen den territorialen Konzentrationsgebieten der Produktionszweige mit den entsprechenden zweigorientierten wissenschaftlichen Einrichtungen* positive Struktureffekte ausgehen. Dieser Erkenntnis Rechnung tragend, wurden in den letzten 10 bis 20 Jahren in der DDR zielorientierte Strukturveränderungen besonders im Bereich der Einrichtungen der Wissenschaft vorgenommen, um sie in größere Übereinstimmung mit der territorialen Struktur der Produktion zu bringen. Beispiele dafür sind die Herausbildung eines wissenschaftlichen Forschungs- und Ausbildungszentrums für den Werkzeugmaschinenbau im Ballungsgebiet Karl-Marx-Stadt (Kehrer 1976, S. 58f.), der Ausbau von Forschungs- und Entwicklungskapazitäten der Elektrotechnik/Elektronik in Berlin oder die Zusammenführung der ehemaligen Hochschule und der Ingenieurschule für Bauwesen in Leipzig zu einer Technischen Hochschule, die in ihrem Profil auf die für Leipzig typischen Produktionen der polygraphischen Industrie, des polygraphischen Maschinenbaus und der Elektrotechnik ausgerichtet ist (Heinzmann 1971, S. 122f.).

Der zunehmend hohe Spezialisierungsgrad wissenschaftlicher Einrichtungen der angewandten Forschung, der Entwicklung/Konstruktion/Projektierung unterstützt die Tendenz ihrer regionalen Kombination mit der Produktion. Ihre spezifischen Standortanforderungen fördern ihre Lokalisierung vorrangig in Groß- und Mittelstädten.

Unter dem Aspekt der Minimierung des Zeitaufwandes für die Realisierung des Zyklus Forschung—Produktion entwickeln sich neue Organisationsformen der regionalen Kombination von Wissenschaft und Produktion. In der UdSSR ist die planmäßige Einbeziehung wissenschaftlicher Forschungs- und Ausbildungskapazitäten in die Planung Territorialer Produktionskomplexe zu einer aktuellen Aufgabe geworden. Einige sowjetische Autoren (POLOVIZKAJA, 1977; KUDROV u. a. 1977) heben die Notwendigkeit der Weiterentwicklung der Lehre vom Territorialen Produktionskomplex hervor und sehen in der *Herausbildung der territorialen Wissenschafts-Produktionskomplexe* einen neuen Typ der territorialen Vereinigung von Wissenschaft und Produktion. Charakteristisch für diese Komplexe ist die gemeinsame Nutzung von Einrichtungen der wissenschaftlich-technischen Basis und der Infrastruktur, die Ausbildung räumlich eng verflochtener Kooperationen zwischen Wissenschaft und Produktion. In diesen Vereinigungen zeigen sich aber auch neue Momente der ökonomischen Beziehungen, die hinsichtlich ihrer territorialen Wirksamkeit bisher wenig untersucht sind.

In jüngster Zeit nehmen Probleme der territorialen Planung und Entwicklung von Wissenschaft und Technik in der Sowjetunion einen wichtigen Platz in der Diskussion um neue Formen der Forschungsorganisation ein. Es wurde mit dem *Aufbau regionaler Systeme der Leitung des wissenschaftlich-technischen Fortschritts* auf der Grundlage von interinstitutionellen Wissenschaftlich-Technischen Produktionsvereinigungen begonnen. Das regionale System in L'vov umfaßt z. B. 18 Einrichtungen der Akademie der Wissenschaften der Ukrainischen SSR, 30 Forschungs- und Konstruktionsbüros oder Laboratorien der sozialistischen Industrie und mehr als 25 Hoch- und Fachschulen. In diesen Einrichtungen arbeiten ca. 12000 wissenschaftliche Mitarbeiter (nach Angaben aus Wissenschaftsnachrichten aus sozialistischen Ländern, **12** (1981) 2, S. 6/7). Die territoriale Koordinierung ist in erster Linie auf die Überwindung von Zersplitterungen in der Forschung und hohe territoriale Rationalität gerichtet. Dieses regionale System umfaßt fünf Komponenten:

- Ausarbeitung regionaler wissenschaftlich-technischer Komplexpläne für eine Fünfjahrplanperiode,
- Konzentration der Komplexplanung auf Grundsatzprobleme des wissenschaftlich-technischen Fortschritts der Region,
- Erarbeitung von Zielprogrammen zur praktischen Umsetzung der regionalen Wissenschaftlich-Technischen Komplexpläne,
- Bildung interinstitutioneller Wissenschaftlich-Technischer Produktions-Vereinigungen,
- Zusammenfassung der Vereinigungen, die an gleichgerichteten Industriezweigaufgaben arbeiten, zu Forschungs-Produktions-Komplexen entsprechend der profilbestimmenden Struktur der Volkswirtschaft der Region.

Ebenfalls in der Ukrainischen SSR wurde mit der Bildung von Forschungsstellen zum Studium regionaler (territorialer, sozialökonomischer, volkswirtschaftlicher u. a.) Probleme der Leitung des wissenschaftlich-technischen Fortschritts begonnen (Wissenschaftsnachrichten aus sozialistischen Ländern, **12** (1981), 7, S. 15).

Mit der umfassenden Bildung der Industriekombinate in der DDR wurden bessere

Voraussetzungen für die Verschmelzung von Wissenschaft und Produktion geschaffen. In ihnen

„... realisieren wir die Vorzüge der vergesellschafteten sozialistischen Großproduktion besonders eindrucksvoll ... Mit den Kombinaten bildet sich die moderne Form der Leitung unserer sozialistischen Industrie heraus, die den Erfordernissen der Gegenwart und Zukunft entspricht" (E. HONECKER, 1978, S. 3).

Die unmittelbare Einordnung industriezweigspezifischer Forschungs- und Entwicklungskapazitäten in die Kombinate erleichtert eine einheitliche Leitung der gesamten Reproduktion eines Industriezweiges und eine schnellere Überführung wissenschaftlich-technischer Ergebnisse in den Produktionsprozeß. Sie führt aber nicht automatisch zu einer effektiveren regionalen Kombination von Wissenschaft und Produktion. Die noch vielfach vorhandene räumliche Trennung der Forschungs- und Entwicklungskapazitäten von den Zentren der Leitung des Industriezweiges und den Hauptproduktionszentren sollte schrittweise überwunden werden.

Mit der Bildung der Kombinate und dem höheren Konzentrationsgrad der Produktion verbesserten sich die Voraussetzungen für eine engere Zusammenarbeit mit Forschungs- und Ausbildungsstätten, die nicht unmittelbar zum eigenen Industriezweig gehören. Von den vielfältigen Formen der Zusammenarbeit seien Vereinbarungen zwischen Kombinaten und Hochschulen, territoriale Kooperationsräte, Akademie-Industrie-Komplexe u. ä. genannt. Es muß allerdings eingeschätzt werden, daß die Nutzung regionaler Kombinationseffekte bei der Ausarbeitung der Organisationsprinzipien für diese Zusammenarbeit bisher kaum Beachtung gefunden hat.

Für die Prognose der Standortverteilung der Produktivkräfte in der DDR müßten in einer komplexen Analyse die bisher gewonnenen Erfahrungen im Zusammenwirken von Produktion und Wissenschaft nach der Kombinatsbildung untersucht und die internationalen Erfahrungen sorgfältig ausgewertet werden, um die langfristige Standortstrategie auf diesem Gebiet entsprechend wissenschaftlich abzusichern.

5.2. Territoriale Produktionsverflechtungen

Die volkswirtschaftliche Entwicklung in den sozialistischen Industriestaaten ist unter anderem durch eine Tendenz der *Zunahme der funktionalen Verflechtungen zwischen den einzelnen Gliedern der gesellschaftlichen Reproduktion* gekennzeichnet. Sie kann im wesentlichen auf zwei Ursachenkomplexe zurückgeführt werden. Zum einen vollzieht sich die Vergesellschaftung der Reproduktion in Form der weiteren Vertiefung der Arbeitsteilung und in dialektischer Einheit damit als Erweiterung der Verbindungen zwischen den arbeitsteiligen Prozessen. Zum anderen bewirkt der wissenschaftlich-technische Fortschritt eine weitere Differenzierung der betriebswirtschaftlichen Produktionsprozesse, die ihrerseits in unterschiedlichem Maße am Umfang und an der Art von Produktionsverflechtungen beteiligt sind. Für beide Seiten soll versucht werden, die damit verbundenen territorialen Aspekte sichtbar zu machen.

Territoriale Arbeitsteilung — territoriale Produktionsverflechtungen

KARL MARX hat in seiner Analyse der Entwicklung der kapitalistischen Industrieproduktion nachgewiesen, daß mit dem zunehmenden gesellschaftlichen Charakter der

Arbeit, mit der Kombination der Arbeit eine neue Produktivkraft entsteht, die ihrer spezifischen Organisation bedarf:

„Die manufakturmäßige Teilung der Arbeit schafft durch Analyse der handwerksmäßigen Tätigkeit, Spezifizierung der Arbeitsinstrumente, Bildung der Teilarbeiter, ihre Gruppierung und Kombination in einem Gesamtmechanismus, die qualitative Gliederung und quantitative Proportionalität gesellschaftlicher Produktionsprozesse, also eine bestimmte *Organisation gesellschaftlicher Arbeit* und entwickelt damit zugleich neue, gesellschaftliche Produktivkraft der Arbeit" (Kapital, Bd. I, 1961, S. 382f.). (Hervorhebung im Original)

Zwei Aussagen des Zitates seien besonders hervorgehoben: der Prozeßcharakter der Arbeitsteilung und ihre produktivkrafterzeugende Wirkung und die Notwendigkeit der Organisiertheit dieser Prozesse. Für die Leitung und Planung der sozialistischen Volkswirtschaft stellt sich daraus die Aufgabe, die Prozesse der Arbeitsteilung planmäßig zu steuern und sie mit den notwendigen Organisationsprinzipien und -schemata der territorialen Kombination der Arbeit zu verbinden.

Unter Hinweis auf den von W. I. Lenin (Werke, Bd. 3, Berlin 1962, S. 440) aufgedeckten grundlegenden und unmittelbaren Zusammenhang zwischen der Arbeitsteilung überhaupt und der territorialen Arbeitsteilung besteht das Wesen der territorialen Arbeitsteilung der sozialistischen Gesellschaft

„... in der zielgerichteten und planmäßigen Gestaltung der Wirtschaft aller Wirtschaftsgebiete des Landes auf der Grundlage einer planmäßigen Standortverteilung der materiellen Produktion, einer ständig weiter entwickelten Zweigspezialisierung, der Entwicklung der produktiven und sozialen Infrastruktur und der Rationalisierung der Produktionsbeziehungen zwischen den Zweigen und Gebieten sowie innerhalb der Gebiete" (Nekrasow, 1979, S. 22).

Der Grad der territorialen Arbeitsteilung läßt sich in allgemeiner Form aus dem Anteil des Verbrauchs von Material und produktiven Leistungen am Bruttoprodukt der Industrie ableiten. Es wird damit etwa der im Bereich der Industrie durch produktive Verflechtungen zirkulierende Anteil am gesellschaftlichen Gesamtprodukt zum Ausdruck gebracht (Tab. 8).

Obwohl durch Veränderungen in der Preisbasis Unsicherheiten im Vergleich der Zeitreihen nicht zu vermeiden sind, zeigt die Übersicht doch recht deutlich, daß der An-

Tabelle 8. Entwicklung des Anteils des Verbrauchs von Material und produktiven Leistungen am Bruttoprodukt der Industrie

	Bruttoprodukt der Industrie (in Mill. Mark)	Verbrauch an Material u. produktiven Leistungen (in Mill. Mark)	Prozentanteil
1950	34150	15896	43,6
1955	64471	29394	45,6
1960	98348	45854	46,7
1965	137433	71575	52,8
1970	185700	109767	59,1
1975	246971	145064	58,8
1979	290325	173631	59,8

Quelle: Berechnet nach Statist. Jahrbuch der DDR 1967 (S. 42), 1971 (S. 41), 1976 (S. 37), 1980 (S. 75)

teil des in der Industrie zirkulierenden Materials und der produktiven Leistungen am industriellen Bruttoprodukt bis Ende der sechziger Jahre ständig angestiegen ist und sich seitdem offensichtlich in einer Größenordnung um 60% stabilisiert. Dieser relativ hohe Anteil weist auf einen hohen Grad der Arbeitsteilung hin, ermöglicht aber noch keine Aussage über die volkswirtschaftliche Effektivität der inneren Struktur der Wertbestandteile des gesellschaftlichen Gesamtprodukts.

Der auf über das Zehnfache angestiegene absolute Wert des Verbrauches an Material und produktiven Leistungen zeigt allerdings die volkswirtschaftliche Größenordnung möglicher Struktureffekte einer rationellen territorialen Organisation der industriellen Produktionsverflechtungen an. Der enorm gestiegene *Umfang territorialer Produktionsverflechtungen* infolge territorialer Arbeitsteilung läßt sich auch aus der Zunahme der transportierten Gütermenge in der DDR und dem Anwachsen der Transportleistungen (vgl. Tab. 9) bis zum Jahre 1980 erkennen. Seit diesem Zeitpunkt werden erste Effekte des Intensivierungsprozesses in der Volkswirtschaft sichtbar, indem eine rückläufige Tendenz in den Zahlen festzustellen ist.

Die bisher getroffenen Feststellungen bezogen sich auf die Industrie als Ganzes. Es bestehen jedoch relativ große Unterschiede in der Intensität der produktiven Verflechtungen zwischen den Industriebereichen (Tab. 10).

Die dargestellten Zahlenangaben sind infolge unterschiedlicher Preisbasis nur innerhalb der herausgegriffenen Jahre zwischen den Industriebereichen, nicht zwischen den Jahren vergleichbar. Obwohl der Wertausdruck im Materialverbrauch für die zu disku-

Tabelle 9. Entwicklung der Gütertransportmenge und der Gütertransportleistung in der DDR

	1950	1960	1970	1975	1980	1982
Güter-transportmenge (in Mill. t)	225	522	764	935	1111	996
Güter-transportleistung (in Mill. km)	18588	50637	128008	152742	155294	133002

Tabelle 10. Anteil des Verbrauchs an Material und produktiven Leistungen am Bruttoprodukt der Industrie der DDR nach Industriebereichen

Industriebereiche	1968	1978
Lebensmittelindustrie	65,3%	76,9%
Metallurgie	73,1%	72,8%
Maschinen- u. Fahrzeugbau	60,3%	57,4%
Baumaterialienindustrie	56,6%	56,4%
Textilindustrie	58,0%	55,6%
Leichtindustrie	53,8%	55,5%
Energie- u. Brennstoffindustrie	58,9%	54,1%
Chemische Industrie	53,4%	52,3%
Elektrotechnik/Elektronik	52,4%	50,6%

Quelle: Statist. Jahrbuch der DDR, 1970 (S. 108), 1980 (S. 117)

tierende Fragestellung nicht voll aussagefähig ist, zeigen die Unterschiede doch an, daß insbesondere die Metallurgie und die Lebensmittelindustrie, aber auch der ein großes Produktionsvolumen umfassende Maschinen- und Fahrzeugbau mit einem hohen Anteil des Materialverbrauches hochgradig mit den vor- und nebengelagerten Produktionsstufen verflochten sind. Diesen Bereichen sollte bei der territorialen Organisation der Produktionsverflechtungen besondere Aufmerksamkeit gewidmet werden.

Die Erweiterung und Vertiefung der territorialen Arbeitsteilung vollzieht sich im Maßstab des Wirtschaftsterritoriums des Landes in dialektischer Einheit von Konzentrations- und Dekonzentrationsprozessen. Ausdruck dafür ist u. a. die kontinuierliche Erhöhung des industriellen Produktionsvolumens in den Ballungsgebieten bei gleichzeitig schnellerer Erweiterung des industriellen Produktionspotentials in den vorrangig landwirtschaftlich geprägten Bezirken. Die Zahlenreihen in Tab. 11 über den Anteil der Bezirke an der industriellen Bruttoproduktion des Landes weisen eindrücklich nach, daß in einem historisch relativ kurzen Zeitraum beachtliche Schritte bei der *Angleichung des industriellen Entwicklungsniveaus zwischen den Bezirken* getan wurden.

Die stärkere Einbeziehung aller Landesteile in den arbeitsteiligen Prozeß der Industrieproduktion wird zu einer unabdingbaren Notwendigkeit, lassen sich doch dadurch wesentliche territorial gebundene Ressourcen für einen kontinuierlichen Leistungsanstieg der Volkswirtschaft erschließen. Ohne ausführlich darauf eingehen zu können, sei an dieser Stelle darauf hingewiesen, daß die genannten Ergebnisse der Standortpolitik ein beredtes Beispiel für die Verknüpfung der Möglichkeiten des wissenschaftlich-technischen Fortschritts mit den Vorzügen der sozialistischen Gesellschaft darstellen, die allein in der Lage ist, die mit dem Wirksamwerden des wissenschaftlich-technischen Fortschritts in der Produktion objektiv notwendige Erweiterung der territorialen Arbeitsteilung mit den Prinzipien der Angleichung des ökonomischen Entwicklungsniveaus der einzelnen Landesteile zu verbinden.

Tabelle 11. Veränderungen im Anteil der Bezirke an der industriellen Bruttoproduktion der Industrie der DDR (in %)

	1955	1960	1970	1980
Hauptstadt Berlin	7,0	6,7	5,4	5,5
Rostock	2,8	3,2	3,2	3,3
Schwerin	1,8	1,6	2,1	2,6
Neubrandenburg	0,9	0,9	1,5	2,1
Potsdam	4,8	4,8	5,8	5,7
Frankfurt	2,3	2,4	4,2	4,8
Cottbus	3,9	4,0	4,9	5,8
Magdeburg	6,7	7,1	6,5	7,1
Halle	16,2	15,3	15,1	14,2
Erfurt	6,1	6,5	7,0	7,4
Gera	5,3	5,2	4,5	5,0
Suhl	3,0	3,2	2,9	3,2
Dresden	13,2	13,2	12,7	11,9
Leipzig	10,7	10,2	9,7	8,1
Karl-Marx-Stadt	15,3	15,6	14,4	13,2

Quelle: Statist. Jahrbuch der DDR 1981

Die für die DDR charakteristische *Grundtendenz der zunehmenden territorialen Arbeitsteilung bei gleichzeitiger Annäherung des ökonomischen Entwicklungsniveaus zwischen den Gebieten* wird noch deutlicher sichtbar, vergleicht man die Entwicklung von 1955 bis 1980 zwischen den jeweils fünf am stärksten und fünf am geringsten industrialisierten Bezirken (Tab. 12).

Tabelle 12. Anteil der fünf am stärksten und der fünf am geringsten industrialisierten Bezirke an der industriellen Bruttoproduktion der DDR (in %)

	1955	1960	1965	1970	1975	1980
Anteil der fünf am stärksten industrialisierten Bezirke	62,4	61,4	60,2	58,9	56,6	54,8
Anteil der fünf am geringsten industrialisierten Bezirke	10,8	11,3	12,4	13,9	15,0	16,0

Die Erweiterung des Anteils der industriell weniger entwickelten Bezirke in diesem Zeitraum um etwa 5% ist bei einer so hoch aggregierten Kennziffer, wie sie hier zum Vergleich herangezogen wird, Ausdruck einer außerordentlich starken Veränderung in den Grundproportionen der territorialen Arbeitsteilung und damit der Standortverteilung der Produktion.

Unter nochmaligem Hinweis auf das bereits angeführte Zitat von K. Marx sei allerdings betont, daß zunehmende territoriale Arbeitsteilung nicht automatisch zu höherer volkswirtschaftlicher Effektivität führt. Territoriale Arbeitsteilung ermöglicht eine rationelle Erschließung aller territorialen Ressourcen, erfordert aber zugleich Aufwendungen für die Absicherung der damit verbundenen Arbeitsverbindungen. Der Umfang des Güteraustausches zwischen den Produktionsstandorten in der DDR zeigt, daß der effektiven Gestaltung und Organisation der Produktionsverflechtungen ein hoher gesellschaftlicher Rang zukommt. Auf die dadurch möglichen Struktureffekte hat in den letzten Jahren Wehner (1981) mit sehr umfassenden Analysen der Güteraustauschprozesse anhand der Güterströme der Deutschen Reichsbahn nachdrücklich aufmerksam gemacht.

Differenzierung und Integration territorialer Produktionsverflechtungen

Ihrem Wesen nach handelt es sich bei den Produktionsverflechtungen um *Personen-, Güter-, Energie- und Informationsströme,* deren Funktionieren an die Existenz spezifischer Einrichtungen und Anlagen der technischen Infrastruktur gebunden ist. Damit wird ihre räumliche Ausprägung nicht nur von den Bedingungen der funktionalen Beziehungen selbst, sondern zugleich auch durch Eigengesetzmäßigkeiten in der Entwicklung der Infrastruktur bestimmt. Je nach der Funktion der einzelnen Beziehungen im arbeitsteiligen Prozeß bilden sich *Verflechtungssysteme auf lokaler, regionaler, interregionaler oder internationaler Ebene* heraus. Die dominanten Merkmale ihrer Struktur und ihre Relevanz für regionale Entwicklungsprozesse wechseln zwischen den Hierarchiestufen. Einige Beispiele dafür gibt die nachfolgende Zusammenstellung:

	lokal	regional	interregional	international
Personenströme	— Pendlerbeziehungen — innerstädtische Fühlungsvorteile	— Pendlerbeziehungen — Migration — Dienstreisen	— Migration — Dienstreisen	— Besuch von Messen und wissenschaftlichen Kongressen — Investitions- und Serviceleistungen
Güterströme	— Warenbeziehungen zwischen Betrieben und Liefer- und Absatzorganisation — innerbetrieblicher Transport zwischen mehreren Betriebsteilen	— Wasser- und Energieversorgung — Abproduktdeponie	— Kooperation zwischen spezialisierten Betrieben — Rohstofflieferungen	— Warenaustausch im Rahmen des Außenhandels und der internationalen Arbeitsteilung
Informationsströme	— persönliche Kontakte — Telefon	— persönliche Kontakte — Telefon — Fernschreiben — Briefverkehr	— Telefon — Briefverkehr — persönliche Kontakte	— Lizenz- und Know-how-Verkauf — Werbe- und Angebotskataloge

Mit der Hervorhebung der internen Vielfalt der Struktur und Funktion territorialer Produktionsverflechtungen und ihre Verkopplung mit anderen Prozessen der gesellschaftlichen Reproduktion soll der Hinweis darauf gelenkt werden, daß ihre räumliche Ausprägung sehr differenzierten Gesetzmäßigkeiten folgt und daß erst die umfassende Kenntnis dieser inneren funktionalen Kopplungsmechanismen den Zugang zu ihrer planmäßigen territorialen Organisation eröffnet.

Territoriale Aspekte von Informationsbeziehungen

Zu den allgemeinen Merkmalen gegenwärtiger gesellschaftlicher Entwicklung unter den Bedingungen der wissenschaftlich-technischen Revolution gehört u. a. die *rapide Zunahme des Informationsbedarfs, des Informationsangebotes und damit auch des Informationsaustausches.* Dafür gibt es sehr vielfältige Ursachen, denen im einzelnen nachzugehen nicht Aufgabe der vorliegenden Arbeit ist. Es sollen lediglich einige territorial wirksame Aspekte der Informationsbeziehungen zwischen Standorten der Produktion diskutiert werden, die ursächlich mit dem wissenschaftlich-technischen Fortschritt im Zusammenhang stehen. Gliedert man den Produktionsprozeß in einzelne Phasen oder Funktionsbereiche auf, so sind die nachfolgenden als besonders kontaktintensiv zu charakterisieren:

a) Prozesse der *Entscheidungsfindung und -vorbereitung*, der *Leitung und Planung.* Auf diesen, in sich äußerst vielgliedrigen Funktionsbereich eines Kombinates ist ein großer Teil des Informationsbedarfes und -austausches konzentriert. Die operative Steuerung des Produktionsprozesses, die Planung der lang-, mittel- und kurzfristigen Entwicklung der Produktion, die Organisation der territorialen Konzentration, Kombination, Spezialisierung und Kooperation sind Aktivitäten, die ihrem Wesen nach selbst in hohem Maße Informationsaustausch sind.

b) Tempo und Qualität in den produktionsvorbereitenden Prozeßstufen der *Projektierung, Konstruktion, Entwicklung, Versuchsproduktion* u. ä. hängen sehr von einem gut funktionierenden Informationssystem ab.

c) Kontakt- und informationsintensiv sind alle mit dem *Absatz der Produkte* und mit der *Werbung* verbundenen Aktivitäten. Im Zusammenhang mit der Vertiefung der sozialistischen ökonomischen Integration und dem wachsenden Umfang der Außenwirtschaftsbeziehungen erweitert sich der internationale Anteil der mit dem Absatz des Endproduktes und seiner Marktwirksamkeit verbundenen Informationsbeziehungen.

d) Die Möglichkeiten des wissenschaftlich-technischen Fortschritts und die Anforderungen aus den sich verändernden außerwirtschaftlichen Bedingungen verlangen ein schnelles Reagieren und eine hohe Manövrierfähigkeit im Produktionsprozeß. Das setzt eine detaillierte Kenntnis der ablaufenden technischen und ökonomischen Prozesse durch ein entwickeltes *System der Kontrolle und Analyse* voraus, das alle Phasen und Funktionsbereiche des Produktionsprozesses einschließt.

Die an die genannten Funktionen im Produktionsprozeß gebundenen Informationsströme vollziehen sich entweder als direkte Kontakte zwischen den Partnern oder indirekt mittels technischer Hilfsmittel (Telefon, Fernschreiben, Korrespondenz, Datenfernübertragung u. a.). Die internationale Entwicklung zeigt, daß beiden Formen ihre spezifische Rolle zukommt, daß Auffassungen, wonach die persönlichen Kontakte immer mehr durch solche mit Hilfe technischer Mittel substituiert würden, offensichtlich nicht richtig sind. Für ein reibungsloses Funktionieren vieler Prozesse, auch in der Produktion, sind die persönlichen Kontakte oftmals effektiver und weniger aufwendig. Das betrifft besonders Aktivitäten der drei erstgenannten Funktionsbereiche eines Produktionsbetriebes, die vorrangig Informationen mit Neuigkeitscharakter benötigen. Die Bedeutung indirekter Informationsübermittlungen liegt vor allem bei der weiter anwachsenden Zahl einfacher, gut strukturierter Routineinformationen, die selbstverständlich auch Teilbereiche von a)—c) umfassen, aber besonders für den letzten Funktionsbereich d) typisch sind.

Beide Formen von Informationsbeziehungen bewirken unterschiedliche Tendenzen im Standortverhalten der Produktion.

Die Pflege direkter persönlicher Kontakte zwischen Wirtschaftspartnern fördert den *anhaltenden Prozeß der territorialen Konzentration der Produktion in großstädtischen Agglomerationen oder industriellen Ballungsgebieten.* Die ökonomischen Vorteile der Produktionslokalisierung in städtischen Agglomerationen wurde vielfach hervorgehoben (vgl. u. a. Bönisch/Mohs/Ostwald 1980, S. 99ff.). In diesen produktiv wirksamen Effekten der Regionalstruktur großstädtischer Ballungsgebiete ist eine wesentliche Motivkraft für die Fortdauer des Urbanisierungsprozesses zu sehen.

Zu den Auswirkungen des wissenschaftlich-technischen Fortschritts auf den betrieblichen Reproduktionsprozeß gehört die Zunahme der innerbetrieblichen Arbeitsteilung und Spezialisierung zwischen einzelnen Produktionsphasen und Funktionsbereichen. Der hohe Grad betrieblicher und zweiglicher Produktionskonzentration bewirkt, daß sich zunehmende innerbetriebliche Arbeitsteilung zugleich als territoriale oder standörtliche Arbeitsteilung darstellt. Das widerspricht in keiner Weise der Forderung nach

Überwindung noch vorhandener standörtlicher Zersplitterung der Produktion, wie sie in der DDR z. B. für bestimmte Industriezweige oder industrielle Ballungsgebiete erforderlich ist. Vielmehr ist hier von einer planmäßigen standörtlichen Arbeitsteilung zwischen verschiedenen Produktionsbereichen und -funktionen die Rede.

International hält die Tendenz weiter an, daß für die Funktionsbereiche der Leitung und Planung großer Industrieunternehmen, die Bereiche der Forschung, Konstruktion und Entwicklung, die Ein- und Verkaufsbereiche Standorte vorrangig in den Großstädten oder in deren Umlandzone gesucht werden, um die damit erschließbaren Fühlungsvorteile in ökonomische Effektivität umsetzen zu können. Dieser Fühlungsvorteil umschließt u. a. die Möglichkeiten hoher Informationsdichte, großer Kontaktintensität und hoher Adaptionsgeschwindigkeit.

Ursache wie zugleich auch Folge der Konzentration von Führungsorganen der Großunternehmen in den städtischen Agglomerationen sind die Möglichkeiten zur vollen Ausschöpfung und Nutzung der direkten lokalen und regionalen Kontakte. Sie sind eine Voraussetzung für schnelles und flexibles Reagieren auf neue Tendenzen des wissenschaftlich-technischen Fortschritts und stellen einen entscheidenden positiven externen Effekt für die Betriebe und Kombinate dar.

In der industriellen Produktionsstruktur der DDR haben sich in den letzten Jahren mit der Bildung von Industriekombinaten grundlegende Veränderungen vollzogen, die nicht nur zur Vervollkommnung der Leitung und Planung geführt haben, sondern die zugleich von hoher standörtlicher Relevanz sind. Das zeigt sich u. a. darin, daß zum überwiegenden Teil *städtische Agglomerationen als Standorte für den Sitz der Kombinate*, für die Organe der Leitung und Planung, der Forschung und Entwicklung, der wissenschaftlichen Produktionsvorbereitung und des Absatzes ausgewählt werden. Für 133 Kombinate der Industrie und des Bauwesens (nicht einbezogen in die Zusammenstellung sind die Kombinate der Energieversorgung und die Braunkohlenindustrie), die direkt den Industrieministerien unterstellt sind (Stand 1979), lassen sich folgende Feststellungen über die Standortverteilung der Kombinatsleitungen treffen (vgl. Tab. 13):

Tabelle 13. Übersicht über den Sitz von Kombinatsleitungen

Bezirk	Bezirksstädte	Kreisstädte	sonstige Standorte
Hauptstadt Berlin	12	—	—
Rostock	2	1	1
Schwerin	1	—	—
Neubrandenburg	—	—	—
Potsdam	—	2	4
Frankfurt	1	4	—
Cottbus	1	3	3
Magdeburg	8	1	1
Halle	6	6	4
Leipzig	14	4	4
Dresden	9	1	4
Karl-Marx-Stadt	7	4	3
Suhl	2	5	—
Erfurt	3	3	3
Gera	—	4	3
	66	38	29

— Von 133 Kombinaten haben 66 (49,8%) ihren Sitz in der Hauptstadt der DDR, Berlin, und in den Bezirksstädten, davon allein 48 (72,7%) in den Bezirksstädten der industriellen Ballungsgebiete Berlin, Halle/Leipzig, Dresden, Karl-Marx-Stadt.
— 68 Kombinate haben ihren Sitz innerhalb der in sich hoch verflochtenen industriellen Ballungsgebiete im Süden der DDR (in der Abgrenzung nach Bönisch/Mohs/Ostwald, 1980, S. 51).
— Faßt man die Städte nicht nur in ihren administrativen Grenzen, sondern einschließlich des mit ihnen funktionell verflochtenen Umlandes, so erhöht sich dieser Anteil noch deutlicher. In den von Krönert (1979, S. 159ff.) als Basisvariante ausgewählten 123 städtischen Zentren der DDR und ihrem 40-Minuten-Einzugsbereich mit öffentlichen Verkehrsmitteln haben 121 der 133 Kombinate ihren Sitz.

Die Konzentration von Leitungs- und Planungsfunktionen in den Städten ist mit der Ausbildung adäquater Informationsströme innerhalb und zwischen den Städten sowie zu den mit ihnen funktional verflochtenen Produktionsstandorten verbunden. Das zeigen u. a. die räumlichen Anordnungsmuster der Dienstreise- und Fernsprechströme in der DDR, in die durch analytische Untersuchungen der letzten Jahre tiefere Einblicke gewonnen werden konnten (vgl. Grimm 1980, S. 160ff.). Sie stützen die Erkenntnis, daß der Entwicklung der städtischen Agglomerationen auch unter diesem Aspekt langfristig große Bedeutung zukommt und sie entsprechende territorialplanerische Aufmerksamkeit verlangt. Besonders für Städte mit hohem Konzentrationsgrad der Leitungs- und Planungsorgane der Industrie sowie wissenschaftlicher und wissenschaftlich-technischer Einrichtungen sollten Konzeptionen erarbeitet werden, wie durch deren intensive informationelle Verflechtung ein hoher volkswirtschaftlicher Effekt erreicht werden kann.

5.3. Territoriale Aspekte der Konzentration der Produktion

Bei der Gestaltung des entwickelten Sozialismus vollzieht sich die weitere Vergesellschaftung der Produktion u. a. als Prozeß der Konzentration, der seinerseits in besonders hohem Maße der Einwirkung des wissenschaftlich-technischen Fortschritts unterliegt. Er führt zur Vervollkommnung sowohl der zweiglich/betrieblichen als auch der territorialen Organisation der Produktion, die beide in einem engen Wechselverhältnis stehen.

Die zweiglich/betriebliche Konzentration drückt sich beispielsweise in der wachsenden Größe der Produktionseinheiten, in der zunehmenden Zahl von Großbetrieben aus, die territoriale Konzentration beinhaltet die Häufung oder Zusammenballung von Produktionsbetrieben in Industriekomplexen oder Industriegebieten. Nachdem in den vorangegangenen Kapiteln bereits mehrfach auf anhaltende Tendenzen der territorialen Konzentration der Produktion eingegangen wurde, sollen im folgenden einige territoriale Aspekte der betrieblichen und zweiglichen Konzentration behandelt werden.

Territoriale Aspekte der zweiglichen und betrieblichen Konzentration der Produktion

In ihren Grundtendenzen drängen die Entwicklung der sozialistischen Produktionsverhältnisse und die Wirkungsbedingungen des wissenschaftlich-technischen Fortschritts zur Erweiterung der industriellen Großproduktion. Lenin hat die Lehre von

Marx über die Konzentration der Produktion und des Kapitals unter neuen gesellschaftlichen Bedingungen weiterentwickelt und schrieb u. a.:

„Wenn aus einem Großbetrieb ein Mammutbetrieb wird, der planmäßig, auf Grund genau errechneter Massendaten, die Lieferung des ursprünglichen Rohmaterials im Umfang von zwei Dritteln oder drei Vierteln des gesamten Bedarfs für Dutzende von Millionen der Bevölkerung organisiert; wenn die Beförderung dieses Rohstoffs nach den geeignetsten Produktionsstätten, die mitunter Hunderte und Tausende Meilen voneinander entfernt sind, systematisch organisiert wird; wenn von einer Zentralstelle aus alle aufeinanderfolgenden Stadien der Verarbeitung des Materials bis zur Herstellung der verschiedenartigsten Fertigprodukte geregelt werden; wenn die Verteilung dieser Produkte auf Dutzende und Hunderte von Millionen Konsumenten nach einem einzigen Plan geschieht ... — dann wird es offensichtlich, daß wir es mit einer Vergesellschaftung der Produktion zu tun haben ...“ (Lenin, Ausgew. Werke Bd. 1, 1970, S. 872).

Lenin arbeitete in prägnanter Weise den Wesenszusammenhang zwischen den Produktionsverhältnissen, den Produktivkräften und dem Vergesellschaftungsgrad der Produktion heraus. Unter den heutigen Bedingungen des wissenschaftlich-technischen Fortschritts sind große Produktionseinheiten sowohl Voraussetzung als auch zugleich Folge seines uneingeschränkten Wirkens.

Die Einführung hochproduktiver und kontinuierlich verlaufender technologischer Prozesse, die durchgehende Automatisierung von Produktionsprozessen und der massenhafte Einsatz von Industrierobotern, die Einrichtung zentraler Fertigungen und andere progressive technologische Verfahren bedingen die *industrielle Großproduktion und ihre einheitliche Leitung und Organisation.* Es kann angenommen werden, daß sich dieser Prozeß in enger Wechselwirkung mit der weiteren Spezialisierung der Produktion fortsetzen wird. Mit der Vertiefung der sozialistischen ökonomischen Integration umfaßt diese Tendenz einen sich ständig verstärkenden internationalen Aspekt.

Den objektiven Gesetzmäßigkeiten folgend, war die Konzentration der Produktion ein fester Bestandteil der kontinuierlichen Wirtschaftspolitik in der DDR. In den Dokumenten des X. Parteitages der SED nimmt diese Orientierung erneut einen wichtigen Platz ein. Greift man die Periode 1960—1980 als Vergleichszeitraum heraus, so läßt sich eine ständige Erhöhung des Konzentrationsgrades der Produktion nachweisen (vgl. Tab. 14 und 15).

Der insgesamt kontinuierliche Konzentrationsprozeß weist in einzelnen Entwicklungsetappen und Betriebsgrößengruppen ein differenziertes Tempo auf. Während die industrielle Bruttoproduktion in der zweiten Hälfte der 60er Jahre besonders in den Be-

Tabelle 14. Entwicklung der betrieblichen Konzentration der Industrieproduktion der DDR

	1960	1965	1970	1975	1980
Durchschnittliche industrielle Bruttoproduktion pro Betrieb (in Mill. Mark konstante Preise)	4,3	6,4	12,6	23,9	53,5
Durchschnittliche Zahl der Arbeiter u. Angestellten pro Betrieb	173	199	244	361	627

Quelle: Errechnet nach Statist. Jahrbüchern der DDR

Tabelle 15. Entwicklung der industriellen Bruttoproduktion nach Betriebsgrößen (in %)

Zahl der Arbeiter und Angestellten im Betrieb	1960	1965	1970	1975	1980
bis 100	12,0	10,8	8,5	6,8	2,8
100 bis 500	22,9	22,2	17,7	16,1	13,0
500 bis 1000	12,3	12,5	10,4	9,0	10,5
1000 bis 5000	34,2	36,3	36,1	40,9	43,8
über 5000	18,6	18,2	27,5	27,2	29,9
	100,0	100,0	100,0	100,0	100,0

Quelle: Statist. Jahrbücher der DDR

trieben mit mehr als 5000 Beschäftigten überdurchschnittlich schnell anwuchs, verlagerte sich in den 70er Jahren der Schwerpunkt auf die Betriebsgrößengruppe zwischen 1000 und 5000 Beschäftigte. Mit der forcierten Kombinatsbildung ab 1979 dürfte der größte Zuwachs allerdings erneut in der letzten Gruppe eingetreten sein. 1980 wurden fast 75% der gesamten Produktion in Betrieben mit mehr als 1000 Beschäftigten erzeugt (gegenüber 53% 1960).

Die Konzentrationseffekte widerspiegeln zugleich Ergebnisse wirtschaftsorganisatorischer Maßnahmen der Schaffung großer Produktionseinheiten, der Herausbildung und ständigen Erweiterung der Industriekombinate. Es wurden die Bedingungen systematisch erweitert, um den Reproduktionsprozeß in den Zweigen und Erzeugnisgruppen einheitlich leiten und planen, eine betriebsübergreifende Technikpolitik durchsetzen und die Effektivität der Produktion erhöhen zu können.

In zahlreichen hochentwickelten Industrieländern ist jedoch zu beobachten, daß verstärkt auch wieder kleinere Produktionseinheiten an Bedeutung gewinnen. Es erweist sich als volkswirtschaftlich effektiv, den Konzentrationsprozeß der Produktion harmonisch mit der Weiterentwicklung von Klein- und Mittelbetrieben in Übereinstimmung zu bringen. Diese Übereinstimmung schließt z. B. die systematische Einbeziehung der Klein- und Mittelbetriebe in eine einheitliche Technikpolitik auf der Basis von Erzeugnisgruppen ein.

Unter den Bedingungen der DDR kann in der Erweiterung der Kombinatsbildung auf bezirksgeleitete Betriebe des Bezirkswirtschaftsrates eine sehr rationelle Form gesehen werden, Prozesse der Konzentration der Produktion mit der Ausnutzung von Vorzügen der Klein- und Mittelbetriebe zu verbinden. Neuere Tendenzen des wissenschaftlich-technischen Fortschritts, wie z. B. Mikroprozessoren, Industrieroboter, lassen sich rationell auch in kleineren Produktionseinheiten einsetzen. Besonders für hochtechnisierte Kleinserienproduktionen, für die Herstellung ausgesprochener Spezialerzeugnisse auf dem Gebiet des wissenschaftlichen Gerätebaus oder auch für Produktionen mit technologisch bedingter häufiger Umrüstung besitzen kleinere Produktionseinheiten Vorteile. Sie ermöglichen eine hohe Flexibilität bei geringem Verwaltungs- und Leitungsaufwand. Der wissenschaftlich-technische Fortschritt schafft damit bessere Voraussetzungen dafür, Klein- und Mittelbetriebe als spezialisierte Einrichtungen systematisch in die sozialistische Großproduktion zu integrieren.

Im Zusammenhang mit der Rolle der Klein- und Mittelbetriebe soll noch ein Problem angesprochen werden, das überraschenderweise sowohl in der Literatur als auch in der

Planungspraxis bisher wenig diskutiert wurde. Die volkswirtschaftliche Einordnung dieser Kategorie von Betrieben sollte nicht nur unter dem Produktivitäts- und Technikaspekt gesehen werden, sie sollte auch ihre mögliche Wirksamkeit für komplexe regionale Entwicklungen mit einbeziehen. Die erwähnte hohe Spezialisierung derartiger Betriebe kann zu einer Erweiterung der Vielfalt des Arbeitsplatzangebotes beitragen. Besonders für Gebiete mit stärkerer landwirtschaftlicher Orientierung und dünnerer Besiedlung kann das ein sehr wesentlicher Faktor für die Stabilität der Bevölkerungsentwicklung sein. Auch für die Pflege ausgesprochener Spezialberufe bieten diese Betriebe gute Bedingungen. Es sollte spezifischen Untersuchungen vorbehalten werden, inwieweit durch eine aufeinander abgestimmte Mischung von Produktionseinheiten unterschiedlicher Größe in den Regionen ein höherer volkswirtschaftlicher Effekt erreichbar ist, als in einseitig nur durch Großbetriebe strukturierten Gebieten.

Zweifellos sind Klein- und Mittelbetriebe mit geringer Umweltbeeinträchtigung geeignet, in kleineren Siedlungen und in der Nähe von Wohngebieten lokalisiert zu werden. Es wäre auch prüfenswert, kleinere nicht störende Betriebe direkt in größere Wohnkomplexe einzufügen; sie von vornherein in der Planung und Projektierung dieser Komplexe vorzusehen. Es ließen sich damit nicht nur Arbeitskräftereserven erschließen, es würden sich auch Wegezeiten reduzieren und neue gesellschaftliche Beziehungen zwischen diesen Betrieben und den Bewohnern der Neubaugebiete herausbilden können.

Резюме

Территориальные предпосылки действия научно-технического прогресса на размещение промышленности — теоретическая экспертиза

Научно-технический прогресс разнообразными способами действует на долгосрочное развитие размещения производительных сил. Познавание при этом всеобщих тенденций и применение их ко прогнозам и решениям планирования являются между прочим задачами географии. Выявление общих тенденций и их применение на практике планирования и прогнозирования являются одной из задач географии.

Особое значение для размещения промышленности имеют некоторые свойства научно-технического прогресса. Это — единство его материально-технических и социально-экономических аспектов, диалектическое единство революционных и эволюционных процессов, формирование цикла наука — техника — производство.

Из этого возникают специфичные последствия как для структуры размещения промышленности так и для форм ее территориальной организации:

- высокая динамика отраслевой структуры промышленности ведёт к качественным изменениям структуры размещения,
- для типы базовых и инноваций усоверщенствованя характеризуются различным воздействием на размещение,
- научно-технический прогресс влечет за собой изменения в иерархии действенности факторов размещения,
- из более тесного объединения науки и производства возникают качественно новые возможности и требования их пространственной комбинации,
- территориальные производственные связи развиваются различно для пассажирских, товарных, энергических и информационных потоков.

Выявляются некоторые основные тенденции этого развития на примерах промышленности ГДР.

Summary

Spatial preconditions for scientific-technical progress taking effect on the spatial distribution of industry — a theoretical view of the problem

In many ways scientific-technical progress has an effect upon the long-term development of the spatial distribution of productive forces. It is considered one of the tasks of geography to discover general tendencies in this process and to make them available for prognoses and planning decisions.

Some characteristic features of scientific-technical progress are of special importance for the location of industry. This includes the unity of its material-technical and socio-economic aspects, the dialectical unity of revolutionary and evolutionary processes, the formation of the cycle science — technology — production.

This has specific consequences for the location of industry and the forms of its spatial organization as well:

— A great dynamics in the sectoral structure of industry leads to qualitative changes in the pattern of location.
— Types of basic and improvement innovations are characterized by different effects on location.
— Scientific-technical progress entails shifts in the rank of effectiveness of local factors.
— From the close interplacement of science and production there result qualitatively new possibilities and requirements of their spatial combination.
— Spatial interrelations of production develop differently with regard to passenger, goods, energy, and information flows.

Some of the main trends of this development are shown by examples from the GDR industry.

Literatur

ARNOLD, H., BORCHERT, H., LANGE, A., u. J. SCHMIDT: Der Produktionsprozeß im Industriebetrieb. Berlin 1971.

Autorenkollektiv: Die organische Verbindung der Errungenschaften der wissenschaftlich-technischen Revolution mit den Vorzügen des sozialistischen Wirtschaftssystems und die Einheit von wissenschaftlich-technischem und sozialem Fortschritt (Thesen). Wirtschaftswissenschaft, 21 (1973) 4, S. 481–509.

BECHMANN, R.: Zur Entwicklung der Produktionsverhältnisse im Territorium. Wirtschaftswissenschaft, 27 (1979) 2, S. 149–162.

BÖNISCH, R., MOHS, G., u. W. OSTWALD: Territorialplanung. Berlin 1976; 2. neu ausgearb. Auflage, Berlin 1980.

BÖNISCH, R., u. W. OSTWALD: Grundsätze, Ziele und Aufgaben der Territorialplanung im sozialistischen Planungssystem der DDR. Wirtschaftswissenschaft, 18 (1970) 12, S. 1853–1868.

BUHR, M., u. G. KRÖBER: Mensch — Wissenschaft — Technik. Berlin 1977.

DOBROV, G. M.: Wissenschaftswissenschaft. Berlin 1970.

DOBROV, G. M.: A Strategy of Organized Technology. Systems Assessment of New Technology: International Perspectives Excerpts from IIASA-Workshop 1977. Ed. by DOBROV, RANDOLPH, RAUCH, Laxenburg 1978.

FRIEDRICH, G. D., u. W. D. HARTMANN: Innovation contra Krise? Zur Kritik bürgerlicher Innovationstheorien. Berlin 1979.

FRIEDRICH, H.: Der technische Fortschritt in der Glaserzeugung. Bochumer Wirtschaftswiss. Studien, Nr. 7 (1975).

GERASIMOV, I. P., u. V. S. PREOBRAŽENSKIJ: Osnovnye sadači sovetskoj geografičeskoj nauki v svete rešenij XXV. s"ezda KPSS. Isvestija Akademii Nauk SSSR, ser. geogr., Nr. 4 (1976), S. 5–16.

Geschichte der Sozialistischen Einheitspartei Deutschlands. Abriß, Berlin 1978.

GRIMM, F.: Struktur und Funktion nationaler Siedlungssysteme. Eine Untersuchung am Beispiel der DDR. Diss. (B), Leipzig 1980.

HAEFNER, G., u. W. SIMMEL: Intensivierung durch Wissenschaft und Technik. Berlin 1978.

HÄGERSTRAND, T.: Aspekte der räumlichen Struktur von sozialen Kommunikationsnetzen und der Informationsausbreitung. Wirtschafts- und Sozialgeographie. Hrsg. v. D. BARTELS, Köln 1970, S. 367–379.

HAMILTON, F. E. I.: The definition and character of industrial systems. Seszyty Naukowe Uniwersytetu Jagiellonskiego, Prace geogr., 1979, S. 9–20.

HAUSTEIN, H.-D., u. H. MAIER: Basic, Improvement and Pseudo-Innovations and their Impact on Efficiency. IIASA, WP-79-96, Laxenburg 1979.

HAUSTEIN, H.-D., u. H. MAIER: Innovation and Efficiency. Options. A IIASA News Report 1979/4, S. 5–7.

HEINZMANN, J.: Analyse und Probleme der Prognose der Produktionsstruktur der Industrie im großstädtischen Ballungskern Leipzig. Diss., Halle–Wittenberg 1971.

HEINZMANN, J.: Territoriale Aspekte des gesellschaftlichen Reproduktionsprozesses. Wiss. Mitteilungen d. Inst. f. Geographie u. Geoökologie d. Akademie d. Wiss. d. DDR, **1** (1979), S. 4–10.

HEINZMANN, J.: Zur Stabilität und Dynamik in der territorialen Produktionsstruktur. Wiss. Mitteilungen d. Inst. f. Geographie u. Geoökologie d. Akademie d. Wiss. d. DDR, **3** (1980), S. 14–22.

HEINZMANN, J., HERRMANN, H., u. F. HÖNSCH: RGW-Zusammenarbeit zur Bewertung der gesellschaftlichen Einflüsse auf die Umwelt. Geogr. Berichte, **90** (1979) 1, S. 21–36.

HEINZMANN, J., u. H. LÜDEMANN: On the Settlement System of the German Democratic Republic. Development and Strategies. Human Settlement Systems. Ed. by N. M. HANSEN. Cambridge, Massachusetts, 1978, S. 121–143.

HEINZMANN, J., u. H. NEUMEISTER: Bemerkungen zur Bewertung der Einflüsse der Industrie auf die Umwelt. Geographica Slovenica **9**, Geographical Problems of Human Environment, Ljubljana 1979, S. 109–114.

HETMAN, F.: Social Assessment of Technology and some of its International Aspects. Systems Assessment of new Technology: International Perspectives. Ed. by DOBROV, RANDOLPH, RAUCH. CP-78-8, August 1978, Int. Inst. for applied Systems Analysis, Laxenburg, S. 31–43.

HONECKER, E.: Die Aufgaben der Partei bei der weiteren Verwirklichung der Beschlüsse des IX. Parteitages der SED. Neues Deutschland v. 18./19. 2. 1978.

HÖNSCH, F.: Die Lehre von den Territorialen Produktionskomplexen in der UdSSR und ihre Bedeutung für die territoriale Produktionsorganisation in der DDR. Beiträge zur territorialen Produktionsstruktur. Wiss. Abhandlungen d. Geogr. Gesellschaft d. DDR, Bd. **13** (1976), S. 39–48.

HOTTES, K.: Industriegeographie. Darmstadt 1976.

KEHRER, G.: Probleme der Entwicklung der territorialen Wissenschaftsstruktur in der DDR. Mitteilungen zu wissenschaftsökonom. Untersuchungen, Nr. **30**, Hochschule f. Ökonomie „B. Leuschner", Berlin 1975.

KEHRER, G.: Wechselbeziehungen zwischen territorialer Produktionsstruktur- und Wissenschaftsstruktur. Wiss. Abhandlungen d. Geogr. Gesellschaft d. DDR, Bd. **13** (1976), S. 49–60.

KEHRER, G.: Entwicklungstendenzen der Standortverteilung der Industrie in der DDR. Petermanns Geogr. Mitteilungen, **124** (1980) 2, S. 105–109.

KIBAL'ČIČ, O. A.: Ėkonomičeskie i ėkonomiko-geografičeskie problemy naučno-techničeskoj revoljuzii. Sobennosti razmeščenija chozjajstva v uslovijach naučno-techničeskoj revoljuzii. Moskva 1974, S. 3–11.

KOBACHIDSE, E. D.: Promyšlenno-territorial'nye sistemy sojuznych respublik. Tbilisi 1979.

KOHL, H., u. a.: Ökonomische Geographie der Deutschen Demokratischen Republik. 3. überarb. Auflage, Gotha/Leipzig 1976.

KOHL, H., u. A. ZIMM: Zur Theorie der Territorialen Produktionskomplexe und zu deren Anwendungsmöglichkeiten in der DDR. Petermanns Geogr. Mitteilungen, **124** (1980) 2, S. 111–115.

KRETSCHMAR, K.: Zusammenhänge, Gesetzmäßigkeiten und langfristige Tendenzen der Standortverteilung der Industrie in der DDR unter den Bedingungen der vorwiegend intensiv erweiterten sozialistischen Reproduktion. Diss. (A), Berlin 1981.

KRÖNERT, R.: Die Stadt-Umland-Regionen von Groß- und Mittelstädten als Aktions- und Kommunikationsräume der Bevölkerung in der Deutschen Demokratischen Republik – Struktur und Tendenzen ihrer Entwicklung. Diss. (B), Akad. d. Wiss. d. DDR, Leipzig 1979.

KUDROV, W. M., LEBEDEVA, E. A., u. P. A. NEDOTKO: Naučno-proizvodstvennye kompleksy v SŠA. Izvestija AN USSR, Ser. ėkon., **1** (1977), S. 146–155.

KUNICYN, L. F., u. A. J. RETEJUM: Wechselwirkungen zwischen Naturkomplexen und technischen Systemen. Geogr. Berichte, **68** (1973) 3, S. 161–167.

LANGENDORF, G., NICK, H., u. G. SCHULZ: Zur weiteren Entwicklung der materiell-technischen Basis des Sozialismus in der DDR. Wirtschaftswissenschaft, **26** (1977) 5, S. 541–658.

LANGENDORF, G., u. H. NICK: Wissenschaftlich-technischer Fortschritt und materiell-technische Basis. Einheit **35** (1980) 2, S. 121–128.

LAPPO, G. M.: Ėkonomičeskie linii v territorial'noj strukture chozjajstva. Razmeščenie chozjajstva i naučno-techničeskaja revoljucija. Voprosy Geografii, **112** (1979), S. 60–75.

LENIN, W. I.: Der Imperialismus als höchstes Stadium des Kapitalismus. In: Ausgew. Werke, Bd. 1, Berlin 1961.

LENIN, W. I.: Entwurf eines Planes wissenschaftlich-technischer Arbeiten. In: Werke, Bd. 27, Berlin 1960.

LÜDEMANN, H.: Forschungsstrategische Probleme der Geographie in der Deutschen Demokratischen Republik. Wiss. Mitteilungen d. Inst. f. Geographie u. Geoökologie d. Akademie d. Wiss. d. DDR, **2** (1980), S. 37–47.

MAIER, H.: New Problems and Opportunities of Government Innovation Policy and Firm Strategy. IIASA WP-79-126, Laxenburg 1979, 42 S.

MAIER, H.: Ein Kardinalproblem unserer Wirtschaftsstrategie. Spectrum, **12** (1981) 8, S. 6–8.

MAIER, H., u. W. MARSCHALL: Ökonomische und soziale Wirksamkeit des wissenschaftlich-technischen Fortschritts. Berlin 1978.

MARX, K.: Das Kapital. Bd. I, Berlin 1961.

MIKUS, W.: Industriegeographie: Themen der allgemeinen Industrieraumlehre. Darmstadt 1978; Erträge der Forschung, Bd. **104**.

MOHS, G.: Geographie und technische Revolution. Geographie u. technische Revolution, Hrsg. G. MOHS, Gotha/Leipzig 1967, S. 7–27.

MOHS, G., u. G. JACOB: Einführung in die Produktionsgeographie. Studienbücherei Geographie, Bd. **3**, Gotha/Leipzig 1977.

MOHS, G., u. H. HERRMANN: Die territoriale Industriestruktur der Deutschen Demokratischen Republik. Zur Karte „Industrieübersicht" im Atlas DDR. Geogr. Berichte, **92** (1979) 3, S. 155 bis 168.

MUNDT, W.: Kooperationsrat Wissenschaft Potsdam. Spectrum, **10** (1979) 10, S. II–III.

NEKRASOW, N. N.: Territorialökonomie. Theorie – Probleme – Aufgaben. Übersetzung aus dem Russ. Berlin 1979.

NICK, H.: Die Wechselwirkung revolutionärer und evolutionärer Veränderungen in Wissenschaft, Technik und Produktion – Grundlage der Intensivierung des volkswirtschaftlichen Reproduktionsprozesses. Wissenschaft – Ökonomie – Fortschritt. Hrsg. v. L. M. GATOVSKIJ, F. KUTTA, H. MAIER, Berlin 1974, S. 87–101.

OSTWALD, W.: Intensivierung und Standortverteilung der Produktivkräfte. Wirtschaftswissenschaft, **25** (1977) 3.

Parteitag, X., der SED: Direktive des X. Parteitages der SED zum Fünfjahrplan für die Entwicklung der Volkswirtschaft der DDR in den Jahren 1981 bis 1985. Berlin 1981.

POKŠIŠEVSKIJ, V. V.: Über den Charakter der Gesetzmäßigkeiten in der Ökonomischen Geographie. Petermanns Geogr. Mitteilungen, **107** (1963) 3, S. 230–238.

POLOWICKAJA, M. E.: Geografija naučnych issledovanij v SŠA. Moskva 1977.

Protokoll der Verhandlungen des VIII. Parteitages der SED, 15.–19. Juni 1971, Berlin 1971, 2 Bde.

REINHOLD, O.: Wirtschaft und Wirtschaftswissenschaft bei der Gestaltung der entwickelten sozialistischen Gesellschaft. Einheit, **28** (1973) 5, S. 649–659.

ROOS, H.: Produktions- und Territorialprinzip — eine Einheit. Einheit, **20** (1965) 2, S. 33–39.

SANKE, H.: Entwicklungsprobleme der geographischen Wissenschaften. Sitzungsberichte d. Deutschen Akademie d. Wiss., Klasse f. Philosophie, Geschichte, Staats-, Rechts- u. Wirtschaftswiss., Nr. **9**, Berlin 1968.

SCHILDE, L.: Zur Entwicklung der Vorstellungen über Art und Wirkungsweise industrieller Standortfaktoren. Petermanns Geogr. Mitteilungen, **122** (1978) 4, S. 235–242 (1978a).

SCHILDE, L.: Zur Theoriengeschichte von Art und Wirkungsweise industrieller Standortfaktoren. Wiss. Zeitschrift d. Hochschule f. Ökonomie Berlin, **23** (1978) 4, S. 86–102.

SCHMIDT-RENNER, G.: Standort, Stadt und Territorium. Studien zu theoretischen Grundsatzfragen ihrer Bildung und Planung, Habil.-Schrift, Berlin 1957.

SCHMIDT-RENNER, G.: Elementare Theorie der Ökonomischen Geographie. 2. Aufl., Gotha/Leipzig 1966.

SCHOLZ, D.: Die Erforschung der Siedlungsstruktur der Ballungsgebiete in der DDR. Geogr. Berichte, **95** (1980) 2, S. 73–81.

SCHOLZ, D., u. V. ROSIN: Grundzüge der Siedlungsstruktur im Ballungsgebiet Halle–Leipzig. Überlegungen zur Anwendbarkeit des Knoten-Band-Modells als Basis für die Analyse der Siedlungsstruktur der Ballungsgebiete in der DDR. Petermanns Geogr. Mitteilungen, **123** (1979) 3, S. 163–176.

SCHULTZE, E., u. W. WEHNER: Das System der Territorialstruktur in der DDR unter besonderer Berücksichtigung der gebietlichen Proportionalität. Wiss. Zeitschrift d. Päd. Hochschule „K. F. Wander" Dresden, **5** (1979) 2, S. 63–73.

SCHULZ, G.: Technische Revolution und Strukturwandel in der Industrie. Berlin 1966.

TÖRNQVIST, G.: Contact Systems and Regional Development. Lund Studies in Geography, Sec. B, Human Geography, Nr. **35** (1970), 148 S.

WEHNER, W.: Analyse und Bewertung territorialer Produktionsverflechtungen in der DDR. Diss. (B), Päd. Hochschule, Dresden 1981.

WEHNER, W., u. W. ZIKANDELOFF: Analyse und Bewertung funktionaler Beziehungen des Ballungsgebietes Dresden. Wiss. Zeitschrift d. Päd. Hochschule „K. F. Wander" Dresden, **4** (1978), Beiheft 1, S. 45–56.

Wissenschaftsnachrichten aus sozialistischen Ländern. Berlin, **12** (1981) 2 u. 7.

Prof. Dr. sc. nat. JOACHIM HEINZMANN, Akademie der Wissenschaften der DDR, Institut für Geographie und Geoökologie, 7010 Leipzig, Dimitroffplatz 1

Beiträge zur Geographie	Bd. 32	S. 103–156	Berlin 1985

Theoretische und methodische Grundlagen für die Untersuchung der Flächennutzung — unter besonderer Berücksichtigung ihrer territorialen Organisation[1])

Von HELMUT HERRMANN

Inhalt

1. Zu einigen Ausgangspunkten für geographische Flächennutzungsuntersuchungen in der DDR

Man kann wohl zu Recht sagen, daß sich die Geographie als Wissenschaft bereits seit ihren Anfängen mit Untersuchungen zur Flächennutzung befaßt hat, um vor allem räumliche Strukturen (Fluren, Siedlungen, ... Landschaften) aus ihrer Genese heraus zu erklären.

---

[1]) Der Beitrag ist weitgehend identisch mit dem theoretisch-methodischen Teil einer 1981 abgeschlossenen Dissertation A. Diese enthält darüber hinaus eine Einschätzung zur Stellung von Fläche und Flächennutzung bei der Planung und Entwicklung der Territorialstruktur der DDR sowie die Darstellung der Ergebnisse einer Flächennutzungsuntersuchung im Raum Bitterfeld–Wolfen.

So haben sich seit der alten bürgerlichen Geographie bis in unsere Gegenwart hinein solche Untersuchungen besonders zu folgenden Hauptrichtungen entwickelt:

- *Bodennutzungsuntersuchungen und -kartierungen,* die für eine rationelle Bodennutzung bedeutsam sind und im globalen Maßstab den wissenschaftlichen Grundlagen für die Lösung des Welternährungsproblems zugeordnet werden können,
- *Flächennutzungsuntersuchungen der bebauten Räume,* insbesondere der Städte und ihrer Randzonen im Rahmen stadtgeographischer Arbeiten, im Rahmen von Untersuchungen zur Urbanisierung u. a. sowie in zunehmendem Maße
- *Untersuchungen,* die *die Flächennutzung in* der *Einheit von Freiraum und bebautem Raum betrachten* und so eine Integration der wichtigen flächenbeanspruchenden gesellschaftlichen Funktionen anstreben.

Bei dieser dritten Richtung kann Flächennutzung im Sinne von MINC/PETRJAKOVA (1973) auch als „ispol'zovanie territorii" (Nutzung des Territoriums) bezeichnet werden, die als „... Objekt der Leitung und Optimierung der räumlichen Organisation der gesellschaftlichen produktiven Tätigkeit" wohl zu Recht mit im Zentrum geographischer Forschung stehen sollte.

Dies gilt vor allem in Ländern mit dicht besiedelten und hochindustrialisierten Räumen, wo häufig Flächenanforderungen für Industrieentwicklung und Städtebau oder für Erholung und landeskulturelle Erfordernisse mit gleichermaßen notwendiger landwirtschaftlicher Bodennutzung kollidieren. Die DDR gehört mit 155 Ew/km² zu den dicht besiedelten Ländern der Erde. Ihr Staatsterritorium ist nahezu 100% bewirtschaftete Fläche, die funktional z. T. mehrfach in den gesellschaftlichen Reproduktionsprozeß eingeordnet ist.

Unter diesen Bedingungen geraten die durch die Dynamik des gesellschaftlichen Reproduktionsprozesses ausgelösten zusätzlichen Flächenanforderungen (Wohnungsbau, Bergbau, Industrie, Verkehr, Trinkwassergewinnung u. a.) mit der bestehenden Nutzung des Territoriums dann in Konflikt, wenn eine Steuerung im Interesse der weiteren gesellschaftlich effektiven Entwicklung nicht erfolgt.

Die Veränderungen der Flächennutzung waren in der DDR seit den fünfziger Jahren nicht gering, wie Abb. 1 und 2 zeigen, und sie sind in beträchtlichem Maße das Ergebnis einer durch Gesetze und andere Regelungen gezielten Entwicklung. Sie drücken vor allem quantitative und auf einzelne Zweige bezogene Trends aus, die sehr aufmerksam verfolgt werden sollten.

Es gibt aber noch einige, insbesondere qualitative Fragen, die für die Verwirklichung einer effektiven Flächennutzung wichtig sind, für die die wissenschaftlichen Grundlagen heute noch nicht ausreichen. HAASE/LÜDEMANN haben bereits 1972 auf diese Lücken hingewiesen und daraus Aufgaben für geographische Untersuchungen zur Flächennutzung abgeleitet, darunter die

- „komplexe Erkundung der Flächennutzung sowie der Überlagerung von Nutzungsformen bzw. Nutzungsmöglichkeiten unter Beachtung ihrer gegenseitigen Störfreiheit" und die
- „Ausarbeitung von Bestimmungskriterien, Bewertungs- bzw. Beurteilungsformen für die Rationalisierung und Intensivierung der Flächennutzung..."

Bei solchen Aufgabenstellungen, die wesentliche Zusammenhänge von Natur und Gesellschaft im Wirtschafts- und Lebensraum zum Gegenstand haben, ist ein enges Zu-

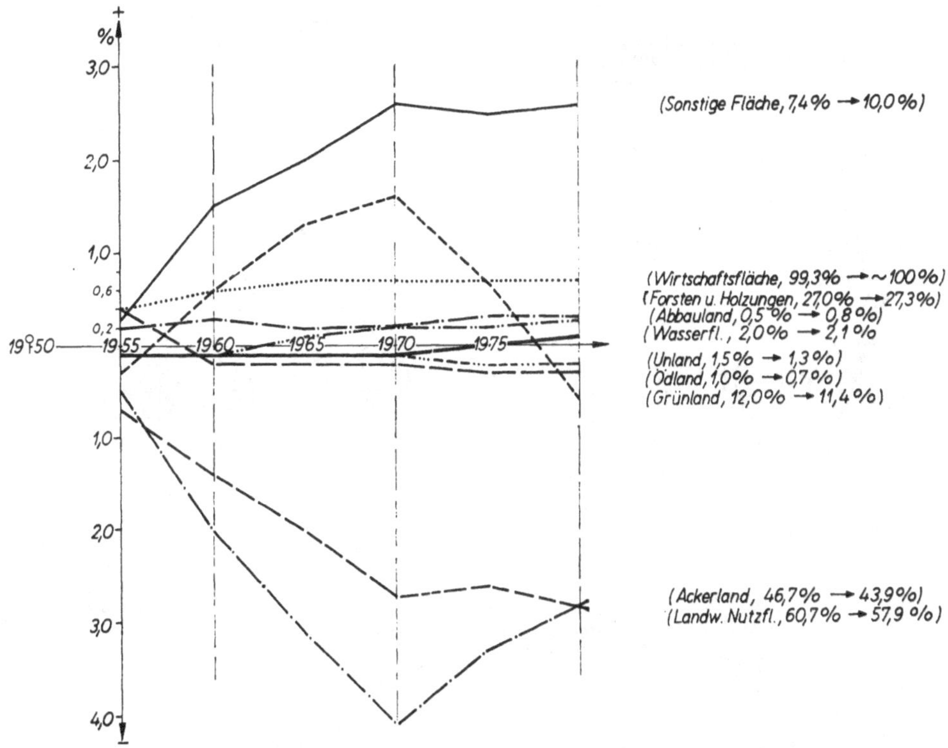

Abb. 1. Veränderung der Wirtschaftsflächenstruktur der DDR (1950—1980)

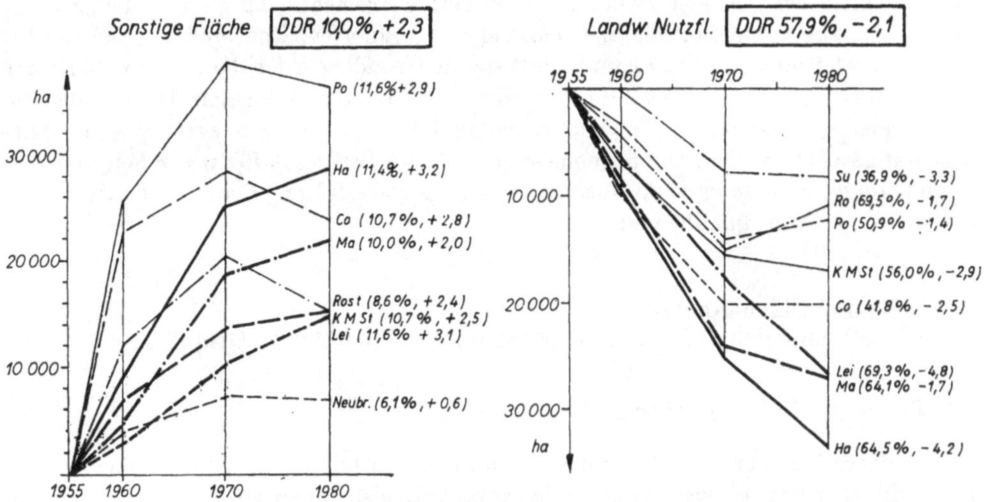

a

Abb. 2. Veränderung einzelner Nutzflächen nach ausgewählten Bezirken (1955—1980)
Quelle: Statistisches Jahrbuch der DDR (1955—1980)

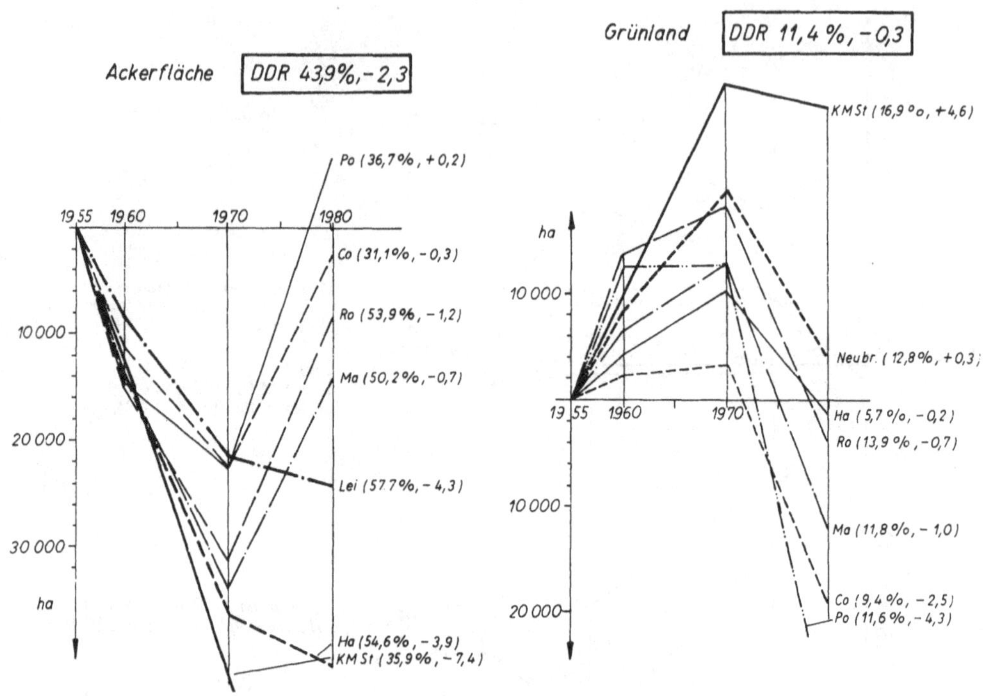

Abb. 2b.

sammenwirken von Ökonomischer und Physischer Geographie und darüber hinaus mit der Territorialökonomie, der Städtebauwissenschaft u. a. sehr wichtig.

Als wesentliche Voraussetzung für die gemeinsame erfolgreiche Bearbeitung des wissenschaftlichen Querschnittsproblems „effektive Flächennutzung“ wird die Erarbeitung eines klaren theoretisch und methodisch fundierten Konzepts angesehen. Im folgenden gelangen theoretische und methodische Grundlagen für die Untersuchung der Flächennutzung und anschließend für ein Konzept dazu zur Diskussion. Dabei sollen die territoriale Organisation der Flächennutzung und Ansätze für die Bewertung in den Mittelpunkt gerückt werden. Die Ergebnisse sind als ein Beitrag dafür anzusehen, die Flächennutzungsplanung als wirksames Instrument zur Gestaltung der Territorialstruktur insgesamt weiter zu qualifizieren.

2. Fläche und Flächennutzung im gesellschaftlichen Reproduktionsprozeß — theoretische Grundlagen

2.1. Zur begrifflichen Klärung

Insbesondere bei Querschnittsproblemen und anderen komplexen Fragestellungen, die Forschungsgegenstand verschiedener Wissenschaftsdisziplinen sind, ist eine übereinstimmende Definition der grundlegenden Begriffe und eine einheitliche Verwendung des Begriffsapparates notwendig. Eine dafür wesentliche Voraussetzung ist, daß alle Hauptbeteiligten sich über ihre spezielle Aufgabenstellung hinaus im Sinne eines gemeinsamen Nenners mit einer gemeinsamen Zielsetzung identifizieren. Im gegebenen Falle ließe sich als solche gemeinsame Zielsetzung die Schaffung wissenschaftlicher Grundlagen (das Aufdecken von Zusammenhängen, das Finden von Prinzipien und Kriterien, das Ermitteln von Bewertungsmethoden...) für die Gestaltung einer gesellschaftlich effektiven Flächennutzung — bezogen auf das gesamte Staatsterritorium oder einzelne Teile davon — bezeichnen.

Unter dieser Zielsetzung lassen sich viele territorialökonomische, ökonomisch-geographische, physisch-geographische, städtebauliche u. a. Forschungsaufgaben im Rahmen der territorialen Strukturforschung einordnen, für die unterschiedliche terminologische Interpretationen hinderlich sein können. Folgende *Begriffe* stehen *im Mittelpunkt*:

Fläche

Sie interessiert nicht als Abstraktion im rein mathematisch-physikalischen Sinne. Vielmehr ist in jedem Falle die Erdoberfläche Bezugssystem und Projektionsebene.

Man kann Haase/Lüdemann (1972) folgen und feststellen: „Mit dem Wort ‚Fläche' bezeichnen wir im allgemeinen Sprachgebrauch einen bestimmten Ausschnitt der Erdoberfläche..." Es erscheint aber als zu eng gesehen, wenn die Autoren an anderer Stelle den Begriff Fläche als „exakt abgrenzbares, damit auch meßbares Gebiet mit gleicher Nutzung bzw. Bewirtschaftung", d. h. stets im Sinne von gesellschaftlich genutzter Fläche verwenden.

Krause u. a. (1977) definieren Fläche als

„Beliebiger, abgrenzbarer, zweidimensionaler Ausschnitt eines Freiraumes oder umbauten Raumes ... unabhängig von der Nutzung oder Nichtnutzung. Die genannten Raumarten liegen innerhalb eines vertikalen Bereiches, der die Erdoberfläche sowie die atmosphärische Grundschicht und den oberflächennahen Untergrund umfaßt und damit etwa dem naturräumlichen Hauptstockwerk entspricht ... Der Flächenbegriff umfaßt sowohl die natürliche Grundfläche als auch die künstlichen Erweiterungsflächen und sagt nichts über deren Nutzung aus."

Diese Auffassung klammert den Nutzungsgedanken aus. Sie ordnet dafür die Fläche als Projektion des naturräumlichen Hauptstockwerks der Ebene Natureigenschaften zu, die für ihre gesellschaftliche Nutzung von entscheidender Bedeutung sind. Diese Bezugnahme auf die Eigenschaften des Forschungsgegenstandes Fläche ist wichtig. Die Einbeziehung der künstlichen Erweiterungsfläche in die allgemeine Flächendefinition erscheint als nicht notwendig. Letztere werden statistisch nicht als Teil der Wirtschaftsfläche des Staatsterritoriums erfaßt und sollten als eine spezifische Flächenform verstanden werden, die nur für bestimmte Untersuchungen zur Nutzung des Territoriums von Interesse sein können.

Auch Minc/Petrjakova (1973) setzen sich mit terminologischen Fragen auseinander. Sie tragen damit — ungeachtet sprachlicher Übersetzungsprobleme — durch die eindeutige Bestimmung der Begriffsinhalte zu einer Klärung bei. Ausgangspunkt ist für sie der Begriff ‚Territorium' („territorija"), der nach ihrer Auffassung im Russischen am besten geographische Konkretheit ausdrückt. Eine Definition für Territorium als „Teil der Erdöberfläche, der durch bestimmte Grenzen gekennzeichnet ist", wird von ihnen als unzureichend verworfen, weil sie nicht genügend die Eigenschaften des Territoriums kennzeichnet, auf die sich bei geographischen Forschungen die Aufmerksamkeit richtet.

Als solche Eigenschaften werden gesehen:

„1. die Gesamtheit der natürlichen Eigenschaften, die seine Zugehörigkeit zu einem bestimmten Naturraum bewirken,

2. die Gesamtheit von Veränderungen in der Natur als Ergebnis der wirtschaftlichen Tätigkeit (anthropogene Züge der natürlichen Landschaft, technische Anlagen usw.),
3. die geographische Lage des betreffenden Teils des Territoriums,
4. die Fläche des Territoriums".

Unter Berücksichtigung dieser für seine Nutzung im Rahmen des gesellschaftlichen Reproduktionsprozesses wichtigen Eigenschaften wird das „Territorium" als Fläche im weiteren Sinne bestimmt, das die Fläche im engeren Sinne (als „eigenschaftslose" Standortressource) einschließt. Erst in dieser weiteren Auslegung, in ihrer Einbindung in den Natur- und Wirtschaftsraum (vgl. Abb. 3), läßt sich aber der Nutzungsbezug herstellen.

Es wäre logisch, das „Territorium" neben seiner Zugehörigkeit zu einem bestimmten Natur- und Wirtschaftsraum auch noch in seiner Zugehörigkeit zu einem bestimmten

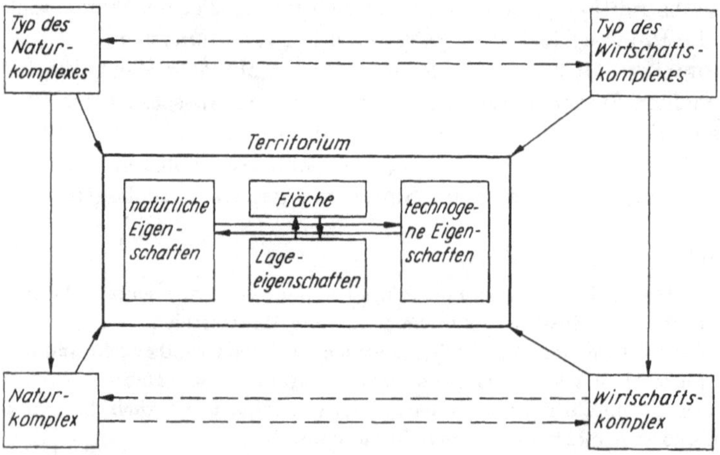

Abb. 3. Zusammenhang des Begriffes Territorium mit anderen geographischen Begriffen (nach MINC/PETRJAKOVA 1973)

Lebensraum des Menschen zu sehen. Insgesamt erscheint diese Auffassung schlüssig und zweckmäßig, so daß der im Zusammenhang mit Flächennutzung im Deutschen gebrauchte Begriff *Fläche* weitgehend synonym mit *territorija* (Territorium) in der Auslegung von MINC/PETRJAKOVA definiert werden kann als

— *bestimmter Ausschnitt der Erdoberfläche, der als Projektion des erdoberflächennahen nutzbaren Raumes durch natürliche Eigenschaften gekennzeichnet ist und in der Regel darüber hinaus durch technogene Ausstattungsmerkmale unterschiedliche Voraussetzungen für die Nutzung als Wirtschaftsraum und als Lebensraum (insbesondere für den Menschen) besitzt. Die Fläche ist durch geographische Lageeigenschaften gekennzeichnet und im Prinzip unvermehrbar.*

Daneben findet man in der Literatur, insbesondere zur Umweltproblematik, aus juristischer, wirtschaftswissenschaftlicher und anderer Sicht sehr oft Begriffe, wie z. B. Boden, die im Sinne dieser Definition verwendet werden.

Der *Boden* sollte besser nur als Naturraumkomponente, d. h. als Verwitterungsprodukt der Erdkruste, dessen wichtigste Eigenschaft für den Menschen seine Fruchtbarkeit ist, betrachtet werden, da er zwar in hohem Maße, aber bei weitem nicht vollständig, die materielle Erscheinungsform der Fläche bildet. Entsprechend sollten nur alle bodengenutzten Flächen dem Bodenfonds zugeordnet und nicht dem Flächenfonds gleichgesetzt werden. Der Begriff „Grund und Boden" umfaßt als Kategorie der Politischen Ökonomie die bodengenutzten und die übrigen Flächen des Territoriums und kommt der oben genannten Flächendefinition nahe.

Flächennutzung

Der Flächennutzungsbegriff wird seit langem, aber durchaus nicht in einheitlicher Weise verwendet. Das liegt, wie bereits einleitend angedeutet, an der unterschiedlichen Zielorientierung der Anwender, sei es z. B. mit Blick auf eine landwirtschaftliche Flächen- (besser Boden-) nutzung oder mit Bezug auf städtische Flächennutzungen. Versuche, eine allgemeingültige Definition zu finden, wurden in jüngerer Zeit mehrfach unternommen, so z. B. von HAASE/LÜDEMANN (1972):

„Flächennutzung ist also die (dominante) Form der Bewirtschaftung bzw. der Inanspruchnahme eines begrenzten (meßbaren) Ausschnitts aus dem Territorium. Als internationale Synonyma zu Flächennutzung können dann gelten: zemlepol'zovanie[1]), land use, l'utilisation de terres."

Die Autoren setzen für Flächennutzung die Bewirtschaftungsform bzw. Inanspruchnahme von Fläche und lassen dabei offen, ob diese Begriffe gleichrangig, alternativ oder rangverschieden verstanden werden. Logisch erscheint letzteres.

Man kann hier der Interpretation von KRAUSE u. a. (1977) folgen und *Flächenbewirtschaftung* einschränkend als „Gesamtheit wirtschaftlicher Maßnahmen zur Erreichung des Nutzungsziels ... auf einer *Freifläche*..." bezeichnen. Flächenbewirtschaftung ist demzufolge eine ganz bestimmte Form der Flächennutzung (oder -inanspruchnahme), die bei einer allgemeinen Flächendefinition nicht hervorgehoben zu werden braucht. Nach KRAUSE u. a. (1977) ist:

„Flächennutzung ... jede Art der Inanspruchnahme und zweckgerichteten Verwendung von abgrenzbaren zweidimensionalen Ausschnitten eines Raumes (Erdoberfläche = natürliche Grundfläche, Geschoßflächen u. a. künstliche Flächen technischer Bauten) zur Realisierung raumbeanspruchender gesellschaftlicher Grundfunktionen (Daseinsgrundfunktionen)."

Analog ihrer Flächendefinition beziehen die Autoren die künstlichen Erweiterungsflächen auch in die Nutzung ein. Darauf kann verzichtet werden.

Es erscheint auch nicht zulässig, die Flächennutzung mit der „Realisierung raumbeanspruchender gesellschaftlicher Grundfunktionen (Daseinsgrundfunktionen)" zu verknüpfen. Diese, der bürgerlichen Wissenschaft entnommene Begriffsbildung läßt sich nicht ohne weiteres übertragen. Daseinsgrundfunktionen werden dort nämlich nicht als „gesellschaftlich determinierte ‚Bedürfniskomplexe' und Tätigkeiten" verstanden, die im Prozeß ihrer Befriedigung durchgeführt werden, wie das in der Interpretation für sozialistische Verhältnisse charakteristisch wäre (NEUMANN/KRÖNERT 1980). Den Daseinsgrundfunktionen ist nämlich nur der soziale Aspekt immanent.

Es erscheint statt dessen zweckmäßig, die Flächennutzung mit den verschiedenen Betrachtungsebenen in Zusammenhang zu bringen, wie sie der volkswirtschaftliche Reproduktionsprozeß oder die Lebensweise der Bevölkerung darstellen, die in allgemeinen und spezifischen räumlichen Erscheinungs- und Nutzungsformen als Wirt-

---

[1]) MINC/PETRJAKOVA (1973) verwenden „ispol'zovanie zemel" und betrachten „ispol'zovanie territorii" als Synonym dazu.

schafts- oder als Lebensraum, aber auch in der politisch-administrativen Gliederung ihren Ausdruck finden.

In sehr umfassender und grundsätzlicher Form analysieren MINC/PETRJAKOVA (1973) diese Zusammenhänge:

„Die Nutzung des Territoriums ist die Art und Weise seiner Einbeziehung in die Systeme des Funktionierens der Gesellschaft, die letztendlich die Art und Weise der Befriedigung der gesellschaftlichen Bedürfnisse ausdrückt."

Die Autoren gehen von einem hierarchischen *Zusammenhang zwischen* den *gesellschaftlichen Bedürfnissen und* den konkreten Arten der *territorialen Nutzung* aus, bei dem das System der gesellschaftlichen Bedürfnisse die Ziele des Funktionierens und der Entwicklung der Gesellschaft bestimmt. Dieses Bedürfnissystem ist dynamisch, und infolge der unterschiedlichen Dringlichkeit von Bedürfnissen und der Ressourcenbegrenztheit wird es stets eine Rang- und Reihenfolge bei der Bedürfnisbefriedigung geben. Als das nächstniedere Hierarchieniveau sehen MINC/PETRJAKOVA das System der *Funktionen* zur Realisierung der gesellschaftlichen Bedürfnisse an (vgl. Abb. 4).

Jedes gesellschaftliche Bedürfnis läßt sich in der Regel alternativ oder in verschiedenen Varianten konkret durch verschiedene produktive und nichtproduktive Zweige und Bereiche der Volkswirtschaft ausdrücken, denen gesellschaftliche Funktionen übertragen sind. Ihren materiellen Ausdruck finden diese Funktionen wiederum in unterschiedlichen *technischen Systemen* und Verfahren der Nutzung von Flächen (industrielle, landwirtschaftliche oder verkehrstechnische Systeme, Wohnhäuser, Versorgungseinrichtungen, administrative Gebäude u. a.), die als Verbindungsglied zwischen gesellschaftlichen Funktionen und *dem Territorium/der Fläche* an letztere ganz bestimmte Ansprüche stellt. Die Frage nach den Eigenschaften und der Eignung des Territoriums/einzelner Flächen (entsprechend der Definition: Fläche, vgl. S. 108) für die Befriedigung der gesellschaftlichen Bedürfnisse macht den Gesamtzusammenhang überschaubar.

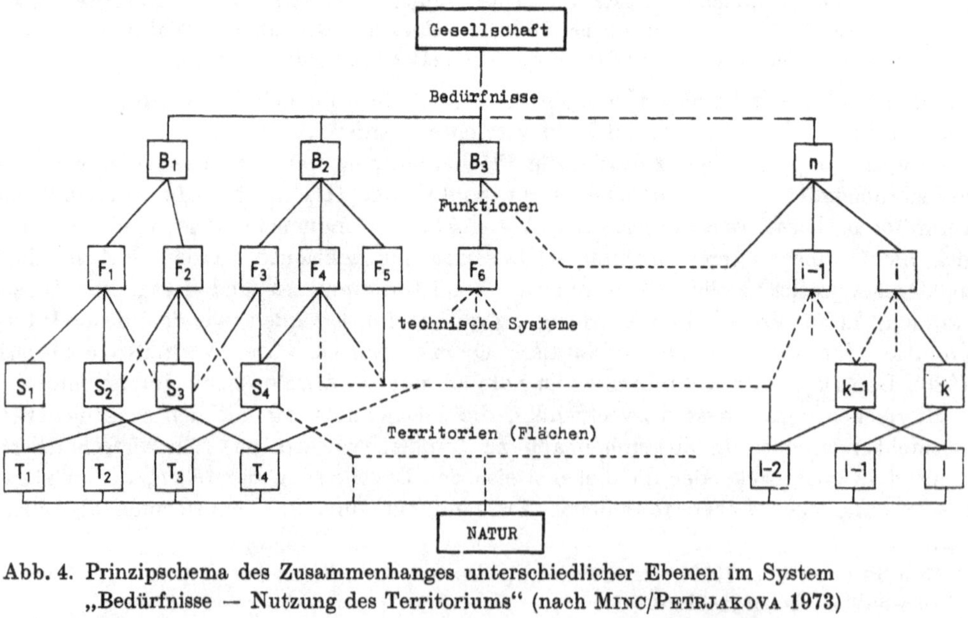

Abb. 4. Prinzipschema des Zusammenhanges unterschiedlicher Ebenen im System „Bedürfnisse – Nutzung des Territoriums" (nach MINC/PETRJAKOVA 1973)

Die sich hier andeutende Problematik der rationellen Flächennutzung wird noch an anderer Stelle zu erörtern sein.

Minc/Petrjakova lassen offen, was sie unter „Systemen des Funktionierens der Gesellschaft" verstehen. Es sei hier auf die erwähnten unterschiedlichen Betrachtungsebenen verwiesen, die das Territorium gleichzeitig als vorwiegend sozial und ökologisch bestimmten Lebensraum und als primär ökonomisch bestimmten Wirtschaftsraum erscheinen lassen. Dabei ist die Bindung von Funktionen aus unterschiedlichen Betrachtungsebenen (z. B. produzieren — arbeiten) an ein und dieselbe Fläche durch nur eine Aktivität möglich.

Unter Berücksichtigung all der angeführten Gesichtspunkte kann Flächennutzung definiert werden als

... jede Art zielgerichteter Einbeziehung von Fläche (in der gegebenen Definition) in den gesellschaftlichen Reproduktionsprozeß, wobei die Inanspruchnahme der Fläche (des Territoriums) als Wirtschafts- und Lebensraum letztendlich die Art und Weise der gesellschaftlichen Bedürfnisbefriedigung zum Ausdruck bringt.

Alle entsprechend dieser Definition durch eine Nutzung gekennzeichneten Flächen werden im Gegensatz zu ungenutzten Flächen als *Nutzflächen* oder *genutzte Flächen* bezeichnet.

Die Art und Weise des Gebrauchs der Nutzflächen kann durch *Flächennutzungsarten* zum Ausdruck gebracht werden. In der Interpretation von Minc/Petrjakova widerspiegeln die Flächennutzungsarten die technischen Systeme und Verfahren zur Verwirklichung der Funktionen des volkswirtschaftlichen Reproduktionsprozesses und der sozialistischen Lebensweise. Ihre räumliche Verteilung wird in Flächennutzungskarten (oder Nutzflächenverteilungskarten) je nach Maßstab und Zielstellung unterschiedlich konkret abgebildet. Billwitz (1978) weist in einer sehr differenzierten Legende für Flächennutzungskarten unterschiedlicher gebietlicher Strukturen in der Dimension von sogenannten „Hauptnutzungseinheiten" (Maßstab 1:10000 und größer) 152 Flächennutzungsarten aus. Schubert (1977) beschränkt sich im Maßstab 1:50000 auf 38 Nutzungsarten.

Die Flächennutzungsarten kennzeichnen vor allem das *äußere Erscheinungsbild* einer Nutzung. Die Funktionen und das Nutzungsziel werden in der Regel indirekt und damit weit weniger präzise, z. T. überhaupt nicht abgebildet. Es erweist sich deshalb als notwendig, Nutzungsarten unter funktionellen Gesichtspunkten zu untersuchen und *Funktionsflächen* oder — auf einem höheren Generalisierungsniveau — *Funktionsgebiete* auszuweisen.

Diese stellen nach Krause u. a. (1977) jeweils bestimmten Funktionen dienende Vergesellschaftungen von Einzelflächen bestimmter Nutzungsarten dar und bilden so auch Nutzungsgefüge ab. Die räumliche Vergesellschaftung der verschiedensten Nutzungsarten in einzelnen Ausschnitten des Territoriums — sie ist in bebauten Räumen teilweise hochgradig heterogen ausgebildet — wird als *Flächennutzungsgefüge,* häufig auch als *Flächennutzungsmosaik,* bezeichnet. Es bietet sich in diesem Zusammenhang an, auch von *Flächennutzungsstrukturen* zu sprechen. Das ist in der traditionellen Interpretation des Strukturbegriffes (Gefüge, Anordnung, innere Gliederung, ...) ohne weiteres möglich. Im kybernetischen Sinne[1]) verwendet, stellt sich allerdings die Frage,

---

[1]) „Struktur" = Menge der die Elemente eines Systems miteinander verknüpfenden Relationen (nach Klaus/Buhr 1975).

ob der betrachtete Ausschnitt des Territoriums auch wirklich als System im Sinne einer funktionierenden Ganzheit bezeichnet werden kann.

Dieser Anforderung wird dann recht gut entsprochen, wenn ein solches Flächennutzungsmosaik in Anlehnung an Mohs/Scholz (1978) z. B. funktionell begründete *Wirtschaftsgebietstypen*, vor allem deren untere Hierarchiestufen, umfaßt. Hier besteht generell das Problem, Gebiete mit relativ „geschlossenen“ sozialen und/oder ökonomischen Prozessen auszuweisen, worauf noch an anderer Stelle einzugehen sein wird. Auf die Erörterung weiterer Begriffe soll hier verzichtet werden.

2.2. Das Aspektherangehen als methodische Grundlage für die wissenschaftliche Untersuchung von Flächennutzungsproblemen

Die Ausgangspunkte für die theoretische Grundlegung von Flächen*nutzungs*untersuchungen sind in der Politischen Ökonomie zu suchen. So sieht Menge (1970) die marxistisch-leninistischen Grunderkenntnisse zur Rolle von Grund und Boden als Arbeitsmittel und Arbeitsgegenstand im Reproduktionsprozeß als eine Voraussetzung für „die planmäßige Bestimmung und Festlegung der Boden- und Flächennutzung“ an, und auch Minc/Petrjakova (1973) gehen von diesen Grundgedanken der marxistischen Politischen Ökonomie aus.

Dieser Bezug ist unabdingbar. Es ist aber im folgenden ebenfalls wichtig, ein vernünftiges Ordnungsschema für die wesentlichen der Fläche immanenten Eigenschaften zu finden, die für die effektive Gestaltung des volkswirtschaftlichen Reproduktionsprozesses sowie die zunehmend bessere Verwirklichung der sozialistischen Lebensweise möglichst umfassend ausgenutzt werden sollen.

Haase/Lüdemann (1972) schlagen ein solches sehr einfaches, aber logisches Ordnungsschema vor, indem sie unterschiedliche Aspekte für die Fläche und ihre Nutzung ausweisen:

1. Nach Marx ist die Erde bzw. die Fläche das „allgemeine Arbeitsmittel“, das „dem Arbeiter den *locus standi* [den Platz, wo er steht] und seinem Prozeß *den Wirkungsraum* ...“ (Hervorhebung im Original) gibt. Das heißt, sie dient im weitesten Sinne als Standort im gesellschaftlichen Reproduktionsprozeß und bildet unter dem Standort- oder *Standortressourcenaspekt* eine elementare Bedingung für alle Zweige und Bereiche. Dieser Aspekt kennzeichnet die Arealbelegung. Auf Grund ihrer Unvermehrbarkeit und Unverlegbarkeit gebietet die zunehmende Verknappung der Standortressource „Fläche“ in einzelnen Gebieten, eine ständig intensivere Nutzung (durch geeignete technische Systeme und Verfahren) durchzusetzen und Nutzungsprioritäten festzulegen.
2. Die Bindung von Naturraumeigenschaften an die Fläche, die von den Komponenten Boden, Gewässer, Vegetation, Gestein, ... (diese bilden in unterschiedlicher räumlicher Verteilung die natürliche materielle Erscheinungsform der Fläche) und deren Zusammenwirken bestimmt werden, macht diese zum Träger von Naturpotentialen bzw. von Naturressourcen, die als Arbeitsgegenstand (Wasser, Steine und Erden, Bodenfruchtbarkeit...) und Arbeitsmittel (Boden) in den gesellschaftlichen Reproduktionsprozeß einbezogen werden können. Damit wird die Fläche durch einen *Naturressourcenaspekt* gekennzeichnet. Graf (1980) definiert Naturressourcen als

„der Natur geschuldete Stoffe und Kräfte im natürlichen Verbund, die bei einer gegebenen Bedürfnisstruktur der Gesellschaft und einem gegebenen Entwicklungsstand von Wissenschaft und Technik potentielle gesellschaftliche Gebrauchswerte darstellen, die in der Regel durch Aufwand an gesellschaftlicher Arbeit verfügbar gemacht und in der produktiven sowie nichtproduktiven Konsumtion genutzt werden können.“

Die Naturressourcen (Boden, Wald, Wasser, mineralische Rohstoffe, atmosphärische Luft, Sonnenenergie, ...) treten in quantitativ und qualitativ unterschiedlicher Verbreitung größtenteils flächenhaft auf. Nicht alle Naturressourcen stehen oberflächlich an (z. B. mineralische Rohstoffe, Grundwasser), so daß ihre Nutzung sich auch nur indirekt und oft kaum wahrnehmbar oder zeitweilig in der Flächennutzung widerspiegelt. Hier bildet die Erdoberfläche nur den Zugang zur Nutzung unterirdischer Naturressourcen.

Der Naturressourcenaspekt kennzeichnet die an die Fläche gebundene Nutzung der verschiedenen Naturressourcen im gesellschaftlichen Reproduktionsprozeß. Bei diesem Stoffwechsel zwischen Mensch und Natur werden zunehmend das begrenzte Vorhandensein und qualitative Beeinträchtigungen einzelner Naturressourcen spürbar. Die Konsequenz daraus ist die Notwendigkeit zur sparsamen Inanspruchnahme und rationellen Nutzung der nichtregenerierbaren Naturressourcen (mineralische Rohstoffe) und eine ebenso rationelle Nutzung sowie der Schutz der regenerierbaren Naturressourcen (Boden, Wasser, Vegetation, ...), was letztendlich in einer rationellen Flächennutzung seinen Ausdruck finden muß.

Bei beiden Aspekten[1]) wird die Fläche als territoriale Ressource und die Flächennutzung als territoriale Ressourcennutzung gesehen, deren Verwirklichung entsprechend den gesellschaftlichen Erfordernissen zu erfolgen hat. Bönisch u. a. (1976) stellen hierzu fest:

„Die erweiterte Reproduktion vollzieht sich unter den Bedingungen der Herausbildung der entwickelten sozialistischen Gesellschaft in der DDR vorwiegend intensiv. In der DDR ist es nur noch im geringen Umfange möglich, neue Bodenschätze und Naturbedingungen mit vertretbarem Aufwand zu erschließen; es gibt nur noch wenig ungenutzten Grund und Boden, wenig ungenutzte Wasserressourcen. Mit den vorhandenen und weitgehend bereits genutzten Naturressourcen müssen also mehr Produkte und immaterielle Leistungen erbracht werden.

Die Intensivierung des gesellschaftlichen Reproduktionsprozesses muß die Intensivierung der Nutzung und damit die rationelle Nutzung der Naturpotentiale und Naturressourcen einschließen bzw. setzt diese voraus.“

Es ist also notwendig und erscheint mit Hilfe von Flächennutzungsuntersuchungen auch möglich, Reserven und ungenutzte Potenzen zu erkennen, indem die unterschiedliche Art und Weise, Eignung, Intensität oder Produktivität der Flächennutzung bzw. der Flächenbewirtschaftung des Territoriums durch die verschiedensten gesellschaftlichen Nutzer erfaßt und beurteilt werden.

Eine derartige Beurteilung der Standort- und Naturressourcennutzung charakteri-

---

[1]) In Ergänzung zu den in der Dissertation 1981 und im folgenden beschriebenen zwei Ressourcenaspekten der Flächennutzung vertritt der Autor heute die Auffassung, daß es konsequent und notwendig ist, entsprechend der technogenen Ausstattung bzw. der infrastrukturellen Erschließung der Fläche (vgl. auch Abb. 3) für die Untersuchung der Effektivität der Flächennutzung noch von einem „Infraressourcenaspekt“ auszugehen.

siert die Inanspruchnahme des Territoriums und seiner einzelnen Flächen. Sie erlaubt noch keine Beurteilung von Flächennutzungsstrukturen als Ganzes, die als übergeordnete Zielsetzung außerordentlich schwierig zu verwirklichen ist. Solche Schwierigkeiten gibt es allgemein bei der Beurteilung komplexer territorialer Strukturen. So stellt z. B. KIND (1978) fest, daß es gegenwärtig noch nicht möglich ist, die dem sozialistischen Gesellschaftssystem innewohnenden Potenzen zur effektiven territorialen Organisation des gesellschaftlichen Reproduktionsprozesses voll auszunutzen, weil es kein „geschlossenes System zur Ermittlung der ökonomischen, sozialen und ökologischen Effektivität der Territorialentwicklung" gibt. Die territoriale Planungspraxis orientiert sich deshalb auch verstärkt an anderen Kriterien. So werden zur Verwirklichung des Gesetzes der planmäßig proportionalen Entwicklung bei der Gestaltung der Territorialstrukturen Proportionen bestimmt, die die Übereinstimmung zwischen den verschiedensten zweiglichen Anforderungen einerseits und den unterschiedlichen Standortbedingungen andererseits umfassen.

Eine Vielzahl innergebietlicher und übergebietlicher territorialer Proportionen (BÖNISCH u. a. 1980, S. 60/61) dienen als Grundlage, um wesentliche Teilzusammenhänge im Territorium, wie sie die Sicherung günstiger territorialer Bedingungen für die Produktion, die Schaffung allseitig günstiger Arbeits- und Lebensbedingungen oder die Gewährleistung der Regenerationsfähigkeit des Naturraumes darstellen, effektiv zu gestalten.

Das von KIND (1978) festgestellte Fehlen eines geschlossenen Bewertungssystems für die Ermittlung der territorialen Effektivität läßt sich auch durch Flächennutzungsuntersuchungen nicht beheben. Es deutet sich aber ein erfolgversprechender methodischer Zugang zur Beurteilung von territorialen Flächennutzungsstrukturen dadurch an, daß man einen weiteren von HAASE/LÜDEMANN (1972) ausgewiesenen Aspekt der Flächennutzung zugrunde legt und inhaltlich näher bestimmt.

3. Die durch Standort- und vielfach gleichzeitig Naturressourcennutzung bestimmten Flächen eines untersuchten Gebietes sind jeweils durch definierte geographische Lageeigenschaften und verschiedenste Beziehungen zueinander gekennzeichnet. Letztere werden vor allem durch die territoriale Organisation der produktiven und nichtproduktiven Tätigkeit der Gesellschaft bestimmt. Wir können damit von einem *territorial-organisatorischen Aspekt* der Flächennutzung sprechen.

Dieser setzt die Nutzung von Flächen voraus, weil sich daraus erst die Beziehungen zwischen den Nutzflächen im Sinne des Funktionierens der gesellschaftlichen Prozesse im Territorium beeinflussen lassen. Dadurch kann maßgeblich die Effektivität der Nutzung des Territoriums (insbesondere durch das Verhältnis von Aufwand:Nutzen) mitbestimmt werden.

HAASE/LÜDEMANN (1972) verweisen darauf, daß der territorial-organisatorische Aspekt als den beiden erstgenannten übergeordnet angesehen werden kann. Das ist ohne weiteres möglich, wenn man die Standort- und Naturressourcennutzung als Bestandteil der territorialen Organisation der Flächennutzung versteht. Man kann diesen Aspektzusammenhang zweifellos auch anders interpretieren. Es erscheint aber für die Untersuchung und Beurteilung territorialer Flächennutzungsstrukturen nicht als notwendige Voraussetzung, den Zusammenhang zwischen den drei Aspekten und eine mögliche Reihenfolge zu bestimmen. So läßt sich für die Effektivität der Flächennutzung unter Berücksichtigung aller drei Aspekte folgende Formel bilden:

$E_{FNG} = f(E_{FNStR}, E_{FNNR(fg)}, E_{tOFN})$

E_{FNG} – Effektivität der Flächennutzung als Ganzes
E_{FN} – Effektivität der Flächennutzung
StR – der Standortressourcen
NR(fg) – der flächengebundenen Naturressourcen
E_{tOFN} – Effektivität der territorialen Organisation der Flächennutzung.

Damit wird zum Ausdruck gebracht, daß eine effektive Flächennutzung als ausgewogene Einheit von effektiver Standortressourcennutzung, effektiver flächengebundener Naturressourcennutzung und einer entsprechend effektiven territorialen Organisation der Flächennutzung verstanden wird (wie Abb. 5 verdeutlichen soll). Unter Ausgewogenheit wird dabei die angemessene Berücksichtigung jedes der drei Aspekte verstanden. Im konkreten Fall (z. B. Naturschutzgebiet oder Industriegebiet) können diese, in Abhängigkeit von der Rangigkeit und Spezifik der Nutzungsziele, mit unterschiedlicher Gewichtung Bedeutung erlangen.

Der Versuch, die Effektivität der Flächennutzung formalisierbar zu gestalten, mag angesichts der noch weitgehend gültigen, von MENGE (1970) aus kompetenter territorialökonomischer Sicht getroffenen Feststellung wenig erfolgversprechend erscheinen. in der er formulierte:

„Bereits so einfach erscheinende Fragen wie: ‚Was ist rationelle Flächennutzung?‘ oder ‚Was verstehen wir unter Optimierung der Flächenauslastung?‘ können heute noch nicht exakt beantwortet werden. Dabei würde die Klärung dieser Fragen dazu beitragen, daß die Beurteilung der Flächennutzung nicht mehr wie bisher so stark von subjektiven Faktoren beeinflußt wird und häufig nur mit Hilfe von Vergleichen erfolgen kann."

Trotz MENGES dringlichem Appell an anderer Stelle des genannten Beitrages, durch interdisziplinäre wissenschaftliche Zusammenarbeit dazu beizutragen, daß geeignete objektive und praktisch anwendbare Methoden zur Ermittlung optimaler Flächennutzungslösungen gefunden werden, ist in dieser Richtung nur sehr wenig geschehen. Die vorliegende Arbeit soll einen Beitrag zur Lösung dieses Problems darstellen.

Da die weitere Untersuchung der Flächennutzung nach den genannten 3 Aspekten ein geeigneter Weg zu sein scheint, ist es insbesondere notwendig, diese Aspekte nach Inhalt und Erscheinungsform näher zu bestimmen sowie ihr Wesen durch Kriterien und Kennziffern qualitativ und quantitativ auszudrücken. Zu berücksichtigen bleiben dabei solche von MENGE (1970) genannten Faktoren, die die Veränderlichkeit der Kategorie „rationelle Flächennutzung" bestimmen, wie

– Charakter der bestehenden Gesellschaftsordnung,
– erreichter Stand der Entwicklung der Produktivkräfte,
– jeweiliger Gebietstyp,
– Art und Umfang der gesellschaftlich notwendigen Flächenanforderungen,
– Charakter und Stand der internationalen Arbeitsteilung.

Aus der vielschichtigen Gesamtproblematik soll im folgenden das Problem der territorialen Organisation der Flächennutzung aus geographischer Sicht näher beleuchtet werden. Zu den beiden weiteren Aspekten der Ressourcennutzung wird es dabei verschiedenste Berührungspunkte geben, so daß die Gesamtproblematik im Blickfeld bleibt.

Abschließend hierzu sei nur darauf verwiesen, daß es sowohl in den bodennutzenden notwendige Bearbeitungsabschnitte

	Ressourcenaspekte		territorial-organisatorischer Aspekt		
	Standortressource	Naturressourcen			
I Erfassung	Nutzung der Flächenfonds	Nutzung der flächengebundenen Naturressourcen	wesentliche, die Flächennutzung bestimmende räumliche Beziehungen: Funktionslagebeziehungen	Nachbarschaftsverhalten	Flächenmehrfachnutzung
II Bewertung der aktuellen Flächennutzung	Ausnutzung der den Flächen immanenten Eigenschaften (Wertmaßstäbe werden durch gesellschaftliche Anforderungen bestimmt.) Standort ... Flächenerschließung Intensität der Nutzung von Funktionsflächen bzw. -gebieten Abdeckung des gesellschaftlich notwendigen Flächenbedarfs	Naturressourcen Effektivität der gesellschaftlichen Naturressourcennutzung, z. B. • Boden- und Waldress. • Oberflächen- und Grundwasserress. • mineralische Rohstoffressourcen	Ausnutzung des Lagefaktors als Kriterium für die Effektivität territorialer Prozesse: Rationalität der Beziehungen zwischen funktionell verbundenen Flächen, wie — wohnen — arbeiten — wohnen — erholen — wohnen — bilden — versorgen — produzieren — versorgen — produzieren — entsorgen	Kompatibilität von Nutzungsprozessen in Nachbarschaftslage, z. B. industriespezifische (z. B. Kohlekraftwerke) Wirkungen auf Wohngebiete, Kleingärten. land- bzw. forstwirtschaftliche NF	Effektivität mehrfach genutzter Flächen, z. B. — von Gewässern (Wasserwirtschaft, Erholung, Fischwirtschaft) — von Wäldern (Forstwirtschaft, Erholung, Wasserwirtschaft) — von Naturschutzgebieten (Naturschutz, Erholung, Bildung)
III Empfehlung von Rationalisierungsmaßnahmen	z. B. — Einbeziehung ungenutzter Flächen in den gesellschaftlichen Reproduktionsprozeß — Intensivierung von Nutzungsprozessen — Umwidmung aufgrund veränderter gesellschaftlicher Anforderungen	z. B. — vorrangige Naturress. — Nutzung an Standorten mit den besten Bedingungen — Nutzungsbegrenzung zur Gewährleistung nachhaltiger Nutzbarkeit sich regenerierender Ressourcen	z. B. — Beseitigung funktioneller Zersplitterung — Konzentration funktionell-räumlicher Beziehungen — Leistungsentwicklung der Transportsysteme — Verringerung der Transportentfernungen	z. B. — Reduzierung nutzungsprozeßbedingter Emissionen — Anpassungsmaßnahmen bei Betroffenen — Umwidmung benachbarter Flächen — Distanz bei Neulokalisierung	z. B. — planmäßige Gestaltung der Mehrfachnutzung auf geeigneten Flächen — Beseitigung spontan entstandener unrationeller Mehrfachnutzung

effektive Flächennutzungsstruktur

Abb. 5. Grobschema für die Bewertung und Rationalisierung von Flächennutzungsstrukturen — unter Zugrundelegung relevanter Aspekte für die Effek-

Wirtschaftsbereichen wie Land- und Forstwirtschaft als auch im Städtebau und seinen Teilgebieten (Industriebau, Wohnungsbau usw.) vielfältige wissenschaftliche, dabei unterschiedlich fundierte Bewirtschaftungs- sowie Gestaltungs- und Planungsgrundlagen für eine rationelle Nutzung der Flächenressourcen gibt.

Eines ist jedoch für die Nutzung des Freiraumes ebenso wie des bebauten Raumes problematisch. Es fehlen gegenwärtig in der DDR wichtige Voraussetzungen für eine befriedigende ökonomische Bewertung der Flächen sowohl als Naturressource (insbesondere für den Boden mit seiner Fruchtbarkeit) wie auch als Standortressource, so daß die Rationalität der Flächennutzung aus dieser Sicht nur unzulänglich bestimmt werden kann.

Auf diese Probleme hat erst jüngst mit konkretem Bezug auf die Bewertung der Bodenfruchtbarkeit Graf (1980) in konstruktiver Form hingewiesen. Ausgangspunkt ist für ihn, daß die Preise für Bodenflächen in der DDR gegenwärtig nicht auf einer ökonomischen Bewertung der Bodenfruchtbarkeit beruhen. Die Zugrundelegung der Acker- bzw. Grünlandzahl für die Ermittlung der Bodennutzungsgebühren ist dafür einfach unzureichend. Er führt aus:

„Die recht kostenaufwendigen und vielfältigen Maßnahmen des Staates und der Landwirtschaftsbetriebe zur Steigerung der Bodenfruchtbarkeit land- und forstwirtschaftlich genutzter Flächen, beispielsweise Meliorationsobjekte und -maßnahmen, blieben bisher in den Bilanzen der landwirtschaftlichen Betriebe ökonomisch unberücksichtigt." Der Boden verschleißt zwar nicht physisch, aber es ist ein „bestimmtes Niveau gesellschaftlicher Aufwendungen zur Erhaltung (einfache Reproduktion) und zur Steigerung des Bodenfruchtbarkeitspotentials (erweiterte Reproduktion)" notwendig, „vergleichbar mit dem Ersatzaufwand verschlissener Produktionsgrundfonds in der Industrie ...".

Diese Aufwendungen sollten wertbildend in den Boden eingehen, was allerdings weitreichende ökonomische Konsequenzen hätte. Genannt werden

„einschneidende Verschlechterungen einer ganzen Reihe ökonomischer Kennziffern, wie Fondsintensität, Kosten, Gewinn u. a. in den Landwirtschaftsbetrieben ... Möglicherweise ist dies der Hauptgrund, weshalb eine solche Maßnahme bisher unterblieb."

2.3. Zur territorialen Organisation der Flächennutzung

Lüdemann hat bereits 1971 den territorial-organisatorischen Aspekt der Flächennutzung beschrieben. Ausgangspunkt sind für ihn die an einzelne Nutzflächen gebundenen Funktionen zur gesellschaftlichen Bedürfnisbefriedigung, „die in ihrer Gesamtheit und ihren Wechselbeziehungen die räumliche Struktur prägen."

Da im kybernetischen Sinne die Begriffe Struktur und Organisation (als Ordnung der Elemente eines Systems) synonym verwendet werden, entscheidet er sich mit folgender Begründung für den letzteren:

„— der Begriff „Organisation" ermöglicht es, die Prozesse, die zur Organisiertheit führen, einzuschließen,
- durch den Begriff „Organisation" werden sowohl die Tätigkeit des Organisierens, der bewußten Steuerung durch die sozialistische Gesellschaft, als auch das Ergebnis dieser Tätigkeit, die Struktur im engeren Sinne, erfaßt,
- der Begriff „Organisation" läßt die Möglichkeit offen, künftig auch Untersuchungen zum Grad der Organisiertheit durchzuführen."

Im Sinne einer Zielstellung wird in diesem Zusammenhang formuliert:

„... solche optimalen Strukturen des Territoriums“ zu finden, „die u. a. eine zweckmäßige Zuordnung der einzelnen Funktionen zu bestimmten Flächen sichern und gegenseitige Störungen bei der Mehrfachnutzung der gleichen Fläche auf ein Minimum reduzieren. Es geht aber nicht in erster Linie um quantitative Fragen der Flächennutzung, um die Erweiterung oder Minderung des Flächenbedarfs für bestimmte Funktionen, sondern um qualitative Probleme der Einbindung bestimmter Flächennutzungsformen in das Gesamtterritorium.“

Der Formulierung „zweckmäßige Zuordnung der einzelnen Funktionen zu bestimmten Flächen“ kann voll zugestimmt werden, aber die inhaltliche Interpretation der territorialen Organisation der Flächennutzung wird zu eng, wenn Struktur nur als die „Ordnung der Elemente eines Systems“ verstanden wird. Die bei Klaus/Buhr (1975) verwendete Strukturdefinition (= Menge der die Elemente eines Systems miteinander verknüpfenden Relationen) läßt sich, bezogen auf Flächennutzungsstrukturen, als „Menge der die Flächen eines Raumes (räumlichen Systems) miteinander verknüpfenden Beziehungen“ bestimmen.

In diesem Zusammenhang wird die Klärung folgender Fragen bedeutsam:

1. Welches sind die wesentlichen Beziehungen zwischen den Flächen eines Raumes, die auch die Tätigkeit des Organisierens, der bewußten Steuerung durch die sozialistische Gesellschaft, kennzeichnen, d. h., wodurch wird der territorial-organisatorische Aspekt inhaltlich bestimmt?
2. Welches sind die Flächen, die die Grundbausteine der Flächennutzungsstruktur bilden und wie werden sie festgelegt?
3. Wie und in welchen Maßstäben sind die Räume (im Sinne eines Systems), deren Flächennutzungsstruktur untersucht werden soll, zweckmäßig festzulegen und abzugrenzen?

2.3.1. Zur inhaltlichen Kennzeichnung der territorialen Organisation der Flächennutzung

Lüdemann (1971) spricht von Hauptkomponenten der räumlichen Organisation des gesellschaftlichen Reproduktionsprozesses — Produktion, Lebensweise der Menschen und Naturhaushalt —, innerhalb derer und zwischen denen es ein vielfältiges Beziehungsgeflecht gibt, wobei letzteres bisher noch wenig erforscht ist.

Er zählt zu solchen Beziehungen

- „die optimale und störungsfreie Verflechtung von Betrieben verschiedener Industriezweige, von Industrie und Landwirtschaft, von Produktion und Forschungszentren“ ...
- „die ökonomisch effektive und für das Leben der Menschen günstige Verknüpfung von Wohnen, Versorgung, Bildung, Erholung u. a. im Territorium“ sowie
- „... die Wechselbeziehungen zwischen Hydrosphäre, Atmosphäre und Pedosphäre sowie deren Beziehungen zu den biotischen Komponenten“ mit dem Ziel der „Schaffung von Voraussetzungen für eine langfristige Dauernutzung des Naturpotentials unter der Bedingung eines relativ stabilen Gleichgewichts.“

Eine sich vorwiegend an, hier als Hauptkomponenten der Territorialstruktur bezeichneten, territorialen Teilstrukturen orientierende Betrachtung der Flächennutzung findet sich auch bei Krönert (1974). Er stellt fest, daß die Fläche Element der Mehrzahl der territorialen Teilstrukturen ist und daß die Flächennutzung demzufolge unter Beachtung der Gesamtheit ihrer Aspekte bei der Erforschung dieser Teilstrukturen berücksichtigt werden sollte.

Es ist aber offensichtlich nicht möglich, den territorial-organisatorischen Aspekt der Flächennutzung allein mit Bezug auf die territorialen Teilstrukturen, d. h., ohne die Flächennutzungsstruktur als Ganzes im Blick zu haben, zu erfassen. So kommt KRÖNERT (1974) auch zu einer gesonderten Betrachtung des Problems der Flächenmehrfachnutzung.

Als Schlußfolgerung, um aus dieser Situation herauszufinden, bietet sich eine Betrachtungsweise an, die von den unterschiedlichen Arten und Formen der Beziehungen zwischen den Nutzflächen und der territorial-organisatorischen Einflußnahme ausgeht und dabei die internen Probleme territorialer Teilstrukturen berücksichtigt.

Solche unterschiedlichen Arten und Formen von Beziehungen sowie territorial-organisatorischer Einflußnahmen sind

— die Lagebeziehungen funktionell im gesellschaftlichen Reproduktionsprozeß untereinander verbundener Nutzflächen, deren Bewertung die Lagegunst bzw. -ungunst dieser Flächen zueinander ausdrückt *(Funktions-Lage-Beziehungen)*,
— das Verhalten einzelner Flächennutzungsarten aufeinander, indem die Einflüsse auf in der Regel benachbarte Nutzflächen und damit die Gunst/Ungunst im Nachbarschaftsverhalten betrachtet werden *(Nachbarschaftsverhalten)*,
— die Flächenmehrfachnutzung als Ausdruck für die bewußte Ausschöpfung/Nichtausschöpfung der Möglichkeiten zur Nutzung ein und derselben Fläche für mehrere gesellschaftliche Funktionen *(Flächenmehrfachnutzung)*.

Die genannten Beziehungen treten real als Beziehungen zwischen flächengebundenen geographischen Objekten in Erscheinung. Im Rahmen von Flächennutzungsbetrachtungen erscheint es aber zulässig, diese auch als Beziehungen zwischen Nutzflächen (bzw. Funktionsflächen, Funktionsgebieten — vgl. Abschn. 2.3.2.) zu kennzeichnen. Sie lassen sich wie folgt näher beschreiben:

2.3.1.1. Funktions-Lage-Beziehungen

Die genannten Beziehungen sind in der Verteilung der gesellschaftlichen Funktionen im Raum begründet, sie bringen damit unmittelbar den territorialen Aspekt der gesellschaftlichen Reproduktion zum Ausdruck und kennzeichnen die Art und Weise der Gestaltung der gesellschaftlichen Prozesse im Territorium. Diese bestimmt nach BÖNISCH u. a. (1976) in zunehmendem Maße das Entwicklungstempo der sozialistischen Produktion, das Wachstum der Arbeitsproduktivität, die Steigerung der Effektivität und damit die Entwicklung des materiellen und kulturellen Lebensniveaus des Volkes.

Derartige Prozesse treten in verschiedenster Form als

— Gütertransporte,
— Personenbewegungen oder
— informative Beziehungen

in Erscheinung, und sie sind um so effektiver, je geringer der kosten- und zeitmäßige Realisierungsaufwand ist. Dieser wird durch das Ausmaß der Beziehungen, die zu überbrückende räumliche Entfernung und die angewendeten technischen Systeme zu ihrer Überwindung bestimmt.

Die funktionellen Beziehungen lassen sich gleichermaßen dem volkswirtschaftlichen Reproduktionsprozeß und der Lebensweise der Menschen (vgl. auch die gegebene Flächennutzungsdefinition) zuordnen.

Innerhalb des *volkswirtschaftlichen Reproduktionsprozesses* sind im Zusammenhang mit dem Schwerpunkt Produktionsprozeß bestimmte innerbetriebliche Transporte (z. B. zwischen einzelnen Betriebsteilen), aber vor allem zwischenbetriebliche Zuliefer- und Absatzbeziehungen der Industrie, der Land- und Nahrungsgüterwirtschaft, des Großhandels, also vor allem Gütertransporte innerhalb der betrachteten Flächennutzungsstruktur von Interesse. Diese sind weitgehend betrieblich bzw. zweiglich geleitet (territorialplanerische Einflußnahme ist durch die Standorteinordnung von Investitionen usw. gegeben) und finden auch betriebsökonomisch ihren Ausdruck. Großräumige geschlossene Areale, möglichst umschlagsfreie durchgängige technologische Abläufe bei den Haupt- und Nebenprozessen sowie Nachbarschaftslage wirken sich positiv aus.

Solche funktionalen Beziehungen, die zu den Merkmalen der *Lebensweise der Menschen* (hier der sozialistischen Lebensweise) gehören, haben die Verwirklichung von Bedürfnissen bzw. von Bedürfniskomplexen zum Ziel. Nach KOZIOLEK (1979) entstanden Bedürfniskomplexe

„aus der Zusammenfassung typischer, hinsichtlich ihrer Befriedigung eng miteinander verbundener Einzelbedürfnisse ..." Er führt an: „Arbeit (Arbeitsbedingungen), Ernähren, Wohnen, Bekleiden, Bildung, Kultur, Gesunderhalten, Kommunikation, Erholungswesen/Sport, Verkehr".

Ihre Widerspiegelung in der Flächennutzung ist unterschiedlich. So lassen sich z. B. das Ernähren, Bekleiden, Gesunderhalten oder die Kommunikation sowohl an die Wohnung, das Wohngebiet, als auch an den Arbeitsplatz, den Betrieb knüpfen, und es bleiben nur wenig Bedürfniskomplexe übrig, die eindeutig an Flächennutzungsarten oder Funktionsgebiete gebunden, durch sie bestimmt sind und auf Grund dessen tägliche, periodische oder episodische Raumveränderungen erfordern.

Zu diesen gehören vor allem die Beziehungen:

Wohnen—Arbeiten	zwischen Wohngebieten und Arbeitsstättengebieten (Industriegebiete, Stadtzentren),
Wohnen—Erholen	zwischen Wohngebieten und Feierabend- sowie Naherholungsgebieten,
Wohnen—Bilden/ Versorgen	zwischen Wohngebieten und Stadtzentren bzw. entsprechenden spezialisierten Funktionsgebieten.

Eine Erweiterung oder eine stärkere sachliche Differenzierung dieser personengebundenen räumlichen Beziehungen kann für städtebauliche Untersuchungen von Interesse sein, erscheint geographisch aber nicht relevant.

Die territoriale Leitung und Planung räumlicher Beziehungen, die die Lebensweise kennzeichnen, erfolgt auf unterschiedlicher Ebene durch die Volksvertretungen und ihre örtlichen Räte. Dabei stehen rationelle Lösungen für die Bevölkerung als Ganzes im Mittelpunkt. Die Kriterien des Funktionierens dieser Beziehungen sind vorwiegend sozialer Natur. Von besonderer Bedeutung ist der *Zeitaufwand*, der von den Menschen aufgebracht werden muß, um den Standort zur Befriedigung ihrer Bedürfnisse zu erreichen. Jeder Zeitgewinn bedeutet eine Erhöhung ihrer Freizeitfonds. Entscheidende Voraussetzungen dafür sind günstige funktionsräumliche Anordnungen (das kann sowohl Funktionstrennung als auch Funktionsvermischung beinhalten), rationelle raumerschließende Transportsysteme und ein bedarfsgerechtes Dargebot. Als raumabgrenzende Einheit bietet sich der tägliche Aktions- und Kommunikationsraum nach KRÖNERT/NEUMANN (1978) an.

RUMPF/ZIMM (1972) haben das Problem optimaler territorialer Beziehungen zwischen den Funktionen Arbeiten—Wohnen—Naherholung erörtert. Als Ziel betrachten sie die Optimierung der Abdeckung des Naherholungsbedarfs. Ausgehend von den Problemen der Ermittlung dieses Bedarfs wird auf die Bedingungen und Möglichkeiten der Bedarfsdeckung eingegangen. Dabei spielen die Flächen- und Ausstattungsbedingung sowie die Zeitbedingung (Erreichbarkeit und Aufenthaltsdauer) der Naherholungsgebiete eine bedeutende Rolle.

Die *Zeitbedingung* ist auf die Minimierung der Erreichbarkeit gerichtet und geht davon aus, daß diese (umfaßt Hin- und Rückfahrt) stets kleiner als die Aufenthaltsdauer in Naherholungsgebieten ist. Das Problem der Verkehrssysteme bleibt unberücksichtigt. Damit ist auch der Untertitel „am Beispiel der Hauptstadt der DDR, Berlin“ mehr ein Alibi für die Verdeutlichung des geographischen Anliegens, ein wirkliches durchgerechnetes Beispiel ist es leider nicht.

Bach (1978) befaßt sich in allgemeinerer Form, aus der Sicht der staatsmonopolistischen Bedingungen in der BRD und vorrangig mit Blick auf Neulokalisation, mit der *Problematik von Erreichbarkeit* (Lagequalität des Empfängerstandorts) und *Zugänglichkeit* (Lagequalität des Senderstandortes) *von Versorgungs-, Dienstleistungs-, Bildungs- u. a. Einrichtungen.* Unter Zugrundelegung eines Kollektorsystems werden die Erreichbarkeit (E_i) des zentralen Ortes als Funktion (f) von räumlicher Distanz (d_{ij}) und Qualität sowie Quantität der Benutzernachfrage (r_j); die Zugänglichkeit (F_j) des Benutzerstandortes als Funktion (f) von räumlicher Distanz (d_{ij}) und Qualität sowie Quantität des Angebotes (c_i) betrachtet. Bei Anwendung eines Distributorsystems sind die Beziehungen jeweils umgekehrt.

Er unterscheidet *3 Verhaltensprinzipien*:

1. Minimierung des Raumüberwindungsaufwandes ohne Einfluß auf die Benutzung der zentralen Einrichtungen (Postämter, Bahnhöfe, Halte öffentlicher Nahverkehrsmittel, ...),
2. Minimierung des Raumüberwindungsaufwandes mit Einfluß auf die Benutzung der zentralen Einrichtungen (Freizeit-, Sport-, Erholungseinrichtungen, ...),
3. Potential- (Attraktivitäts-) Maximierung der zentralen Einrichtungen (Handels- und Dienstleistungseinrichtungen, Kulturstätten, altersspezifische und Freizeiteinrichtungen).

Diese bilden die Grundlage für Modelle unterschiedlicher Zielorientierung, die mittels rechnerischer und graphischer Lösungsmethoden das Finden des optimalen Standortes ermöglichen.

Neben den hauptsächlich durch Gütertransporte bestimmten Beziehungen des volkswirtschaftlichen Reproduktionsprozesses und den die Lebensweise der Menschen vor allem kennzeichnenden personengebundenen Beziehungen läßt sich eine spezielle Form von Funktions-Lage-Beziehungen feststellen, die für beide Betrachtungsebenen Bedeutung hat und im Gesamtzusammenhang zu berücksichtigen ist.

Es sind dies die in den verschiedenen Stoffkreisläufen (auch Karl Marx unterscheidet „Exkremente der Produktion und Konsumtion“) begründeten räumlichen Entsorgungsbeziehungen zwischen Produktionsstätten, Wohngebieten, Stadtzentren, ... und entsprechenden Entsorgungsflächen (Abproduktdeponien, Müllverbrennungsanlagen, Kläranlagen usw.). Auf Grund der zu bewältigenden Gütertransportleistungen ist diese spezielle Form von Funktions-Lage-Beziehungen vor allem aus ökonomischer Sicht von Interesse. Auf die Gesamtproblematik der Nutzbarmachung und schadlosen Beseitigung von Abprodukten soll hier nicht eingegangen werden.

2.3.1.2. Nachbarschaftsverhalten

Das Nachbarschaftsverhalten ergibt sich aus den Wirkungen, die als Folge der Nutzungsprozesse auf einzelnen Flächen und über diese hinaus auch auf umliegenden Nutzflächen spürbar werden. Das Nachbarschaftsverhalten kennzeichnet somit die Art und Weise, wie bestimmte Nutzflächen bzw. Flächennutzungsarten, meist ungewollt, nutzungsbeeinflussend aufeinander wirken. Nach Neef (1975) handelt es sich hierbei um sekundäre Wirkungs- oder Funktionsfelder, die in räumlich und zeitlich variabler Ausbildung auftreten. In der Regel werden die benachbarten Nutzflächen am intensivsten beeinflußt. Die nutzungsbeeinflussenden Wirkungen können sowohl negativ-nutzungsbeschränkend bis -verhindernd als auch positiv-nutzungsfördernd in Erscheinung treten.

So bilden praktisch alle Quellen für staub- und gasförmige Emissionen, für Lärm, Vibration, Geruch oder Strahlung, alle verschmutzten und thermisch belasteten Abwässer solche sekundären Wirkungsfelder, die häufig in konzentrischer oder bandartiger Form auftreten und nach spezifischen Parametern (z. B. in $g/m^3 \times 30d$; mg/m^2 als MIK_K oder MIK_D; dB; BSB_5) erfaßt und abgegrenzt werden können. Sie bilden sich aber auch in anderer Form aus; z. B. wird im Zusammenhang mit der bergbaubedingten Vorfeldentwässerung der Braunkohlentagebaue der Grundwasserspiegel trichterförmig abgesenkt. Da im bebauten Raum, insbesondere in industriellen Dichtegebieten, vielfältige nachbarschaftswirksame Prozesse ablaufen, kommt es dort zur Überlagerung von Wirkungsfeldern. Solche Überlagerungen sind beispielsweise für alle staub- und gasförmigen Emissionen kennzeichnend. Sie sind in Kombination bzw. als Verbindungen in ihren Auswirkungen auf die beeinflußten Nutzflächen außerordentlich schwer zu beurteilen.

Der Grad der Beeinflussung des Nutzungsergebnisses bildet aber die Grundlage für die Bewertung des Nachbarschaftsverhaltens. Bei Flächennutzungsarten, deren Nutzungsziel auf einen Flächenertrag gerichtet ist (Landwirtschaft, Gartenbau, Forst- und Fischwirtschaft), wird die Beeinflussung durch die Erhöhung oder Verringerung des Ertrages im Geldausdruck faßbar. Für die Beeinflussung anderer Flächennutzungsarten sind außerökonomische Kriterien von Bedeutung und entsprechende außerökonomische Bewertungsmethoden erforderlich. Dabei gibt es eine Reihe noch unbeantworteter Fragen. So wird dem planungspraktischen Erfordernis, einzelne Flächennutzungsarten (unter Berücksichtigung der verwendeten unterschiedlichen technischen Systeme) hinsichtlich ihres Nachbarschaftsverhaltens zueinander zu bestimmen, auch nur schrittweise entsprochen werden können. Von großer Bedeutung ist es deshalb, die vielfältigen vorhandenen Erfahrungen und Kenntnisse systematisch geordnet in der Praxis anzuwenden. Es bietet sich an, in Anlehnung an Krause u. a. (1977) zwischen

— nutzungsförderndem,
— nicht nutzungsbeeinflussendem,
— nutzungsbeschränkendem/-hemmendem,
— nutzungsverhinderndem/-ausschließendem

Nachbarschaftsverhalten zu unterscheiden und unter Berücksichtigung der jeweiligen

Output- (z.B. Emissionswerte) und Inputsituation (z. B. MIK-Werte, sonstige Grenzwerte) zu normativen Planungsgrößen zu kommen, wie es beispielsweise die Abstände zwischen einzelnen Objekten sind. Mit derartigen Orientierungshilfen wird in der Standortplanung und im Städtebau gearbeitet, indem von verschiedensten Grenzwerten ausgegangen wird. Den störenden Einflüssen von Industriebetrieben auf Wohnstätten und Erholungsanlagen wird z. B. durch Schutzzonen unterschiedlicher Breite (Schutzwald) bzw. durch Abstandsregelungen entgegengewirkt. „Sie reichen von 1500 m bis 50 m; bei größeren Werken der Grundstoffindustrie, der Kernenergie u. a. werden sogar mehr als 10 km Abstand von Siedlungen verlangt“ (LAMMERT u. a. 1979; vgl. auch Tab. 1). Eine Methode zur zeichnerischen und rechnerischen Ermittlung der Mindestentfernungen von Stallgebäuden (hier Massentierhaltung von Rindern und Geflügel) zur nächsten Wohnbebauung wird z. B. bei BIERHALS u. a. (1974) vorgestellt.

Tabelle 1. Kriterien für die Einordnung von Betrieben nach Gruppen, vereinfacht nach LAMMERT u. a. 1979 (S. 101)

Kriterium	Einheit	Gruppe I	Gruppe II	Gruppe III
Grundstücksfläche	ha	> 5	1–5	< 1
Bebauungsverhältnis	%	< 30	30–40	> 40
Störgrad der Produktion	—	starke Beeinträchtigung der Wohnfunktion	zumutbare Beeinträchtigung der Wohnfunktion	keine Beeinträchtigung der Wohnfunktion
Breite der Schutzzone	m	> 500	100–200	50–100
Standortvorschlag	—	Industriegebiet am Rand oder außerhalb des städtischen Baugebietes	Industriegebiet, Rand von Wohngebieten, Einzelstandort bei großen Betrieben und in kleinen Städten, Gruppenstandort bei Klein- u. Mittelbetrieben mit gemeinsamen Sozialeinrichtungen	Verbleib im Altbaugebiet, Einordnung in neue Wohngebiete u. gesellschaftl. Zentren, Zuordnung zu vorhandenen oder geplanten Industriegebieten bei hohen Anforderungen an technische Infrastruktur

Auf Grund der Vielfalt nachbarschaftswirksamer Zusammenhänge (ausgedrückt in verursachenden und betroffenen Funktionsflächen bzw. -gebieten) ist es jedoch sehr schwierig, eine auch nur annähernd geschlossene Zusammenstellung begründeter Ordnungskriterien vorzunehmen. Als ein Schritt in diese Richtung kann die in der 1. Durchführungsbestimmung zur 5. Durchführungsverordnung zum Landeskulturgesetz — *Reinhaltung der Luft* — enthaltene Anlage 2 „Verzeichnis luftverunreinigender Anlagen“ angesehen werden.

In neun Gruppen wird hier der Verursacherkomplex für Luftverunreinigungen detailliert aufgeführt:

1. Energieerzeugung (Feuerungsanlagen)
2. Chemische Industrie
3. Kohleförderung und -veredlung
4. Metallurgie
5. Silikat- und Baustoffindustrie
6. Metallbearbeitung
7. Ver-/Bearbeitung organischer Werkstoffe
8. Lebens- und Futtermittelindustrie
9. Kommunale und sonstige Emissionsquellen.

Es bietet sich an, das Wirkungsspektrum dieser Verursacher zu bestimmen und durch Gegenüberstellung mit den Funktionsgebieten, die als potentielle Betroffene anzusehen sind, zu begründeten Ordnungsprinzipien zu kommen. Niclauss (1978) verweist z. B. auf einen Abstandserlaß, der im Rahmen der Bauleitplanung die Abstände zwischen Industrie- bzw. Gewerbegebieten und Wohngebieten für das BRD-Land Nordrhein-Westfalen regelt.

2.3.1.3. Flächenmehrfachnutzung

Die Flächenmehrfachnutzung ist eine in territorial-organisatorischer Einflußnahme begründete Nutzung von Flächen zur Erfüllung mehrerer gesellschaftlicher Funktionen. Das heißt, auf ein und derselben Fläche werden auf Grund der ihr innewohnenden Eigenschaften mehrere gesellschaftliche Bedürfnisse befriedigt.

Die von Bauer (1971) aus der gleichzeitigen Einbindung in den naturgesetzlich geordneten Naturraum und in den Wirtschafts- (und Lebens-)[1])-raum abgeleitete *Mehrfachfunktion des Territoriums und aller seiner Teile* ist im Sinne der Anwendung des Funktionsbegriffes nach Minc/Petrjakova (vgl. Abschn. 3.1.) nicht gerechtfertigt. Man kann aber von einer Mehrfacheinbindung des Territoriums und seiner Teile sprechen, die dort zur Mehrfachfunktion bzw. zur Mehrfachnutzung wird, wo eine bewußte Realisierung gesellschaftlicher Bedürfnisse durch mehrere Funktionen (sowohl ökologische als auch ökonomische und soziale) erfolgt. Auch Krönert (1974) verweist darauf, daß die an die Fläche gebundenen Naturraumpotentiale zwar eine Prädisposition für die Mehrfachnutzung beinhalten, in Verbindung mit nur einer Nutzung damit aber noch nicht eine *Mehrfachnutzung* kennzeichnen. Eine Ursache für die verschiedenartige und oft unscharfe Verwendung des Begriffes „Mehrfachnutzung" liegt u. a. im Landeskulturgesetz der DDR (1970) und seiner Kommentierung (1973) begründet, wo an verschiedenen Stellen sehr allgemein das Erfordernis der gesellschaftlich effektiven Mehrfachnutzung

der Landschaft und ihrer Reichtümer oder
der Natur und ihrer Ressourcen

angesprochen wird.

---

1) Ergänzung des Verfassers.

Bei einer solchen Auslegung (vgl. auch BAUER 1971) erscheint die Mehrfachnutzung mit unterschiedlichem Bezug, z. B.

- die Mehrfachnutzung einzelner Geoelemente wie Wasser (Kreislaufnutzung), Luft usw.;
- die Nutzung größerer territorialer Einheiten (Landschaften, Siedlungen) als räumliches Nebeneinander der Gesamtheit von Einzelnutzungen bei funktioneller Verflechtung und Nutzungsabstimmung (nach Auffassung des Verfassers sollte ein räumliches Nebeneinander von Funktionen nicht als Mehrfachnutzung bezeichnet werden);
- die Nutzung verschiedener Geoelemente bzw. Eigenschaften, die jeweils an *eine* Nutzfläche gebunden sind, wie Holzproduktion und Erholung in Wäldern.

Nur die zuletzt genannte Form der Mehrfachnutzung entspricht der einleitend definierten Flächenmehrfachnutzung[1]), wie sie auch von KRAUSE u. a. (1977) verwendet wird. Charakteristisch für die Flächenmehrfachnutzung sind Funktions- oder Nutzungsüberlagerungen. Es sei in diesem Zusammenhang darauf verwiesen, daß es nicht zweckmäßig erscheint, derartige Nutzungsüberlagerungen mit dem Interferenzbegriff zu kennzeichnen (E. HARTSCH/ANDREAS/NEEF 1975), wie das mit den Störeinflüssen im Sinne des Nachbarschaftsverhaltens geschieht (NEEF 1975; KRAUSE u. a. 1977). Letztere stellen nach der Definition (Abschn. 2.1.) keine *Flächennutzung* dar.

Eine territorial organisierte Mehrfachnutzung geht von einer mehr oder weniger guten Komptabilität der einbezogenen Nutzungen aus, die allerdings stets die gegenseitige Berücksichtigung bzw. Rücksichtnahme zu beinhalten hat. Es erübrigt sich deshalb, in Planungen bzw. Entwicklungskonzeptionen inkomptabile oder konkurrierende Flächenmehrfachnutzungen auszuweisen, da diese gesamtgesellschaftlichen und häufig auch Einzelnutzerinteressen entgegenstehen und damit nicht „lebensfähig" sind. In der Praxis treten sie als nichtabgestimmte, spontane Mehrfachnutzungen jedoch durchaus auf.

Notwendige Nutzungsabstimmungen haben den in Raum und Zeit unterschiedlichen gesellschaftlichen Anforderungen Rechnung zu tragen und führen in der Regel zur Festlegung von *Haupt- und Nebennutzungen.* SCAMONI (1976) weist Leitfunktionen aus, GROSSER (1976) spricht von Vorzugsgebieten, andere Autoren nennen Vorrang- und Komitativfunktionen oder dominante und nachgeordnete Funktionen.

Zu unterscheiden sind ferner *gleichzeitige (synchrone)* und sich *ständig abwechselnde (permanent-alternierende) Flächenmehrfachnutzungen,* und es ist auf eine *direkte* (niveaugleiche) und eine *indirekte* (verschiedene vertikale Niveaus einbeziehende) Mehrfachnutzung hinzuweisen.

Die vielfältigen Möglichkeiten, Flächen mehrfach zu nutzen, führten zu einem Versuch (JÄHNIG 1972), *Mehrfachnutzungstypen* auszuweisen. Wenn dieser Versuch in Ansätzen steckengeblieben ist, hat das mehrere Ursachen, auf die hier nicht eingegangen werden kann. Es erscheint aber nützlich, dieses Problem weiter zu verfolgen.

Allgemein läßt sich feststellen, daß Flächenmehrfachnutzungen sehr häufig an

---

[1]) RICHTER (1979) spricht treffend auch von Flächenmehrzwecknutzung und bei NEEF u. a. (1977) wird in diesem Sinne von einem Mehrzweckwald geschrieben.

— Waldflächen (im weiteren Sinne, insbesondere wenn eine Rekreationsnutzung gegeben ist),
— Oberflächengewässer (ab einer bestimmten Größenordnung),
— Schutzgebiete, wenn sie dem Schutz einer aktuellen Nutzung dienen (d. h., Bergbauschutzgebiete spielen hier keine Rolle),
— Abbaugebiete,
— bestimmte Funktionsgebiete in Siedlungen oder
— bestimmte Trassen (oberirdische und erdverlegte Leitungen)

gebunden sind.

Damit werden, auf die Nutzung bezogen, sehr unterschiedliche Kategorien ausgewiesen. Sie sind durch

— eine mehrfache Nutzungseignung von Naturraumkomponenten bzw. Landschaftselementen (als solche treten sie optisch in Erscheinung),
— die Funktion zum Schutze natürlicher Ressourcen und Kostbarkeiten (dies wird im äußeren Erscheinungsbild als bestimmte Flächennutzungsart nicht sichtbar) oder
— eine künstlich/technogene Zuordnung von Funktionen in mehreren Ebenen[1])

bestimmt und enthalten damit keine Aussage über einzelne *Funktionskombinationen.* Hier besteht eine außerordentlich große Anzahl von Möglichkeiten mit unterschiedlicher Wertigkeit, so daß jede gebietliche Untersuchung jeweils eine Bewertung (nach ökonomischen und außerökonomischen Kriterien) der im Territorium wirkenden und in ihrer Entwicklung zu beeinflussenden Funktionen erforderlich macht. Dabei sind auch solche ohne gesellschaftlichen Aufwand erzielten, aber von der Gesellschaft in Anspruch genommenen Wirkungen — sogenannte Gratisleistungen der Natur — zu berücksichtigen, wozu z. B. einige der von Grosser (1976) angeführten biologischen „Funktionen" des Waldes zählen (hydrologisch wirksame Funktionen, atmosphärisch wirksame Funktionen u. a.).

In diesem Zusammenhang ist auch die Feststellung (Neef u. a. 1977) wichtig, daß die Mehrfachnutzung (auf die Naturnutzung bezogen)[2]) als ein Wechselspiel von Nutzungs- und Schutzmaßnahmen zu betrachten ist. Ob einzelne *Nutzungs-* oder *Schutzfunktionen* in einem Gebiet eine Rolle spielen, wird entscheidend davon bestimmt, welche spezifischen Aufgaben ein Gebiet auf Grund seiner Voraussetzungen im Rahmen der territorialen Arbeitsteilung zu erfüllen hat. So können in einem Fall Acker-, Wiesen- und Waldflächen als Lebensraum für Nieder- oder Hochwild Bedeutung haben, im anderen Fall kann eine solche Nutzung vernachlässigt werden.

Als Sonderform der Flächenmehrfachnutzung ist die Befriedigung mehrerer gesellschaftlicher bzw. individueller Bedürfnisse durch ein und dieselbe Nutzungsform zu betrachten, wie z. B.

Kleingärten — Produktion + Erholung
Ackerflächen — Produktion + Entsorgung (Gülle- und Abwasserverwertung).

Die Vielfalt der auftretenden Formen und die daraus erwachsende Vielschichtigkeit des

[1]) Die Mehrebenennutzung innerhalb von Gebäuden ist geographisch kaum von Interesse und bleibt hier unberücksichtigt.

[2]) Anmerkung des Verfassers.

Problems wird durch eine in gebietlicher Dimension (1:200000) durchgeführte Untersuchung zu *Funktionsüberlagerungen* in der Sächsischen Schweiz (Hartsch/Andreas/Neef 1975) deutlich, in der auf die innere Differenzierung der Erholungsfunktion (Ferienerholung, Kurbetrieb, Wochenendsiedlung, Wandern, Klettersport, Ausflugsverkehr, Motortourismus) und die unterschiedliche Kompatibilität dieser Teilfunktionen hingewiesen wird.

Eine funktionale Differenzierung der Wälder, die unterschiedliche Möglichkeiten für ihre Mehrfachnutzung aufzeigt, ergibt sich mit ihrer Einteilung in Bewirtschaftungsgruppen: I — Schutzwälder, II — Schon- und Sonderforsten, III — Wirtschaftswälder (Supranowitz u. a. 1973).

Der Effekt planmäßiger Flächenmehrfachnutzung drückt sich im höheren Nutzungsergebnis gegenüber einer Einzelnutzung auf der gleichen Fläche aus. Dieses Nutzungsergebnis wird sowohl durch ökonomische (z. B. Rohholzertrag von Forstflächen) als auch durch außerökonomische (z. B. die Erholungswirksamkeit des Waldes) Kriterien zu ermitteln sein. Auf diese Weise entstehen Summationseffekte, die in der Regel auf die Intensität und die Naturressourcen-Inanspruchnahme mehrfach genutzter Flächen hinweisen und damit den engen Zusammenhang zum Standortressourcen- und zum Naturressourcenaspekt sichtbar machen.

Es wird nicht ausgeschlossen, daß der territorial-organisatorische Aspekt der Flächennutzung neben den drei angeführten Merkmalen insbesondere im Überschneidungsbereich mit dem Standort- und dem Naturressourcenaspekt inhaltlich noch weiter gefaßt werden kann. Das betrifft z. B. die Ermittlung der optimalen Form und Größe von Nutzflächen in Abhängigkeit von der Flächennutzungsart und den konkreten territorialen Bedingungen durch alle 3 Aspekte in unterschiedlicher Stärke. So ist in der Landwirtschaft bei möglichst großen (80 ha und mehr), langgestreckt rechtwinkligen Ackerschlägen der Technikeinsatz am effektivsten (Werner u. a. 1973). Hinsichtlich der Naturressourcennutzung und der territorialen Organisation der Flächennutzung können aber bei dieser Flächenform und -größe im konkreten Falle auch entscheidene negative Effekte wirksam werden (z. B. auf Grund heterogener natürlicher Bedingunen und daraus resultierender unterschiedlicher Nutzungseignung oder durch Verursachung ungünstiger Trassenführung).

Ein weiteres Problem ergibt sich aus der *Berücksichtigung der infrastrukturellen Erschließung*, der *Grundfondsausstattung von Flächen.* Eine unter diesem Gesichtspunkt abgeleitete Bestimmung und Bewertung von Flächen schafft eine in vielen Fällen sicher sehr gewichtige territorial-organisatorische Prädisposition dieser Flächen.

Insgesamt wird sichtbar, daß

- mit der Untersuchung des territorial-organisatorischen Aspekts der Flächennutzung über Funktions-Lage-Beziehungen, Nachbarschaftsverhalten und Flächenmehrfachnutzung in hohem Maße (in Abhängigkeit vom verwendeten Maßstab unterschiedlich vollständig und genau) die Territorialorganisation des gesellschaftlichen Reproduktionsprozesses reflektiert werden kann und
- reale Flächennutzungsstrukturen (-gefüge) andererseits das Ergebnis der territorialen Organisation der gesellschaftlichen Reproduktion sind.

Untersuchungen zur Flächennutzung erscheinen damit prädestiniert als methodischer Zugang für die weitere Qualifizierung der Leitung und Planung der territorialen Zusammenhänge des gesellschaftlichen Reproduktionsprozesses.

2.3.2. *Die territorialen Bausteine der Flächennutzungsstruktur — Maßstabs- und Dimensionsprobleme*

Die gegebene Kennzeichnung der verschiedenartigen Beziehungen zwischen einzelnen Nutzflächen als Ausdruck der Organisation räumlich relevanter gesellschaftlicher Prozesse zeigt, daß viele Flächen in verschiedenen Zusammenhängen erscheinen und unterschiedliche Funktionszuordnungen sowie Differenzierungen und damit auch Abgrenzungen und Bewertungen erfahren.

Beispielhaft soll auf die Industrieflächen verwiesen werden, die z. B.

- als Betriebe mit einzelnen, räumlich getrennten Betriebsteilen (zur Beurteilung der funktionellen Beziehungen innerhalb des volkswirtschaftlichen Reproduktionsprozesses),
- als Arbeitsstättengebiet bzw. als Teil davon (zur Beurteilung der Lagebeziehungen Wohnen—Arbeiten) oder
- als einzelne Produktionsstätte, die Verursacher oder Betroffener von Nachbarschaftswirkungen ist (zur Beurteilung des Nachbarschaftsverhaltens)

von Bedeutung sein können.

Damit stellt sich als Problem die Frage nach der zweckmäßigsten kartographischen Darstellung von Flächennutzungsstrukturen. Zunächst sei festgestellt, daß es die *Flächennutzungskarte*, wie sie Schubert (1977) angestrebt hat, als allseitige Widerspiegelung der Nutzung des Territoriums unter Berücksichtigung aller 3 Aspekte der Flächennutzung in einer Karte nicht geben wird. Auf Grund der vielfältigen Zielstellungen, die es zu Flächennutzungsuntersuchungen gibt, ist das nicht real. Es erscheint auch nicht sinnvoll, die territoriale Organisation der Flächennutzung in einer Karte darstellen zu wollen.

Stattdessen bietet es sich an, das *Nutzungsgefüge* als räumliche Verteilung der Flächennutzungarten *in Form von Funktionsflächen bzw. -gebieten* mit Hilfe einer *Grundkarte darzustellen*. In Abhängigkeit von der Heterogenität des Untersuchungsgebietes kann in dieser Grundkarte unter Umständen auch die Flächenmehrfachnutzung widergegeben werden. Die teilweise außerordentlich vielfältigen Funktions-Lage-Beziehungen sollten in einer oder mehreren Deckfolien ihre Darstellung finden, ebenso wie die sekundären Wirkungsfelder des Nachbarschaftsverhaltens, die im Vergleich zu den Nutzflächen meist eine völlig andere Flächenausbildung erfahren.

Wie aber verhält es sich mit der flächenhaften Ausweisung einzelner Funktionen, die entsprechend der angewandten technischen Systeme in verschiedenen Flächennutzungsarten (nach Minc/Petrjakova) ihren Ausdruck finden können? Eine Forderung ist, daß diese Flächennutzungsarten Bausteine sein sollen, die für großmaßstäbige Flächennutzungsstrukturuntersuchungen die Kartierungsgrundlage bilden; gleichzeitig aber sollten sie eine Generalisierung ermöglichen und auch für kleinere Maßstäbe nutzbar sein.

Ein solches Herangehen findet man bei Walossek (1978), der anhand konkreter Untersuchungen in heterogenen städtischen Gebieten eine hierarchische Ordnung der Flächennutzung entwickelt, wobei seine Überlegungen insbesondere auf eine effektive Industrieflächennutzung gerichtet sind. Für ihn sind

— *Flächennutzungsarten* bzw. *Nutzflächenarten* (in großmaßstäbigen Karten ≧ 1:2000 dargestellt) die kleinsten homogenen Grundeinheiten, die durch mehrere Generalisierungsschritte über
— *Flächennutzungsgefüge* (Nutzungsartengefüge) unterster Ordnung und
— *Funktionsflächen* (ihre Darstellung wird in Siedlungen im Maßstab 1:5000, bei sehr starker Generalisierung bis 1:25000 angegeben) zu
— *Funktionsgebieten*

führen (vgl. auch Abschn. 2.1.). Unter einem Funktionsgebiet versteht Walossek eine Zusammenfassung und Abstraktion von Funktionsflächen, die für die Nutzung des Territoriums zur Erfüllung einer gesellschaftlichen Grundfunktion[1]) charakteristisch sind. Solche Gebiete können Wohn-, Erholungs-, Industrie- oder Versorgungsgebiete sein.

Ein derartiges Hierarchiekonzept ist zweifellos interessant. Ein wichtiges Prinzip dabei stellt die Erfassung der für das verfolgte Ziel notwendigen kleinsten homogenen Grundeinheiten dar. Die Aufdeckung einer effektiven industriellen Flächennutzung, d. h. eines funktionstüchtigen Industriegebietes, muß diejenigen Flächennutzungsarten ausweisen, die die Standortressourcennutzung und die territoriale Organisation, bezogen insbesondere auf den volkswirtschaftlichen Reproduktionsprozeß im betrachteten Areal, kennzeichnen.

Unter diesem Gesichtspunkt müßten solche von Walossek (1978, S. 64) ausgewiesenen Flächennutzungsarten, wie Halde, Zufahrt, allgemeine Rasenfläche, ... kritisch geprüft und gegebenenfalls funktionell näher bestimmt werden; andere Nutzungsarten ließen sich zusammenfassen.

Für das in der vorliegenden Arbeit angestrebte Ergebnis erscheint erst das Hierarchieniveau *Funktionsfläche* interessant. Walossek weist an einem Untersuchungsbeispiel in nicht immer präziser Funktionsbestimmung (städtisches Grün, Verwaltung, Mischgebiete) folgende Funktionsflächen aus:

— Industrieproduktion und Reparatur
— Lagerung
— Verkehr
— Verwaltung
— Wohnen
— Gastronomische Betreuung
— Erholung
— Sport
— Städtisches Grün
— Bildung und Erziehung
— Dienstleistungen
— Deponie
— Agrarproduktion
— Mischgebiete

Das Beispiel steht für ein *Funktionsgebiet „Industriegebiet“* (zwar zählen nur 22% der Hauptfunktionsfläche zur Produktion, trotzdem ist es das größte Industriegebiet der Stadt Halle) und verdeutlicht, daß in der Realität außerordentlich heterogene Flächennutzungsstrukturen auftreten, so daß die Transformation in das nächsthöhere Hierarchieniveau zu einer schwierigen Aufgabe wird.

Kriterium für eine im konkreten Fall richtige Auswahl und Abgrenzung der Funktionsgebiete sind das Vermögen zur Beurteilung der Funktionstüchtigkeit und die Zu-

[1]) Es wurde bereits Abschnitt 2.1 darauf verwiesen, daß die Begriffe gesellschaftliche Grundfunktionen oder Daseinsgrundfunktionen nicht verwendet werden sollten.

gänglichkeit zur Steuerung der untersuchten Flächennutzungsstrukturen anhand dieser Funktionsgebiete, die dabei als black-box betrachtet werden. Das bedeutet, die innerhalb der Funktionsgebiete bestehenden räumlichen Beziehungen werden als gegeben angenommen. Die Art und Weise ihrer Ausbildung ist bei Bewertungen aber unbedingt zu berücksichtigen.

Auch Niclauss (1978) bedient sich in vergleichbarer inhaltlicher Auslegung des in städtebaulichen Arbeiten gebräuchlichen Begriffes Funktionsgebiete. Er untersucht insbesondere das methodische Herangehen zur räumlichen Verteilung der Funktionen und die Anwendbarkeit in der Flächennutzungsplanung unter den Bedingungen der vorwiegend durch privatkapitalistischen Grundbesitz geprägten gesellschaftlichen Ordnung in der BRD. Die diesen Bedingungen geschuldeten Grenzen für eine planungspraktische Umsetzung sollen hier nicht näher betrachtet werden, interessant sind nur die vergleichbaren methodischen Überlegungen, die inhaltlichen Kriterien und Wertmaßstäbe.

Niclauss geht u. a. davon aus, daß die durch unterschiedliche Funktionen belegten Areale zueinander hinsichtlich Erreichbarkeit, Überlagerung, Trennung und Distanz zu betrachten sind. Dabei gilt für ihn der Grundsatz, der hier als Planungsprinzip zu verstehen ist: „Soviel Funktionsüberlagerungen wie möglich, soviel Funktionstrennung wie nötig". Daraus werden folgende Funktionsgebiete abgeleitet:

— Wohn-/Zentrengebiete,
— großgewerblich/industrielle Gebiete,
— Freiraumgebiete.

Eine solche Dreiteilung ist sicher nicht ausreichend, um alle wichtigen Zusammenhänge im Territorium erfassen und darstellen zu können. So wird für eine Prinzipdarstellung zur Kennzeichnung von Überlagerung und Trennung/Distanz von Funktionsgruppen noch eine weitere Untergliederung der großgewerblich/industriellen Gebiete (in emittierende Betriebe, arbeitsplatzextensive Betriebe, arbeitsplatzintensive Betriebe) und der Freiraumgebiete (in Landwirtschaft, Erholung, Schutzfunktionen) vorgenommen. Abb. 6 kennzeichnet damit praktisch den als Nachbarschaftsverhalten beschriebenen, vorwiegend horizontal wirkenden und aus dem Nutzungsprozeß abgeleiteten Zusammenhang zwischen einzelnen Funktionsflächen/-gebieten im Territorium. Durch die Unterscheidung zwischen arbeitsplatzextensiven (B_2) und arbeitsplatzintensiven (B_3) Betrieben kann zunächst auch die Berücksichtigung rationeller funktionsräumlicher Beziehungen vermutet werden. Für beide Gruppen gibt es aber hinsichtlich der Distanz zur Wohn- und Versorgungsfunktion (W/Z) keine Unterschiede. Insgesamt widerspiegelt das Schema auch nicht konsequent die erklärte Absicht des Autors einer möglichst umfangreichen Funktionsüberlagerung[1]). So hätte entsprechend seiner Interpretation z. B. eine Überlagerung von nichtstörender Industrie und von Erholungsfunktion mit

[1]) Es sei in diesem Zusammenhang darauf verwiesen, daß Niclauss die Funktionsüberlagerung widersprüchlich im Sinne einer Funktionsmischung bzw. einer Flächenmehrfachnutzung verwendet. So definiert er Funktionsüberlagerung als „ein Überlagern verschiedener Funktionen in mehreren Geschossen oder ein kleinräumiges Nebeneinander verschiedener Funktionen". An anderer Stelle erklärt er: „Überlagerungsmöglichkeiten zwischen verschiedenen Freiraumfunktionen sind in vielfältiger Form möglich und sinnvoll" und verweist dabei auf Naturschutzgebiete und Trinkwasserschutzzonen.

der Wohn- und Versorgungsfunktion (W/Z) ausgewiesen werden können. Andererseits wird der Gedanke Funktionstrennung/-distanz ebenfalls nicht voll umgesetzt, wenn z. B. die Landwirtschaftsfunktion hinsichtlich ihrer Umweltwirksamkeit undifferenziert betrachtet wird.

An anderer Stelle untersucht NICLAUSS die für die Planung von Funktionsgebieten zu berücksichtigenden Faktoren, indem er die Standortanforderungen hinsichtlich Lokalisierung und Zuordnung der einzelnen Funktionen sowie die Funktionsdifferenzierung

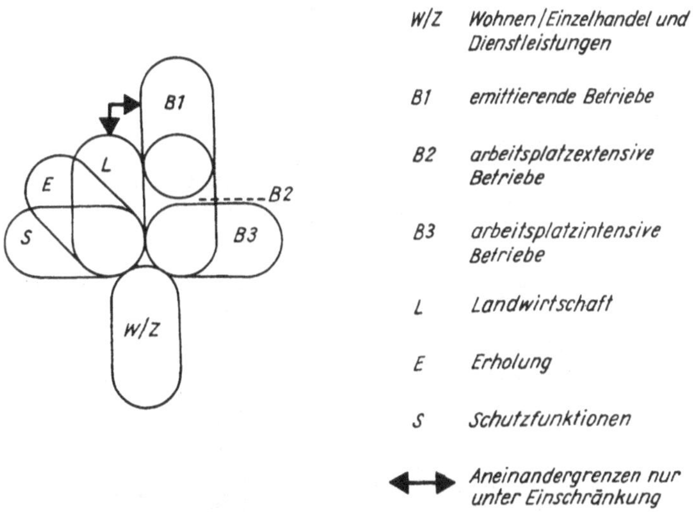

Abb. 6. Überlagerung — Trennung — Distanz als Prinzipien für die Lokalisierung von Funktionen (nach NICLAUSS 1978)

und die Dimensionierung der Funktionsgebiete erörtert. Dabei werden insbesondere die Lagebeziehungen nach den Gesichtspunkten Überlagerung/Trennung/Distanz sowie der Erreichbarkeit zur Befriedigung täglicher und periodischer Bedürfnisse zugrunde gelegt, und als Ergebnis wird ein Zuordnungsschema (Abb. 7) entwickelt, in dem die Funktionsgebiete noch in sogenannte Standorttypen untergliedert werden.

Für NICLAUSS ist mit der Formulierung von 20 Planungsgesichtspunkten (vgl. Tab. 2), die für die räumliche Verteilung der Standorttypen zugrunde gelegt werden sollen, das Problem der räumlichen Funktionszuordnung gelöst, d. h., die *Funktionsgebiete* unterschiedlichen Typs werden als die *räumlichen Bezugseinheiten* und damit als die Grundbausteine für die Darstellung von Flächennutzungsstrukturen betrachtet.

Ein Hierarchieproblem gibt es bei NICLAUSS, abgesehen von der unterschiedlichen Rangigkeit der Zentrengebiete oder der Hierarchie im Planungsprozeß, nicht. Zuordnungsschema und Planungsgesichtspunkte bleiben letztlich als theoretische Aussage im Raum stehen, ohne einen Vergleich und eine Erprobung in der Praxis zu finden.

Damit wird auch der entscheidende Unterschied im Herangehen zwischen WALOSSEK und NICLAUSS deutlich. Während auf der einen Seite die Verteilung der vielfältigen und verschiedenartig ausgeprägten gesellschaftlichen Funktionen im Raum in unterschiedlichen Maßstäben erfaßt und analysiert wird, erscheint auf der anderen Seite ein stark vereinfachtes theoretisches Modell der Raumnutzung als Zielorientierung für die Planungspraxis.

Beides sind wichtige Problemstellungen, und die Untersuchungsergebnisse können als Beiträge für ein gemeinsames Ziel „Beurteilung von Flächennutzungsstrukturen" aufgefaßt werden, obwohl sich WALOSSEK auf die Betrachtung von Industrie-Funktionsgebieten beschränkt. Auf der Ebene Funktionsgebiete erscheinen beide Arbeiten paßfähig, so daß die Kategorie *Funktionsgebiet* als Hierarchiestufe für die territoriale Organisation der Flächennutzung für zweckmäßig gehalten und zur allgemeinen Verwendung empfohlen wird.

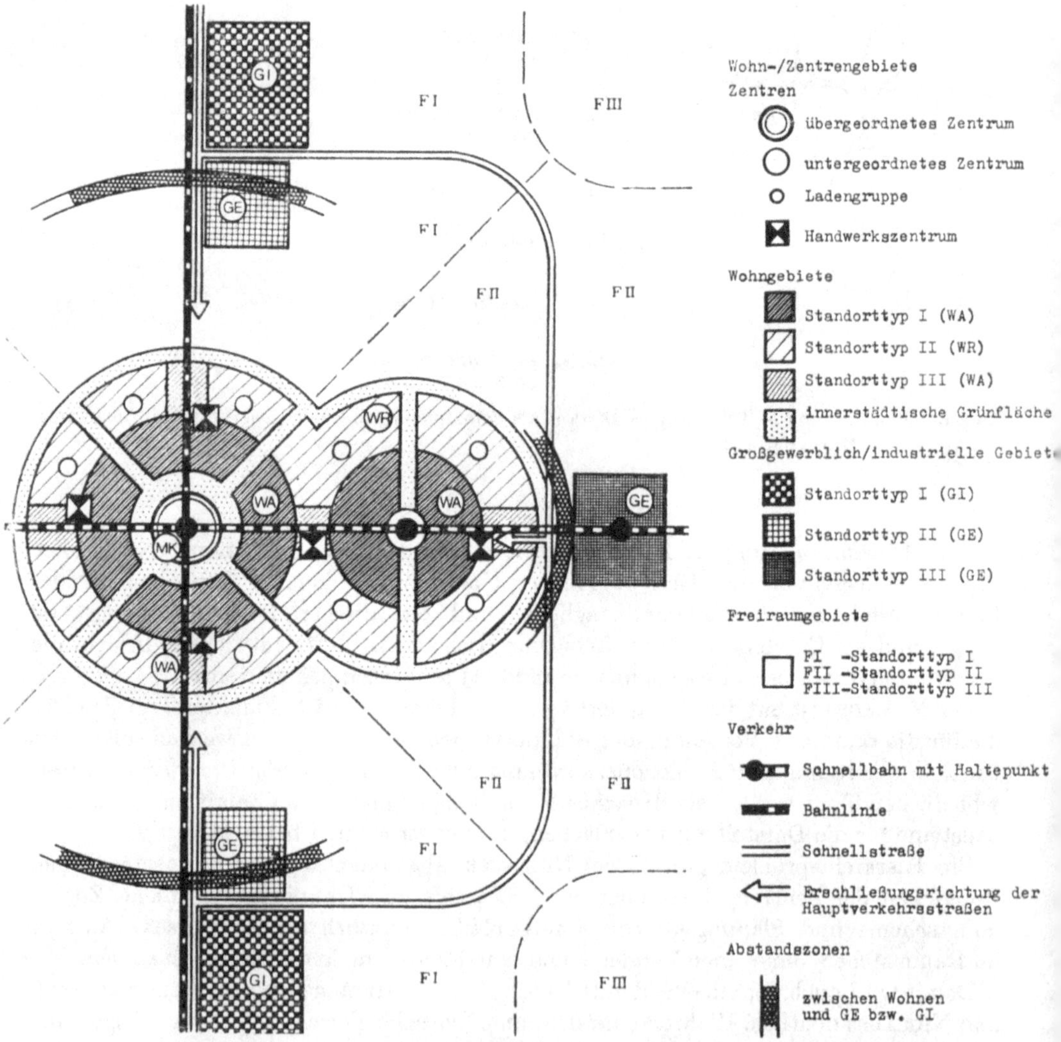

Abb. 7. Zuordnungsschema von Funktionsgebieten in der Untergliederung nach Standorttypen (nach NICLAUSS 1978)

Abweichend von Niclauss wird jedoch vorgeschlagen, daß entsprechend der funktionalen Bestimmtheit der Flächennutzungsstruktur Funktionsgebiete ausgewiesen werden, die

a) durch ihre Einbindung in den volkswirtschaftlichen Reproduktionsprozeß (Industriegebiete; Industrie-Großhandelsgebiete; Landwirtschaftsgebiete, ...) und
b) durch den Zusammenhang mit der Lebensweise der Bevölkerung (Wohngebiete, Arbeitsstättengebiete, Zentrengebiete, Erholungsgebiete, ...) gekennzeichnet sind, und schließlich sind
c) als Sonderformen noch solche für a) und b) gleichermaßen notwendigen Funktionsgebiete (Entsorgungsgebiete/-flächen) zu berücksichtigen, wie sie Tab. 3 ausweist.

Funktionsgebiete sind demzufolge eine Generalisierungsebene, die die Darstellung von Funktions-Lage-Beziehungen prinzipiell zuläßt. Es ist aber zu bedenken, welche Gliederungstiefe für die Festlegung von Funktionsgebieten notwendig und zweckmäßig ist, damit auch die räumlichen Beziehungen des volkswirtschaftlichen Reproduktionsprozesses und der sozialistischen Lebensweise, das Nachbarschaftsverhalten und die Flächenmehrfachnutzung erfaßt und beurteilt werden können. Ein Muster zur Ermittlung des Zustandes der territorialen Organisation der Flächennutzung (vgl. Tab. 4) soll dies verdeutlichen.

Es erscheint z. B. notwendig, Funktionsgebiete der Industrie mindestens nach Gewinnungsindustrie, rohstoffverarbeitender Industrie und weiterverarbeitender Industrie zu unterscheiden. Wenn sich eine innere räumliche Differenzierung der Funktionsgebiete

zu Abb. 7

Kennzeichnung der Standorttypen

Wohngebiete

I (WA)

hohe Dichte, Immissionsbelastung, Zentren und Verkehrshalte in Fußwegdistanz, allgemeines Wohngebiet

II (WR)

geringe Dichte, kaum Immissionsbelastung, Ladenzentren in Fußwegdistauz, reines Wohngebiet

III (WA)

geringe Dichte, Imissionsbelastung (entlang von Trassen), Ladenzentren in Fußwegdistanz, allgemeines Wohngebiet

Großgewerblich/industrielle Gebiete

I (GI)

standortabhängig, stark emittierend, geringe Arbeitsplatzdichte, Industriegebiet

II (GE)

standortunabhängig, wenig emittierend, geringe Arbeitsplatzdichte, Gewerbegebiet

III (GE)

standortunabhängig, wenig emittierend, hohe Arbeitsplatzdichte, Gewerbegebiet

Freiraumgebiete

I — intensive landwirtschaftliche Produktion
II — Erholungsanlagen und- gebiete mit hoher Besucherdichte
III — Überlagerung von extensiver landwirtschaftlicher Produktion und Forstwirtschaft, „stiller Erholung“ und Schutzfunktion

Tabelle 2. Planungsgesichtspunkte für die Zuordnung von Funktionsgebieten in der Untergliederung nach Standorttypen nach Niclauss 1978 (vgl. dazu auch Abb. 7)

1 Lokalisierung des übergeordneten Zentrums am Punkte optimaler Verkehrsbedienung (Umsteigebahnhof);

2 Lokalisierung untergeordneter Zentren an den Haltepunkten leistungsfähiger öffentlicher Verkehrslinien;

3 Vorrang der Wohngebiete gegenüber großgewerblich/industriellen Gebieten bei der Zuordnung zu den Zentren;

4 Zuordnung allgemeiner Wohngebiete zu Zentren und emissionsverursachenden Verkehrstrassen;

5 Zuordnung reiner Wohngebiete zum Freiraum;

6 Lokalisierung von Ladengruppen im Mittelpunkt der reinen Wohngebiete;

7 Ausweisung von Gewerbegebieten als Handwerkszentren innerhalb der Wohngebiete;

8 Zuordnung dieser Handwerkszentren zu Verkehrstrassen;

9 Einhaltung von Abstandszonen zwischen Wohngebiet und Gewerbegebiet einerseits, zwischen Wohngebiet und Industriegebiet andererseits;

10 Zuordnung des Standorttyps I großgewerblich/industrieller Gebiete zu Güterzugstrecken und Schnellstraßen;

11 Zuordnung des Standorttyps II großgewerblich/industrieller Gebiete zu Schnellstraßen;

12 Zuordnung des Standorttyps III großgewerblich/industrieller Gebiete zu Haltepunkten leistungsfähiger öffentlicher Verkehrslinien, Wohngebieten und Schnellstraßen bzw. Hauptverkehrsstraßen;

13 Abgrenzung des als Kerngebiet (MK) ausgewiesenen übergeordneten Zentrums von den Wohngebieten mittels innerstädtischen Parkanlagen;

14 Verbindung von innerstädtischen Grünanlagen und Außenbereichen mittels in Wohngebiete eingelagerte Grünsektoren;

15 Abgrenzung der Wohngebiete zur offenen Landschaft durch einen Grünflächenstreifen mit Vorrang für die Freizeitfunktion;

16 Vermeidung einer Durchtrennung von Wohn-/Zentrengebieten durch Tangentialführung der Schnellstraßen;

17 Bündelung von Verkehrstrassen;

18 Zuordnung der intensiven landwirtschaftlichen Produktion zu leistungsfähigen Güterverkehrsstrecken;

19 Zuordnung der Erholungsanlagen und Erholungsgebiete mit hoher Besucherdichte zu leistungsfähigen Personennahverkehrslinien;

20 Vorrang für die extensive landwirtschaftliche Produktion, die „stille Erholung" und die Schutzfunktionen im Bereich zwischen den Entwicklungsachsen in Distanz zu leistungsfähigen Verkehrslinien.

Tabelle 3. Orientierung und möglicher Gliederungsrahmen für die Kartierung von Funktionsgebieten/Funktionsflächen sowie die Darstellung territorial-organisatorischer Zusammenhänge als Grundlage für die Bewertung von Flächennutzungsstrukturen

Bezug zur territorialen Organisation der Flächennutzung	Übersichts- bzw. generalisierte Betrachtung auf der Ebene Funktionsgebiete	detaillierte, standortkonkrete Betrachtung der Flächennutzung auf der Ebene Funktionsflächen[1])
1. *Funktions-Lage-Beziehungen*	(gewährleistet die Kennzeichnung von Beziehungen zwischen Funktionsgebieten)	(gewährleistet die Kennzeichnung von häufig innerbetrieblichen Beziehungen zwischen Funktionsfl.)
— volkswirtschaftlicher Reproduktionsprozeß	• Industriegebiete — extraktive Industrie	z. B. Braunkohlentagebau: Vorfeld, Tagesanlagen, Abbauraum, Kippenflächen ...
	— rohstoffverarbeitende Industrie — weiterverarbeitende Industrie gegebenenfalls in Kombination mit Großhandel/Lagerwirtschaft)	
	• agrarische Funktionsgebiete — Pflanzenproduktion — Tierproduktion	z. B. Großviehanlage: Futtersilos ...
	• forstwirtschaftliche Funktionsgebiete	
	• wasserwirtschaftliche Funktionsgebiete	
— sozialistische Lebensweise	• Wohngebiete — allgemeines Wohngebiet — reines Wohngebiet	z. B. — Wohnhäuser, Wohngrundstücke — Versorgungs-, Betreuungs- und Bildungseinrichtungen des täglichen Bedarfs ...
	• Zentrengebiete (auch in Kombination mit Wohngebieten)	— Versorgungs-, Verwaltungs-, Betreuungs- u. Bildungseinrichtungen des episodischen, periodischen und täglichen Bedarfs — Wohnhäuser
	• Erholungsgebiete	— Erholungseinrichtungen, -flächen (Bäder, Ausflugsgaststätten, Sportplätze, Grünanlagen ...)

Tabelle 3. (Fortsetzung)

Bezug zur territorialen Organisation der Flächennutzung	Übersichts- bzw. generalisierte Betrachtung auf der Ebene Funktionsgebiete	detaillierte, standortkonkrete Betrachtung der Flächennutzung auf der Ebene Funktionsflächen[1])
	• Arbeitsstättengebiete	— Gebäude und Grundstücke mit Arbeitsplätzen (in Industrie, Handel, Verwaltung, Lehre, Forschung ...)
(mit Relevanz auch für die volkswirtschaftlichen Reproduktionsprozesse)	• Entsorgungsgebiete	— Deponieflächen (Halden, Gruben), Klärgruben/-becken
(mit Relevanz auch für die volkswirtschaftlichen Reproduktionsprozesse)	• Funktionsgebiete des Transportwesens/der Kommunikation[2])	— Parkplätze, Umschlagplätze — Trassen des Straßen-, Schienen- und Wasserstraßenverkehrs — Produktenleitungen, Energieübertragungs-, Informationsübermittlungsleitung[2])
2. *Nachbarschaftsverhalten*	(kennzeichnet flächenbezogen aus Nutzungsprozessen erwachsende (a) und Nutzungsprozesse beeinflussende (b) Ursache-Wirkungs-Beziehungen im Territorium)	
	a) — es muß im konkreten Fall entschieden werden, ob ganze *Funktionsgebiete* oder nur einzelne *Funktionsflächen* als Nachbarschaftswirkungen verursachend betrachtet werden sollten	— Nachbarschaftswirkungen verursachende Einrichtungen/Objekte in punkthafter (Schornsteine), linienhafter (Verkehrstrassen) oder flächenhafter (Großanlagen der Tierproduktion) Form
	b) — von Wirkungsfeldern (häufig gegliedert nach Intensitätszonen) überlagerte und in ihrer Nutzung beeinflußte Funktionsgebiete bzw. Teile von diesen	— innerhalb von sekundären Wirkungsfeldern liegende betroffene Objekte, Einrichtungen bzw. Teile davon
3. *Flächenmehrfachnutzung*	(Kennzeichnung der Funktionsüberlagerung, wobei in der Regel die das optische Erscheinungsbild bestimmenden (z. B. Vegetationsbedeckung) und eine Flächendeckung sichernden Nutzungen unabhängig von ihrer Rangigkeit in die Grundkarte der Funktionsgebiete/-flächen eingehen)	
	— die Darstellung der Flächenmehrfachnutzung auf der Ebene Funktionsgebiete setzt voraus, daß die sich überlagernden	— die Funktionsflächendarstellung erlaubt, eine weitgehend arealkonkrete Funktionsüberlagerung sichtbar zu machen, wobei

Tabelle 3. (Fortsetzung)

Bezug zur territorialen Organisation der Flächennutzung	Übersichts- bzw. generalisierte Betrachtung auf der Ebene Funktionsgebiete	detaillierte, standortkonkrete Betrachtung der Flächennutzung auf der Ebene Funktionsflächen[1])
	Funktionen, die areale Mindestausdehnung von Funktionsgebieten erreichen — im Falle häufiger kleinflächiger Funktionsüberlagerungen in heterogenen Nutzungsstrukturen sollte die Flächenmehrfachnutzung durch Symbole gekennzeichnet werden	Nutzungsrangfolgen ausgewiesen werden sollten (schließt diverse Nutzungsbeschränkungen ein)

[1]) Funktionsflächen können insbesondere im Rahmen des volkswirtschaftlichen Reproduktionsprozesses in großer Vielzahl ausgeschieden werden. Sie sind aus territorial-organisatorischer Sicht jedoch von spezifischem Interesse (z. B. hinsichtlich der standörtlichen Zersplitterung von Betrieben) und sollen hier nur beispielhaft angeführt werden.

[2]) Funktionsgebiete bzw. -flächen des Transportwesens/der Kommunikation bilden die Grundlage zur Realisierung der Funktions-Lage-Beziehungen. Sie beanspruchen Fläche, treten in der Hauptsache aber als linienhafte Elemente mit verbindender und auch zerschneidender Wirkung in Erscheinung.

erforderlich macht, bietet sich das mit Hilfe von Funktionsflächen an. So läßt sich ein Funktionsgebiet der Gewinnungsindustrie, beispielsweise ein Braunkohlentagebau, u. a. in das beräumte Vorfeld, die Tagesanlagen, den unmittelbaren Abbauraum und die vom Bergbau betriebenen Kippen als Funktionsflächen einteilen.

Funktionsgebiete und Funktionsflächen werden deshalb als ausreichende hierarchische Niveaus der Flächennutzung für territorial-organisatorische Untersuchungszwecke angesehen. Bei einer Flächennutzungskartierung mit territorial-organisatorischer Zielstellung werden aber bestimmte Areale (Oberflächengewässer, versumpftes Gelände, Felsgestein, ...) auch nach ihrer natürlich-materiellen Erscheinungsform zu kennzeichnen sein, wodurch Hinweise auf die Nutzungseignung (auch für eine Mehrfachnutzung), auf die Ursachen eventueller Nichtnutzung, auf mögliche Nutzungsbeeinflussungen usw. gegeben werden. Hierzu gehören die von SCHUBERT (1977) als „Natur- oder Quasi-Natur-Fläche" ausgewiesenen Flächen. Solche natürlich-materiellen Flächeneigenschaften können im Falle genutzter Areale bereits durch ihre Bestimmung als Funktionsfläche/-gebiet (z. B. forstwirtschaftliche Nutzfläche oder fischwirtschaftliche Gewässernutzung) zum Ausdruck gebracht werden.

Zusammenfassend läßt sich konstatieren, daß die Untersuchung der *territorialen Organisation der Flächennutzung in* den *Funktionsflächen,* die sich zu *Funktionsgebieten* zusammenfassen lassen, ihre *arealen Grundbausteine* besitzt. Eine flächendeckende Betrachtung wird erreicht, indem auch die durch die Gesellschaft nicht genutzten (in der Regel einer Nutzung nur schwer zugänglichen) Flächen in ihrer natürlich-materiellen Erscheinungsform erfaßt werden. Es erscheint überflüssig, darüber hinaus noch Flächennutzungsarten entweder als technische Systeme gesellschaftlicher Funktionen (im Sinne von Minc/Petrjakova) oder als weitere Hierarchiestufe (im Sinne von Walossek) auszuweisen.

Die Bestimmung der Grundbausteine der Flächennutzung hängt letztlich davon ab, mit welchem konkreten Ziel, in welcher Dimensionsstufe und in welchem Maßstab die

Tabelle 4. Muster zur Ermittlung des Zustandes der territorialen Organisation der Flächennutzung

1. *Funktions-Lage-Beziehungen*

Volkswirtschaftlicher Reproduktionsprozeß (Ermittlung für wichtige Betriebe/Funktionsgebiete der Produktion des jeweiligen Untersuchungsgebietes)

Einschätzung der standortbedingten Unterschiede des Kosten-(Zeit-) Aufwandes für

a) innerbetriebliche Verflechtungen, insbesondere den Transportaufwand für Produktions-, Hilfs- u. Nebenprozesse
b) innergebietliche Verflechtungsbeziehungen, insbesondere zur Realisierung von Produktionsverflechtungen, technischer Versorgung und Entsorgung

	Auf Grund der gegebenen Standortbedingungen	bei optimalen Standortbedingungen
Industrie-Betrieb/-Funktionsgebiet A, B, ..., Z Landwirtschaftlicher Betrieb/-Funktionsgebiet A, B, ..., Z ⋮	Mill. M/a (T h/a)	Mill. M/a (T h/a)

Lebensweise der Bevölkerung	(Ermittlung für wichtige, die Lebensweise bestimmende Funktionsgebiete des betreffenden Untersuchungsgebietes) Arbeitsstättengebiet A, B, ..., Z	Erholungsgebiet A, B, ..., Z	Zentrumsgebiet A, B, ..., Z
Wohngebiet A Beschäftigte (Anzahl) Erreichbarkeit Fahrtdauer Fahrthäufigkeit	 ... Personen + ⋯ + = Σ ... Min. ... Min.-Abstand		
Erholungssuchende (Anzahl) Erreichbarkeit Fahrtdauer Fahrthäufigkeit		... Personen + ⋯ + = Σ ... Min. ... Min.-Abstand	
Einwohner der Einzugsgebiete (Anzahl) Erreichbarkeit Fahrtdauer Fahrthäufigkeit			... Personen
Wohngebiet B ⋮	...		

Tabelle 4. (Fortsetzung)

2. *Nachbarschaftsverhalten*

Verursachende Funktionsgebiete Funktionsflächen	Betroffene Funktionsgebiete/-flächen Gebiet I			Gebiet II
	Entfernung	Art des Einflusses	Auswirkungen im Veränderungs-Nutzungsergebnis Empfehlungen	...
A				
B				
⋮				

3. *Flächenmehrfachnutzung*

mehrfach genutzte Funktionsgebiete Funktionsflächen	ermitteltes Nutzungsergebnis (pro Jahr)				geschätztes Nutzungsergebnis/a bei (ursprüngl.) Einzelnutzung
	Vorrangnutzung	Nebennutzungen A	B	Σ	
A					
B					
⋮					

Untersuchungen durchgeführt werden. Ganz allgemein läßt sich die territoriale Organisation der Flächennutzung als eine praktische Aufgabe der Territorialplanung zuordnen. Daraus folgt, daß sie sich theoretisch am „Wirtschafts- (und Lebens)raum" als Grundkategorie der Ökonomischen Geographie (vgl. Mohs/Scholz 1978) und den dazugehörigen Dimensionsstufen und Maßstäben orientieren sollte.

In Anlehnung an Scholz könnten, auch wenn für ihn funktionale Zusammenhänge keinen Bezug zur Fläche und ihren materiell-physischen Objekten haben, folgende Dimensionsstufen Anwendung finden:

— wirtschaftsräumliche Grundeinheiten bzw. Zentralortbereiche untersten Ranges (Hauptdorf und Umland),
— Wirtschaftsgebiete unterer Ordnung bzw. Zentralortbereiche eines lokalen bzw. regionalen Zentrums,
— Wirtschaftsgebiete mittlerer Ordnung bzw. mehrere Zentralortbereiche regionaler Zentren.

Eine solche Systematik wird vor allem von hierarchischen Überlegungen bestimmt. Wenn es darum geht, für heterogene territoriale Strukturen, wie sie mit industriellen Dichtegebieten, großstädtischen Agglomerationen oder urbanisierten Räumen gegeben sind, Ordnungsprinzipien für die territoriale Organisation der Flächennutzung festzulegen, dann sind hierarchisch begründete funktionale Beziehungen aber nur ein Gesichtspunkt, die bei den unterschiedlichen Relationen der lokalen bzw. der unteren regionalen Dimension sogar in den Hintergrund treten können. Diese sind recht günstig in den Maßstäben 1:10000 bis 1:25000 und — bereits mit Einschränkungen — im Maßstab 1:50000 erfaßbar und kartographisch darstellbar.

Vergegenwärtigt man sich den in Abschn. 2.3.1. beschriebenen Inhalt des territorialorganisatorischen Aspekts der Flächennutzung, so werden *Funktions-Lage-Beziehungen* z. B. bei Orientierung an den sozial determinierten Aktions- und Kommunikationsräumen

(KRÖNERT 1980) hauptsächlich innerhalb der sogenannten Umlandzone 1 zu berücksichtigen sein. Die im volkswirtschaftlichen Reproduktionsprozeß begründeten funktionsräumlichen Beziehungen unterliegen anderen Ordnungsprinzipien. Sie werden aber zweckmäßigerweise in der gleichen Dimensionsstufe betrachtet. Der Untersuchungsraum kann gegenüber dem sozial bestimmten Lebensraum deutliche Abweichungen aufweisen.

Das *Nachbarschaftsverhalten* als weiterer inhaltlicher Schwerpunkt für die Betrachtung der territorialen Organisation der Flächennutzung kennzeichnet im Maßstab 1:10000 mit hoher Genauigkeit die Beziehungen zwischen Verursachern und Betroffenen im betrachteten Wirtschafts- und Lebensraum. Mit kleiner werdendem Maßstab wird dieser Wirkungszusammenhang zwar weniger präzise abgebildet, aber kleinere Maßstäbe (z. B. 1:100000, eventuell auch 1:200000) sind besser geeignet, die auch ökologisch bedeutsame großräumige Situation wiederzugeben. Damit wird die Untersuchung des Nachbarschaftsverhaltens mindestens in 2 Dimensionsstufen interessant, von denen die eine den durch vorwiegend heterogene Struktur charakterisierten bebauten Raum im Blickfeld hat, während die andere vor allem die Nutzungsbeeinflussung im Freiraum in den Mittelpunkt stellt. Kleinere Maßstäbe als 1:100000 oder gar 1:200000 sollten *zur Kennzeichnung* der territorialen Organisation *der Flächennutzung keine Verwendung* finden.

Räumliche Abgrenzungen werden bei Untersuchungen zur territorialen Organisation der Flächennutzung in hohem Maße durch die Abgrenzung bestimmter funktional determinierter Wirtschafts- und Lebensräume oder einzelner Teile davon bestimmt. Sie können aber eine zusätzliche Modifizierung erfahren, wenn aus dem Nachbarschaftsverhalten resultierende sekundäre Wirkungsfelder mit hoher Intensität — die Ermittlung von Intensitätszonen ist bereits der Bewertungsproblematik zuzuordnen —, z. B. in peripherer Lage auftreten.

Bei der Flächenmehrfachnutzung ist die Situation sehr ähnlich. Einer kleinflächigen Funktions- bzw. Nutzungsüberlagerung im bebauten Raum und seinen Randgebieten steht eine großflächige Mehrfachnutzung im Freiraum gegenüber, so daß hier ebenfalls mindestens von zwei Dimensions- und Maßstabsebenen gesprochen werden kann.

Diese Einschätzung zum Dimensions- und Maßstabsproblem wird durch die Planungspraxis prinzipiell bestätigt, indem einerseits großmaßstäbige, verhältnismäßig komplexe Flächennutzungspläne im Rahmen der Generalbebauungsplanung von Städten und ihres engeren Umlandes und andererseits kleinermaßstäbige Landschafts-, Gebiets- oder Flächennutzungsentwicklungskonzeptionen für relativ große Gebiete (ganze Bezirke oder Teile von Bezirken, in denen die ökonomische, soziale und ökologische Entwicklung ohne gesellschaftliche Einflußnahme nicht konfliktfrei verläuft) ausgearbeitet werden. Bei letzteren wird häufig die ökologische Komponente hervorgehoben.[1])

Die bisherigen Erörterungen zeigen, daß die Hierarchie- und Dimensionsproblematik im Rahmen von Flächennutzungsuntersuchungen sehr vielschichtig ist und eine Reihe noch offener Fragen enthält.

---

1) In diesem Zusammenhang soll, ausgehend von neueren Untersuchungen zur Flächennutzung der DDR auf eine bedeutsame andere Betrachtungsweise hingewiesen werden. Auf Grund territorial unterschiedlicher Naturbedingungen und damit der Eignung für die land- und forstwirtschaftliche Produktion, für Bergbau und Erholung sowie auf Grund unterschiedlicher Standortbedingungen und Erfordernisse für die Siedlungsentwicklung und die an Siedlungen gebundenen Funktionen haben sich sogenannte „Gebietstypen" der Flächennutzung entwickelt.

2.4. Probleme der Bewertung von Flächennutzungsstrukturen

Auf die Bewertungsproblematik wurde bereits in Abschn. 2.2. kurz hingewiesen, wobei Effektivität der Flächennutzung als Ganzes die Ausgewogenheit von effektiver Standortressourcennutzung, effektiver flächengebundener Naturressourcennutzung und effektiver territorialer Organisation der Flächennutzung bedeutet, die nach fundierter inhaltlicher Bestimmung aller 3 Aspekte der Flächennutzung durch Prinzipien, Kriterien und Kennziffern ihren qualitativen und quantitativen Ausdruck finden können. Ausgewogenheit bedeutet, daß das Ergebnis weder als Summe, noch als Produkt, sondern durch den jeweiligen konkreten Bedingungen angemessene Berücksichtigung aller drei genannten Aspekte zu ermitteln ist.

2.4.1. Zur Bewertung der Standortressourcennutzung

Als Grundprinzip sollte gelten, daß unter Berücksichtigung erkennbarer Entwicklungen durch einen sparsamen Umgang mit der Ressource Fläche für alle Bereiche des gesellschaftlichen Lebens langfristig zu sichern ist, daß durch entsprechende Normative quantifiziert, ausreichend Fläche zur Verfügung gestellt werden kann. Das gilt insbesondere für Gebiete mit bereits erkennbarer Flächenverknappung. Als sparsamer Umgang mit der Fläche wird vor allem ihre intensive Nutzung durch die gesellschaftlichen Bedarfsträger bei Wahrung aller gerechtfertigten Ansprüche verstanden.

Ein solches Kriterium „Nutzungsintensität" läßt sich für einzelne Funktionsflächen oder Funktionsgebiete in unterschiedlicher Weise durch Kennziffern ausdrücken. Für städtische Wohngebiete ist z. B. die Einwohnerdichte (EW/ha) ein gebräuchliches Normativ. Dabei gelten für die DDR (Lammert u. a. 1979) in Zentrumsgebieten bzw. in Kleinstädten mit vorwiegend niedrigen Geschoßhöhen 50–150 EW/ha als normal, während die Werte in Großstädten mit mehr- und vielgeschossiger Bebauung zwischen 200 und 350 EW/ha liegen. Für die Nutzungsintensität bebauter (städtischer) Flächen finden darüber hinaus Kennziffern, wie

— Wohnungsdichte	WE/ha
— Arbeitsplatzdichte	AP/ha
— Baumassendichte	m³/ha
— Bebauungsdichte (bebaute Grundfläche/ha)	m²/ha
— Geschoßflächendichte (Summe der Geschoßflächen/ha)	m²/ha
— Zeit- oder Sachwertdichte	TM/ha
— Anteil an Verkehrsflächen, Freiflächen u. a. Flächenarten an Gesamtflächen	m²/ha

Anwendung (Lammert u. a. 1979). In anderer Form läßt sich insbesondere bei bodengenutzten Flächen über Flächenerträge (z. B. dt/ha bzw. dt/Jahr) eine Flächenproduktivität als Ausdruck für die effektive Standortressourcennutzung ermitteln. Hierbei

Solche Gebietstypen sind durch gleiche bzw. ähnliche Flächennutzungsproportionen bestimmt und weichen logischerweise erheblich von Wirtschaftsgebieten ab, die auf der Grundlage der territorialen Beschäftigtenstrukuren ermittelt werden. Gebietliche Abgrenzungen für die Untersuchung von Flächennutzungsstrukturen und die Bewertung ihrer territorialen Organisation sollten sich deshalb an solchen Gebietstypen der Flächennutzung orientieren, ohne dabei die traditionellen Wirtschaftsgebietsgliederungen außer acht zu lassen.

besteht ein enger Zusammenhang zur Nutzungseignung und zum Naturressourcenaspekt. Unterschiede in der Intensität der Flächennutzung können objektiv begründet sein, z. B.

- bei bodengenutzten Flächen in unterschiedlicher natürlicher Eignung für einzelne Nutzungen oder in unterschiedlicher Distanz bzw. Erreichbarkeit zu den Verbrauchern (bzw. auch Flächennutzern) oder
- bei Industrie- und anderen produktiv genutzten Flächen in unterschiedlichen zweigspezifischen oder technologisch bedingten Flächenanforderungen.

Die Wertmaßstäbe für die Nutzungsintensität sind in hohem Maße raum- und zeitabhängig. Da die Festlegung von Nutzungen, insbesondere im bebauten Raum, oft für lange Zeit wirksam ist, d. h. ein hohes Beharrungsvermögen aufweist, genügen historisch alte Nutzungsstrukturen heutigen Wertvorstellungen häufig nicht mehr. Das erfordert, daß Flächenumwidmungen bzw. Umgestaltungsmaßnahmen mit einer Nutzungsintensivierung, aber auch mit einer Nutzungsextensivierung einhergehen können. So bedürfen z. B. großstädtische Altbauwohngebiete aus der Gründerzeit mit sehr hoher Bebauungs- und Einwohnerdichte einer Aufwertung durch Auflockerung, sofern sie modernisierungswürdig sind.

Als Sonderfälle bei der Bewertung der Standortressourcennutzung sind mehrfachgenutzte und ungenutzte Flächen zu betrachten. Sie sind gewissermaßen Extreme. Während die Flächenmehrfachnutzung — sie wird als eine besondere territoriale Organisationsform der Flächennutzung an anderer Stelle eingeschätzt — eine ausgesprochen intensive Nutzungsform darstellt, sind ungenutzte Flächen Ausdruck für eine geringe Intensität der Standortressourcennutzung. Unter Berücksichtigung der gebietlichen Standortbedingungen, d. h. der Nutzungseignung von Flächen und der gesellschaftlichen Flächenanforderungen, läßt sich damit über die Untersuchung der Flächennutzungsintensität die Standortressourcennutzung größerer Gebiete beurteilen.

Ganz allgemein kann gelten, daß sich Gebiete intensiver Standortressourcennutzung durch einen hohen Anteil sehr intensiv, d. h. auch mehrfach, genutzter Flächen und das Fehlen nichtgenutzter Flächen auszeichnen. Höchste Nutzungsintensität muß dabei allerdings nicht mit optimaler Nutzung übereinstimmen. Diese wird vielmehr durch die Erreichung begründeter Normative und Orientierungswerte ausgedrückt.

In die Beurteilung der Flächennutzung unter dem Standortressourcenaspekt sollte die Ausnutzung der technogenen Eigenschaften der Fläche (ihre Ausstattung mit Infrastruktureinrichtungen und Grundfonds, ihre Erschlossenheit, ...) mit einbezogen werden. Reserven, die sich dabei herausstellen, können für die Rationalisierung der Flächennutzung eine erhebliche Rolle spielen[1]).

Ebenso sollte bei der Betrachtung der Standortressourcennutzung die Wirkung der sogenannten *Sperrigkeit* (als Standortbedingung) der Funktionen bzw. der störenden und störempfindlichen Objekte, wie sie ROOS (1976) und SCHMIDT-RENNER (1977) beschreiben, mit berücksichtigt werden. Die Sperrigkeit wird dabei durch den notwendigen Sperraum der störenden und störempfindlichen Objekte ausgedrückt. Sie kann die Effektivität der Standortressourcen-, aber auch der flächenbezogenen Naturressourcennutzung wesentlich beeinflussen. Es ist deshalb notwendig, die Sperrigkeit zu verringern bzw. ihre Wirkung durch territorial-organisatorische Einflußnahme (vgl. Abschn. 2.3.1.2. Nachbarschaftsverhalten sowie Abschn. 2.4.3.) zu mindern.

[1]) Vgl. hierzu die Anmerkungen in Abschnitt 2.2 über einen „Infraressourcenaspekt".

2.4.2. *Zur Bewertung flächengebundener Naturressourcennutzung*

Die Bewertung der Naturressourcennutzung mit Bezug auf die dafür beanspruchte Fläche richtet sich sowohl auf

- den Schutz und die rationelle Nutzung der regenerierbaren Naturressourcen, wie Boden (Bodenfruchtbarkeit), Wasser (Grundwasserneubildung, Selbstreinigungsvermögen) u. a., als auch
- die sparsame Inanspruchnahme und rationelle Nutzung der in menschheitsgeschichtlichen Zeiträumen nicht regenerierbaren mineralischen Rohstoffe bei möglichst geringer Inanspruchnahme und möglichst kurzzeitigem Entzug von Flächen.

Für beide Gruppen gilt, daß die Naturressourcen vorrangig auf den Flächen genutzt werden sollten, auf denen in Abstimmung mit anderen gesellschaftlichen Nutzungen dafür die besten Voraussetzungen bestehen. Bewerten läßt sich dieser Zusammenhang, indem die Nutzungseignung einzelner Flächen mit der tatsächlichen Nutzung verglichen wird. Die Nutzungseignung kann über die Potentialeigenschaften des Naturraumes bestimmt werden, wie sie von Haase (1978) beschrieben und durch physisch-geographische und andere geowissenschaftliche Arbeiten untersucht worden sind. In diesem Zusammenhang scheint der Hinweis angebracht, daß vor allem die naturwissenschaftliche geographische Landschaftsforschung stärker auf solche gesellschaftlichen Zielstellungen orientiert werden sollte, wie sie mit der Aufdeckung der Beziehungen zwischen Naturressourcennutzung und effektiver Flächennutzung bestehen.

Eine ökonomische Bewertung der flächengebundenen Naturressourcennutzung stellt sich als äußerst schwieriges Problem dar. Sie hat in der ökonomischen Bewertung der Naturressourcen selbst ihre Grundlage, deren offene Fragen unter den sozialistischen Bedingungen in der DDR in jüngster Zeit von Graf (1980) ausführlich erörtert wurden (vgl. Abschn. 2.2.).

Eine prinzipielle Möglichkeit zur Optimierung der Nutzung des Territoriums (sowohl unter dem Naturressourcen- als auch dem Standortressourcenaspekt) entwickeln Minc/Petrjakova (1973), indem sie den Zusammenhang:

- benötigte Produktion (Rohholz, Nahrungsmittel, ...),
- spezifische Produktion des Territoriums, bezogen auf die jeweiligen Erzeugnisse,
- für die genannte Produktion notwendige Fläche bei unterschiedlichen gebietlichen Bedingungen

untersuchen. Auf diese Weise wird sowohl die Bewertung einzelner Nutzungsarten als auch territorialer Typen hinsichtlich des zu erwartenden Effekts bei Erhöhung der Nutzungsintensität möglich. Die Autoren leiten daraus den Vorschlag ab, ein „Generalschema der Nutzung der Bodenressourcen des Landes“ als Bestandteil des allgemeinen „Generalschemas der Standortverteilung der Produktivkräfte der UdSSR“ zu erarbeiten.

Für die vorliegende Arbeit wird es für ausreichend gehalten, in dieser kurzen Form auf einige Ansatzpunkte und Möglichkeiten sowie auf noch offene Probleme hingewiesen zu haben, wie sie für die Bewertung von Standort- und flächengebundener Naturressourcennutzung im Rahmen der Bewertung von Flächennutzungsstrukturen bestehen.

2.4.3. Zur Bewertung der territorialen Organisation der Flächennutzung

Es genügt für die allgemeine Zielsetzung — Gestaltung effektiver Flächennutzungsstrukturen — nicht, die Funktionsflächen bzw. Funktionsgebiete einzelner Räume unter dem Standort- und dem Naturressourcenaspekt zu untersuchen und zu beurteilen (vgl. Abschn. 2.2.). Dazu bedarf es zusätzlich der Aufdeckung und effektiven Gestaltung objektiv existierender gebietlicher Reproduktionsbeziehungen (BÖNISCH 1980). Solche gebietlichen Reproduktionsbeziehungen bestehen, auch wenn es einen geschlossenen gebietlichen Reproduktionszyklus nicht gibt. Sie lassen sich über die Untersuchung insbesondere der Funktions-Lage-Beziehungen erfassen.

Darüber hinaus sind die übrigen Merkmale des territorial-organisatorischen Aspekts der Flächennutzung (vgl. Abschn. 2.3.1.) zu beachten: einerseits die im Gefolge von Nutzungsprozessen auf umliegenden Flächen spürbaren Wirkungen des Nachbarschaftsverhaltens und andererseits die in der territorial-organisatorischen Einflußnahme begründete Mehrfachnutzung von Flächen zur Erfüllung mehrerer gesellschaftlicher Funktionen auf ein und derselben Fläche. Durch sie werden solche territorial wirksamen Effektivitätsfaktoren erfaßt, die sich aus der Lage (das betrifft sowohl die geographische Lage [MAERGOIZ 1968] als auch die verkehrsbedingte Erreichbarkeit) der Funktionen bzw. Objekte im Territorium ergeben.

Wie lassen sich nun aus der allgemeinen Zielsetzung — *Gestaltung effektiver Flächennutzungsstrukturen* — Prinzipien, Kriterien oder Kennziffern ermitteln, die als Bewertungsgrundlage dienen können? Die Untersuchung territorialer Strukturen kann durch folgende Arbeitsschritte vorgenommen werden:

1. Auflösung des territorialen Beziehungskomplexes in die für das jeweilige Untersuchungsgebiet wesentlichen Einzelbeziehungen (Grundlage bilden die unter Abschn. 2.3.1. beschriebenen inhaltlichen Merkmale des territorial-organisatorischen Aspekts der Flächennutzung);
2. Definition angestrebter gebietlicher Entwicklungsziele (gegebenenfalls nach Varianten, die einander auch alternativ gegenübergestellt werden können) und Bestimmung von Prinzipien, Kriterien und Kennziffern, mit deren Hilfe das Erreichen der Zielsetzung qualitativ und quantitativ ausgedrückt werden kann;
3. Bewertung der aus den untersuchten Einzelbeziehungen ermittelten ökonomischen und sozialen Effekte sowie der ökologischen Rahmenbedingungen, Gewichtung der erzielten Einzelergebnisse nach ökonomischen, sozialen und ökologischen Gesichtspunkten für die einzelnen Entwicklungsvarianten, wobei die Ergebnisse die Grundlage für Planungsentscheidungen und prognostische Überlegungen bilden.

Zum 1. Arbeitsgang kann auf die bereits dargelegten Ausführungen im Abschn. 2.3.1. verwiesen werden.

Im folgenden sollen einige Überlegungen zum 2. Arbeitsschritt erfolgen. Die allgemeine Zielsetzung — effektive Flächennutzungsstruktur — läßt sich gebietskonkret fassen, indem qualitative und quantitative Vorgaben für

— die Schaffung allseitig günstiger Arbeits- und Lebensbedingungen,
— die Sicherung günstiger territorialer Bedingungen für die Produktion (nach Zweigen) und
— die Gewährleistung der Regenerationsfähigkeit der natürlichen Bedingungen

mit jeweils höchstem gesellschaftlichen Nutzen fixiert werden.

Diese Vorgaben sind, und das betrifft alle 3 verwendeten Aspekte, im Sinne einer zunehmenden Aufspaltung und Konkretisierung, soweit das notwendig ist, durch Prinzipien, Kriterien und Kennziffern zu bestimmen. Solche Prinzipien und Kriterien können einander bedingen, ergänzen oder ausschließen, was für alternative Varianten zu berücksichtigen ist. Auf diese Weise kann sozialen, ökonomischen oder ökologischen Faktoren (einzeln oder in Kombination) aus gesellschaftlicher Sicht eine unterschiedliche Rangigkeit zugewiesen werden, so daß „Effektivität der Flächennutzung" jeweils auch Ausgewogenheit aus sozialer, ökonomischer und ökologischer Sicht bedeutet.

Prinzipien oder Grundsätze für die territoriale Organisation der Flächennutzung werden sich an Vorstellungen zu orientieren haben, die es über gesellschaftlich effektive Flächennutzungsstrukturen gibt. Solche Vorstellungen bestehen, wie der einschlägigen Literatur zu entnehmen ist. Sie lassen sich am besten in modellhafter Form darstellen. Bei diesen Modellen ist häufig festzustellen, daß sie stark von den realen, historisch gewachsenen Strukturen abweichen und sich eine, den künftigen gesellschaftlichen Anforderungen entsprechende, notwendige Umgestaltung als sehr schwierig und aufwendig erweist.

Es lassen sich insbesondere 2 Richtungen feststellen:

1. Modelle, die Stadtstrukturen (möglichst unter Einbeziehung des Umlandes), also vorwiegend bebaute Räume, zum Gegenstand haben und den Freiraum als Randbedingung betrachten und
2. Modelle, die den vorwiegend durch Naturressourcennutzung gekennzeichneten Freiraum in den Mittelpunkt stellen und dabei Siedlungen und Trassen als äußere Einflußfaktoren berücksichtigen.

Auf die genannten Modelle, wozu man auch die zitierte Arbeit von Niclauss (1978) zählen muß, wird bei Lammert u. a. (1979) wie folgt Bezug genommen:

„Für die räumliche Organisation der städtischen Hauptfunktionen sind seit dem Anfang des 20. Jhds. verschiedene Leitbilder und Modelle entwickelt worden. Sie gehen von unterschiedlichen sozialen, funktionellen, technisch-organisatorischen, ökonomischen und formal-kompositorischen Auffassungen aus und verfolgen oft einseitige Zielstellungen für die Stadt. So sollen z. B. ‚urbanes Leben' und ‚urbane Kommunikation' durch hohe Dichten, Konzentration der Menschen und Bauwerke sowie durch maximale Funktionsmischung, dagegen ‚naturverbundenes Leben' durch Dezentralisierung und geringe Dichten in Wohngebieten mit vorwiegend Eigenheimen erreicht werden. Zur großen Anzahl unterschiedlicher Konzeptionen gehören die ‚kompakte Stadt', die ‚aufgelockerte Stadt', die ‚autogerechte Stadt', die ‚Regionalstadt', mono- und polyzentrische Siedlungssysteme. Zu nennen sind auch die ‚Bandstadt', die Besiedelung als ‚lineares kontinuierliches System', Gliederung durch ‚Gittersysteme' oder durch Erschließungen, die dem ‚Organischen' entsprechen sollen u. a. m."

Hier erscheint die Anmerkung notwendig, daß die angeführten Konzepte und Modellvorstellungen z. T. sehr unterschiedlichen Charakter haben und nicht alternativ Anwendung finden können. Sie lassen sich aber teilweise sinnvoll miteinander verbinden. Im folgenden wird ausgeführt:

„Da bisher kaum eine Stadt nach solchen Modellvorstellungen vollständig aufgebaut oder umgestaltet wurde und dies auch nicht erwartet werden kann, ist ein Nachweis der praktischen Effektivität solcher Modelle schwer zu erbringen. Ein überall anwendbares Rezept für eine ‚optimale' Stadtstruktur gibt es nicht. Die Auseinandersetzung mit Modellvorstellungen ist jedoch eine Möglichkeit, für die langfristige städtebauliche Entwicklung der jeweiligen Stadt einen vorherrschenden Ordnungsgedanken herauszuarbeiten."

Man kann dem weitgehend zustimmen. Es ist jedoch der Hinweis notwendig, daß derartige Modelle sowohl für die Gestaltung des Siedlungsnetzes als auch für die Stadt mit ihrem Umland bzw. für die innerstädtische Raumstruktur bedeutsam sind. Das heißt, es sind gleichzeitig mehrere räumliche Dimensionen zu beachten, die in ihrem sachlichen Bezug nicht deckungsgleich sind und aus diesen Gründen auch eine Reihe verschiedenartiger Ordnungsprinzipien erfordern.

Als wichtige Prinzipien für die Verteilung der Funktionen (unter Umständen durch

Prinzip	Inhalt
FUNKTIONS-MISCHUNG	bringt funktionelles Nebeneinander (Wohnen—Versorgen... Produzieren...) als planmäßige Entwicklung von Funktionsgebieten oder als Relikt historischer Entwicklungsetappen zum Ausdruck
FUNKTIONS-KONZENTRATION	bringt ganz bestimmte räumliche Anhäufung von Funktionen und damit die Herausbildung/Gestaltung von Funktionsgebieten zum Ausdruck
FUNKTIONS-ÜBERLAGERUNG	Auf ein und derselben Nutzfläche werden auf Grund der ihr innewohnenden Eigenschaften mehrere gesellschaftliche Bedürfnisse befriedigt.
FUNKTIONS-TRENNUNG *(Distanz)*	drückt Notwendigkeit von Objektabständen, Schutzzonen u. a. aus, um die Unterschiedlichkeit von Nutzungsprozessen zu beheben.
FUNKTIONS-ANBINDUNG (Erreichbarkeit/Zugänglichkeit)	drückt raumzeitliche Relationen zwischen funktionell verbundenen Funktionsgebieten aus.

Abb. 8. Prinzipien der territorialen Organisation der Flächennutzung (nach HERRMANN 1980)

unterschiedliche technische Systeme) im Raum — in Funktionsgebieten oder auf Funktionsflächen — werden angesehen (vgl. Abb. 8):

1. *Funktionskonzentration*

Sie ist als Effektivitätsfaktor für alle 3 Aspekte der Flächennutzung relevant. Aus territorial-organisatorischer Sicht kann allgemein festgestellt werden, daß für die effektive Gestaltung der gesellschaftlichen Prozesse im Territorium ein bestimmtes

Beispiel	Hauptwirkungen
WOHNGEBIET mit Versorgungs-einrichtungen / Mischgebiet Wohnen/ Produzieren 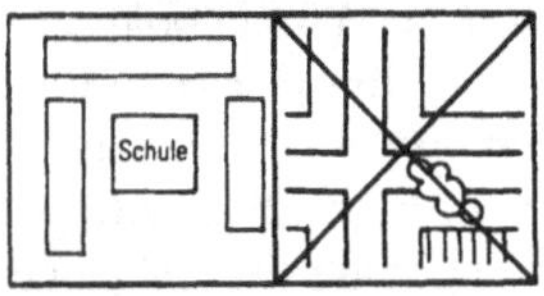	Art und Umfang der Funktionsmischung bestimmen wesentlich, in welchem Maße Funktionsgebiete ihrer Aufgabe gerecht werden
WOHNGEBIET 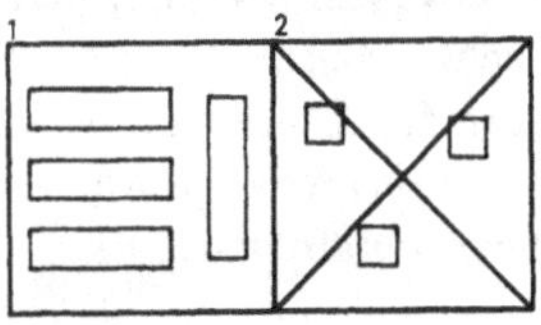	Grad der Funktionskonzentration bestimmt wesentlich die Rationalität der Funktions-Lage-Beziehungen und der Standort- und Naturressourcennutzung.
FORSTW./ Erholung / TRINKW.-SCHUTZG. LANDWIRTSCHAFT 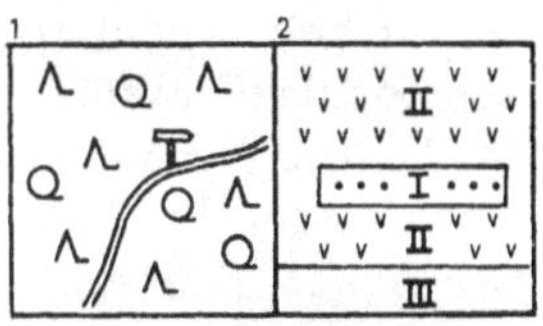	mehrfaches Nutzungsergebnis (Summation)
WOHNGEBIET/emittierende INDUSTRIE 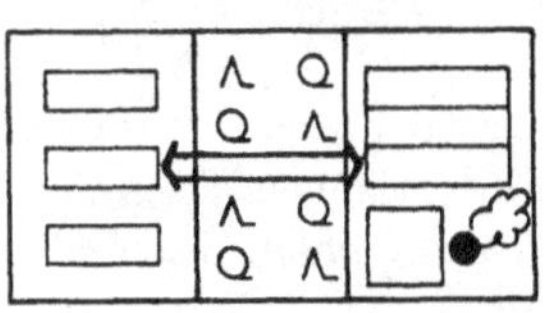	Beeinflussung von Nutzungsprozessen und damit des Nutzungsergebnisses (als Auswirkung bei den Arbeits- und Lebensbedingungen und im volkswirtschaftlichen Reproduktionsprozeß)
WOHNEN/ARBEITEN/ERHOLEN 	Beeinflussung des Zeit- und Kostenaufwandes zur Realisierung von Funktions-Lage-Beziehungen

Maß an territorialer Konzentration der einzelnen Funktionen (Wohnen, Produzieren, Versorgen, ...) erforderlich ist. EKKEL (1979) fordert auch eine planmäßige räumliche Funktionskonzentration als Voraussetzung für eine rationelle Naturnutzung.

Durch Kriterien und Kennziffern (Arealgröße, Kapazität, ...) sollte versucht werden, untere und obere Konzentrationsmaße für einzelne Funktionsgebiete bei unterschiedlichen Bedingungen zu ermitteln. Als der Funktionskonzentration entgegengerichtet ist z. B. die „Zersiedlung" anzusehen, eine in städtischen Randbereichen häufig beobachtete Erscheinung, die u. a. rationelle Funktions-Lage-Beziehungen erschwert.

2. *Funktionsmischung*

Sie beinhaltet das funktionelle, sich sinnvoll ergänzende Nebeneinander innerhalb einzelner Funktionsgebiete (z. B. Funktionsmischung von Versorgungs-, Bildungs-, Erholungsobjekten und Arbeitsstätten mit der Wohnsubstanz in Wohngebieten). NICLAUSS (1978) kennzeichnet diesen Tatbestand irreführend — worauf bereits hingewiesen wurde — als Funktionsüberlagerung und verwendet ihn damit synonym für Flächenmehrfachnutzung. Die Ermittlung von Kriterien bzw. Kennziffern, welche Funktionen in welchem Maße und unter welchen Bedingungen in einzelnen Funktionsgebieten zweckmäßig sind, ist für die Abgrenzung von Funktionsgebieten von entscheidender Bedeutung. Als spezielles Problem sollte beachtet werden, daß vor allem die vor 1920 errichteten Baugebiete unserer Städte echte Mischgebiete sind (LAMMERT u. a. 1979, S. 74), die heute als Planungskategorie nur für Umgestaltungsgebiete stehen. Sie entsprechen in den seltensten Fällen einer künftig gewollten Funktionsmischung, lassen sich aber nur schrittweise funktionell bereinigen.

3. *Funktionsüberlagerung*

Sie wird hier im Sinne der in Abschnitt 2.3.1.3. (Flächenmehrfachnutzung) dargelegten Ausführungen verstanden. Ein hoher Anteil planmäßig mehrfachgenutzter Flächen ist kennzeichnend für intensiv und effektiv genutzte territoriale Strukturen, wenn gleichzeitig andere Bedingungen erfüllt sind (wie z. B. das Fehlen ungenutzter Flächen). Eine genauere Bewertung solcher territorial-organisatorischer Einflußnahme ist möglich, wenn die verschiedenartigen Kombinationen von Funktionsüberlagerungen und der erzielte Summationseffekt der Nutzung untersucht werden.

4. *Funktionstrennung*

Die Funktionstrennung ist ein Ordnungsprinzip, das einmal dem unterschiedlichen Nachbarschaftsverhalten von Funktionsgebieten bzw. Funktionsflächen Rechnung trägt, zum anderen aber auch in der räumlichen Arbeitsteilung allgemein begründet ist.

Notwendige räumliche Trennungen zwischen einzelnen Funktionsgebieten oder -flächen, die sich aus dem Nachbarschaftsverhalten ableiten lassen, sind qualitativ und quantitativ durch solche Kriterien und Kennziffern näher zu bestimmen, wie Einhaltung von MIK (maximale Immissions-Konzentration) und sonstigen zulässigen Grenzwerten, Einhaltung von Objektabständen, Schaffung von Schutzzonen usw. Ihre praktische Verwirklichung ist insbesondere in jenen industriellen Dichtegebieten, die bereits im letzten Drittel des vergangenen Jahrhunderts eine vielfach dynamische, allerdings spontane Entwicklung nahmen, sehr kompliziert, so daß diese Gebiete hinsichtlich der ökonomischen und sozialen Entwicklung, aber auch wegen ihrer ökologischen Bedingungen immer wieder als Problemgebiete der Planung im Mittelpunkt stehen.

Die durch die territoriale Arbeitsteilung bestimmten Funktionstrennungen — sie lassen sich auch als Funktionsdifferenzierungen kennzeichnen — liegen in unterschiedlichen Standortanforderungen, in hierarchisch gestalteten versorgungsräumlichen u. a. Beziehungen begründet. Sie sind nicht in gleicher Weise wie die erstgenannten durch Kriterien oder Kennziffern zu bestimmen, bilden sich aber oft sehr deutlich als Funktionsgebiete oder aus städtebaulicher Sicht als Funktionszonen aus (verschiedenartige Gebiete der Industrie und Lagerwirtschaft, der Erholung und des Sports, der Versorgung und Bildung, ...).

Eine Sonderform der Funktionstrennung ist die „Zerschneidung" des Territoriums durch verschiedenste Trassen der technischen Infrastruktur, insbesondere die Verkehrstrassen. Während z. B. Eisenbahn- oder Autobahntrassen in einer lokalen oder unteren regionalen Dimensionsstufe eine deutlich abgrenzende Wirkung haben, tritt diese für das untergeordnete Straßen- und Wegenetz mit flächenerschließender Funktion bereits wieder in den Hintergrund. Als Maß für die Zerschneidung findet der Zerschneidungsgrad (km Trasse/km^2) Verwendung.

5. *Erreichbarkeit/Zugänglichkeit*

Das Funktionieren der gesellschaftlichen Prozesse im Territorium wird in hohem Maße davon bestimmt, wie sich die vielfältigen kommunikativen Beziehungen gestalten. Eine ganz entscheidende Rolle spielen dabei die Transportsysteme zur Realisierung des Personen- und Güterverkehrs auf der einen sowie die Anordnung der Funktionen im Raum (bei Berücksichtigung wesentlicher Proportionen) auf der anderen Seite.

Diese Feststellung wird aus städtebaulicher Sicht von Weigel (1979) unterstrichen, wenn er schreibt:

„Zu den wichtigsten Zielkriterien (für die Entscheidungsfindung über die Weiterentwicklung der Stadtstruktur)[1]) gehört die Erreichbarkeit aller wichtigen Teile der Stadt und des Umlandes mit geringstmöglichem Zeitaufwand. Hierzu bedarf es der ständigen Abstimmung der Standorte und der Intensität der Flächennutzung mit dem gesamten Verkehrssystem. Als Maß der vertretbaren Ausdehnung ... sind nicht die geographische Entfernung, sondern raumzeitliche Beziehungen entscheidend. Für die territoriale Ausdehnung ... der Stadt ist von Zeitgrenzen auszugehen, die für den Weg von der Wohnung zur Arbeitsstätte nicht überschritten werden sollten. Bewährt haben sich für

Kleinstädte	15—20 Minuten
Mittelstädte	20—30 Minuten
Großstädte	30—45 Minuten."

Zweifellos ist die Relation Wohnen—Arbeiten von hervorragender Bedeutung (fast die Hälfte aller werktäglichen Ortsveränderungen der Einwohner der Stadt entfällt auf den Berufsverkehr nach Glissmeyer u. a. 1974), so daß als Modellvorstellung eine von überörtlichem Verkehr freie „Zellenstruktur" von Funktionsgebieten des Wohnens

[1]) Anmerkung des Verfassers.

und Arbeitens/Produzierens denkbar wäre. Ergänzend dazu lassen sich „die Zentren und die Standorte für zentrale gesellschaftliche Einrichtungen ... als ein vorzügliches Ordnungs- und Gliederungsmittel für Stadt und Umland wirksam ... gestalten", so daß die städtebauliche Gliederung auch weitgehend mit der territorialen Organisation der gesellschaftlichen Versorgung und Betreuung übereinstimmt.

Für die dafür zweckmäßigste Verkehrsstruktur gibt es ebenfalls bestimmte Leitvorstellungen. Sie beinhalten z. B. die Arbeitsteilung zwischen öffentlichem und individuellem Verkehr mit dem Ziel, die Anteile des Fußgänger- und Radfahrverkehrs sowie des öffentlichen Personennahverkehrs am Gesamtverkehr zu erhöhen und durch eine günstige Zuordnung von Wohn- und Arbeitsstätten bis zu 40% der Beschäftigten den Weg zur Arbeitstelle fußläufig zu ermöglichen. Letzteres ist vor allem durch eine entsprechende Verkehrsführung zu erreichen, wobei Direktbeziehungen zwischen den Verkehrsschwerpunkten (Hauptaufkommens- und Hauptzielgebiete) eine besondere Rolle spielen. Von Bedeutung sind dafür die Größe und geometrische Flächenausbildung von Funktionsgebieten sowie orographische und andere Gegebenheiten, die durch „Sperrigkeit" negativ wirken können, im umgekehrten Falle aber die Erreichbarkeit und Zugänglichkeit begünstigen.

Zusammenfassend kann Weigel (1979) beigepflichtet werden, daß die räumliche Verteilung der Funktionen sowie die Art und Intensität der Flächennutzung als Ausdruck für die Verteilung von verkehrserzeugenden und verkehrsanziehenden Objekten mit den Erfordernissen einer wirtschaftlichen Verkehrserschließung möglichst übereinstimmen sollten.

Die Verwendung solcher Prinzipien, wie

Funktionskonzentration,
Funktionsmischung,
Funktionsüberlagerung,
Funktionstrennung und
Erreichbarkeit/Zugänglichkeit (Funktionsbindung)

erscheint für die Untersuchung der territorialen Organisation der Flächennutzung geeignet. Sie lassen sich vielfach in den Grundsätzen und Orientierungen für die Gestaltung städtebaulicher Strukturen als Ganzes sowie in vertiefter Form für städtische Teilgebiete (Stadtzentren, Neubauwohngebiete, Altbauwohngebiete, Industrie- und Arbeitsstättengebiete, Erholungsgebiete) nachweisen, ohne daß sie dort ausdrücklich hervorgehoben oder zusammengefaßt werden.

Modellvorstellungen, die demgegenüber die räumlich zweckmäßige Anordnung der Funktionen unter besonderer Berücksichtigung der *Naturressourcennutzung* bzw. ökologischer Gesichtspunkte in den Mittelpunkt rücken, sind aus der sowjetischen Literatur bekannt (Rodoman 1977, Ekkel 1979). Sie orientieren auf eine „Polarisierung der Biosphäre" in weitgehend naturnahe Reservate auf der einen und eine konzentrierte gesellschaftliche Nutzung (Funktionskonzentration) auf der anderen Seite. Hönsch (1980) verweist auf die Nichtrealisierbarkeit solcher Vorstellungen unter den Bedingungen eines bereits erreichten hohen Grades funktionaler Mehrfachnutzung, wie er für die DDR kennzeichnend ist.

In der BRD-Fachliteratur wird diese Problematik insbesondere in Verbindung mit dem „ökologischen Ausgleichsraum" diskutiert, und sie spielt auch in der Raumordnung und Raumplanung der BRD eine Rolle. Finke (1978) kennzeichnet mit Bezug auf Autoren wie BUCHWALD, LESER und HABER die Situation und kommt zu der Feststellung, daß die theoretisch-wissenschaftliche Begründung für ein Konzept des „ökologischen Ausgleichsraumes“ noch fehlt. Das findet bereits darin seinen Ausdruck, daß es eine klare und eindeutige Verwendung dieses Begriffes nicht gibt. Als beispielhaft und für die BRD einzigartig hebt FINKE die Anwendung des Gedankens des ökologischen Ausgleichsraumes im Raumordnungsplan Rhein-Neckar hervor, ohne daß der Autor aber näher auf die dabei zugrunde gelegten Ordnungsprinzipien eingeht.

Als ein weiteres Problem stellt sich folgendes: Während für die Entwicklung und Gestaltung städtischer Strukturen, insbesondere großstädtischer Agglomerationen, sozialpolitische Leitvorstellungen unter Berücksichtigung ökonomischer (auch stadtökonomischer) Zielsetzungen besonders Gewicht haben[1]), überwiegen in agrarisch oder forstlich genutzten Freiräumen je nach Bestimmung der Zielfunktion ökonomische oder ökologische Faktoren. Ein gewisses Dominieren von einzelnen Gesichtspunkten ist im konkreten Fall zweifellos gerechtfertigt, aber nur soweit zulässig, wie damit komplexe gebietliche Entwicklungen aus gesamtgesellschaftlicher Sicht nicht uneffektiv werden. Das Problem besteht vor allem darin, die Ausgewogenheit von Sozialem, Ökonomischem und Ökologischem bereits im Ansatz jeder gebietlichen Untersuchung dadurch hinreichend zu berücksichtigen, daß möglichst präzise und in einer begründeten Rangfolge die gesellschaftlichen Funktionen ausgewiesen werden, die die künftige Entwicklung bestimmen sollen.

Die Gewichtung der einzelnen Gesichtspunkte wird sich zweckmäßigerweise auch auf die gebietliche Abgrenzung auswirken. So sollte sich die in hohem Maße durch soziale Zielstellungen bestimmte Gebietsentwicklung einer großstädtischen Agglomeration auch auf den sozial bestimmten Aktions- und Kommunikationsraum (oder die Stadt-Umland-Region) beziehen, während Gebietsentwicklungen z. B. im Bereich von Braunkohlentagebauen in ihrer Abgrenzung maßgeblich durch das vom Abbau betroffene Gebiet, aber auch durch volkswirtschaftliche bestimmte Funktions-Lage-Beziehungen (vgl. Abschn. 2.3.1.1.) stark beeinflußt werden.

3. Schlußbemerkungen

Mit den vorangegangenen Ausführungen wurde versucht, die Rolle des Flächenfonds als territoriale Reproduktionsbedingung für die langfristig stabile volkswirtschaftliche Entwicklung deutlich zu machen und die Richtung für ein in sich logisches theoretisch-methodisches Konzept für Untersuchungen aufzuzeigen, das auch die Bewertung der Flächennutzung einschließt. Viele Fragen konnten dabei nur angerissen werden, und es ist deutlich, daß noch manches Problem gelöst werden muß, bevor die „Effektivität“ der Flächennutzung im gesamtstaatlichen Rahmen, in verschiedenen regionalen Dimensionsstufen oder auf lokaler Ebene meßbar und steuerbar wird.

Der planungspraktischen Verwirklichung dieses Anspruchs werden (bei Berücksichtigung von möglicherweise sehr unterschiedlichen Effektivitätszielen) die künftigen Bemühungen, auch der geographischen Forschung, um die weitere wissenschaftliche Fundierung gelten müssen. Die allgemeine Bedeutung und Aktualität der Flächennutzungs-

[1]) Diese Aussage gilt für sozialistische Verhältnisse, wo die Entwicklung der Arbeits- und Lebensbedingungen in den Zentren der Arbeiterklasse hohe Bedeutung besitzt.

problematik ist unbestritten. Das läßt sich u. a. daraus ablesen, daß in internationalen Forschungsprogrammen (z. B. SCOPE, MAB, RGW-Umweltprogramm) die Flächennutzung direkt und indirekt verstärkt aufgegriffen wird. In der DDR haben gerade in jüngster Zeit die traditionell mit der Flächennutzung befaßten Wissenschaften, aber auch die Organe der Territorialplanung, diese Entwicklung aufmerksam zur Kenntnis genommen.

So ist es auch folgerichtig, wenn bei der Ausarbeitung der gesamtstaatlichen territorialen Entwicklungsstrategie (Generalschema der Standortverteilung der Produktivkräfte) die Flächennutzung ihren Platz findet.

Eine strategische Orientierung zur Flächennutzung im Sinne von Zielvorgaben wird dazu beitragen, die wissenschaftlichen Fragestellungen klarer abzustecken, und damit die Schaffung notwendigen Erkenntnisvorlaufs beschleunigen.

Nach Meinung des Verfassers sollten geographische Beiträge dazu vor allem in zwei Richtungen erarbeitet werden:

1. Untersuchungen zur regionalen Differenzierung der Flächennutzung des gesamten Landes (u. a. Ermittlung von „Gebietstypen" der Flächennutzung), einschließlich ihrer Bewertung.
2. Untersuchungen zu und in einzelnen „Gebietstypen" der Flächennutzung unter besonderer Berücksichtigung ihrer territorialen Organisation.

Vor allem für die zuletztgenannte Richtung können die vorliegenden Ausführungen nützlich sein.

Резюме

Теоретические и методические основы исследования землепользования — с особенным учётом его территориальной организации

Целью работы являются выявление теоретических и методических основ землепользования как научная междисциплинарная проблема и представление подхода к оценке пространственных структур использования территории для практики планирования.

Важные исходные позиции исследований составляют общественные требования рационального использования всех площадей государственной территории и их ресурсов.

Как методический подход к изучению и планированию пространственных структур землепользования пользуется и совершенствуется представленный уже в 1972 г. Хаазе и Людеманном „аспектный" подход.

Из трёх аспекта

— „размещенский" аспект (штандорт как ресурс)
— аспект природных ресурсов площадей
— территориально-организационный аспект

последний изучают более подробно. При этом указывают на большое значение местоположения в географии и показывают, что территориальные связи являются пространственным аспектом процесса общественного воспроизводства. Территориально-организационный аспект характеризуется

— связями функции — положения
  (пространственные отношения между функционально свяданными объектами-площадями использования)

- влиянием соседства (влияние на прилегающие обьекты-площади как правило ненамеренными процессами использования).
- многоцелевым использованием территории (одни и та же площадь из-за её свойств может выполнять различные общественные функции).

Предлагается включить все три аспекта путём учёта и оценки актуального землепользования и реализации рекомендательных мероприятий рационализации, чтобы получить эффективные структуры использования территории. Как первичные единицы изучения структур землепользования выделяются функциональные площади.

Для оценки структур использования территории рекомендуют применение таких принципов как — концентрация смешение, наслоение, разделение и доступность функций — которые требуют для конкретного применения ещё дальнейшего уточнения. В этой связи указывают на значение и применение пространственных моделей.

Summary

Theoretical and methodical foundations of land use studies — with special consideration of spatial organization

On a theoretical and methodical basis, the paper is aimed at making land use as a cross-sectional problem of science better intelligible and presents an approach to the evaluation of spatial structures of land use to be applied in practical planning.

An important starting point are the requirements of society for a rational utilization of all areas of the national territory and the natural resources offered by them.

As a methodology for the investigation and planning of spatial structures of land use the "aspect approach" introduced already in 1972 by HAASE/LÜDEMANN is taken up again and advanced.

Of the 3 aspects

- aspect of areal resources
- aspect of natural resources
- aspect of spatial organisation

the latter is investigated more closely. The great significance of position and positional relations in geography is pointed out, and it is shown that these relations represent the spatial side of the process of social reproduction. The aspect of spatial organisation is characterized by

- relations of function and position (spatial relations of objects/areas used which are linked by functions in the social process of reproduction);
- neighbourhood behaviour (normally not intended impacts on adjacent objects/areas used arising from processes of utilization);
- multiple use of land (owing to its various properties, the very same area is used for several social functions).

It is proposed to integrate all three aspects by recording and evaluating the actual land use and by realizing recommended measures of rationalization, thus aiming at effective structures of land use.

Functional areas are distinguished as basic areal units for the investigation of structures of land use.

For evaluating land use structures it is recommended to apply principles like concentration of functions, mixture of functions, overlapping of functions, separation of functions, and accessability, the universality or specific applicability respectively of which have still to be investigated. In this connection the importance of spatial models and their application is stressed.

Literatur

Autorenkollektiv (Glissmeyer, H., u. a.): Handbuch Städtischer Verkehr, Berlin 1974.

Autorenkollektiv (Supranowitz, S., u. a.): Landeskulturgesetz — Kommentar zum Gesetz über die planmäßige Gestaltung der sozialistischen Landeskultur in der DDR vom 14. 5. 1970, Berlin 1973.

Bach, L.: Erreichbarkeits- und zugänglichkeitsbezogene Konzepte für die zentrale Lage von privaten und öffentlichen Einrichtungen. Raumforschung und Raumordnung, **36** (1978) 1/2.

Bauer, L.: Die Bedeutung der ökologischen Forschung und der Naturschutzgebiete für die Landeskultur. Zur Verwirklichung des Landeskulturgesetzes. Schriftenreihe f. d. Referenten URANIA, **1** (1971).

Bergelt, K.: Flächennutzung der Städte. Grundlagen und Ergebnisse der Flächennutzungsplanung. Schriftenreihen der Bauforschung, Reihe Städtebau und Architektur, H. 64, Berlin 1975.

Bierhals, E., Kiemstedt, H., u. H. Scharpf: Aufgaben und Instrumentarium ökologischer Landschaftsplanung. Raumforschung u. Raumordnung, **32** (1974) 2.

Billwitz, K.: Analyse und Wertung der Flächennutzungsstruktur am Beispiel des Ballungskern Halle—Merseburg. Wiss. Abhandlungen d. Geogr. Gesellschaft d. DDR, Bd. **14**, Gotha/Leipzig 1978.

Bönisch, R., Mohs, G., u. W. Ostwald (Hrsg.): Territorialplanung. Berlin 1976 (Zweitauflage 1980).

Bönisch, R.: Diskussions-Beitrag, gehalten auf der Arbeitstagung „Rationelle Gestaltung der regionalen Produktionsstruktur unter den Bedingungen der Intensivierung der gesellschaftlichen Reproduktion". Hochschule f. Ökonomie „Bruno Leuschner" Berlin, 22. 5. 1980.

Ekkel, B. M.: Racional'noje prirodopol'zovanie kak princip territorialnoj organizacii žizni obščestva. Vestnik Moskovskogo universiteta, Seria geografija, **3** (1979).

Finke, L.: Der ökologische Ausgleichsraum — plakatives Schlagwort oder realistisches Planungskonzept. Landschaft und Stadt, **10** (1978) 3, Stuttgart.

Graf, D.: Ökonomische Bewertungen der Naturressourcen im entwickelten Sozialismus — ein Beitrag zu methodologischen Grundlagen. Forschungs-Berichte, hrsg. vom Zentralinstitut d. Akademie d. Wiss. d. DDR, Nr. 33, Berlin 1980.

Grosser, K. H.: Vorschlag zur Gliederung gesellschaftlicher und biologischer Funktionen von Wald und Gehölz im Rahmen der Landschaftspflege. Archiv für Naturschutz und Landschaftsforschung, **16** (1976) 3/4, Berlin.

Haase, G.: Zur Ableitung und Kennzeichnung von Naturpotentialen. Petermanns Geogr. Mitteilungen, **122** (1978) 2.

Haase, G., u. H. Lüdemann: Flächennutzung und Territorialforschung — Gedanken zu einem Querschnittsproblem bei der Analyse und Prognose territorialer Strukturen. Geogr. Berichte, **62** (1972) 1.

Hartsch, E., Andreas, G., u. E. Neef: Erholungsfunktion und Interferenzproblem in der Sächsischen Schweiz. Wiss. Abhandlungen der Geogr. Gesellschaft d. DDR, Bd. **11**, Gotha/Leipzig 1975.

Herrmann, H.: Untersuchungen zum territorial-organisatorischen Aspekt der Flächennutzung in umweltbelasteten Dichtegebieten — ein Beitrag zur Bewertung heterogener Flächennutzungsstrukturen. Wiss. Abhandlungen d. Geogr. Gesellschaft d. DDR, Bd. **15**, Gotha/Leipzig 1981.

Herrmann, H.: Theoretische und methodische Grundlagen für die Untersuchung der Flächennutzung unter besonderer Berücksichtigung ihrer territorialen Organisation, dargestellt am Beispiel des Raumes Bitterfeld—Wolfen. Diss. (A), Leipzig 1981.

Herrmann, H., u. F. Hönsch: Leitlinien zur Struktur und Veränderung der Flächennutzung der DDR. Unveröffentl. Manuskript, Leipzig 1983.

HÖNSCH, F.: Konzeptionelle Vorstellungen zur komplexen territorialen Entwicklung unter besonderer Berücksichtigung von Erfahrungen der sowjetischen Geographie. Diss. (B), Berlin/Leipzig 1980.

JÄHNIG, M.: Probleme der territorialen Flächennutzung im Gebiet von Buna—Schkopau. Dipl.-Arb., Martin-Luther-Universität Halle, Sektion Geographie, 1972.

KIND, G.: Beiträge zur Planung der Siedlungsstrukturen und der Flächennutzung in der DDR. Wiss. Zeitschrift d. Technischen Universität Dresden, **27** (1978) 6.

KLAUS, G., u. M. BUHR (Hrsg.): Philosophisches Wörterbuch. Leipzig 1975.

KOZIOLEK, H.: Reproduktion und Nationaleinkommen. Berlin 1979.

KRAUSE, K.-H., u. a.: Begriffskatalog zur Flächennutzung (3. Fassung). Martin-Luther-Universität Halle, Sektion Geographie, Manuskript 1977.

KRÖNERT, R.: Problemanalyse „Flächennutzung". Geographisches Inst. d. Akademie d. Wiss. d. DDR, Leipzig, Manuskript 1974.

KRÖNERT, R., u. H. NEUMANN: Die Stadt-Umland-Regionen als Aktions- und Kommunikationsräume der Bevölkerung. Architektur der DDR, **27** (1978) 3, Berlin.

LAMMERT, U., u. a. (Autorenkollektiv): Städtebau. Grundsätze, Methoden, Beispiele, Richtwerte. Berlin 1979.

LÜDEMANN, H.: Probleme der Flächennutzung im Rahmen der Forschungsarbeiten zur Territorialplanung. Mitteilungsblatt des Fachverbandes der Berufsgeographen in der Geogr. Gesellschaft d. DDR, Nr. 6/7, Leipzig 1971, Manuskriptdruck.

MAERGOIZ, I. M.: Gedanken zur ökonomisch-geographischen Lage (unter besonderer Berücksichtigung der ökonomisch-geographischen Lage der Städte). Wiss. Zeitschrift d. Humboldt-Univ. Berlin, Gesellschaftswiss.-Sprachwiss. Reihe, **17** (1968).

MARX, K.: Das Kapital, Band I, Berlin 1961.

MENGE, W.: Die Aufgaben der Territorialen Ökonomie und Planung bei der rationellen Nutzung der Fläche. Lehrbrief 9, Hochschule f. Ökonomie Berlin-Karlshorst, Manuskriptdruck 1970 (1972).

MINC, A. A., u. T. I. PETRJAKOVV: Ispol'zovanie territorii kak geografičeskaja problema. Izvestija AN SSSR, serija geogr., **22** (1973) 4, Moskva.

MOHS, G., u. D. SCHOLZ: Der Wirtschaftsraum — Grundlagen seiner Analyse und Typologie. Potsdam 1978 (Lehrmaterial zur Ausbildung von Diplomfachlehrern: Geographie).

NEUMANN, H., u. R. KRÖNERT: Zur Konzeption der Sozialgeographie. Geogr. Berichte, **95** (1980) 2.

NEEF, E., u. a.: brockhaus handbuch: sozialistische landeskultur — umweltgestaltung — umweltschutz. Leipzig 1977.

NEEF, E.: Mehrfachnutzung des Bodens. „Im Mittelpunkt der Mensch, Umweltgestaltung — Umweltschutz". Berlin 1975.

NICLAUSS, M.: Methodische Ansätze zur Flächenbedarfsermittlung und zur räumlichen Verteilung von Funktionen sowie ihre Anwendbarkeit auf das Instrument Flächennutzungsplanung. Diss. 1978, Technische Universität Hannover.

RICHTER, H.: Geographische Aspekte der sozialistischen Landeskultur. Studienbücherei Geographie für Lehrer, Bd. **17**, Gotha/Leipzig 1979.

RODOMAN, B. B.: Die räumliche Differenzierung der Biogeosphäre unter dem Gesichtspunkt der Theoretischen Geographie. Geogr. Berichte, **84** (1977) 3.

ROOS, H.: Natürliche Umweltbedingungen und volkswirtschaftlicher Reproduktionsprozeß. Geogr. Berichte, **80** (1976) 3.

RUMPF, H., u. A. ZIMM: Zum Problem der Optimierung territorialer Beziehungen zwischen den Funktionen der Reproduktionslinie Arbeiten — Wohnen — Naherholung in Agglomerationen (am Beispiel der Hauptstadt der DDR, Berlin). Wiss. Abhandlungen d. Geogr. Gesellschaft d. DDR, Band **9**, Gotha/Leipzig 1972.

SCAMONI, A.: Funktionskarten als Grundlage für landeskulturelle Planungen, dargestellt an Beispielen aus den Landschaftsschutzgebieten Choriner Endmoräne und Werbellinsee-Grimmitzsee einschließlich ihrer weiteren Umgebung. Beiträge für die Forstwirtschaft, **10** (1976) 2.

SCHMIDT-RENNER, G.: Beziehungen zwischen Umweltschutz und Territorialökonomie. Petermanns Geogr. Mitteilungen, **121** (1977) 3.

SCHUBERT, L.: Konzeption zur Schaffung einer Flächennutzungskarte der DDR im Maßstab 1:50000 (1:10000). Diss. (A), Technische Universität Dresden 1977.

SCOPE newsletter Nr. 9 May 1980: News on SCOPE Projects Land Transformation.

Statistisches Jahrbuch der Deutschen Demokratischen Republik, 1981.

WALOSSEK, W.: Zur Hierarchie der Flächennutzung aus ökonomisch-geographischer Sicht, dargestellt am Beispiel eines Industriegebietes. Wiss. Zeitschrift d. Univ. Halle **XXVII** (1978) 4, Halle.

WEIGEL, W.: Die Stadt und ihr Umland. Städtebau, Berlin 1979.

WERNER, K., u. a.: Bewertungsgrundlagen des agrarisch genutzten Raumes hinsichtlich der technologischen Einsatzmöglichkeiten landwirtschaftlicher Maschinen und Geräte und Wege zu deren Verbesserung. Inst. f. Landschaftsforschung u. Naturschutz d. Akademie d. Wiss. d. DDR, Zweigstelle Dölzig, unveröff. Forschungs-Bericht 1973.

Dr. rer. nat. HELMUT HERRMANN, Akademie der Wissenschaften der DDR, Institut für Geographie und Geoökologie, 7010 Leipzig, Dimitroffplatz 1.

Beiträge zur Geographie	Bd. 32	S. 157–212	Berlin 1985

Bildung und Kennzeichnung von Geokomplexformen nach ihrer Vertikalstruktur

Von HEINZ HUBRICH

Inhalt

1. Zielstellung

Die in der geotopologischen Landschaftsforschung in der DDR erreichten Ergebnisse sind auf ein für das jeweilige Arbeitsgebiet gültiges Typenspektrum beschränkt. Das ist ausschließlich auf empirischem Wege ohne Anwendung mathematisch-statistischer Verfahren entstanden, wofür in jedem einzelnen Falle keine ausreichende Datenmenge zur Verfügung stand, was unter den Bedingungen der Ein-Mann-Bearbeitung verständlich ist. Die Gesamtheit der einzelnen Forschungsergebnisse stellt jedoch eine ausreichende statistische Masse dar, die nach einem einheitlichen, von den verschiedenen Bearbeitern unbeeinflußten Verfahren ausgewertet und typologisch bearbeitet werden kann. Es ist darum Ziel dieses Beitrages, einen anderen als bisher in der geotopologischen Forschung üblichen methodischen Weg zur Typisierung von Geokomplexen vorzustellen und auf seine generelle Anwendbarkeit zu prüfen.

Weiterhin ist beabsichtigt, den erarbeiteten Katalog von Typen, anknüpfend an frühere Arbeiten (Hubrich u. Schmidt 1968), für die geotopologische Charakteristik eines größeren Gebietes zu nutzen.

An dieser Stelle ist es notwendig, einige Erläuterungen zu den im folgenden verwendeten Begriffen zu geben: Der „*Geokomplex*" ist ein Begriff zur Kennzeichnung der „vertikalen" inhaltlichen Struktur, wie sie an jedem Punkt im Gelände durch eine Standortaufnahme erfaßt werden kann (Neef 1963). Dieser Begriff wird hier so verwendet, wie er bei Neef, Richter, Haase u. a. (1973) definiert ist, bleibt aber auf die topische Dimension beschränkt. Der dem Geokomplex entsprechende Typbegriff ist — in Anlehnung an die Standortsform der forstlichen Standortserkundung — die „*Geokomplexform*". Damit wird zugleich eine konsequentere Sprachregelung zwischen den Typen der Partialkomplexe und des Gesamtkomplexes hergestellt: Die Geokomplexform korrespondiert mit der „*Vegetationsform*" (nach Schlüter 1979, siehe dazu auch Kopp 1979), der „Reliefform" in Anlehnung an Kugler (1964, 1965) sowie Grimm u. a. (1964) und der „Bodenform" nach Lieberoth (1968, 1970), Lieberoth u. a. (1967, 1971) und Kopp (1966, 1975). Das Grundwort „*typ*" wird durch „*form*" ersetzt, was bei der auf das jeweilige Fachgebiet bezogenen Verwendung der Begriffe ohnehin erforderlich ist; denn Vegetationstyp, Relieftyp und Bodentyp haben dort einen anderen Begriffsinhalt und sind demzufolge auch anders definiert. Die Reliefform entspricht dem „*Formelement*" bei Kugler sowie Grimm u. a. (s. o.).

Stichwortartig lassen sich aus der Zielstellung folgende Aufgaben formulieren:

- Studium der Fachliteratur sowie der Literatur anderer Disziplinen im Hinblick auf generelle Fragen zur Typisierung und Klassifizierung sowie Bekanntmachen mit vorhandenen Typenbildungen und Typisierungsverfahren;
- Durchsicht der landschaftsökologischen Standortaufnahmen und Analysendaten des ausgewählten Beispielsgebietes sowie deren Aufbereitung für die mathematisch-statistische Bearbeitung;
- Aufstellen eines Algorithmus für die Datenverarbeitung und -auswertung;
- Bildung von Geokomplexformen auf der Grundlage der Datenauswertung;
- Analyse der erreichten Ergebnisse zur Formulierung verallgemeinerter Aussagen als Beitrag zu Methodik und Theorie des Fachgebietes sowie im Hinblick auf die Anwendbarkeit der Verfahren und Ergebnisse.

Generell unterscheidet sich die Geographie von anderen Disziplinen vor allem auch dadurch, daß sie es mit sehr kompliziert strukturierten, dem anorganischen, organischen und sozio-ökonomischen Existenzbereich angehörenden Objekten zu tun hat. Das mag erklären, warum es in der Vergangenheit und bis in die Gegenwart hinein sehr häufig Veranlassung gab — und auch noch gibt —, sich mit dem Erfassen geographischer Objekte, aber auch mit ihrer Darstellung zu beschäftigen. Es ist das vor allem eine Frage nach dem Verhältnis von Typus und Individuum und danach, wann das eine und wann das andere im Vordergrund der Forschung und ihrer Ergebnisse stehen muß (Gleiches gilt ebenfalls im Hinblick auf die Lehre). Wenn in der Vergangenheit zeitweilig die Auffassung vorherrschte, die typologische Arbeitsweise sei nur der allgemeinen Geographie eigen, während die regionale Geographie das Individuelle geographischer Objekte bzw. Gebiete herauszustellen habe, so hat heute die Typologie in allen geographischen Teildisziplinen einen angemessenen Platz; sie nimmt in Methodologie und Methodik eine zentrale Position ein.

Auf grundlegende Fragen des Typisierens im allgemeinen und im speziellen für die geographische Landschaftsforschung soll hier nicht näher eingegangen werden (vgl. dazu HUBRICH 1974, 1976a u. b, 1980).

2. Stand des Typisierens in der Geotopologie

Besonders in den letzten Jahren wurden für die geotopologische Landschaftsforschung wichtige Beiträge, besonders auch von Nachbardisziplinen, geliefert, die für eine DDR-weite, auf geotopologische Informationen gestützte Naturraumgliederung bedeutsam sind (siehe dazu RICHTER 1978); so zum Beispiel die *Systematik von Vegetationseinheiten* in der Geobotanik, ökologische Zeigereigenschaften von Einzelpflanzen und Artengruppen sowie ökologisch-soziologische Artengruppen nach SCHLÜTER (1957); Beschreibung der *morphographischen Verhältnisse* nach KUGLER (1964); Definition und *Systematik von Bodentypen und Bodenformen* (EHWALD 1966, 1970; LIEBEROTH 1968, 1970; LIEBEROTH u. a. 1967, 1971).

Die Ergebnisse landschaftsökologischer Arbeiten seit Beginn der sechziger Jahre sind durchweg auf *Typen* bezogen, die auch — meist zum Zwecke einer geordneten Charakteristik und Kartenlegende — nach dem einen oder anderen Merkmal klassifiziert worden sind. Im einzelnen unterscheiden sie sich dadurch, daß die einen *Ökotope* bzw. *Geotope* und die anderen nur *Physiotope*, also zum einen mit und zum anderen ohne Berücksichtigung der Vegetation, ausgeschieden haben.

Eine ausgewogene Berücksichtigung von *abiotischen und biotischen Geokomponenten bei der Typenbildung und -charakteristik* ist z. B. in den Arbeiten von NEEF, SCHMIDT u. LAUCKNER (1961), G. HAASE (1961, 1964), LAUCKNER (1962, 1964), THOMAS-LAUCKNER (1966), HÜGIN (1962), BECKMANN (1965), KLINK (1964, 1966), BARSCH u. SCHUSTER (1968), WERNER (1968), DIERSCHKE (1969) und FINKE (1971) festzustellen. Quasi naturnahen Zustand der Vegetation vorausgesetzt, hält KLINK (1944) die Pflanzengemeinschaften für den „vollkommensten Ausdruck" der natürlichen Bedingungen eines Landschaftsraumes. In einigen Arbeiten bestimmt die Vegetation zwar nicht die Typenbildung mit, wird aber zur Charakteristik der Geokomplexformen bzw. Standortsformen herangezogen (z. B. HUBRICH 1964, 1966; KOPP 1966, 1975 und KOPP u. a. 1969).

Eine ganze Reihe geotopologischer Arbeiten stützt sich *nur* auf *abiotische Geo-*

komponenten und bezieht die wesentlichsten Merkmale zur Kennzeichnung der Geokomplexformen direkt und indirekt aus der Untersuchung des Bodens. Auch aus gegenwärtiger Sicht ist der *Boden der Partialkomplex,* von dem man am ehesten — und beinahe ausschließlich — *quantitative Daten* erhält. Arbeiten dieser Art sind z. B. die von R. SCHMIDT (1965, 1966), BERNHARDT (1966, 1967), BILLWITZ (1967), KRÖNERT (1967, 1968), I. SCHMIDT (1970).

In Nachbardisziplinen gibt es ebenfalls Arbeiten, die dem *„landschaftsökologischen Konzept"* entsprechen und auch von diesem stimuliert worden sind.

Ausgehend von geotopologischen Forschungsergebnissen in Teilen von Nordsachsen ist für das genannte Gebiet eine *Klassifikation landschaftsökologischer (geotopologischer) Typen* vorgeschlagen worden (HUBRICH u. SCHMIDT 1968). Diese mußte sich hauptsächlich auf Nominaldaten stützen.

Bis zum gegenwärtigen Zeitpunkt ist es die erste, über einzelne Bearbeitungsgebiete hinausgehende Typen-Klassifikation in der geotopologischen Landschaftsforschung der DDR, sieht man einmal von den definierten Standortformen der forstlichen Standortserkundung ab.

3. Methoden zur Ermittlung von Geokomplexformen

Es gehört zu den allgemeinen Erfahrungen, daß mit quantitativen Daten ein vergleichsweise größerer Informationswert abschöpfbar ist. Mit dem Blick auf notwendige Entwicklungen in der geographischen Forschung ganz allgemein, besonders hinsichtlich der methodischen Bewältigung gegenwärtiger und zukünftiger Forschungsaufgaben, sieht G. SCHMIDT (1979) vor allem — neben der Dynamik der Prozeßabläufe — „die Erfassung von Strukturen zur Typenbildung und Klassifikation" als ein wesentliches wissenschaftliches Problem.

Ohne Zweifel ist der sächsische Raum nördlich der Mittelgebirge das landschaftsökologisch am intensivsten bearbeitete Gebiet innerhalb der DDR und deshalb als Beispielsgebiet für das gestellte Ziel gut geeignet. Neben den geotopologischen Detailuntersuchungen von G. HAASE (1961), LAUCKNER (1964), HUBRICH (1964), R. SCHMIDT (1965), BERNHARDT (1966), BILLWITZ (1967), KRÖNERT (1967), I. SCHMIDT (1970), THOMAS (1970), MANNSFELD (1971), HUBRICH, SCHLÜTER u. THOMAS (1971), die hier die Grundlage bilden, ist die vergleichsweise gute und großräumige Erforschung durch Nachbardisziplinen ein weiterer Vorteil.

3.1. Grundlagenmaterial

3.1.1. Beispielsgebiete

In dem als *„Sächsisches Flach-, Hügel- und Bergland"* bezeichneten Beispielsgebiet befinden sich elf geotopologisch bearbeitete Gebiete von unterschiedlicher Größe und Verteilung (Abb. 1).

Für alle wichtigen natürlichen Landschaftskomponenten des Beispielsgebietes liegen Ergebnisse meist langjähriger Forschungsarbeiten vor. Neben dem Überblick über die Arealstruktur der Geokomponenten ergeben sich günstige Möglichkeit en für landschafts

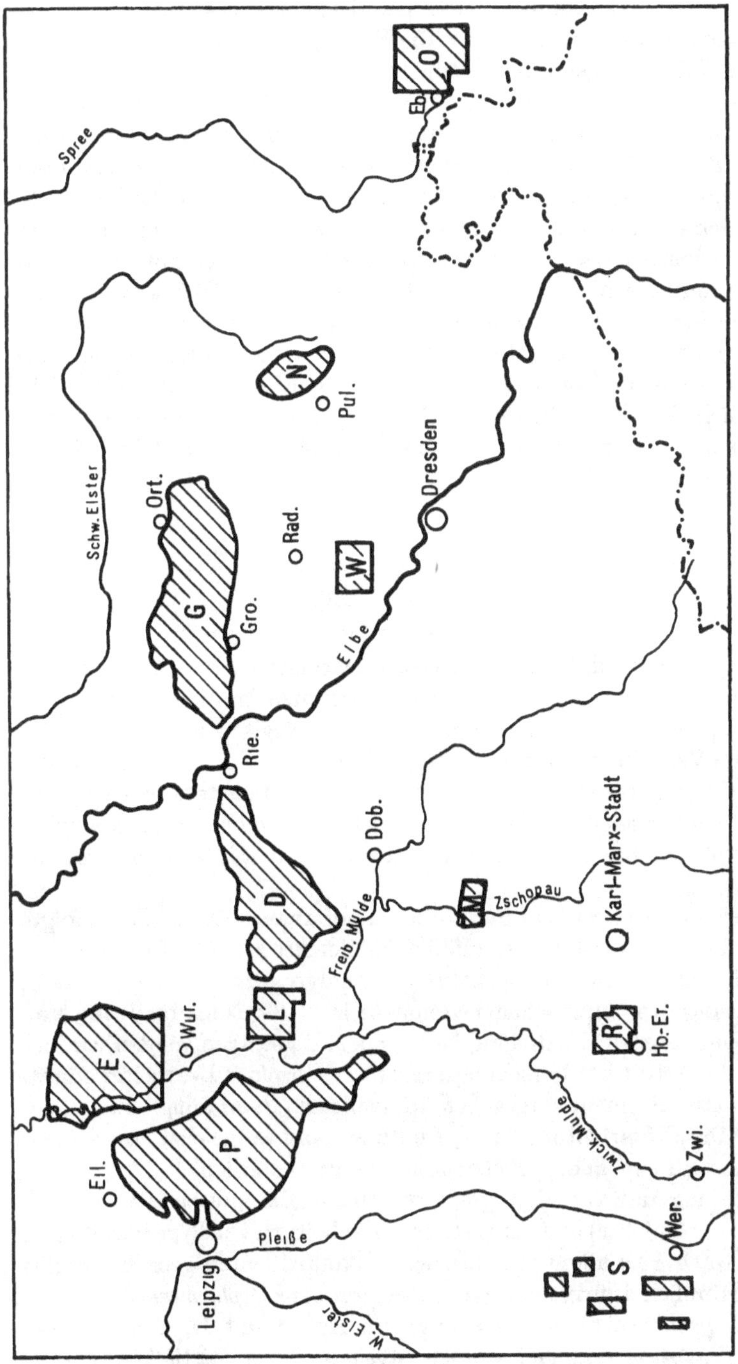

Abb. 1. Sächsisches Flach-, Hügel- und Bergland: Geotopologisch bearbeitete Gebiete

Gebiete:	Bearbeiter		
D	H. HUBRICH und H. SCHLÜTER 1971	O	I. SCHMIDT 1970
E	H. HUBRICH 1964	P	M. THOMAS 1970
G	R. SCHMIDT 1965	R	R. KRÖNERT 1967
L	K. BILLWITZ 1967	S	A. BERNHARDT 1966
M	R. KRÖNERT 1967	W	K. MANNSFELD 1971
N	G. HAASE 1961		

genetische Erklärungen und Verknüpfungen einzelner Standortaufnahmen und kleinräumiger Untersuchungen. Weiterhin wird damit die Extrapolation von geotopologisch bearbeiteten Gebieten auf andere Bereiche ermöglicht.

Zwei Hauptsequenzen sind *kennzeichnend für* die *naturräumliche Struktur des Beispielsgebietes* und darüber hinaus für den gesamten sächsischen Bereich: *westlich der Elbe* durch eine *von Nord nach Süd gerichtete* und *östlich* davon durch eine *von Nordwest nach Südost gerichtete Abfolge* (siehe dazu Haase u. Richter 1965). In den gleichen Richtungen vollzieht sich auch die Differenzierung in der Arealstruktur der einzelnen Geokomponenten. Besonders deutlich wird dieser Sachverhalt durch die Struktur der Bodendecke (G. Haase 1978b) und die pflanzengeographische Gliederung (Müller 1963/64) belegt. Primäre Ursache für diese Regelmäßigkeit in der räumlichen Ordnung sind die orographischen Bedingungen, vor allem die nach Süden und Südosten ansteigenden Höhenlagen; alle anderen auf die räumliche Strukturierung Einfluß nehmenden Faktoren lassen sich letztlich darauf zurückführen. Für die Typendifferenzierung ist es wichtig zu wissen, daß mit den wechselnden Höhenlagen die mittleren Jahresniederschläge zwischen 550 mm im Flachland und über 800 mm im Bergland differieren (J. Haase 1971).

3.1.2. Datenbasis

Innerhalb des Beispielsgebietes sind die geotopologisch bearbeiteten Bereiche ungleichmäßig verteilt, was auch im Hinblick auf die hier vertretenen Naturraumtypen gilt (vgl. Abb. 1). Die unterschiedliche Flächengröße der geotopologisch bearbeiteten Gebiete läßt eine ungleiche Verteilung von Standortaufnahmen auf die einzelnen Arbeitsgebiete und damit auf das gesamte Gebiet vermuten, wie sie sich auch tatsächlich ergibt. Dieser Sachverhalt geht nachträglich, also ohne immensen Aufwand nicht mehr korrigierbare indirekte Einflußgröße, in die statistische Bearbeitung und damit auch in deren Ergebnis ein.

Die Auswahl von Stichproben, wie sie die Standortaufnahmen darstellen, erfolgte unter dem Gesichtspunkt der Statistik rein zufällig (G. Schmidt 1977). Der gewissermaßen optimale Fall, daß alle Phasen der statistischen Analyse, „Sammlung, Auswahl, Verarbeitung und Deutung des empirischen Datenmaterials“ (G. Schmidt 1976), von vornherein von einer gemeinsamen Zielstellung bestimmt und getragen werden, ist hier nicht gegeben. Da sich die Arbeit auf Forschungsergebnisse einzelner Bearbeiter stützt, ist zwangsläufig ein gewisser Rahmen vorgegeben, in dem sich „Sammlung“ und „Auswahl“ bewegen können. Die „Verarbeitung“ und „Deutung“ sind vergleichsweise weniger davon beeinflußt, weil sie auf eine andere Zielstellung orientiert werden.

Im Ergebnis der Prüfung des zur Verfügung stehenden Datenmaterials konnten 421 Standortaufnahmen (= Objekte) in die statistische Bearbeitung zur Typenermittlung aufgenommen werden. Nach Partialkomplexen bzw. Geokomponenten geordnet ergibt sich folgendes Bild im Hinblick auf die mit Daten belegten *Geokomplexmerkmale*:

Nur in drei geotopologisch bearbeiteten Gebieten (in Abb. 1 mit D, E und N bezeichnet) ist auch die *Vegetation* erkundet worden, weshalb dieser Partialkomplex — bedauerlicherweise — mangels Masse für die Typenbildung ausfallen muß. Mit nur wenigen Ausnahmen ist auch das *Relief* erfaßt: Zugehörigkeit zum Mesorelief sowie Angaben über Neigung, Exposition und Wölbung als Merkmale des Mikroreliefs.

Die meisten, vor allem auch quantitativen Daten beziehen sich auf die wichtigsten physikalischen, chemischen und biotischen *Eigenschaften des Bodens*, genauer: auf die *Bodenhorizonte*. Meist sind auch noch weitere Merkmale erkundet und analysiert worden, aber im einzelnen recht unterschiedlich und als statistische Masse lückenhaft. Für 217 Objekte sind die Werte für die genannten Gruppen von Bodenmerkmalen vollständig, bei 75 fehlen die Werte für Humusgehalt und Austauschkapazität, 62 sind ohne Werte für die Volumenverhältnisse, 36 sind ohne Werte für Humus, Dichte, S- und H-Werte, 31 sind ohne Angaben über Humusgehalt, Dichte, Substanzvolumen und Wasserkapazität.

Das *Grundwasser* ist, soweit landschaftsökologisch relevant, nach seiner mittleren Tiefenlage in diskreten oder Stufenwerten angegeben. Im Zusammenhang mit dem Bodenprofil ist das *Gestein* als Ausgangsmaterial der Bodenbildung ausgewiesen. Angaben über die *Nutzung* beziehen sich meist auf den Zeitpunkt der Felderkundung und sind deshalb detaillierter als hierfür benötigt; sie werden deshalb auf die Hauptnutzungsformen — Acker, Grünland und Wald bzw. Forst — reduziert.

3.2. Algorithmus

In den letzten Jahren sind auch für die Geographie Verfahren der multivariaten Statistik, speziell für das Typisieren und Klassifizieren, erschlossen worden, die mehr und mehr herkömmliche, auf empirische Vergleiche gestützte Verfahren ablösen. Um nur einige wenige Beispiele dafür zu nennen, sei auf Arbeiten von Schmidt, Krönert u. Neumann (1974), Schmidt u. Margraf (1976), Reuter (1977) und Wollkopf (1977) hingewiesen. Unter den multivariaten statistischen Verfahren scheint die Faktorenanalyse, häufig zweckentsprechend mit Distanzgruppierung verknüpft, am meisten angewendet zu werden, was ihre Eignung für die Lösung entsprechender Aufgaben unterstreicht. Auf Grund dieser inzwischen schon verallgemeinerungsfähigen Erfahrung findet auch hier die Faktorenanalyse als grundlegendes statistisches Verfahren für die Ermittlung von Geokomplexformen Anwendung.

In ihren mathematischen Grundlagen und Operationen ist die *Faktorenanalyse* ausführlich in verschiedenen Monographien beschrieben worden, so u. a. von Überla (1968). Grundsätzliche Fragen zur Anwendung der Faktorenanalyse in der geographischen Forschung sind Gegenstand spezieller Arbeiten, wie z. B. von Steiner (1965), Kilchenmann (1971), Neumeister (1972). Als zweckmäßig wird erachtet, die Aufmerksamkeit auf den speziellen Fall der Anwendung zu richten, daß der Geokomplex vertikal strukturiert und die Datenermittlung darauf eingestellt ist. Als Ganzes ist der Geokomplex deshalb statistisch nicht unmittelbar, sondern nur über seine vertikal angeordneten Teile faßbar.

Darum steht vor der mathematisch-statistischen Analyse als Aufgabe die *Bestimmung von Bezugseinheiten*, die für diese direkt zugänglich sind. Solche Bezugseinheiten sind die von Neumeister (1979a) als „Schichten" bezeichneten, vertikal angeordneten und homogenen Abschnitte im Geokomplex. Die Homogenität ist für jede Fragestellung neu festlegbar und damit auch die Mächtigkeit und gegenseitige Abgrenzung der Schichten. Die Typisierung von Geokomplexen beginnt deshalb mit der Typenbildung in den einzelnen Schichten; die dabei ermittelten Schicht-Typen werden nach ihrer vertikalen Abfolge zu Geokomplexformen verknüpft.

Durch seine Konstruktion und optische Wirkung ist das Geokomplex-Modell von Richter (1968) durchaus geeignet, als Schema des Schichtkonzepts, wenn auch mit einigen Einschränkungen, aufgefaßt zu werden.

Zwischen diesen Schichten des Geosystems und den Kompartimenten des Ökosystems, wie sie z. B. von Ulrich u. Mayer (1973) beschrieben und dargestellt werden, besteht große Ähnlichkeit in methodischer Hinsicht. Vergleichbar, wenn auch nicht identisch, sind die „Biogeohorizonte" der Fazies nach Beručašvili (1977).

Die Ableitung eines *Algorithmus für die Typisierung von Geokomplexen* aus wesentlichen Objekteigenschaften bleibt beim gegenwärtigen Forschungs- und Erkenntnisstand in der Geotopologie vorerst auf inhaltliche Strukturmerkmale beschränkt. Der Objektbezug des nachfolgend formulierten Algorithmus ergibt sich aus der *Vertikalstruktur des Geokomplexes* sowie aus den objektiv existierenden *Lage- und Prozeßbeziehungen* zwischen den Schichten. Für letztere fehlen noch weitgehend quantitative Aussagen als Belege.

Aus den drei statistischen Verfahren, Faktorenanalyse, Distanzgruppierung und Vertikalverknüpfung, baut sich der Algorithmus zur Ermittlung der Geokomplexformen auf; über die einzelnen *Operationen* informiert nachfolgende Übersicht.

1. *Ordnen des Datenmaterials:*

   Die geeigneten Geokomplexe werden anhand der Standortbeschreibungen und Analysentabellen in numerierter Reihenfolge geordnet.

2. *Festlegen von Schichten und Objekten:*

   Die Geokomplexe werden in Schichten untergliedert, wobei jede Schicht die gleiche Nummer wie der ganze Geokomplex erhält. Jede Schicht eines Geokomplexes ist ein Objekt; ihre Merkmale sind die Variablen. Alle Objekte werden mit ihren Variablen in der festgelegten Reihenfolge in Tabellen eingetragen, wobei jede Schicht eine eigene Tabelle erhält.

3. *Ermittlung der Merkmalsstruktur der Schichten:*

   Die ausgewählten Schichten werden mittels Faktorenanalyse bearbeitet, um die Struktur der Variablen, ihre gegenseitigen Beziehungen und die strukturbestimmenden Faktoren zu erkennen. Die höhere Zahl von Merkmalen wird auf wenige Faktoren reduziert, die in einer absteigenden Rangfolge den unterschiedlichen Anteil einzelner Merkmale bzw. Merkmalsgruppen an der Gesamtstreuung erklären.

4. *Bildung von Schicht-Typen:*

   Die mit der Faktorenanalyse verbundene Bewertung der Objekte macht es möglich, Ähnlichkeitsgruppen von Objekten auszuscheiden. Dazu werden die Objekte nach abgestufter Ähnlichkeit in Dendrogrammen dargestellt, in die senkrecht dazu Trennebenen eingezogen werden, wodurch sich bestimmte Dendrogramm-Bündel ausscheiden lassen. Diese sind die zu Schicht-Typen zusammengefaßten Objekte.

5. *Ermittlung der Merkmalsstruktur der Schicht-Typen:*

   Die Merkmalsstruktur der Schichten ist gewissermaßen die Grobstruktur der Merkmale aller Objekte. Die Feinstruktur wird nach dem gleichen Verfahren wie bei 3.

für die einzelnen Schicht-Typen ermittelt; diese werden quantitativ durch Mittelwerte und Standardabweichungen der Merkmale gekennzeichnet.

6. *Kombination der Schicht-Typen zu Geokomplexformen:*

Die einzelnen Objekte werden nach ihrer Zugehörigkeit zu bestimmten Schicht-Typen durch einen speziellen Algorithmus, als „Geovert" bezeichnet (BACINSKI, zit. bei NEUMEISTER 1979a), vertikal verknüpft und damit zu Geokomplexformen zusammengefaßt.

Die bereits beschriebene Datensituation erfordert eine etwas modifizierte Anwendung des Algorithmus in der Weise, daß *nur* die *Objekte und Merkmale der Bodenformen* nach dieser Folge von Operationen bearbeitet werden können. Die damit erfaßten *„Boden-Kombinationstypen"* werden anschließend mit den anderen Partialkomplexen verglichen und im Ergebnis dieses Vergleichs die *Geokomplexformen* ausgewiesen.

Da nutzungsbedingte Unterschiede in vergleichbaren Geokomplexen recht groß sind, erfolgte eine *Einteilung der Geokomplexe* in solche *unter Ackernutzung* und solche *unter Grünland-* und *Waldnutzung* für die statistische Bearbeitung.

Nach dieser Einteilung sind die einzelnen *Bodenprofile* für die statistische Analyse *nach* der *Horizontdifferenzierung in* jeweils vier oder drei, in wenigen Einzelfällen auch nur in zwei *Schichten getrennt* worden. Dafür kamen solche Horizonte in die Auswahl, die das Profil der jeweiligen Bodenform prägen. Durch diese Standardisierung — ein Schritt zur Typisierung der Schichten — erhalten alle Vertreter einer bestimmten Bodenform den gleichen Profilaufbau, gewissermaßen das Norm-Profil. Die Ap- und Ah-Horizonte bilden unabhängig von ihrer Mächtigkeit eine eigene, die erste Schicht. Zwischenhorizonte gehören demzufolge in die zweite Schicht, dagegen sind Unterbodenhorizonte nach Anzahl und Mächtigkeit auf die zweite bis vierte Schicht verteilt. Untergrundhorizonte sind in ihrer Verteilung abhängig von der Lage unter Flur und deshalb vor allem der vierten oder dritten, ganz selten der zweiten Schicht zugeordnet. Den anhydromorphen und stauvergleyten Bodenformen wird einheitlich eine Mächtigkeit von 120 cm zugrunde gelegt, bei unvergleyten Böden reduziert sie sich, der Grundwasserstufe entsprechend, auf 80 bzw. 60 cm.

Zur *Typisierung* der einzelnen Schichten fiel die Auswahl auf folgende *Merkmale*: *Ton-, Schluff- und Sandgehalt*; *Dichte, Substanzvolumen* und *Wasserkapazität*; für die Sorptionsverhältnisse *S- und H-Wert*; in der ersten Schicht noch der *Humusgehalt*. Diese Merkmale können als grundlegende Informationen über den Boden im Rahmen der geotopologischen Arbeiten aufgefaßt werden. Vollständig sind diese acht bzw. neun Merkmale für 217 Bodenprofile vorhanden, aufgeteilt in 154 Acker- und 63 Grünland- und Wald-Böden.

3.3. Bildung der Schicht-Typen

3.3.1. Schichten

Fast zehntausend Werte, auf 24 Objekt-Merkmal-Matrizen verteilt, sind in die Faktorenanalyse eingegangen. Die dabei absolvierten Rechenschritte sollen im folgenden nur soweit erwähnt werden, wie es für das Verständnis notwendig erscheint. Mit den zuvor standardisierten Werten wird zwischen den Merkmalen die Korrelation ermittelt. Daß die Merkmale untereinander nicht korreliert sind, war als Forderung erwartungsgemäß nicht voll zu erfüllen; die Korrelationskoeffizienten haben jedoch zum weitaus größten Teil sehr niedrige Werte. Mit der anschließenden Faktoren-Merkmal-Matrix (= Faktorenmatrix) werden die zuvor noch unklaren Beziehungen zwischen den Merkmalen bzw. Variablen verdeutlicht. Die damit verbundene Vereinfachung der Beziehungsstruktur durch komplexere Merkmale, die Faktoren, wird und wurde hier erst mit der Faktoren-Rotation erreicht. Die primär ermittelte Faktorenanzahl entsprach der Anzahl der Merkmale; mit der Rotation konnte sie auf die Hälfte reduziert werden. Die *Faktorenmatrizen der einzelnen Schichten* sollen im folgenden erläutert werden.

In der ersten Schicht der *Ackerböden* (Tab. 1) erklären fünf Faktoren rund 90% der Gesamtvarianz, wovon ca. 55% auf die Faktoren 1 und 2 entfallen. Diese korrelieren sehr eng mit der Bodentextur und den Volumenverhältnissen. Mit deutlich geringerem Eigenwert und Varianzanteil folgen die anderen Faktoren, die aber sehr hoch von Humusgehalt, von S- und H-Werten aufgeladen sind. In der zweiten Schicht fallen mit höheren Eigenwerten drei von vier Faktoren auf, die zusammen einen Varianzanteil von ungefähr 73% haben. Auch hier laden bodenphysikalische Merkmale die Faktoren am stärksten auf. Beachtenswert ist der Faktor 1 mit der engen Korrelation zu den Merkmalen Ton und S-Wert, was in dieser Kombination bei den Ackerböden nur in der 2. Schicht vorkommt. Der durch den H-Wert sehr hoch aufgeladene Faktor 3 hat nur 13% Anteil an der Varianz. Die folgenden zwei Schichten sind in ihrer Variablenstruktur sehr ähnlich bis gleich; die beiden Sorptionsmerkmale laden getrennt die Faktoren mit dem niedrigsten Varianzanteil auf, und der Varianzanteil der Textur- und Volumenmerkmale erhöht sich gegenüber den Werten der ersten und zweiten Schicht auf über 60%. Die Zuordnung bestimmter Merkmale zu einzelnen Faktoren, so läßt sich zusammenfassend feststellen, ist am klarsten in der ersten, dritten und vierten Schicht.

In den Grundzügen haben die *Grünland- und Waldböden* (Tab. 2) ähnliche Faktorenmatrizen, aber auch einige interessante Unterschiede aufzuweisen. So ist z. B. die Faktorenmatrix der ersten Schicht jener der zweiten Schicht bei Ackerböden recht ähnlich. Der Varianzanteil des „Humusfaktors" liegt im Vergleich zu den Ackerböden um 3% höher. In der zweiten Schicht ist der Varianzanteil der Faktoren mit enger Korrelation zu den bodenphysikalischen Merkmalen deutlich höher gegenüber den anderen Faktoren, aber auch gegenüber den in gleicher Weise geladenen Faktoren der Ackerböden. S- und H-Wert sind mit hoher bis sehr hoher Ladung auf den Faktor 2 konzentriert, erklären so aber nur ca. 19% der Gesamtvarianz. In der dritten und vierten Schicht nimmt, wie bei den Ackerböden, der Varianzanteil der „Textur"- und „Volumenfaktoren" noch zu.

3.3.2. Schicht-Typen

Mit der Bewertung der Objekte durch die Faktoren wird die wesentlichste Voraussetzung für die Bildung der Schicht-Typen geschaffen. Da das dafür eingesetzte, direkt an die Bewertungsmatrizen anschließende Verfahren mittels EDV (Elektronischer Datenverarbeitung) durchgeführt wird, bleibt es frei von subjektiven Einflüssen wie die Faktorenanalyse. Mit Hilfe der Distanzberechnung wird der Grad der Ähnlichkeit von Objekten ermittelt und in Form von Dendrogrammen ausgedruckt. Aus der Verzweigung in verschiedenen Ebenen und aus der Anordnung der Objekte in den Dendrogrammen er-

Tabelle 1. Faktoren der Schichten von Acker-Bodenformen (154 Objekte)

1. Schicht

Faktor	1	2	3	4	5
Eigenwert	2,544	2,405	1,079	1,017	1,070
Varianz-Anteil %	28,27	26,73	11,98	11,30	11,89
Ton	0,794	−0,074	0,260	−0,138	0,210
Schluff	0,931	−0,152	−0,070	−0,085	−0,139
Sand	−0,969	0,150	0,003	0,108	0,065
Humus	0,077	−0,093	0,969	−0,063	0,059
Dichte	−0,141	0,891	−0,118	−0,026	−0,143
Substanzvolumen	−0,069	0,905	−0,145	0,005	0,042
Wasserkapazität	0,174	−0,831	−0,149	−0,194	0,230
S-Wert	0,212	−0,076	0,072	−0,958	0,140
H-Wert	−0,042	−0,189	0,066	−0,137	0,951

2. Schicht

Faktor	1	2	3	4
Eigenwert	1,627	2,096	1,060	2,103
Varianz-Anteil %	20,34	26,20	13,25	26,29
Ton	0,761	0,008	0,146	−0,409
Schluff	0,195	−0,203	0,061	−0,935
Sand	−0,377	0,152	−0,076	0,902
Dichte	0,031	0,900	−0,091	0,140
Substanzvolumen	−0,065	0,915	−0,043	0,071
Wasserkapazität	0,131	−0,596	0,296	−0,437
S-Wert	0,909	−0,069	0,063	−0,155
H-Wert	0,133	−0,156	0,963	−0,088

3. Schicht

Faktor	1	2	3	4
Eigenwert	2,857	2,102	1,010	1,036
Varianz-Anteil %	35,72	26,28	12,63	12,95
Ton	−0,754	0,323	0,119	0,267
Schluff	−0,906	−0,214	0,144	0,143
Sand	0,948	0,094	−0,142	−0,193
Dichte	0,016	0,919	0,099	−0,019
Substanzvolumen	0,110	0,908	0,060	0,011
Wasserkapazität	−0,660	−0,510	0,067	0,009
S-Wert	−0,276	−0,015	0,052	0,951
H-Wert	−0,213	0,121	0,967	0,054

4. Schicht

Faktor	1	2	3	4
Eigenwert	2,640	2,240	1,105	1,020
Varianz-Anteil %	33,00	28,00	13,81	12,75
Ton	0,731	0,308	−0,369	−0,035
Schluff	0,863	−0,164	0,237	0,208
Sand	−0,970	0,030	−0,079	−0,128
Dichte	−0,021	0,930	0,173	0,016
Substanzvolumen	0,015	0,940	0,084	0,061
Wasserkapazität	0,614	−0,574	−0,230	0,088
S-Wert	0,175	0,051	−0,002	0,973
H-Wert	0,106	0,198	0,903	−0,004

Tabelle 2. Faktoren der Schichten von Grünland- und Wald-Bodenformen (63 Objekte)

1. Schicht

Faktor	1	2	3	4
Eigenwert	2,124	2,781	1,596	1,351
Varianz-Anteil %	23,60	30,90	17,73	15,01
Ton	−0,368	0,093	0,635	−0,431
Schluff	−0,961	0,166	0,158	−0,020
Sand	0,915	−0,166	−0,319	0,165
Humus	−0,068	0,104	0,140	−0,935
Dichte	0,268	−0,809	−0,205	0,349
Substanzvolumen	0,258	−0,825	−0,225	0,308
Wasserkapazität	−0,170	0,868	0,332	−0,035
S-Wert	−0,226	0,146	0,880	−0,069
H-Wert	0,064	0,772	−0,264	0,202

2. Schicht

Faktor	1	2	3	4
Eigenwert	2,119	1,493	2,756	0,984
Varianz-Anteil %	26,49	18,67	34,46	12,30
Ton	−0,376	0,077	−0,286	0,866
Schluff	−0,975	−0,006	−0,157	0,106
Sand	0,907	−0,022	0,208	−0,354
Dichte	0,076	−0,099	0,939	−0,086
Substanzvolumen	0,145	−0,154	0,930	−0,161
Wasserkapazität	−0,301	0,193	−0,813	0,228
S-Wert	−0,261	0,746	−0,444	−0,043
H-Wert	0,136	0,927	−0,046	0,101

3. Schicht

Faktor	1	2	3
Eigenwert	2,756	1,327	2,596
Varianz-Anteil %	34,45	16,59	32,45
Ton	−0,259	0,167	−0,738
Schluff	−0,150	0,096	−0,906
Sand	0,200	−0,139	0,965
Dichte	0,941	0,032	0,169
Substanzvolumen	0,960	−0,001	0,175
Wasserkapazität	−0,722	0,307	−0,267
S-Wert	−0,547	0,510	−0,386
H-Wert	−0,020	0,957	−0,140

4. Schicht

Faktor	1	2	3
Eigenwert	3,069	2,614	1,362
Varianz-Anteil %	38,36	32,68	17,03
Ton	0,131	0,817	0,197
Schluff	−0,457	0,824	0,092
Sand	0,344	−0,917	−0,134
Dichte	0,920	−0,055	−0,205
Substanzvolumen	0,942	−0,080	−0,147
Wasserkapazität	−0,924	0,223	0,022
S-Wert	−0,360	0,118	0,873
H-Wert	0,080	0,595	0,686

geben sich geeignete Anhaltspunkte für das Anlegen von Trennebenen. Das verlangt Entscheidungen, was Subjektivität unvermeidbar macht; sie bleibt jedoch wegen der Vorgabe durch das Dendrogramm in relativ engen Grenzen. Wesentliches Kriterium dafür war im Hinblick auf die Reproduzierbarkeit der Typen die Zuordnung zu einander ähnlichen bzw. gleichen Substrattypen. So sind in einigen Fällen auch Gruppen, die primär durch eine Trennebene separiert werden, zusammengefaßt worden. Daß darüber

Tabelle 3. Faktoren der 1. Schicht von Acker-Bodenformen (Schicht-Typen)

1. Schicht-Typ (98 Objekte)

Faktor	1	2	3	4
Eigenwert	2,097	2,273	1,324	1,065
Varianz-Anteil %	23,30	25,26	14,71	11,83
Ton	−0,016	0,535	0,433	0,323
Schluff	−0,137	0,943	−0,023	−0,076
Sand	0,122	−0,979	−0,098	−0,014
Humus	−0,044	−0,023	0,863	−0,044
Dichte	0,853	−0,123	−0,043	−0,070
Substanzvolumen	0,687	−0,030	−0,356	0,085
Wasserkapazität	−0,858	0,119	−0,033	0,163
S-Wert	−0,337	0,331	0,500	−0,017
H-Wert	−0,111	0,011	−0,042	0,956

2. Schicht-Typ (23 Objekte)

Faktor	1	2	3	4
Eigenwert	2,257	1,998	2,335	1,121
Varianz-Anteil %	25,07	22,20	25,94	12,45
Ton	−0,183	0,132	−0,837	0,257
Schluff	−0,312	0,655	−0,570	−0,135
Sand	0,309	−0,604	0,679	0,066
Humus	−0,096	−0,909	0,049	0,156
Dichte	0,949	0,069	0,001	0,053
Substanzvolumen	0,819	−0,108	0,463	0,007
Wasserkapazität	−0,649	0,540	0,057	−0,225
S-Wert	0,103	−0,035	−0,791	−0,353
H-Wert	0,132	−0,228	0,049	0,911

hinaus auch andere Differenzierungsmomente eine Rolle spielen, soll vorerst nur angedeutet werden, wie z. B., daß die Substrate äolischer Deckschichten feiner differenziert sind, als das die Hauptbodenformenliste (Lieberoth u. a. 1971) vorsieht.

Die von den Trennebenen rechtwinklig geschnittenen Verzweigungsbereiche der Dendrogramme bilden jeweils einen Schicht-Typ. Um die Typengliederung erklären und beurteilen zu können, ist eine weitere Faktorenanalyse für jeden einzelnen Schicht-Typ durchgeführt worden, soweit eine angemessene Objektanzahl je Schicht-Typ vorlag. Für einige ausgewählte Schichttypen sollen die nachfolgenden Ausführungen die Variablenstruktur interpretieren.

Die *erste Schicht der Ackerböden* ist nur in fünf Typen unterteilt (Tab. 3), die nach der Objektanzahl sehr ungleich sind. Mit 98 Objekten ist der Schicht-Typ 1 mit Abstand der individuenreichste; mit 80% Anteil sind die Substrattypen Schluff und Löß in diesem Schicht-Typ vorherrschend. Die beiden ersten Faktoren bestimmen mit deutlich höheren Eigenwerten wesentlich die Varianz, wobei eine enge bis sehr enge Korrelation zu den Merkmalen Textur und Volumenverhältnis besteht.

Im zweiten Schicht-Typ, in dem mit über 60% Anteil schluffiger Salm (Salm = lehmiger Sand) vorherrscht, haben die ersten drei Faktoren einen jeweils über 20% liegenden Varianzanteil. Die Variablenstruktur ist anders, als bisher bei den Schichten zu beobachten war; dort sind bestimmte Merkmale und Merkmalsgruppen in der Regel immer wiederkehrend auf je einen Faktor konzentriert, hier fehlt diese Eindeutigkeit. Beide Schicht-Typen unterscheiden sich im Körnungsspektrum, in der Wasserkapazität und besonders im S-Wert. Man kann davon ausgehen, daß es sich hier im wesentlichen um substratabhängige Differenzen handelt.

Die *zweite Schicht* (Tab. 4) ist in zehn Typen gegliedert. Die hier vertretenen Substrattypen sind außerordentlich unterschiedlich. Nach der Ähnlichkeit der Substratzusammensetzung sind die Schicht-Typen 1 und 2 miteinander vergleichbar. In dem einen oder anderen Faktor gibt es ähnliche Korrelationen mit den gleichen Merkmalen; es sind aber auch die Unterschiede nicht zu übersehen. Nach wie vor sind die Faktoren, die von physikalischen Bodenmerkmalen aufgeladen werden, dominierend in ihrem Anteil an der Gesamtvarianz, wobei die Positionen von Textur- und Volumenverhältnissen mit den entsprechenden Faktoren von einem zum anderen Schicht-Typ wechseln. Typdifferenzierend zwischen 1 und 2 ist wie zuvor der höhere Tongehalt in Verbindung

Tabelle 4. Faktoren der 2. Schicht von Acker-Bodenformen (Schicht-Typen)

1. Schicht-Typ (52 Objekte)

Faktor	1	2	3
Eigenwert	1,253	2,583	1,993
Varianz-Anteil %	15,66	32,29	24,92
Ton	−0,017	0,707	0,196
Schluff	0,119	0,902	0,193
Sand	−0,089	−0,951	−0,224
Dichte	−0,011	−0,273	−0,731
Substanzvolumen	0,276	−0,069	−0,758
Wasserkapazität	0,258	0,260	0,733
S-Wert	0,838	0,292	0,118
H-Wert	−0,622	0,366	0,455

2. Schicht-Typ (34 Objekte)

Faktor	1	2	3	4
Eigenwert	1,436	2,738	1,361	1,305
Varianz-Anteil %	17,95	34,22	17,01	16,32
Ton	0,882	−0,026	−0,226	−0,047
Schluff	−0,205	−0,917	−0,142	−0,235
Sand	−0,150	0,882	0,216	0,240
Dichte	−0,119	0,653	0,587	−0,051
Substanzvolumen	−0,080	0,142	0,911	0,121
Wasserkapazität	0,412	−0,783	0,034	0,161
S-Wert	0,630	−0,228	0,215	−0,510
H-Wert	0,094	−0,087	−0,145	−0,942

mit niedrigerem Sandwert bei 2, aber auch eine höhere Lagerungsdichte. Hier ist ebenfalls der Anteil von Bt-Horizonten vergleichsweise sehr hoch.

Die *dritte Schicht* ist ebenfalls in zehn Typen untergliedert; auf ihre Variablenstrukturen kann hier nicht besonders eingegangen werden.

Die *Typen der vierten Schicht* sind recht markant nach Substraten bzw. Substratgruppen differenziert (Tab. 5). Im Schicht-Typ 1, der sich zu 65% aus Löß und zu 35% aus Schluff zusammensetzt, fehlt eine bevorzugte Orientierung der Textur-, Volumen- und Sorptionsmerkmale auf bestimmte Faktoren; in jedem Faktor sind Merkmale der drei Gruppen enthalten. Auffällig ist die Beteiligung des H-Wertes — neben der Wasserkapazität — am Faktor 2, der fast ein Drittel der Gesamtvarianz erklärt. Unter Berücksichtigung des Faktors 3 sind es zusammen über 60%. Die in diesen beiden Faktoren enthaltenen Merkmale haben daher wie in Vergleichsfällen eine ziemlich hohe Streuung, d. h. Standardabweichung. Nicht nach den Substrattypen, aber nach der Horizontart sind die Typen 4 und 6 vergleichbar: in beiden Fällen sind es stauende Horizonte, die vorherrschend bzw. absolut bestimmend sind, was die Ähnlichkeit in der Faktorenkonstellation erklärt. Die feineren Unterschiede, so z. B. die Rangfolge im Varianzanteil des „Textur- und Volumenfaktors", sind wie die Unterschiede im S-Wert (vgl. Faktor 3 von Typ 4 mit Faktor 1 von Typ 6) substratbedingt. Der Typ 6 hat überwiegend lehmige Substrate, während im Typ 4 das Substratspektrum zwischen Lehmsand und Sandlehm liegt. Der Schicht-Typ 7 repräsentiert den aus sandigen Bildungen bestehenden Untergrundhorizont, was sehr gut durch die Faktorenmatrix veranschaulicht wird: alle Faktoren sind sehr hoch aufgeladen, und zwar mit deutlicher Orientierung der Merkmale; nur zwischen Faktor 1 und 2 besteht ein größerer Unterschied im Eigenwert. Daraus ergibt sich, daß für alle Merkmale die Standardabweichung vergleichsweise recht hoch ist.

Auf die *Typendifferenzierung bei* den *Grünland- und Waldböden* wird nur im Zusammenhang mit den charakterisierten Ackerböden im Vergleich eingegangen (siehe 3.3.3.).

3.3.3. Ergebnis

Die ermittelten Schicht-Typen werden, wie bereits an anderer Stelle vermerkt, durch Mittelwerte und Standardabweichung (= etwa 60% der tatsächlichen Streuung) für alle Merkmale beschrieben und definiert. Mit der Typisierung der Schichten auf der Grundlage der Dendrogrammanalyse bot sich zugleich die Möglichkeit, Objekte auszusondern, die durch ihre Variablen aus dem Rahmen fallen. In der Regel handelt es sich um fehlerhafte Werte und gewiß nur in sehr vereinzelten Fällen um statistisch ungesicherte Singularitäten.

Die *Auswertung der Faktorenmatrizen* erbringt über die *Kenntnis der Variablenstruktur einzelner Schichten* und *Schicht-Typen* hinaus *Belege für unterschiedliche Faktorenladungen zwischen Ackerböden* auf der einen *und Grünland- und Waldböden* auf der anderen Seite. Zunächst sollen die Schichten verglichen werden: In der *ersten Schicht von Ackerböden* haben S- und H-Wert sowie Humusgehalt, die jeweils einen Faktor sehr hoch aufladen, nur einen relativ geringen Anteil an der Varianz. Bei den Grünland- und Waldböden trifft das in erster Linie auf den Humusgehalt, dann gemeinsam auf S-Wert und Tongehalt zu. In beiden Fällen ist die Streuung von Variablen der Textur und Volumenverhältnisse deutlich höher, am höchsten ist der Unterschied bei den Ackerböden. Bei diesen ist der Varianzanteil der Körnung höher als der der Volumen-

Tabelle 5. Faktoren der 4. Schicht von Acker-Bodenformen (Schicht-Typen)

1. Schicht-Typ (17 Objekte)

Faktor	1	2	3
Eigenwert	1,667	2,420	2,526
Varianz-Anteil %	20,83	30,25	31,58
Ton	0,503	−0,792	−0,086
Schluff	−0,240	0,442	0,825
Sand	−0,131	0,098	−0,942
Dichte	0,644	0,279	−0,561
Substanzvolumen	0,428	−0,105	−0,706
Wasserkapazität	0,034	0,754	0,317
S-Wert	0,856	−0,308	−0,020
H-Wert	0,086	−0,914	0,193

4. Schicht-Typ (11 Objekte)

Faktor	1	2	3
Eigenwert	2,502	2,047	2,167
Varianz-Anteil %	31,27	25,93	27,09
Ton	−0,894	0,004	−0,179
Schluff	−0,559	0,078	0,682
Sand	0,845	−0,062	−0,460
Dichte	−0,046	0,944	−0,062
Substanzvolumen	−0,070	0,969	0,099
Wasserkapazität	−0,030	−0,276	0,804
S-Wert	−0,145	0,383	0,848
H-Wert	−0,804	0,101	0,284

6. Schicht-Typ (11 Objekte)

Faktor	1	2	3
Eigenwert	1,898	2,375	2,218
Varianz-Anteil %	23,73	29,69	27,73
Ton	−0,604	0,582	0,412
Schluff	0,361	−0,318	−0,842
Sand	0,019	−0,064	0,863
Dichte	0,118	0,955	−0,100
Substanzvolumen	0,102	0,985	−0,027
Wasserkapazität	0,783	0,150	−0,277
S-Wert	0,874	0,108	0,293
H-Wert	−0,046	0,126	−0,650

7. Schicht-Typ (10 Objekte)

Faktor	1	2	3	4
Eigenwert	2,645	1,896	1,364	1,495
Varianz-Anteil %	33,06	23,70	17,05	18,69
Ton	−0,943	−0,146	−0,101	0,134
Schluff	−0,112	0,912	0,232	−0,178
Sand	0,897	−0,428	−0,052	−0,017
Dichte	0,011	−0,917	0,152	−0,202
Substanzvolumen	−0,059	0,023	0,926	−0,071
Wasserkapazität	−0,173	0,035	0,290	−0,917
S-Wert	−0,378	0,122	0,447	0,728
H-Wert	−0,873	0,046	0,363	−0,172

verhältnisse bzw. der davon aufgeladenen Faktoren; bei den Grünland- und Waldböden ist es umgekehrt.

In der *zweiten Schicht* sind die vergleichbaren Böden in der Variablenstruktur ähnlicher, wenn auch die Rangfolge im Varianzanteil der Faktoren und der mit ihnen sehr eng korrelierenden Merkmale nicht kongruent ist. Schluff- und Sandgehalt haben bei den Ackerböden die höchste Streuung, bei den anderen sind es die Volumenverhältnisse — also eine gewisse Ähnlichkeit in der Variablenstruktur mit der ersten Schicht.

Die *dritte* und *vierte Schicht* lassen sich zusammen betrachten: Die Unterschiede zwischen Ackerböden einerseits und Grünland- und Waldböden andererseits verringern sich, die Grundzüge der Variablenstruktur — niedrige Varianzanteile bei den Sorptionsmerkmalen und höhere bei den bodenphysikalischen Merkmalen — sind wie bei den zuvor charakterisierten Schichten. Interessant ist, daß sich die Faktoren mit niedrigen Varianzanteilen und Eigenwerten zu denen mit höheren Werten bei den Ackerböden wie 1:2 bis 1:3 und bei den Grünland- und Waldböden wie 1:2 verhalten. Auch in der obersten Schicht sind die Relationen ähnlich, wenn auch nicht ganz so deutlich ausgeprägt. Das heißt, daß der Varianzanteil solcher Faktoren, die auch oder allein von Humusgehalt, S- und H-Wert aufgeladen werden, bei den Grünland- und Waldböden höher ist.

Diese Feststellung ist nicht so überraschend, aber interessant als Beweis für die Unterschiede zwischen Ackerböden und Grünland- sowie Waldböden. Sie sind gewiß nicht anders erklärbar, als daß sie durch die verschiedenen Nutzungsformen hervorgerufen werden. Ein Vergleich der möglicherweise in drei getrennten Gruppen bearbeiteten Böden (Acker-, Grünland- und Waldböden) hätte diesen Unterschied vor allem zwischen Acker- und Waldböden sicher noch deutlicher gemacht, wenn auch Grünland- und Waldböden nach LIEBEROTH (1962c) große Ähnlichkeit in vielen Merkmalen aufweisen. Die Faktorenmatrizen der Schichten zeigen auch, daß zwischen Merkmalen und Faktoren meist recht straffe und klar orientierte Korrelationen die Regel sind und bodenphysikalische Parameter — beim Vergleich über alle Schichten — die höchsten Eigenwerte und den höchsten Anteil an der Gesamtvarianz haben.

Ein Vergleich der Schicht-Typen untereinander nach den Faktorenmatrizen erbringt ein anderes Ergebnis: Die Rangfolge der Faktoren und der mit ihnen korrelierten Variablen wechselt häufig, die Faktoren-Merkmal-Beziehungen sind weit weniger orientiert und straff. Allerdings sind auch hier nach der Häufigkeit Humusgehalt und Sorptionswerte auf die Faktoren mit niedrigen Eigenwerten verteilt; es gibt aber auch Ausnahmen, wo dieser Platz von anderen Variablen eingenommen wird. Die Übereinstimmung der Faktorenmatrizen von Schichten und Schicht-Typen muß ebenfalls als eine Ausnahme angesehen werden: Die hohe Zahl von Objekten in der Schichten erklärt aber auch die Straffheit und Orientierung der Beziehungen zwischen Faktoren und Variablen bei den Schichten gegenüber den Schicht-Typen mit einer geringen Zahl von Objekten.

Die Höhe des Varianzanteils und des Eigenwertes der Faktoren ist Kriterium für die Typenbildung: Je geringer der Eigenwert und Varianzanteil ist, desto größer ist der Einfluß dieses Faktors und der ihn aufladenden Merkmale auf die Typenbildung. Solche, als typenbildend bezeichenbaren Merkmale sind in erster Linie Sorptions- und Humuswerte. Es versteht sich, daß die Typenbildung von Art und Anzahl der verwendeten Merkmale stark beeinflußt wird. Deshalb sind Typen mit unterschiedlicher Merkmalszahl nicht direkt miteinander vergleichbar und nur nach genauer Durchsicht „paßfähig" zu machen. Maßstab dafür sind die Schicht-Typen mit vollständigem Merkmalsspektrum.

3.4. Bildung der Geokomplexformen

3.4.1. „Kombinationstypen"

Die Bezeichnung Kombinationstyp hat hier lediglich beschreibenden Charakter. Gemeint ist damit der erste Teilschritt zur Ausscheidung von Geokomplexformen, entsprechend dem Punkt 6. im Algorithmus. Es werden also zuerst die Schicht-Typen nach ihrer vertikalen Abfolge zu einem Typ kombiniert. Im zweiten Teilschritt erfolgt dann deren Zusammenfassung mit den anderen typisierten Partialkomplexen zu Geokomplexformen. Diese Zweiteilung des im Algorithmus beschriebenen sechsten Arbeitsschrittes ist wegen der nur auf den Boden beschränkten Schichtgliederung und -verknüpfung notwendig: anderenfalls wäre die Bildung von Geokomplexformen in einem Arbeitsgang möglich, wodurch auch die oben erklärte Bezeichnung Kombinationstyp entbehrlich würde.

Die nach der laufenden Nummer in die Faktorenanalyse eingegebenen Objekte sind durch das Dendrogramm nach ihrer Ähnlichkeit geordnet und zu Typen vereinigt worden. Nach der Zugehörigkeit zu einem bestimmten Schicht-Typ werden die Objekte nach ihrer gemeinsamen Kenn-Nummer in ein Fortran-Formular eingetragen, wie es das folgende Muster zeigt (von links nach rechts: laufende Nummer, Verteilung der Objekte auf die Schicht-Typen):

laufende Nr.	1.	2.	3.	4. Schicht
1	1	1	1	1
2	1	1	1	1
3	2	1	1	1
4	2	- 3	2	4
5	1	1	1	1
.				
51	5	6	8	12
52	1	3	1	4
53	1	2	1	9
.				
101	1	2	1	0
102	1	5	7	0
103	1	1	1	0
.				
141	2	4	4	0
142	2	4	6	0
143	2	4	4	0
.	.	.	.	.

Tabelle 6. Vertikalverknüpfung von Schicht-Typen der Acker-Bodenformen (Auszug)

Schichten 1.	2.	3.	4.	Objekte	Bodenformen
1	1	1	1	1	k″+k′ö,uFP
				2	kolluvialbeeinflußte und -bestimmte Löß- und
				5	Schluff-Parabraunerde
				7	
				8	
				10	
				14	ö,uFP
				15	Löß- u. Schluff-Parabraunerde
				16	
				17	
				23	
				30	
			5	55	u/lFP
				56	Schluff-Tieflehm-Parabraunerde
				57	
				65	
			6	28	u/lS
				69	Schluff-Tieflehm-Bleichstaugley
				74	
				78	
		4	0	110	up′vmB sandlehmbeeinflußte Bergsalm-Braunerde
				127	u′wB schluffbeeinflußte Kies-Braunerde
				129	u′vmB schluffbeeinflußte Bergsalm-Braunerde
				139	up′mB sandlehmbeeinflußte Salm-Braunerde
	2	1	0	84	ö,uP
				85	Löß- und Schluff-Parabraunerde, gekappt
				86	
				87	
				88	
				90	
				93	
				94	
				99	
				101	
				119	u/tQ Schluff-Tiefton-Fleckenstaugley
			9	53	u//tS
				54	tonunterlagerter Schluff-Bleichstaugley
				77	u/tS Schluff-Tiefton-Bleichstaugley
2	4	4	0	115	um/dB
				141	schluffige Decksalm-Braunerde
				143	
				144	
				151	
				116	

Alle Bodenprofile, getrennt nach den eingangs für die statistische Analyse gebildeten Gruppen, sind in dieser Weise für die Vertikalverknüpfung vorbereitet worden. Nach dem dafür entworfenen „Geovert"-Programm werden die Objekte in folgender Weise mittels EDV (Elektronischer Datenverarbeitung) sortiert und die Ergebnisse ausgedruckt: Die unterlagernden Schichten werden der jeweils überlagernden Schicht zugeordnet (Tab. 6); ausgehend von der ersten Schicht über die folgenden Schichten werden die Objekte nach ihrer Zugehörigkeit zu bestimmten Schicht-Typen in Kombinationstypen zusammengefaßt. Dieses Verfahren gewährleistet eine Typenbildung, die von subjektiven Einflüssen frei ist. Eine Einflußnahme ist nur erforderlich, um Ungleichheiten und Unzulänglichkeiten zu korrigieren, worauf noch einzugehen ist. Die übersichtliche Anordnung nach den Schicht-Typen erlaubt sehr gut das Erkennen von Verwandtschaften zwischen einzelnen Kombinationstypen.

Bei den Ackerbodenformen (Tab. 6) sind alle Kombinationstypen von der ersten bis zur vorletzten in der ersten Schicht gleich, die ersten vier sind es noch bis in die zweite, die ersten drei bis in die dritte Schicht.

3.4.2. Geokomplexformen

Die Ermittlung der Geokomplexformen geht von den Kombinationstypen der Böden aus, die schrittweise mit anderen Partialkomplexen vertikal verknüpft werden. Das Schichtkonzept wird also im Prinzip beibehalten, lediglich statistische Verfahren finden dabei keine Anwendung mehr.

Die *Boden-Kombinationstypen* werden *nach mittleren Horizontfolgen und -grenzen*, nach *Bodensubstraten* und nach *Parametern der Typenmerkmale charakterisiert*. Die Verteilung der Substrate wird nach dem Anteil pro Schicht-Typ in Rangstufen ausgedrückt, soweit der Anteil mindestens 11% und mehr beträgt; Anteile von weniger als 11% bleiben unberücksichtigt (Tab. 7). Aus dem Vergleich zwischen Bodenform-Individuum (Eingangssituation) und statistischer Horizont- und Substratfolge ergibt sich die *„typisierte" Bodenform*. „Typisierte" Bodenform ist hier im Sinne des Algorithmus als Kombinationstyp zu verstehen; denn die Bodenform ist bereits ein Typbegriff, der allerdings — streng genommen — auf andere Weise und nach anderen Gesichtspunkten gebildet wird. So können in einem Kombinationstyp zwei oder mehr Bodenformen vorkommen, sobald ihre Schichten dem gleichen Typ angehören.

Die Verknüpfung des Bodens bzw. der Bodenform mit dem *Ausgangsgestein* ist relativ einfach bei quartären Sedimenten, die bereits typologisch gefaßt und benannt sind. Die Gliederung der äolischen Sedimente erfolgt nach einer fünfteiligen Klassifikation (Neumeister 1971), die nach dem Sand/Schluff-Quotienten Löß, sandigen Löß, Sandlöß, schluffigen Treibsand und Treibsand unterscheidet. Diese Einteilung ist zweifellos zweckmäßig, auch wenn sie eine eindeutige Zuordnung von Substrattypen, die nach der Hauptbodenformenliste bzw. dem zugehörigen Körnungsdreieck (Lieberoth u. a. 1971) bestimmt werden, nicht durchgehend ermöglicht. Um nur ein Beispiel zu nennen: Der Sandlöß kann sowohl als Substrattyp Schluff als auch als Substrattyp schluffiger Sandlehm ausgebildet sein. Daraus entsteht kein gewichtiger Nachteil; denn nicht alle landschaftsökologisch relevanten Unterschiede bei Bodenmerkmalen lassen sich auf Substratunterschiede zurückführen, wie das durch die Bildung der Schicht-Typen recht gut belegt werden konnte. Eine Typisierung des Verwitterungsschuttes über die texturbezogenen Substrattypen hinaus unter Berücksichtigung der Gesteinsart oder deren

Tabelle 7. Geokomplexformen — Erläuterung der Abkürzungen

1. *Kurzbezeichnung der Geokomplexformen nach*

– Substrattyp:

Lö	Löß bis sandiger Löß				
SLö	sandiger Löß bis Sandlöß				
TS	schluffiger Treibsand bis Treibsand				
AL	Auenlehm				
N	Schutt	n	steinig, schutthaltig	h	humos
S	Sand	s	sandig	k	kolluvial
LS	Lehmsand	ls	lehmsandig		
SL	sandiger Lehm	sl	sandlehmig		
L	Lehm	l	lehmig		
T	Ton				

– Hangneigung:

1	ebene Lage (0–1°)	3	mäßig geneigte Lage (4–8°)
2	schwach geneigte Lage (1–4°)	4	stark geneigte Lage (8–15°)

– Bodenwasser-Regime:

a Sickerwasser-R. c Grundwasser-R. b Stauwasser-R. d Sammelwasser-R.
(beeinflußt ' / bestimmt / beherrscht_)

– Bodennutzung

A Acker G Grünland W Wald/Forst

2. *Kurzbezeichnung der Boden-Substrattypen*

n	Schutt	vl	Berglehm
w	Kies	l	Lehm
vs	Bergsand	ul	schluffiger Lehm
s	Sand	ol	Auenlehm
us	schluffiger Sand	vu	Bergschluff
vm	Bergsalm	u	Schluff
m	Salm	ou	Auenschluff
um	schluffiger Salm	ö	Löß
om	Auensalm	t	Ton
vp	Bergsandlehm	ut	schluffiger Ton
p	Sandlehm	ot	Auenton
up	schluffiger Sandlehm	– – – – – – – – – – –	
op	Auensandlehm	(Salm = lehmiger Sand)	

Die Position in den Zeilen kennzeichnet den Anteil des Substrats im jeweiligen Schicht-Typ:
oben: 50% und mehr / Mitte: 21–49% / unten: 11–20%

3. *Bodenmerkmale nach Horizonten*

obere Zeile: $\bar{x}$ Mittelwert / untere Zeile: s Standardabweichung

4. *Grundwasserstufen*

III 2···6 dm u. Fl. / IV 6···10 dm u. Fl.

Klassen war wegen der zu schmalen Datenbasis nicht möglich. Hier — und das sei an dieser Stelle vermerkt — ist noch eine Lücke zu schließen, um die Geokomplexformen auch für den Festgesteinsbereich besser reproduzierfähig zu machen.

Der *Grundwassereinfluß* wird in Stufen ausgedrückt, die mittlere Grundwasser-Höchststände in bestimmten Intervallen zusammenfassen (LIEBEROTH u. a. 1967). Nach dem vorhandenen Grundlagenmaterial werden für die Beschreibung der hier ausgeschiedenen Geokomplexformen nur zwei Grundwasserstufen benötigt. Sie sind von höherem diagnostischem Wert für landschaftsökologische Bedingungen als die Horizontdifferenzierung im Boden. Deshalb werden entsprechende Kombinationstypen nach den zugehörigen Grundwasserstufen bei sonst gleichen Bodenparametern in verschiedene Geokomplexformen getrennt.

Die diskreten Werte über die *Hangneigung* sind in Gruppen zusammengefaßt. Die Position im Relief (Mesorelief) wird in Anlehnung an R. SCHMIDT (1978) in einfacher Form angegeben.

Auf den großen Mangel an *standortbezogenen Vegetationsaufnahmen* ist bereits hingewiesen worden. Soweit vorhanden, beziehen sie sich auch nur auf einzelne Standorte, abgesehen von den Vegetationseinheiten aus dem Arbeitsgebiet D, die auf einer statistischen Auswertung einzelner Aufnahmen beruhen. Die daher nur für sehr wenige Geokomplexformen mögliche Information über die korrelate Vegetationseinheit ist deshalb nicht als Typ-, sondern als Beispielsmerkmal einer Geokomplexform aufzufassen, was nicht voll dem Merkmal „Vegetationsform" entspricht.

Zur allgemeinen Kennzeichnung der Geokomplexformen ist noch das *Bodenwasser-Regime* herangezogen worden. Es wird in seiner Wirkungsweise graduell unterschieden: beeinflußt, bestimmt und beherrscht. Eine Ausnahme darin bildet nur das Sickerwasser-Regime, das nur mit dem Grad „bestimmt" verknüpft wird.

Eine *jede Geokomplexform* wird verbal *nach ihren Hauptmerkmalen:*

- bodenbildendes Substrat,
- Neigung,
- Bodenwasser-Regime und
- Nutzungsart

gekennzeichnet. Als rangniedrige Differenzierungen aufgefaßte Merkmalsunterschiede in den Schichten werden als Varianten berücksichtigt. Diese sind untereinander gleichrangig und nicht einer „Normform" subordiniert; es ist lediglich eine Besonderheit einzelner Geokomplexformen, daß sie aus Varianten bestehen.

4. Geokomplexformen im sächsischen Flach-, Hügel- und Bergland

Im Ergebnis der einzelnen algorithmierten Arbeitsschritte sind fünfzig *Geokomplexformen* ermittelt worden. Es besteht kein regelhafter Zusammenhang im Verhältnis zwischen Anzahl der Eingangsdaten und Ausgangsdaten, was allein schon wegen des unterschiedlichen Stichprobenumfanges für die Geokomplexformen nicht möglich ist. Ein weiterer Grund besteht darin, daß zwar alle Variablen in die statistische Bearbeitung eingegangen sind und bis zur Ausscheidung von Schicht-Typen bearbeitet wurden, aber nicht alle infolge Unzulänglichkeiten weitere Berücksichtigung in den folgenden Arbeitsschritten finden konnten. Eine weitere Aussonderung erfolgte außerdem bei der Auswertung der Vertikalverknüpfung der Objekte nach ihrer Zugehörigkeit zu bestimmten Schicht-Typen. Mit Gewißheit ist die Zahl der in diesem Gebiet tatsächlich vorkommenden Geokomplexformen größer, jedoch liegen nicht für alle Primärdaten vor. Es

Tabelle 8. Geokomplexformen des Sächsischen Flach-, Hügel- und Berglandes (Erläuterung der Abkürzungen vgl. Tab. 7)

Nr.	Geokomplexform		Kennzeichnungsmerkmale			
	Symbol	Bezeichnung	Vegetationsform	Reliefform	Bodenform	Gestein
1	2	3	4	5	6	7
1	Lö 1 a A	Löß — sandiger Löß in ebener Lage, sickerwasserbest., unter Acker		Platte, 0—1°	ö, u FP Löß- u. Schluff-Parabraunerde	Löß bis sandiger Löß
2	Lö 1—2 a W	Löß — sandiger Löß in ebener bis schwach geneigt. Lage, sickerwasserbest., unter Wald		Platte u. Hang, 0—4°	öF Löß-Fahlerde	Löß
3	Lö 2 a A	Löß — sandiger Löß in schwach geneigt. Lage, sickerwasserbest., unter Acker	D: Aphano Matricarietum — typ. Ausbildung (53%) — Ruhrkrautausbildg. (27%)	Kuppe u. Hang, 1—4° konvex u. gestreckt	ö, uP Löß- u. Schluff-Parabraunerde, gekappt	Löß bis sandiger Löß
4	Lö 3 a A	Löß — sandiger Löß in mäßig geneigt. Lage, sickerwasserbest., unter Acker		Hang, 4—8° konvex u. gestreckt	öC Löß-Rendzina	kalkhaltiger Löß
5	kLö 1 ad′ A	kolluvialer Löß — sandiger Löß in ebener Lage, sickerwasserbest. u. sammelwasserbeeinfl. i. Untergrund teilw. schwach stauwasserbeeinfl. unter Acker	D: Aphano Matricarietum, — typ. Ausbildg. (61%) — Krötenbinsen-Ausbildg. (22%)	Platte, 0—1°	k″ + k′ö, uFP kolluvialbeeinfl. bis -best. Löß- u. Schluff-Parabraunerde	Löß bis sandiger Löß

Tabelle 8. (Fortsetzung)

Nr.	Geokomplexform			Kennzeichnungsmerkmale		
	Symbol	Bezeichnung	Vegetationsform	Reliefform	Bodenform	Gestein
1	2	3	4	5	6	7
6	hLö 1—2 b′ A	humoser Löß — sandiger Löß in ebener bis schwach geneigt. Lage, stauwasserbeeinfl., unter Acker		Platte u. Hang, 0—4°	öJ Löß-Schwarz-staugley	Löß
7	Lö 1—2 b′d A	Löß — sandiger Löß in geneigt. Lage, ebener bis schwach stauwasserbeeinfl. u. sammelwasserbest., unter Acker	D: Aphano Matricarietum, Krötenbinsen- u. — Sumpfziest-Ausbildung (66%)	Senke, 0—4°	u, öS̲ Schluff- u. Löß-Mulden-staugley	Löß bis sandiger Löß
8	Lö 1—2 c′ G	Löß — sandiger Löß in ebener bis schwach geneigt. Lage, grundwasserbeeinfl., unter Grünland		Senke, 0—4°	u, öL Schluff- u. Löß-Braungley	Löß bis sandiger Löß
9	SLö 1—2 b′ W	Sandiger Löß — Sandlöß in ebener bis schwach geneigt. Lage, stauwasserbeeinfl., unter Wald	N: Molinia-Typ d. Hypnum-Polytrichum-Fichtenforstes	Platte u. Hang, 0—4°	uU Schluff-Braun-staugley	Sandiger Löß bis Sandlöß
10	SLö 1—2 b A	Sandiger Löß — Sandlöß in ebener bis schwach geneigt. Lage, stauwasserbest., unter Acker	D: Aphano Matricarietum, — Krötenbinsen- u. Sumpfziest-Ausbildung (66%)	Platte u. Hang, 0—4°	uS Schluff-Staugley	Sandiger Löß bis Sandlöß

11	SLö 1—2 b G	Sandiger Löß — in ebener bis schwach geneigt. Lage, stauwasserbest., unter Grünland	D: Fuchsschwanzwiese (60%)	Platte u. Hang, 0—4°	uS Schluff-Staugley	Sandiger Löß bis Sandlöß
12	SLö 1—2 b W	Sandiger Löß — Sandlöß in ebener bis schwach geneigter Lage, stauwasserbest., unter Wald	N: Molinia-Typ m. Überg. z. Carex-brizoides-Typ d. Hypnum-Polytrichum-Fichtenforstes	Platte u. Hang, 0—4°	uS Schluff-Staugley	Sandiger Löß bis Sandlöß
13	SLö 1—2 b'd G	Sandiger Löß — Sandlöß in ebener bis schwach geneigter Lage, sammelwasserbest. u. stauwasserbeeinfl., unter Grünland		Senke, Tälchen u. Unterhang, 0—4°	uS Schluff-Muldenstaugley	Sandiger Löß bis Sandlöß
14	hSLö 1 bd' W	Humoser sandiger Löß — Sandlöß in ebener Lage, stauwasserbeherrscht u. sammelwasserbeeinfl., unter Wald	N: Carex-brizoides-Typ des Hypnum-Polytrichum-Fichtenforstes	Senke u. Unterhang, 0—1°	uH Schluff-Humusstaugley	Sandiger Löß bis Sandlöß
15a	SLö-hSLö 1—2 c G (I)	Sandiger Löß — Sandlöß u. humoser sandiger Löß — Sandlöß in ebener bis schwach geneigt. Lage, grundwasserbeherrscht, unter Grünland Variante I: Graugley		Platte, Senke u. Tälchen, 0—4°	uG Schluff-Graugley	Sandiger Löß bis Sandlöß
15b	SLö-hSLö 1—2 c 2 G (II)	Sandiger Löß — Sandlöß u. humoser sandiger Löß — Sandlöß in ebener bis		Platte, Senke u. Tälchen, 0—4°	uM Schluff-Humusgley	Sandiger Löß bis Sandlöß

Tabelle 8. (Fortsetzung)

Nr.	Geokomplexform			Kennzeichnungsmerkmale		
	Symbol	Bezeichnung	Vegetationsform	Reliefform	Bodenform	Gestein
1	2	3	4	5	6	7
		schwach geneigter Lage, grundwasserbeherrscht, unter Grünland Variante II: Humusgley				
16	SLö 1 a A	Sandiger Löß — Sandlöß in ebener Lage, sickerwasserbest., unter Acker		Platte, 0–1°	upFP Schluffige Sandlehm-Parabraunerde	Sandlöß
17	AL 1 a G	Auenlehm, sickerwasserbest., unter Grünland	E: Arrhenatheretum, frisch Subass.	Platte (Talaue)	ouV Schluff-Vega	Auenlehm
18	AL 1 c G	Auenlehm, grundwasserbest., unter Grünland		Platte (Talaue)	ouG Auenschluff-Graugley	Auenlehm
19a	AL-hAL 1 c̲ G (I)	Auenlehm — humoser Auenlehm, grundwasserbeherrscht, unter Grünland Variante I: höhere Kationenaustauschkapazität	D: Seggen-Kohldistelwiese	Platte (Talaue)	ouG Auenschluff-Graugley	Auenlehm
19b	AL-hAL 1 c̲ G (II)	Auenlehm — humoser Auenlehm, grundwasserbeherrscht, Variante II:		Platte (Talaue)	ou, opG Auenschluff- bis Auensandlehm-Graugley	Auenlehm

		geringere Kationen-austauschkapazität			
19c	AL-hAL 1 c G (III)	Auenlehm — humoser Auenlehm, grundwasserbeherrscht, unter Grünland Variante III: Humusgley	Platte (Talaue)	ouM Auenschluff-Humusgley	Auenlehm
20	AL/S 1 a G	Auenlehm über Sand, sickerwasserbest., unter Grünland	Platte (Talaue)	ou/dV Deckschluff-Vega	Auenlehm über fluvialem Sand
21	SLö//T 1 b A	Sandiger Löß — Sandlöß, von Ton unterlagert, in ebener Lage, stauwasserbest., unter Acker	Platte, 0—1°	u//tS Tonunterlagerter Schluff-Staugley	Sandiger Löß über Ton
22a	SLö//L + SLö/ L 1 a A (I)	Sandiger Löß — Sandlöß, von Lehm unterlagert bzw. über Lehm, in ebener Lage, sickerwasserbest., unter Acker Variante I: mächtigere Deckschicht	Platte, 0—1°	u//lFP Lehmunterlagerte Schluff-Parabraunerde	Sandiger Löß über Geschiebelehm
22b	SLö//L + SLö/ L 1 a A (II)	Sandiger Löß — Sandlöß, von Lehm unterlagert bzw. über Lehm, in ebener Lage, sickerwasserbest., unter Acker Variante II: geringer mächtige Deckschicht	Platte, 0—1°	u/lFP Schluff-Tieflehm-Parabraun-erde	Sandlöß über Geschiebelehm
23a	SLö//L + SLö/ L 1—2 b′ A (I)	Sandiger Löß — Sandlöß, von Lehm unterlagert bzw. über Lehm, in ebener bis	Platte u. Hang, 0—4° konvex u.	u//lU Lehmunterlagerter Schluff-Braun-	Sandiger Löß über Geschiebelehm

Tabelle 8. (Fortsetzung)

Nr.	Geokomplexform			Kennzeichnungsmerkmale		
	Symbol	Bezeichnung	Vegetationsform	Reliefform	Bodenform	Gestein
1	2	3	4	5	6	7
		schwach geneigter Lage, stauwasserbeeinfl., unter Acker Variante I: mächtigere Deckschicht		gestreckt	staugley	
23 b	SLö//L + SLö/ L 1—2 b′ A (II)	Sandiger Löß — Sandlöß, von Lehm unterlagert bzw. über Lehm, in ebener bis schwach geneigter Lage, stauwasserbeeinfl., unter Acker Variante II: geringer mächtige Deckschicht		Platte u. Hang, 0—4°, konkav u. gestreckt	u/lU Schluff-Tieflehm-Braunstaugley	Sandiger Löß über Geschiebelehm
24	SLö//SL 1 a A	Sandiger Löß — Sandlöß, von Sandlehm unterlagert, in ebener Lage, sickerwasserbest., unter Acker		Platte, 0—1°	u//pFP Sandlehmunterlagerte Schluff-Parabraunerde	Sandiger Löß bis Sandlöß über glazifluvialem Sand
25	SLö//SL 1—2 b′ A	Sandiger Löß — Sandlöß, von Sandlehm unterlagert, in ebener bis schwach geneigter Lage, stauwasserbeeinfl., unter Acker		Platte u. Hang, 0—4°, gestreckt und konkav	u//pU Sandlehmunterlagerter Schluff-Braunstaugley	Sandiger Löß bis Sandlöß über Geschiebelehm
26 a	SLö/L-SL 1—2 b A (I)	Sandiger Löß — Sandlöß über Lehm — Sandlehm	D: Aphano Matricarietum,	Platte u. Hang, 0—4°	u/lS Schluff-	Sandiger Löß über Geschiebelehm

		in ebener bis schwach geneigter Lage, stauwasserbest., unter Acker Variante I: Lehm — Untergrund	Krötenbinsen-Ausbildung (78%)		Tieflehm-Staugley	
26b	SLö/L-SL 1—2 b A (II)	Sandiger Löß — Sandlöß über Lehm — Sandlehm in ebener bis schwach geneigter Lage, stauwasserbest., unter Acker Variante III: Bleichstaugley, Sandlehm-Untergrund		Platte u. Hang, 0—4°	u/pS Schluff-Tiefsand-lehm-Staugley	Sandiger Löß über Geschiebelehm
27	SLö//S-LS 1—2 b A	Sandiger Löß — Sandlöß, von Sand — Lehmsand unterlagert, in ebener bis schwach geneigter Lage, stauwasserbest., unter Acker		Platte, 0—1°	up//s, mS Sand- u. salm-unterlagerter schluffiger Sandlehm-Staugley	Sandlöß über glazifluvialem Sand
28	SLö/S 1 a A	Sandiger Löß — Sandlöß über Sand in ebener Lage, sickerwasserbest., unter Acker		Platte, 0—1°	u/dFP Deckschluff-Parabraunerde	Sandiger Löß über glazifluvialem Sand
29a	SLö/S 2 a A (I)	Sandiger Löß — Sandlöß über Sand in schwach geneigter Lage, sickerwasserbest., unter Acker Variante I: Parabraunerde, feinere Textur u. höhere Sorption im B-Horizont		Hang, 1—4°, konvex u. gestreckt	u/dP Deckschluff-Parabraunerde, gekappt	Sandiger Löß über glazifluvialem Sand

Tabelle 8. (Fortsetzung)

Nr.	Geokomplexform			Kennzeichnungsmerkmale		
	Symbol	Bezeichnung	Vegetationsform	Reliefform	Bodenform	Gestein
1	2	3	4	5	6	7
29 b	SLö/S 2 a A (II)	Sandiger Löß — Sandlöß in schwach geneigter Lage, sickerwasserbest., unter Acker Variante II: Braunerde, gröbere Textur u. geringere Sorption im B-Horizont		Hang, 1—4°, konvex u. gestreckt	up/dB Schluffige Decksandlehm-Braunerde	Sandlöß über glazifluvialem Sand
30	SLö/S-LS 1—2 b A	Sandiger Löß — Sandlöß über Sand — Lehmsand, in ebener u. schwach geneigter Lage, stauwasserbest., unter Acker		Platte u. Hang, 0—4°	u, up/dS Deckschluff u. schluffiger Decksandlehm-Staugley	Sandlöß über glazifluvialem Sand
31	SLö/S 1 c̲ G	Sandiger Löß — Sandlöß über Sand in ebener Lage, grundwasserbeherrscht, unter Grünland		Platte, 0—1°	u/dG Deckschluff-Graugley	Sandlöß über glazifluvialem Sand
32	SLö//nSL 1—2 a G	Sandiger Löß — Sandlöß, von schutthaltig. Sandlehm unterlagert, in ebener bis schwach geneigter Lage, sickerwasserbest., unter Grünland		Platte u. Hang, 0—4°	u//vp FP Bergsandlehm-unterlagerte Schluffparabraunerde	Sandiger Löß bis Sandlöß über Syenitgrus
33	SLö//slN 1 a A	Sandiger Löß — Sandlöß, von sandlehmigem Schutt unterlagert, in ebener Lage,		Platte, 0—1°	u//nFP Schuttunterlagerte Schluff-Para-	SandigerLöß über Syenitgrus

		sickerwasserbest., unter Acker			braunerde	
34	SLö//nSL + SLö//slN 1—2 a A (I + II)	Sandiger Löß — Sandlöß, von schutthaltigem Sandlehm bzw. sandlehmigem Schutt unterlagert, in ebener bis schwach geneigter Lage, sickerwasserbest., unter Acker Variante I: skelettärmer Variante II: -reicher		Platte, Hang u. Rücken, 0—4°	u//vpFP u//nFP Bergsandlehm-unterlagerte Schluff-Parabraunerde (I) Schuttunterlagerte Schluff-Parabraunerde (II)	Sandiger Löß bis Sandlöß über Granulit- u. Glimmerschieferzersatz
35	SLö/nSL 2—3 b′ G	Sandiger Löß — Sandlöß über schutthaltigem Sandlehm in schwach bis mäßig geneigter Lage, stauwasserbeeinfl., unter Grünland (Ödland)		Hang, 1—8°, gestreckt	u/vpU Schluff-Tiefberg-sandlehm-Braunstaugley	Sandiger Löß bis Sandlöß über Porphyrgrus
36	SLö/nLS 2—3 a A	Sandiger Löß — Sandlöß über schutthaltigem Lehmsand in schwach bis mäßig geneigter Lage, sickerwasserbest., unter Acker	N: Aphano Matricarietum, Ackerhellerkraut-Subass., stellenw. Var. m. Sumpfruhrkraut	Hang, 1—8° konvex u. gestreckt	u/vmB Schluff-Tiefberg-salm-Braunerde	Sandiger Löß über Granodiorit- u. Kieselschiefergrus
37	TS/S 1—2 a A	Schluffiger Treibsand — Treibsand über Sand in ebener bis schwach geneigter Lage, sickerwasserbest., unter Acker	E: Aphano Matricarietum, Rasse v. Matricaria chamomilla, Subass.-gr. von Rumex acetosella, Subass. v. Scleranthus annuus, typ. Var., Subvar. von Gnaphalium uliginosum	Platte u. Hang, 0—4°	um/dB Schluffige Deck-salm-Braunerde	Schluffiger Treibsand bis Treibsand über glazifluvialem Sand

Tabelle 8. (Fortsetzung)

Nr.	Geokomplexform			Kennzeichnungsmerkmale		
	Symbol	Bezeichnung	Vegetationsform	Reliefform	Bodenform	Gestein
1	2	3	4	5	6	7
38	TS/S 1 c′ W	Schluffiger Treibsand — Treibsand über Sand in ebener Lage, grundwasserbeeinfl., unter Wald		Platte, 0–1°	um/dL Schluffiger Decksalm-Braungley	Schluffiger Treibsand bis Treibsand über glazifluvialem Sand
39	TS/s-lsN 1–2 a A	Schluffiger Treibsand — Treibsand über sandigem-lehmsandigem Schutt in ebener bis schwach geneigter Lage, sickerwasserbest., unter Acker		Platte u. Hang, 0–4°	um/nB Schluffige Salm-Braunerde über Gesteinsschutt	Schluffiger Treibsand bis Treibsand über Granitgrus
40	SLö′L 1–2 b′ A	Sandlößbeeinfl. Lehm in ebener bis schwach geneigter Lage, stauwasserbeeinfl., unter Acker		Platte u. Hang, 0–4°	u′lU Schluffbeeinfl. Lehm-Braunstaugley	Sandlöß über Geschiebelehm
41	SLö′L 1–2 b A	Sandlößbeeinfl. Lehm in ebener bis schwach geneigter Lage, stauwasserbest., unter Acker		Platte u. Hang, 0–4°	u′lS Schluffbeeinfl. Lehm-Staugley	Sandlöß über Geschiebelehm
42a	SLö′-TS′S 2–3 a A (I)	Sandlöß- bis treibsand — beeinfl. Sand in schwach bis mäßig geneigter Lage, sickerwasserbest., unter Acker Variante: Deckschicht aus sandigem Löß — Sandlöß		Kuppe u. Hang, 1–8°, konvex u. gestreckt	u′sR u′sB schluffbeeinfl. Sand-Rosterde, schluffbeeinfl. Sand-Braunerde	Sandlöß über glazifluvialem Sand

42b	SLö'-TS'S 2—3 a A (II)	Sandlöß- b. treibsand-beeinfl. Sand in schwach bis mäßig geneigter Lage, sickerwasserbest., unter Acker Variante II: Deckschicht aus Treibs. — schluff. Treibsand		Kuppe u. Hang, 1—8° konvex u. gestreckt	um'sB um'sR Salmbeeinfl. Sand-Braunerde Salm-beeinfl. Sand-Rosterde	Treibsand bis schluffiger Treibsand über glazifluvialem Sand
43	TS'S 2—3 a G	Treibsandbeeinfl. Sand in schwach bis mäßig geneigter Lage, sicker-wasserbest., unter Grün-land (Ödland)		Kuppe u. Hang, 1—8°, konvex u. gestreckt	um'sB Salmbeeinfl. Sand-Braunerde	Treibsand über glazifluvialem Sand
44	TS'S 1—2 a W	Treibsandbeeinfl. Sand in ebener bis schwach geneigter Lage, sicker-wasserbest., unter Wald		Platte u. Hang, 0—4°	um'sRD Salmbeeinfl. Sand-Braunpodsol	Treibsand über glazifluvialem Sand
45	S 3 a A	Sand in mäßig geneigter Lage, sickerwasserbest., unter Acker	Teesdalio-Arnose-retum, Rasse von Setaria glauca, Sub-ass, von Cory nephorus canescens, typ. Var. (bei S- u. SW-Expos.)	Hang, 4—8°, konvex u. gestreckt	sA Sander-Ranker	Glazifluvialer Sand
46	nSLö 1—2 a A	Schutthalt. Sandlöß in ebener bis schwach geneigter Lage, sicker-wasserbest., unter Acker		Platte u. Hang, 0—4°	vuB Bergschluff-Braunerde	Schutthaltiger Sandlöß
47	TS'N 3—4 a G	Treibsandbeeinfl. Schutt in mäßig bis stark geneigter Lage, sicker-wasserbest., unter Grün-land	N: Arrhenathere-tum, typ. Variante	Hang, 4—15°	um'nB Salmbeeinfl. Schutt-Braunerde	Treibsand über Granodioritgrus

Tabelle 8. (Fortsetzung)

Nr.	Geokomplexform			Kennzeichnungsmerkmale		
	Symbol	Bezeichnung	Vegetationsform	Reliefform	Bodenform	Gestein
1	2	3	4	5	6	7
48	TS′N 3—4 a W	Treibsandbeeinfl. Schutt in mäßig bis stark geneigter Lage, sickerwasserbest., unter Wald	N: Poa-nemoralis-Typ d. Sambucus-nigra-Fichtenforstes	Hang, 4—15°	um′nB Salmbeeinfl. Schutt-Braunerde	Treibsand über Granodioritgrus
49	TS′nS 2—3 a W	Treibsandbeeinfl. schutthalt. Sand in schwach bis mäßig geneigter Lage, sickerwasserbest., unter Wald	N: Agrostis-Carex-Pilulifera-Typ d. Rubus-Pteridium-Kiefernforstes	Hang, 1—8°	um′vsBD Salmbeeinfl. Bergsand-Braunpodsol	Treibsand über Granitgrus
50	sN 2—3 a A	Sandiger Schutt in schwach bis mäßig geneigter Lage, sickerwasserbest., unter Acker		Hang, 1—8°, konvex u. gestreckt	nB Schutt-Braunerde	Quarzporphyr- und Granitzersatz

kann aber davon ausgegangen werden, daß mit der statistischen Typenbildung wesentliche Geokomplexformen des Gebietes erfaßt werden konnten.

Die nachfolgend vorzustellenden *Geokomplexformen* sind *nach* dem *geologischen Substrat geordnet*, d. h., sie sind nach diesem Kriterium klassifiziert (vgl. Tab. 8, 9—25).

4.1. Geokomplexformen auf Löß bis sandigem Löß

Im *sächsischen Hügelland* hat der *Löß* durchweg eine so große Mächtigkeit, daß er stets alleiniges Ausgangsmaterial für die rezente Bodenbildung ist. Entlang der nördlichen Lößgrenze und in bevorzugten Sedimentationslagen trifft das auch für den *sandigen Löß* zu. Das auf weiten Flächen vergleichsweise einheitliche Substrat erfährt vor allem durch wechselnde orographische Bedingungen, die auch wesentlichen Einfluß auf die Bodenbildung nehmen, seine Differenzierung (vgl. Tab. 9—12). Unterschiede in der Vegetationsbedeckung bzw. in der Nutzung machen sich nicht nur im Wärme- und Wasserhaushalt, sondern auch in den Bodenmerkmalen, vor allem in den Sorptionsparametern, bis in größere Tiefe bemerkbar. Weitere Indizien sind u. a. in den Bodenprofilen erkennbar, wie das auf Grund vergleichender Studien von Wald-, Jungacker- und Altackerböden nachgewiesen werden konnte (Lieberoth 1962c). Allerdings ist der Flächenanteil von Wald und Gehölzfluren im sächsischen Lößgebiet sehr gering; abseits von Talhängen und Schluchten gibt es kaum Baumbestand. Andererseits ist ein solcher Wald-Feld-Vergleich für die hier verfolgte Fragestellung sehr interessant.

Ober- und Unterboden von verschiedenen Löß-Bodenformen gehören meist dem gleichen Schicht-Typ an und haben die gleichen Parameter (vgl. Tab. 9—12). Landschaftsökologisch relevant sind deshalb reliefbedingte Einflüsse auf die Wasserbewegung an der Oberfläche und im Boden. Nur auf ebenen Flächen ist ein ungestörtes Bodenprofil unter Ackernutzung erhalten, wie **Lö 1 a A** (Tab. 9). Sobald die Neigung 1° überschreitet, setzt die Bodenerosion ein und sorgt für eine Profilkappung (Tab. 10). Aus diesem Grunde werden hier auch zwei Geokomplexformen ausgewiesen. Die bei **Lö 2 a A** aufgeführte Vegetationseinheit ist bei beiden die gleiche, was mit Sicherheit angenommen werden kann.

Mit weiter zunehmender Neigung tritt eine andere Geokomplexform, nämlich **Lö 3 a A** (Tab. 11) auf. Den Geokomplexformen im Erosionsbereich entspricht im Akkumulationsbereich **kLö 1 ad′ A** (Tab. 12), die bei größerer Ausbreitung meist eine plattenförmige Oberflächenform hat. Deutliche Neigungen und konkave Wölbung treten nur bei enger begrenzten Kolluvialbereichen auf. Die Vegetationsform entspricht im wesentlichen der, wie sie in den Geokomplexformen der Hänge vorkommt, was sich zu einem guten Teil aus der Bodenerosion erklärt.

Die hier der Reihe nach beschriebenen Geokomplexformen können auch als Glieder einer *Catena* aufgefaßt und dargestellt werden. *Singularitäten* darin sind *hydromorphe Geokomplexformen* wie **Lö 1-2 b′d A** (Nr. 7) und **Lö 1-2 c′ G** (Nr. 8, Tab. 8).

Im Bereich des sächsischen Hügellandes gibt es auch *Löß-Griserden*, konzentriert in der Lommatzscher Pflege und inselartig westlich davon. Statistisch verwertbares Material liegt aber dazu nicht vor. Die hydromorphe Varietät im Verbreitungsgebiet der Griserden ist der Löß-Schwarzstaugley, wie er als Partialkomplex die Geokomplexform **hLö 1-2 b′A** kennzeichnet (Nr. 6, Tab. 8).

Zu ergänzen in dem Spektrum der Geokomplexformen des Lößgebietes wären **Lö 1-2 b′ A** und **Lö 1 b A** *Löß-sandiger Löß* in ebener bis schwach geneigter Lage, stauwasserbeeinflußt, bzw. in ebener Lage stauwasserbestimmt, unter Acker. Solche Geokomplexformen kommen verbreitet in der „Mulde-Lößprovinz" des nordsächsischen Lößgebietes vor (Lieberoth 1962a, b).

In allen Schichten bzw. Horizonten haben die *Substrattypen Löß* und *Schluff* mit etwa drei Viertel und mehr den höchsten Anteil.

Tabelle 9. Geokomplexform (1)* **Lö 1 a A**

			Körnung				Volumen			Sorption	
Tiefe (cm)	Horizont	Substrat	Ton	Schluff	Sand	Humus	Dichte	SV	WK	S	H
0–25	Ap	u	15,7	62,2	22,1	2,1	1,41	52,4	40,4	9,6	5,9
		ö	3,8	12,9	14,5	0,8	0,10	7,1	4,8	3,4	2,0
		up									
–45	BvEt	u	13,8	65,4	20,7		1,40	51,1	40,5	7,2	4,2
		ö	3,3	11,3	13,1		0,08	4,5	4,8	3,3	1,5
		—									
–80	Bt1	u	20,7	65,6	13,9		1,49	55,0	40,4	10,7	5,5
		ö	5,9	10,8	11,4		0,07	4,7	5,2	2,5	1,9
		—									
–120	Bt2	ö	21,7	68,9	9,4		1,53	55,9	38,9	11,3	5,2
		u	4,2	6,4	5,1		0,06	3,8	4,7	2,2	2,1
		—									

Gestein: Löß bis sandiger Löß

* Die in Klammer gesetzten Zahlen entsprechen der Nummer der Geokomplexform in Tab. 8.

Tabelle 10. Geokomplexform (3) **Lö 2 a A**

			Körnung				Volumen			Sorption	
Tiefe (cm)	Horizont	Substrat	Ton	Schluff	Sand	Humus	Dichte	SV	WK	S	H
0–25	Ap	u	15,7	62,2	22,1	2,1	1,41	52,4	40,4	9,4	5,9
		ö	3,8	12,9	14,5	0,8	0,10	7,1	4,8	3,4	2,0
		up									
–65	Bt1	u	21,1	62,3	16,6		1,54	57,7	37,7	9,9	5,9
		ö	5,3	12,7	13,4		0,06	2,5	4,3	2,7	2,1
		—									
–120	Bt2, Bb	u	20,7	65,6	13,9		1,49	55,0	40,4	10,7	5,5
		ö	5,9	10,8	11,4		0,07	4,7	5,2	2,5	1,9
		—									

Gestein: Löß bis sandiger Löß

Tabelle 11. Geokomplex (4) **Lö 3aA**

			Körnung				Volumen			Sorption	
Tiefe (cm)	Horizont	Substrat	Ton	Schluff	Sand	Humus	Dichte	SV	WK	S	H
0–30	Ap	ö	18,0	75,4	6,0	2,7	1,44	56,5	40,4		
		—	8,2	1,8	5,4	0,7	0,05	1,6	2,5		
–120	Cc	ö	16,8	77,4	5,9		1,41	51,8	44,3		
		—	6,7	3,9	6,8		0,06	3,4	5,3		
		—									

Gestein: kalkhaltiger Löß

Tabelle 12. Geokomplexform (5) **kLö 1 ad′ A**

			Körnung				Volumen			Sorption	
Tiefe (cm)	Horizont	Substrat	Ton	Schluff	Sand	Humus	Dichte	SV	WK	S	H
0–25	Ap	u	15,7	62,2	22,1	2,1	1,41	52,4	40,4	9,6	5,9
		ö	3,8	12,9	14,5	0,8	0,10	7,1	4,8	3,4	2,0
		up									
–40/60	Ah	u	13,8	65,4	20,7		1,40	51,1	40,5	7,2	4,2
		ö	3,3	11,3	13,1		0,08	4,5	4,8	3,3	1,5
		—									
–75/100	Ah, Bvt,	u	20,7	65,6	13,9		1,49	55,0	40,4	10,7	5,5
	BvEt, Bt1	ö	5,9	10,8	11,4		0,07	4,7	5,2	2,5	1,9
		—									
–120	Bt2, Btg,	ö	21,7	68,9	9,4		1,53	55,9	38,9	11,3	5,2
	Bg	u	4,2	6,4	5,1		0,06	3,8	4,7	2,2	2,1
		—									

Gestein: Löß bis sandiger Löß

4.2. Geokomplexformen auf sandigem Löß bis Sandlöß

Mit der Entfernung von der Lößgrenze nimmt bekanntlich der Feinheitsgrad äolischer Sedimente allmählich, die Mächtigkeit dagegen sprunghaft ab. Es ist daher nicht als ein allgemeines Charakteristikum des Sandlößgürtels und des nahen Teiles der sandigen Löß-Fazies anzusehen, daß in diesem Bereich mächtige, die gesamte Bodenbildung umfassende Decksedimente ausgebildet sind. Die hier verbreiteten Geokomplexformen sind in der Regel auf zahlreiche, meist kleinflächige und einzelne, dann allerdings relativ großflächige Geotope verteilt. Es handelt sich vorwiegend um Geokomplexformen mit hydromorphen Böden, die zumeist als Grünland genutzt werden oder mit Wald bestockt sind. Die Geokomplexformen unter Acker sind in dieser Klasse in der Minderzahl, was sicher nicht nur ein Ergebnis der statistischen Analyse oder der Standortauswahl ist.

Die hier erfaßten *Wald-Geokomplexformen* (Nr. 12, 14 — Tab. 8) repräsentieren eine sehr regelhafte Abfolge, die im wesentlichen durch den Bodenwasserhaushalt bestimmt ist. Das wird sowohl von Bodenmerkmalen, speziell von Tiefe und Dichte des Stauhorizontes, als auch von der Vegetation gut angezeigt. Mit den physikalischen Merkmalen im Boden verändern sich im gewissen Grade auch andere Bodenmerkmale, und zwar über die gesamte Bodentiefe hin.

Bei den *Grünland-Geokomplexformen* ist eine ähnliche Abfolge zu erwarten, obwohl sie hier nicht vollständig vorgestellt werden kann. Sie reicht bis in den Einflußbereich des Grundwassers. Die hier vorkommenden Geokomplexformen sind durch eine Reihe von Merkmalen — des Reliefs, des Bodens und der Grundwasserstufen — deutlich voneinander unterschieden und nur ausnahmsweise in den Parametern der Schicht-Typen gleich (Nr. 11, 13, 15a — Tab. 8).

Ackerbaulich genutzte Geokomplexformen sind nur zweimal vertreten: **SLö 1-2 b A** (Nr. 10a — Tab. 8) und **SLö 1 a A** (Nr. 16 — Tab. 8), wobei die letztere mit ihrer Mächtigkeit des schluffigen Sandlehms zu den lokalen, im Sandlößgürtel verstreuten Besonderheiten zählt.

4.3. Geokomplexformen auf Auelehm

Soweit es mächtige Auelehmdecken betrifft, gibt es nur geringe bis gar keine Unterschiede in den Bodenwerten (vgl. Tab. 13—15). Sie sind denen der vergleichbaren Geokomplexformen im Löß- und Sandlößgebiet sehr ähnlich, bzw. es handelt sich um die gleichen Werte. Unterschiedliche Grundwasserverhältnisse bestimmen die Eigenart der Typen weitaus mehr, was von der Vegetation gut nachgezeichnet wird (Nr. 17, 19 — Tab. 8). Je stärker der Einfluß des Grundwassers ist, desto stärker treten andere Differenzierungskriterien bekanntermaßen zurück. So werden z. B. der höhere Humusgehalt im Oberboden und die niedrigere Kationenumtauschkapazität bei Gleyen der Grundwasserstufe III im Vergleich zu anderen nur als Varianten berücksichtigt (Nr. 19 — Tab. 8). Meist in Ufernähe und am Talrand ist der Auelehm nicht so mächtig und wird von Sand, Kies oder Schotter unterlagert. Soweit die Deckschicht von Aueschluff ge-

Tabelle 13. Geokomplexform (17) **AL 1 a G**

			Körnung				Volumen			Sorption	
Tiefe (cm)	Horizont	Substrat	Ton	Schluff	Sand	Humus	Dichte	SV	WK	S	H
0—25	Ah	ou	18,4	68,1	13,5	3,9	1,22	45,7	48,2	16,3	11,2
		u	3,0	9,6	8,5	0,9	0,12	5,0	4,9	3,2	5,4
		—									
—70	Ba 1	—	18,8	66,5	15,2		1,30	47,3	45,6	13,5	8,9
		ou, u	6,1	10,4	10,7		0,09	4,2	4,3	7,4	3,9
		—									
—120	Ba 2	ou	19,1	68,1	12,9		1,26	43,3	46,6	14,7	6,7
		u	4,7	11,9	12,3		0,08	4,5	3,6	6,1	2,5
		—									

Gestein: Auenlehm

Tabelle 14. Geokomplexform (18) **AL 1 c G**

Tiefe (cm)	Horizont	Substrat	Körnung Ton	Schluff	Sand	Humus	Volumen Dichte	SV	WK	Sorption S	H
0–25	AhGo	ou	18,4	68,1	13,5	3,9	1,22	45,7	48,2	16,3	11,2
		u	3,0	9,6	8,5	0,9	0,12	5,0	4,9	3,3	6,4
		—									
–50	BaGo, Go 1	—	18,8	66,5	15,2		1,30	47,3	45,6	13,5	8,9
		ou, u	6,1	10,4	10,7		0,09	4,2	4,3	7,4	3,9
		—									
–80	Go 2	ou	19,1	68,1	12,9		1,26	43,3	46,6	14,7	6,7
		u	4,7	11,9	12,3		0,08	4,5	3,6	6,1	2,5
		—									

Grundwasserstufe: IV
Gestein: Auenlehm

Tabelle 15. Geokomplexform (19a) **AL-hAL 1 c G (I)**

Tiefe (cm)	Horizont	Substrat	Körnung Ton	Schluff	Sand	Humus	Volumen Dichte	SV	WK	Sorption S	H
0–20	AhGo	ou	18,4	68,1	13,5	3,9	1,22	45,7	48,2	16,3	11,2
		u	3,0	9,6	8,5	0,9	0,12	5,0	4,9	3,3	5,4
		—									
–50	Go	—	18,8	66,5	15,2		1,30	47,3	45,6	13,5	8,9
		ou, u	6,1	10,4	10,7		0,09	4,2	4,3	7,4	3,9
		—									
–60	Gor, Gr	—	22,0	66,9	11,2		1,46	52,8	42,2	12,8	9,6
		ou, u	6,8	8,7	8,5		0,09	1,8	2,9	2,8	2,5
		ul, ot									

Grundwasserstufe: III
Gestein: Auenlehm
Besonderheiten: Ähnlichkeit mit SLö-hSLö 1–2 cG

bildet wird, gibt es nur in der untersten Schicht — aber hier sehr deutliche — Unterschiede zu **AL 1 a** (vgl. Nr. 20 — Tab. 8).

In den größeren Talauen sind weit mehr Geokomplexformen vertreten als hier angeführt werden konnten (siehe Hubrich 1964a–c, 1967; Hubrich u. Thomas 1978). Das betrifft sowohl Geokomplexformen unter verschiedener Nutzung, mit unterschiedlichen Grundwasserständen, als auch mit verschiedenartiger Auelehmfazies. Die Zahl der hier unerwähnt gebliebenen Geokomplexformen ist weitaus größer; es fehlen Moore und Brüche, solche mit sehr hohem Grundwasserstand, mit Stauwasser-Regime, mit

Stau-/Grundwasser-Regime und solche unter Wald und Acker. Es gibt leider dafür zu wenige Primärdaten und insgesamt – im Vergleich zu den Gebieten außerhalb der Talauen – zu wenige landschaftsökologische Untersuchungen.

4.4. Geokomplexformen auf sandigem Löß bis Sandlöß über Lehm und Ton

Die zu dieser Klasse gehörenden *Geokomplexformen* sind *charakteristische Repräsentanten* der landschaftsökologischen Bedingungen *von Grundmoränen* (Tab. 16–19). Vorherrschende Reliefformen sind Platten, seltener schwach geneigte Hänge. Das Bodenfeuchte-Regime wird zum überwiegenden Teil von mehr oder weniger ausgeprägter Wechselfeuchte bestimmt, wobei der Ausprägungsgrad nicht allein von bodenphysikalischen Parametern, sondern auch von entsprechenden Reliefformen abhängig ist.

Tabelle 16. Gekomplexform (21) **SLö//T 1 b A**

			Körnung				Volumen			Sorption	
Tiefe (cm)	Horizont	Substrat	Ton	Schluff	Sand	Humus	Dichte	SV	WK	S	H
0–25	Ap	u	15,7	62,2	22,1	2,1	1,41	52,4	40,4	9,6	5,9
		ö	3,8	12,9	14,5	0,8	0,10	7,1	4,8	3,4	2,0
		up									
–50	Eg, Etg	u	21,1	62,3	16,6		1,54	57,7	37,7	9,9	5,9
		ö	5,3	12,7	13,4		0,06	2,5	4,3	2,7	2,1
		up									
–90	Bg, Btg	u	20,7	65,6	13,9		1,49	55,0	40,4	10,7	5,5
		ö	5,9	10,8	11,4		0,07	4,7	5,2	2,5	1,9
		—									
–120	II Bg, Btg	t	43,5	32,0	24,6		1,66	61,7	33,1	10,6	4,3
		ut	3,4	15,0	13,9		0,17	6,5	7,5	6,0	2,1
		—									

Gestein: Sandiger Löß über Ton

Was die Bodenparameter betrifft, so gehören die oberen Horizonte aus sandigem Löß und Sandlöß den gleichen Schicht-Typen an wie die Böden der bereits beschriebenen Geokomplexformen. Unterschiedlich sind daher nur die liegenden Schichten mit ihren hohen Werten für die Lagerungsdichte. Die wechselnde Mächtigkeit der Deckschicht wird wegen einer gewissen Ähnlichkeit zum Liegenden nicht so hoch bewertet und daher durch Trennung in Varianten berücksichtigt.

Die *anhydromorphen Geokomplexformen* (Nr. 22, 24 – Tab. 8 u. Tab. 17) sind nicht nur als Ergebnis der Typenbildung, sondern auch real auf Grundmoränen seltener vertreten. Zwischen beiden Geokomplexformen gibt es Übereinstimmung in den Parametern der beiden oberen Horizonte; unterschiedlich sind die folgenden Horizonte, besonders der Untergrund – in einem Falle Lehm, im anderen Falle Sandlehm. Der Partialkomplex Boden ist hier das differenzierende Moment zwischen beiden Geokomplexformen.

Obwohl wesentliche Parameter für das Bodenwasser-Regime bei den Geokomplex-

Tabelle 17. Geokomplexform (22a) **SLö//L + SLö/L 1 a A (I)**

Tiefe (cm)	Horizont	Substrat	Körnung Ton	Schluff	Sand	Humus	Volumen Dichte	SV	WK	Sorption S	H
0–25	Ap	u	15,7	62,2	22,1	2,1	1,41	52,4	40,4	9,6	5,9
		ö	3,8	12,9	14,5	0,8	0,10	7,1	4,8	3,4	2,0
		up									
–40	BvEt	u	21,1	62,3	16,6		1,54	57,7	37,7	9,9	5,9
		ö	5,2	12,7	13,4		0,06	2,5	4,3	2,7	2,1
		—									
–90	Bt	u	20,7	65,6	13,9		1,49	55,0	40,4	10,7	5,5
		ö	5,9	10,8	11,4		0,07	4,7	5,2	2,5	1,9
		—									
–120	II Bt	l	18,1	28,5	53,4		1,61	60,7	31,7	7,4	3,1
		—	4,3	16,8	13,2		0,06	2,5	2,0	2,1	1,1
		up, vl, u									

Gestein: Sandiger Löß über Geschiebelehm

Tabelle 18. Geokomplexform (23a) **SLö//L + SLö/L 1-2 b′ A (I)**

Tiefe (cm)	Horizont	Substrat	Körnung Ton	Schluff	Sand	Humus	Volumen Dichte	SV	WK	Sorption S	H
0–30	Ap	u	15,7	62,2	22,1	2,1	1,41	52,4	40,4	9,6	5,9
		ö	3,8	12,9	14,5	0,8	0,10	7,1	4,8	3,4	2,0
		up									
–60	Bt	u	21,1	62,3	16,6		1,54	57,7	37,7	9,9	5,9
		ö	5,3	12,7	13,4		0,06	2,5	4,3	2,7	2,1
		up									
–90	Btg	u	20,7	65,6	13,9		1,49	55,0	40,4	10,7	5,5
		ö	5,9	10,8	11,4		0,07	4,7	5,2	2,5	1,9
		—									
–120	II Btg	l	17,5	30,7	51,8		1,76	67,4	28,5	11,3	5,1
		—	7,0	11,3	7,7		0,08	3,1	2,9	2,3	1,7
		—									

Gestein: Sandiger Löß über Geschiebelehm

formen **SLö//sL 1 a A** bzw. **1-2 b′ A** (Nr. 24, 25 — Tab. 8) die gleichen sind, unterscheiden sie sich durch das Sicker- und das Stauwasser-Regime. Eine mögliche Erklärung ist in der größeren Streuung (Standardabweichung) der Parameter für die Volumenverhältnisse zu suchen, d. h., der Schicht-Typ ist relativ weit gefaßt in Abhängigkeit von dem Stichprobenumfang.

Tabelle 19. Geokomplexform (26a) **SLö/L-SL 1·2 b A (I)**

Tiefe (cm)	Horizont	Substrat	Körnung Ton	Schluff	Sand	Humus	Volumen Dichte	SV	WK	Sorption S	H
0–25	Ap	u	15,7	62,2	22,1	2,1	1,41	52,4	40,4	9,6	5,9
		ö	3,8	12,9	14,5	0,8	0,10	7,1	4,8	3,4	2,0
		up									
–40	Etg	u	13,8	65,4	20,7		1,40	51,1	40,5	7,2	4,2
		ö	3,3	11,3	13,1		0,08	4,5	4,8	3,3	1,5
		—									
–60	Btg	u	20,7	65,6	13,9		1,49	55,0	40,4	10,7	5,5
		ö	5,9	10,8	11,4		0,07	4,7	5,2	2,5	1,9
		—									
–120	IIBtg	l	17,5	30,7	51,8		1,76	67,4	28,5	11,3	5,1
		—	7,0	11,3	7,7		0,08	3,1	2,9	2,3	1,7
		—									

Gestein: Sandiger Löß über Geschiebelehm

4.5. Geokomplexformen auf sandigem Löß bis Sandlöß über Sand

Gewissermaßen das Gegenstück zu den eben skizzierten sind die *Geokomplexformen über glazifluvialen Sanden* (Tab. 20 u. 21). Naturgemäß dominieren in dieser Klasse sickerwasserbestimmte Geokomplexformen gegenüber stauwasserbestimmten. Auch hier gehören die oberen Horizonte zu den gleichen Schicht-Typen, wie sie für alle Deckschichten aus Löß, sandigem Löß und Sandlöß charakteristisch sind. Wie bereits bei den Geokomplexformen auf Löß bis sandigem Löß bestehen enge Beziehungen zwischen Reliefeigenschaften und Bodentypen. Geringe Neigungen lösen bodenerosive Prozesse aus, die zu einer allmählichen Verringerung der Deckschicht führen. Wenn dieser Prozeß anhält, dann entstehen unter ackerbaulicher Nutzung gegenüber der ursprünglichen Konstellation deutlich veränderte Geokomplexformen, wie sie bereits an anderer Stelle beschrieben worden sind. Bei vorwiegend sandlehmiger Ausbildung der Bodenhorizonte verändern sich die Bodenparameter im Verhältnis vom Bodentyp Braunerde gegenüber Parabraunerde,

Daß Sande und lehmige Sande so dicht gelagert sind, daß sie zur Staunässebildung Anlaß geben, ist äußerst selten, wahrscheinlich auf lokale Vorkommen begrenzt. Die ausgeschiedenen Geokomplexformen (Nr. 27, 30 — Tab. 8) unterscheiden sich in Abhängigkeit vom Substrat in einigen Bodenparametern, haben aber gemeinsam große Ähnlichkeit mit Geokomplexformen über Tieflehm (Tab. 17) im Hinblick auf ihre landschaftsökologischen Eigenschaften.

Unter den real vorkommenden, mehr oder weniger vom Grundwasser beeinflußten Geokomplexformen kann nur eine Geokomplexform nachgewiesen werden, wie Tab. 8 (Nr. 31) zeigt. Es sind aber in diesem Gebiet und mit dieser vertikalen Substratfolge noch weitere Geokomplexformen mit wechselndem Hydromorphiegrad zweifellos verbreitet.

Tabelle 20. Geokomplexform (28) **SLö/S 1 a A**

Tiefe (cm)	Horizont	Substrat	Körnung Ton	Schluff	Sand	Humus	Volumen Dichte	SV	WK	Sorption S	H
0–25	Ap	u	15,7	62,2	22,1	2,1	1,41	52,4	40,4	9,6	5,9
		ö	3,8	12,9	14,5	0,8	0,10	7,1	4,8	3,4	2,0
		up									
–40	BvEt	u	13,8	65,4	20,7		1,40	51,1	40,5	7,2	4,2
		ö	3,3	11,3	13,1		0,08	4,5	4,8	3,3	1,5
		—									
–60	Bt	u	20,7	65,6	13,9		1,49	55,0	40,4	10,7	5,5
		ö	5,9	10,8	11,4		0,07	4,7	5,2	2,5	1,9
		—									
–120	IIC, Cb	s	7,7	4,8	87,5		1,46	52,5	29,4	2,5	2,8
		m	4,3	3,0	4,9		0,12	5,4	3,1	1,0	1,9
		—									

Gestein: Sandiger Löß über glazifluvialem Sand

Tabelle 21. Geokomplexform (29a) **SLö/S 2 a A (I)**

Tiefe (cm)	Horizont	Substrat	Körnung Ton	Schluff	Sand	Humus	Volumen Dichte	SV	WK	Sorption S	H
0–25	Ap	u	15,7	62,2	22,1	2,1	1,41	52,4	40,4	9,6	5,9
		ö	3,8	12,9	14,5	0,8	0,10	7,1	4,8	3,4	2,0
		up									
–50	Bt	u	21,1	62,3	16,6		1,54	57,7	37,7	9,9	5,9
		ö	5,3	12,7	13,4		0,06	2,5	4,3	2,8	2,1
		up									
–120	IICb	—	7,4	12,0	80,0		1,59	59,5	29,9	4,3	2,0
		s, m	3,9	11,6	12,0		0,06	4,2	5,5	2,6	0,9
		um, vm									

Gestein: Sandiger Löß über glazifluvialem Sand

4.6. Geokomplexformen auf sandigem Löß bis Sandlöß über Gesteinsschutt

Abgesehen von Einzelbergen und Berggruppen nördlich des Verbreitungsgebietes von Löß, tritt Festgestein großflächig erst südlich davon in Oberflächennähe. Die auf dem Verwitterungsschutt auflagernden äolischen, meist stärker umgelagerten und kryogen veränderten Deckschichten sind — streng genommen — nicht identisch mit den nördlichen sandigen Lössen und Sandlössen. Krönert (1967, 1968) unterscheidet zwischen Lößfrosterde oder Kryoturbationslöß und Lößfließerde oder Solifluktionslöß. Unter

Tabelle 22. Geokomplexform (33) **SLö//slN 1 a A**

Tiefe (cm)	Horizont	Substrat	Körnung Ton	Schluff	Sand	Humus	Volumen Dichte	SV	WK	Sorption S	H
0–20	Ap	u	15,7	62,2	22,1	2,1	1,41	52,4	40,4	9,6	5,9
		ö	3,8	12,9	14,5	0,8	0,10	7,1	4,8	3,4	2,0
		up									
–40	BvEt	u	13,8	65,4	20,7		1,40	51,1	40,5	7,2	4,2
		ö	3,3	11,3	13,1		0,08	4,5	4,8	3,3	1,5
		—									
–90	Bt	u	20,7	65,6	13,9		1,49	55,0	40,4	10,7	5,5
		ö	5,9	10,8	11,4		0,07	4,7	5,2	2,5	1,9
		—									
–120	IIC	n	13,7	26,6	59,7		1,32	49,0	39,7	12,4	3,2
		—	(nur singuläre Werte)								
		—									

Gestein: Sandiger Löß über Syenitgrus

Tabelle 23. Geokomplexform (34) **SLö//nSL + SLö//slN 1-2 a A (I + II)**

Tiefe (cm)	Horizont	Substrat	Körnung Ton	Schluff	Sand	Humus	Volumen Dichte	SV	WK	Sorption S	H
0–20	Ap	u	16,7	57,0	26,2	2,2	1,22	45,3	50,4	9,4	14,1
		up	2,1	10,2	11,5	0,4	0,06	4,1	4,1	2,6	2,1
–40	BvEt	u	18,5	69,4	12,1		1,34	50,9	44,6	6,9	11,7
		—	3,3	5,5	7,1		0,09	4,4	3,4	1,6	2,3
		—									
–90	Bt	u	24,5	55,8	21,2		1,61	59,4	37,0	6,2	12,7
		—	6,2	14,6	13,9		0,11	5,4	4,6	1,8	2,5
		ul									
–120	II Bt, Cb	up	13,0	45,1	41,2		1,52	53,2	41,7	3,7	9,7
		—	4,4	16,2	16,6		0,11	5,0	4,9	1,3	3,9
		n, vp, vu, u									

Grundwasserstufe:

Gestein: Sandiger Löß bis Sandlöß über Granulit- und Glimmerschieferzersatz
Besonderheit: Jungacker – im Vgl. zu SLö//slN 1 a A geringere Kationenaustauschkapazität

dem Sammelbegriff *Lößderivate* werden diese Deckschichten dem eigentlichen Löß und Sandlöß gegenübergestellt (Haase und Ruske 1965). Ihre Einordnung versteht sich von der Substratansprache her, die auf Texturmerkmalen beruht, und darin entsprechen sie den echten sandigen Lössen und Sandlössen, mit denen sie den gleichen Schicht-Typ bilden.

Der Einfluß der Reliefverhältnisse auf die Mächtigkeit der Deckschichten ist offensichtlich größer als die faziell gegebenen Bedingungen (Tab. 22—23). Es ist an dieser Stelle nicht möglich, statistisch gesicherte Beweise dafür anzuführen, daß neben den orographischen Bedingungen und den bodenphysikalischen Verhältnissen auch der Mineralgehalt des Ausgangsmaterials für die gegenseitige Abgrenzung der Typen eine wesentliche Rolle spielt. Dafür sind die hier erfaßten Typen an Zahl zu gering und umfassen zu wenige Gesteinsarten.

4.7. Geokomplexformen auf schluffigem Treibsand bis Treibsand

In der *Treibsandfazies äolischer Sedimente* gehört es zu den lokalen Besonderheiten, wenn die Deckschicht mächtiger als ein Meter ist; im allgemeinen erreichen Treibsand und seine schluffreichere Fazies maximal 7 dm Mächtigkeit. Sie überziehen wie sandiger Löß und Sandlöß auch alle älteren pleistozänen Bildungen, kommen aber über Verwitterungsschutt nur im östlichen Sachsen vor. Es ist deshalb für diesen Faziesbereich eine ähnliche Typenvielfalt wie anderswo im Sandlöß-Bereich zu erwarten, was allerdings in den wenigen, hier erfaßten Geokomplexformen nicht zum Ausdruck kommt (Nr. 37 bis 39, Tab. 8 u. Tab. 24). Es handelt sich dabei um Geokomplexformen mit häufigen Vorkommen und weiter Verbreitung, soweit es Gebiete mit glazifluvialen Sanden im Untergrund betrifft. Die adäquate Geokomplexform über Granitgrus im Untergrund hat eine große Ähnlichkeit mit diesen in den vergleichbaren Merkmalen Relief und Boden.

Tabelle 24. Geokomplexform (37) **TS/S 1-2 a A**

			Körnung				Volumen			Sorption	
Tiefe (cm)	Horizont	Substrat	Ton	Schluff	Sand	Humus	Dichte	SV	WK	S	H
0—20	Ap	um	7,7	27,9	64,4	2,0	1,45	53,6	37,6	5,1	5,4
		—	3,0	12,1	13,8	0,6	0,15	8,4	5,0	2,0	2,6
		up									
—60	Bv	—	5,8	17,9	76,3		1,55	60,3	33,1	3,2	3,7
		um, m	2,9	9,1	9,6		0,08	3,4	4,3	1,6	2,1
		s									
—120	IIC	—	7,4	12,0	80,0		1,59	59,5	29,9	4,3	2,1
		s, m	3,9	11,6	12,0		0,06	4,2	5,5	2,6	0,9
		um									

Gestein: Schluffiger Treibsand bis Treibsand über glazifluciale m Sand

Was die Vergleichbarkeit der bisher vorgestellten Geokomplexformen betrifft, so ist eine *scharfe Grenze in* den *Bodenparametern der Deckschichten zwischen Löß bis Sandlöß* auf der einen *und schluffigem Treibsand bis Treibsand* auf der anderen Seite bemerkenswert. Diese inhaltliche Abgrenzung ist landschaftsökologisch bedeutsam und daher von hohem Rang: Vom Löß bis zum Sandlöß vollzieht sich ein allmählicher landschaftsökologischer Wandel, ausgelöst durch den wechselnden Untergrund, aber beim Übergang zur grobkörnigen Fazies des Treibsandes und seiner schluffreicheren Ausbildung ist dieser

Wandel — vom Typeninhalt her gesehen — abrupt. Da die meisten ausgeschiedenen Geokomplexformen aus ackerbaulich genutzten Standorten gebildet worden sind, gilt dieser Vergleich zunächst nur unter gegebenen Nutzungsbedingungen. Es ist schwer abzuschätzen, ob der beschriebene Effekt in dieser Deutlichkeit auch beim Vergleich von Wald-Geokomplexformen in verschieden Faziesbereichen auftreten würde; hierfür fehlt die statistische Masse bzw. eine angemessene Zahl von vergleichbaren Geokomplexformen.

4.8. Geokomplexformen auf Lehm

Im sächsischen Altmoränengebiet ist in der Regel mit einer geschlossenen Decke aus äolischen Sedimenten von über 3 dm Mächtigkeit zu rechnen. Dort, wo das nicht der Fall ist, erklärt sich die geringere Mächtigkeit oder gar das Fehlen einer Deckschicht aus den Reliefverhältnissen. Diese können bereits während der Sedimentation für eine Mächtigkeitsdifferenzierung durch Niveauausgleich der präsedimentären Oberfläche gesorgt haben, oder die ursprüngliche Mächtigkeit ist durch Abtragung reduziert worden.

Beide Ursachen sind auch bei den ausgeschiedenen Geokomplexformen (Nr. 40, 41 — Tab. 8) möglich. Hier allerdings nicht durch entsprechende Reliefdaten belegbar, aber während der praktischen Geländearbeit beobachtet, gibt es auch unter Wald entsprechende Geokomplexformen. Meist nehmen sie relativ kleine Areale ein, können aber in Abhängigkeit von den orograhischen Bedingungen recht häufig vorkommen. Die beiden statistisch belegten Geokomplexformen haben als Folge voneinander abweichender Tiefe des Stauhorizontes unter Flur ein unterschiedlich ausgeprägtes Stauwasser-Regime; andere Werte für die Bodendichte mögen eine weitere Ursache für die Differenzierung sein.

4.9. Geokomplexformen auf Sand

Die in dieser Klasse vereinigten Geokomplexformen lassen sich aus sehr ähnlichen bis gleichen Bildungsursachen wie oben erklären. Gleiches gilt für die Häufigkeit ihres Vorkommens und ihre flächenhafte Verbreitung. Primär vorhandene Mächtigkeitsunterschiede in der Deckschicht sind auf vielfach zu beobachtende Niveauunterschiede in der Oberfläche von glazifluvial gebildeten Sandplatten zurückzuführen. Wirkungen des Frostbodens spielen zwar eine beachtliche Rolle, aber stets nur auf sehr kleinem Areal. Während bei geringerer Hangneigung eine bemerkenswerte dünne Deckschicht noch erhalten ist (Tab. 25 u. Nr. 42a—44, Tab. 8) — unter Acker ist es vermutlich nur noch eine Frage der Zeit, bis auch diese verringert wird —, ist sie bei größerer Hangneigung beinahe vollständig beseitigt.

Unterschiede in den Parametern infolge verschiedener Nutzungsformen beschränken sich meist auf die dünne Deckschicht und da vor allem auf die Sorptionswerte.

4.10. Geokomplexformen auf Gesteinsschutt

Es handelt sich hier in der Hauptsache um reliefbedingte Geokomplexformen (Nr. 47 bis 49, Tab. 8), die in der Nachbarschaft solcher Geokomplexformen vorkommen, wie sie bereits beschrieben wurden. Die erfaßten Typen lassen sich nach jeweils gemeinsamen

Tabelle 25. Geokomplexform (42a) **SLö'—TS'S 2—3a A (I)**

Tiefe (cm)	Horizont	Substrat	Körnung Ton	Schluff	Sand	Humus	Volumen Dichte	SV	WK	Sorption S	H
0—20	Ap	u	15,7	62,2	22,1	2,1	1,41	52,4	40,4	9,6	5,9
		ö	3,8	12,9	14,5	0,8	0,10	7,1	4,8	3,4	2,0
		up									
—35	Bv, Bvs	u	13,8	65,4	20,7		1,40	51,1	40,5	7,2	4,2
		ö	3,3	11,3	13,1		0,08	4,5	4,8	3,3	1,5
		—									
—120	IIC	—	4,6	18,5	76,9		1,41	57,1	35,0	2,5	5,1
		s, up	3,3	17,4	20,2		0,11	5,0	6,2	2,5	2,7
		n, w									

Gestein: Sandlöß über glazifluvialem Sand

Eigenschaften in zwei Gruppen ordnen: *Geokomplexformen mit Granodiorit-Untergund und* solche *mit Granitgrus bzw. Quarzporphyrzersatz.* Die beiden Geokomplexformen der ersten Gruppe unterscheiden sich durch die Nutzungsart, woraus die verschiedenen Parameter für Volumen und Sorption im Oberboden resultieren. Die abweichenden Werte für die Körnung sind mit großer Wahrscheinlichkeit ein statistischer Effekt, zumindest aber stark davon beeinflußt.

In der zweiten Gruppe sind die Werte für die Sorptionsverhältnisse gegenüber den beiden anderen Geokomplexformen auffallend niedriger. Hier deutet sich der Einfluß der mineralischen Zusammensetzung des Ausgangsgesteins an, was leider nicht statistisch ausreichend belegt werden kann. Es geht natürlich nicht bloß um den quantitativen Nachweis von Unterschieden zwischen sauren und basischen Gesteinen, der ohnehin bekannt ist, sondern um etwas detailliertere Aussagen über Gruppen von Gesteinsarten mit ähnlichen bis gleichen landschaftsökologischen Eigenschaften. Dafür reichte das zur Verfügung stehende Grundlagenmaterial leider nicht aus, worauf bereits hingewiesen wurde.

Die Geokomplexform **nSLö 1-2 a A** (Nr. 46 — Tab. 8) ist hier als eine Besonderheit interessant: Eine mächtige sandlößartige Deckschicht ist bis an die Oberfläche mit Schutt durchsetzt und besitzt günstige Werte für alle Bodenmerkmale. Nach diesen Eigenschaften gehört das bodenbildende Substrat zu den Lößfrosterden.

4.11. Vergleich der Geokomplexformen

Folgende allgemeine, *für alle Geokomplexformen wesentliche Eigenschaften* lassen sich herausstellen:

— Die Art der Pflanzendecke bzw. der Bodennutzung muß als eine wesentliche Komponente jeder Geokomplexform und als wichtiges Kriterium der Typenbildung angesehen werden.

— Die Beziehung zwischen Reliefeigenschaften — besonders Hangneigung — und Bodenbildung ist relativ eng.

— Landschaftsökologisch relevante Bodenmerkmale korrelieren nicht mit bestimmten Substrattypen direkt, sondern mit Gruppen einander ähnlicher Substrattypen. So gehören Löß, sandiger Löß, Auenlehm und Sandlöß als Sedimente zu den Bodensubstraten Löß, Schluff, Auenschluff und zum großen Teil auch schluffiger Sandlehm, die den gleichen Schicht-Typen angehören und durch die gleichen Parameter beschrieben werden.
— Als landschaftsökologisch bedeutsam ist der Parametersprung zwischen Sandlöß und schluffigem Treibsand bis Treibsand anzusehen. Wegen zu geringer Vergleichsmöglichkeiten bleibt unklar, ob diese Zäsur nur unter den Bedingungen der Ackernutzung auftritt bzw. hier im Vergleich zu anderen Nutzungsformen am ausgeprägtesten ist.
— In Bodenhorizonten mit hoher Dichte ist die auch sonst zu beobachtende Streuung des Bodensubstrats besonders hoch.

5. Allgemeine Ergebnisse

Mit dem Hinweis auf das eingangs gestellte Ziel sollen im folgenden solche Ergebnisse herausgestellt werden, die für grundlegende Aussagen als Beiträge zur Theorie, Methodologie und Methodik des Fachgebietes verallgemeinerungsfähig sind. Das betrifft vor allem Aussagen zur generellen Anwendbarkeit der hier eingesetzten Typisierungsmethoden, über Sinn und Zweck von Typologien und Klassifikationen sowie zur methodologischen Funktion des Typisierens. Es soll im Zusammenhang damit versucht werden, die Aussagen nicht nur auf die Geotopologie zu beschränken, sondern auch — soweit das von den erzielten Ergebnissen und gewonnenen Erkenntnissen her möglich ist — auf die Landschaftsforschung und die Geographie insgesamt auszudehnen. Das wird allerdings immer nur partiell möglich sein.

5.1. Zur Methodik des Typisierens

Die *Eignung des Algorithmus zur Ermittlung von Geokomplexformen* ist durch das Ergebnis, den regional gültigen, wenn auch nicht vollständigen *Typenkatalog* bestätigt worden. Die ermittelten Geokomplexformen sind Repräsentanten real existierender Geokomplexe, was durch Vergleich zwischen den geotopologischen Primärinformationen und dem Typisierungsergebnis nachgewiesen werden kann.

Die erkannten Unzulänglichkeiten in den Ergebnissen erklären sich nicht aus der Methodik des Typisierens, sondern aus einer ungleichmäßigen Verteilung der Stichproben, auf die — aus bereits erwähnten Gründen — nachträglich kein korrigierender Einfluß mehr möglich ist. Aus den gewonnenen Erfahrungen verdient folgendes festgehalten zu werden: Die Detailarbeiten in der geotopologischen Forschung (und nicht nur in dieser) sind so anzusetzen, daß alle zu erwartenden Typen in angemessener Weise (= Gewährleistung einer gesicherten statistischen Masse) durch Individuen als ausreichende Datenquelle belegt werden können. Darüber hinaus sollte auch bei einzelnen Arbeiten in kleineren Gebieten der größere Raum als Zielobjekt von vornherein Berücksichtigung finden, um keine Disproportionen im Stichprobenumfang bei solchen

Forschungsarbeiten entstehen zu lassen, die auf größere Räume (wie hier im Beispielsgebiet) ausgerichtet sind.

Die Lösung des mit Stichprobenverteilung und -umfang verbundenen Problems der mathematisch-statistischen Bearbeitung könnte auch die *Brauchbarkeit der Faktorenanalyse*, die sich in der geographischen Forschung schon vielfältig bewährt hat, bedeutend *erhöhen*. Das trifft besonders auf die Verbindlichkeit von Aussagen über die Variablenstruktur zu.

Das *Schichtkonzept* (NEUMEISTER 1979a) hat wohl hier erstmalig Anwendung gefunden und sich sehr bewährt, da es, von der vertikalen Strukturierung des Geokomplexes ausgehend, sowohl die Analyse als auch die Synthese des Geokomplexes bestimmt. Aus der Sicht des gegenwärtigen Kenntnisstandes und der bei der Anwendung dieses Schichtkonzepts gemachten Erfahrungen ist es offenbar der einzige Weg, den Geokomplex in seiner gesamten Qualität zu erfassen. Ein Vergleich mit den Kompartimenten von Ökosystemen (z. B. bei ULRICH u. MAYER 1973) mag diese Aussage stützen. Daß bei diesem Konzept vor allem auch die Verknüpfung mit den vertikal gerichteten Prozeßabläufen realisierbar ist, muß hier auch wegen des *Zusammenhanges von Landschaftsstruktur und -dynamik* — eine wesentliche Aufgabe für die Forschung der nächsten Jahre — mit Bezug auf NEUMEISTER (1979b) und HAASE (1979) hervorgehoben werden. Die gegenwärtig vorliegenden Forschungsergebnisse und das vorhandene Datenmaterial basieren auf den vergleichsweise statischen Strukturkomponenten. Sie stellen nur das Bedingungsgefüge für die Prozesse dar; die Ergänzung durch Prozeßparameter wird erst den vollkommenen Typ ergeben, was LESER (1976) als *Typisierung „landschaftlicher Ökosysteme“* bezeichnet.

Das Schichtkonzept erlaubt in Abhängigkeit von Ziel- und Aufgabenstellung eine freie Entscheidung über die Art und Anzahl der zu betrachtenden Schichten. Diese Verfahrensweise setzt natürlich Kenntnisse und Erfahrungen voraus, um für das gewählte Erkenntnisziel adäquate Bedingungen zu fordern.

5.2. Zur Zweckmäßigkeit von Typologien und Klassifikationen

Die *allgemeine Bedeutung der* mit dieser Typisierungsmethodik erreichten *Ergebnisse* läßt sich anhand des Vergleichs mit dem bisherigen Stand beurteilen. Durch die unvergleichlich größere statistische Masse gegenüber den Einzelarbeiten und die Anwendung der Vertikalverknüpfung des Schichtkonzepts ist es erstmalig bei geotopologischen Arbeiten in der DDR möglich, die ermittelten Geokomplexformen durch Typ-Parameter zu beschreiben.

Außer der geotopologischen Stützung von geochorologischen Forschungsarbeiten und ihrer Ergebnisse gibt es eine Reihe weiterer Nutzungsmöglichkeiten. Dazu gehört vor allem die Rolle als *Informations- und Bezugsbasis* für aufbauende, weiterführende Arbeiten, wie z. B. die Ermittlung und Bestimmung von Potentialeigenschaften (HAASE 1976a) und die Bewertung der Leistungsfunktion von Landschaftselementen im gesellschaftlichen Reproduktionsprozeß (NIEMANN 1977). Zweifellos gehört dazu auch die Funktion der Beschreibung von Bedingungen für die Prozeßabläufe sowie die der Bezugsbasis für dynamische Parameter. Der Wert geotopologischer Forschungsergebnisse, vor allem in typisierter Form, stand schon immer außer Diskussion, was im besonderen Maße für die Hauptnutzungsformen Acker, Grünland und Forst gilt (HAASE 1967;

HAASE u. SCHMIDT 1973; DRDOŠ 1973), aber nicht nur dafür, wie z. B. VORAČEK (1971) herausarbeitet.

Die immer wieder gestellte Frage nach der *Zweckmäßigkeit* von *Typologien und Klassifikationen für* ganze *Regionen* oder gar darüber hinaus (NEEF 1967, 1968; HAASE 1979), so z. B. für das Territorium der DDR, muß aus eigener Sicht *bejaht* werden. Die in den letzten Jahren zu beobachtende Orientierung der geographischen Landschaftsforschung auf größere Gebiete als Konsequenz gesetzlicher Maßnahmen auf dem Gebiet der sozialistischen Landeskultur in der DDR macht es notwendig, im Sinne von NEEF (1975) dafür eine angemessene Informationsgrundlage zu nutzen, soweit sie vorhanden ist oder zu schaffen, soweit sie noch fehlt. Und das gilt schließlich auch für die geotopologische Fundierung geochorologischer Forschungsarbeiten und -ergebnisse. Anwendungsbeispiele sind bereits mehrfach erwähnt worden.

5.3. Zur methodologischen Bedeutung des Typisierens

In jeder Wissenschaft, die Gesetzmäßigkeiten erforschen und Gesetze formulieren will, muß es Einheiten (= Identitäten) als Wiederholungen desselben Falls oder derselben Erscheinung geben. Nur beständige Beziehungen zwischen diesen Identitäten ermöglichen Gesetzeserkenntnis und -formulierung (REMANE 1951). In der geotopologischen Landschaftsforschung, aber auch in anderen Teildisziplinen der Geographie, sind solche Identitäten nur aus großen Mengen von Individualitäten, d. h. hier Geokomplexen, zu ermitteln; denn die Gesetzmäßigkeiten der im Geokomplex bestehenden Relationen sind nur im statistischen Mittel der Objektmengen zu erkennen. Das *Mittel zur Erkenntnis dieser Gesetzmäßigkeiten* ist die *Typisierung*; ihr Ergebnis ist der Typ, der als Gesetz von stochastischem Charakter aufzufassen ist.

In dieser Weise sind die Charakteristika der Geokomplexformen (Tab. 8—25) zu verstehen, was an einem Beispiel erläutert werden soll: Im sächsischen Hügelland bestehen in Geokomplexen gesetzmäßige Beziehungen zwischen dem mächtigen Löß bis sandigem Löß, der Vegetationsform des *Aphano Matriocarietum* in typischer Ausbildung, der Reliefform Kuppe und Hang in mäßig geneigter, konvex oder gestreckt ausgebildeter Lage und der Bodenform als gekappte Löß- und Schluff-Parabraunerde usw. (vgl. Tab. 10).

Das *Verhältnis von Komponentenstruktur und Dynamik* im Geokomplex ist schon mehrfach berührt worden, so daß abschließend nur noch wenige Bemerkungen dazu gemacht werden sollen, zumal keine allgemein gültige Klärung geboten werden kann. Vergleichbare Forschungsergebnisse für verbindlichere Aussagen stehen aus dem Forschungsgebiet Landschaftsdynamik noch aus. Die hier ermittelten Geokomplexformen sind „*Strukturtypen*", repräsentieren das Bedingungsgefüge in einem gewissen Schwankungsbereich für die im Geokomplex ablaufenden Prozesse. Es muß letztlich das Ziel dieses Teils geotopologischer Forschung sein, aus den Strukturtypen mit Hilfe dynamischer Typenmerkmale „*Verhaltenstypen*" zu erforschen und zu beschreiben. Für den Weg dazu wird folgende Hypothese aufgestellt: Die Geokomplexformen stellen die Bedingungen für den Ablauf von Prozessen dar und sind zugleich Bezugsbasis für die Dynamik-Parameter, d. h., die Merkmale der Komponentenstruktur im Geokomplex werden mit den Merkmalen der Dynamik „beladen".

Резюме

Выявление и характеристика форм геокомплексов по их вертикальной структуре

Результаты геотопологического ландшафтоведения в ГДР распространяются лишь на спектры типов, которые действуют только в соответствующей области исследования. В целом отдельные результаты исследований приводят к статистическому множеству достаточному для типологической обработки большой территории с помошью единого способа. Для этого представляется автором алгоритм, который исходит из вертикальной структуры топического геокомплекса. Его проверяют на примера равнинных, холмистых и горных районов Саксонии.

Алгоритм состоит их следующих операций:

1. после выбора важных признаков приводить в нумерованный порядок отдельные топические геокомплексы,
2. подразделение геокомплексов в вертикальные части, в ,,слои'' — каждые из этих ,,слоев'' является объектом, его признаки являются перемеными,
3. установление характерной структуры слоев с помощью факторного анализа,
4. типизация слоев (= формирование типов слоев) при помощи анализа дендрограмма,
5. повторное применение факторного анализа для выявления определяющих факторов и признаков установленных типов-слоев,
6. комбинация типов-слоев по их вертикальной последовательности: геокомплексы с той самой последовательностью типов слоев являются формой геокомплекса (типов геокомплекса).

Формы геокомплексов ознаменуются средней величиной ($\bar{x}$) и стандартным отклонением (s).

Из-за реально существующих данных возможно были применить алгоритм только к почвенным горизонтам, другие геокомпоненты, например рельеф и растительность, добавились с помощью сравнений. Определенные формы геокомплексов характеризуются свойствами растительности, рельефа, почв и пород. Из этого выводят характеристику формы геокомплекса в целом и дополняют признаки водного режима почв и землепользования.

Summary

Definition and characterization of forms of geocomplexes according to their vertical structures

The results of geotopological landscape research in the GDR are limited to spectra of types are good only for the respective field of work. The whole of the research results makes a sufficient statistical set of data that can be typologically processed for a larger area according to a uniform procedure. The present paper introduces an algorithm for this based on the vertical structure of the topical geocomplex, which is tested with regard to its applicability by the example of the ,,Sächsisches Flach-, Hügel- und Bergland" (part of Saxony).

The algorithm consists of the following operations:

1. **Arrangement of the individual topical geocomplexes in numbered order according to selected significant features.**
2. **Subdivision of the geocomplexes into vertical sections, i.e. "layers". Each of this layers is an object; their characteristic features are the variables.**
3. **Definition of the characteristic structures of the layers using factor analysis.**
4. **Typification of the layers (= formation of types of layers) using dendrogramm analysis.**

5. Repeated use of factor analysis for the recognition of decisive factors and features of the types of layers found out.
6. Combination of types of layers according to their vertical successions into forms of geocomplexes, i.e. geocomplexes with the same successions of types of layers represent a form of geocomplex each (= type of geocomplex).

The forms of geocomplexes are characterized by mean values ($\bar{x}$) and standard deviation (s).

Due to the data actually available the algorithm could only be applied to soil horizonts; the other geocomponents like relief and vegetation were added by way of comparison. The forms of geocomplexes defined are characterized by attributes of vegetation, relief, soil, and rock. From them the characterization of the form of geocomplex as a whole is derived and supplemented by attributes of the soil-water regime and land use.

Literatur

Barsch, H., und A. Schuster: Das naturräumliche Gefüge des Havellandes. Geogr. Berichte, **47** (1968) 2.

Beckmann, W.: Untersuchungen zum Landschaftshaushalt in Auen der Hauensteiner Murg. Hamburger Geogr. Studien, **19** (1965).

Bernhardt, A.: Beschaffenheit und Genese des Substrats und der Böden als bestimmende Elemente des Landschaftshaushalts im sächsisch-thüringischen Hügelland. Diss. Univ. Leipzig, 1966.

Bernhardt, A.: Die Physiotopgefüge des sächsisch-thüringischen Mittelgebirgsvorlandes (Raum Schmölln—Ronneburg—Werdau). Wiss. Zeitschrift d. Techn. Univ. Dresden, **16** (1967) 4.

Beručašvili, N. L.: Die jahreszeitlich bedingte Dynamik der Struktur und der funktionalen Prozesse der Fazies. Petermanns Geogr. Mitteilungen, **121** (1977) 1.

Billwitz, K.: Landschaftsökologische und agrargeographische Untersuchungen im nordwestsächsischen Lößgebiet zwischen Nerchau und Wurzen und seinem nördlichen Vorland. Diss. Univ. Leipzig 1967.

Dierschke, H.: Die naturräumliche Gliederung der Verdener Geest. Forschungen z. deutschen Landeskunde, Bd. **117** (1969).

Drdoš, J.: Landschaftsökologische Methoden der Bewertung des Gebietes vom Standpunkt der Gebietsplanung. Quaestiones Geobiologicae, Bratislava, **11** (1973).

Ehwald, E.: Leitende Gesichtspunkte einer Systematik der Böden der Deutschen Demokratischen Republik als Grundlage der land- und forstwirtschaftlichen Standortkartierung. Sitzungsberichte d. Deutschen Akademie d. Landwirtschaftswiss. zu Berlin, Bd. **XV** (1966) 18.

Ehwald, E.: Zur Systematik der Böden in der DDR unter Berücksichtigung rezenter und reliktischer Merkmale. Tagungsberichte d. Deutschen Akademie d. Landwirtschaftswiss. zu Berlin, **102** (1970).

Finke, L.: Die Verwertbarkeit der Bodenschätzungsergebnisse für die Landschaftsökologie. Bochumer Geogr. Arbeiten, **10** (1971).

Grimm, G., Haase, G., Kugler, H., Lauckner, M., und H. Richter: Empfehlung für den Inhalt und die Bearbeitung einer Geomorphologischen Grundkarte im Maßstab 1:10000. Petermanns Geogr. Mitteilungen, **108** (1964) 1/2.

Haase, G.: Landschaftsökologische Untersuchungen im Nordwest-Lausitzer Berg- und Hügelland, Diss. Univ. Leipzig 1961.

Haase, G.: Landschaftsökologische Detailuntersuchung und naturräumliche Gliederung. Petermanns Geogr. Mitteilungen, **108** (1964) 1/2.

Haase, G.: Bemerkungen zur Methodik einer großmaßstäbigen landwirtschaftlichen Standortkartierung auf der Grundlage landschaftsökologischer Erkundungen. Wiss. Zeitschrift Univ. Halle, **XVI** (1967) 5.

HAASE, G.: Zur Ableitung und Kennzeichnung von Naturpotentialen. Petermanns Geogr. Mitteilungen, **122** (1978) 2, 1978a.

HAASE, G.: Leitlinien der bodengeographischen Gliederung Sachsens. Beiträge zur Geographie, **29** (1978), 1978b.

HAASE, G.: Entwicklungstendenzen in der geotopologischen und geochorologischen Naturraumerkundung. Petermanns Geogr. Mitteilungen, **123** (1979) 1.

HAASE, G., und H. RICHTER: Bemerkungen zum Entwurf der Karte „Naturräumliche Gliederung Nordsachsens 1:200000". Exkursionsführer Symposium „Naturräumliche Gliederung", Berlin 1965.

HAASE, G., und R. RUSKE: Der weichselglaziale Löß im Gebiet der DDR. Die Weichsel-Eiszeit im Gebiet der DDR, Berlin 1965.

HAASE, G., und R. SCHMIDT: Zur Ermittlung des Ertragspotentials landwirtschaftlich genutzter Flächen auf der Grundlage geoökologischer Erkundungen. Quaestiones Geobiologicae, **11** (1973).

HAASE, J.: Die räumliche Struktur der Niederschlagsverhältnisse in den sächsischen Bezirken. Diss. Univ. Halle 1971.

HUBRICH, H.: Landschaftsökologische Untersuchungen im Übergangsbereich des nordsächsischen Flachlandes und der Sächsischen Gefildezone. Diss. Univ. Leipzig 1964.

HUBRICH, H.: Die Physiotope am Rande der nördlichen Lößgrenze in Nordwest-Sachsen. Wiss. Veröffentlichungen d. Deutschen Inst. f. Länderkunde, **23/24** (1966).

HUBRICH, H.: Zur Typenbildung in der topischen Dimension. Petermanns Geogr. Mitteilungen, **118** (1974) 3.

HUBRICH, H.: Zur Typisierung in der geographischen Landschaftsforschung. Petermanns Geogr. Mitteilungen, **120** (1976) 2, 1976a.

HUBRICH, H.: On the typification in geographical landscape research. General Physical Geography 5, XXIII. Internat. Geographical Congress, Moskva 1976, 1976b.

HUBRICH, H.: Typisierung von Geokomplexen mittels algorithmierter Verfahren. Beispiel: Sächsisches Flach-, Hügel- und Bergland. Diss. (B), Akademie d. Wiss. d. DDR, 1980.

HUBRICH, H., SCHLÜTER, H., und M. THOMAS: Vorläufige Klassifikation pedohydrologischer Typen der Einzugsgebiete von Döllnitz und Parthe. Geograph. Inst. d. Deutschen Akad. d. Wiss., Leipzig 1971, (Mskr.)

HUBRICH, H., und R. SCHMIDT: Der Vergleich landschaftsökologischer Typen des nordsächsischen Flachlandes und ein Vorschlag zu ihrer Klassifikation. Landschaftsforschung — Beiträge zur Theorie und Anwendung. Petermanns Geogr. Mitteilungen, Erg.-H. 271 (1968).

HÜGIN, G.: Wesen und Wandel der Landschaft am Oberrhein. Beiträge zur Landespflege, Bd. 1 (1962).

KILCHENMANN, A.: Statistisch-analytische Landschaftsforschung. Geoforum 7 (1971).

KLINK, H.-J.: Landschaftsökologische Studien im südniedersächsischen Bergland. Erdkunde, **XVIII** (1964) 4.

KLINK, H.-J.: Naturräumliche Gliederung des Ith-Hils-Berglandes. Forschungen z. deutschen Landeskunde, Bd. **159** (1966).

KOPP, D.: Standortsgeographische Gliederung des norddeutschen Tieflandes nach Ergebnissen der forstlichen Standortserkundung. Wiss. Veröffentlichungen d. Deutschen Inst. f. Länderkunde, **23/24** (1966)

KOPP, D.: Kartierung von Naturraumtypen auf der Grundlage der forstlichen Standortserkundung. Petermanns Geogr. Mitteilungen, **119** (1975) 2.

KOPP, D.: Typisierung der Waldvegetation als Komponente topischer Naturraumtypen. Potsdamer Forschungen, Reihe B, **15** (1979).

KOPP, D., u. a.: Ergebnisse der forstlichen Standortserkundung in der Deutschen Demokratischen Republik. 1. Band: Die Waldstandorte des Tieflandes. 1. Lfg., Potsdam 1969.

KRÖNERT, R.: Auswertung historisch-agrarökologischer Untersuchungen für die naturräumliche Gliederung. Leipziger Geogr. Beiträge 1965.

KRÖNERT, R.: Periglaziale Sedimente. Ihre Bedeutung für die landschaftsökologische Forschung und landwirtschaftliche Standortkartierung. Wiss. Zeitschrift d. Univ. Leipzig, math.-naturwiss. Reihe, **15** (1966) 4.

KRÖNERT, R.: Über die Anwendung landschaftsökologischer Untersuchungen in der Landwirtschaft. Diss. Univ. Leipzig 1967 und Wiss. Veröffentlichungen d. Deutschen Inst. f. Länderkunde, **25/26** (1968).

KUGLER, H.: Die geomorphologische Reliefanalyse als Grundlage großmaßstäbiger geomorphologischer Kartierung. Wiss. Veröffentlichungen d. Deutschen Inst. f. Länderkunde, **21/22** (1964).

KUGLER, H.: Aufgaben, Grundsätze und methodische Wege für großmaßstäbiges geomorphologisches Kartieren, Petermanns Geogr. Mitteilungen, **109** (1965) 4.

LAUCKNER, M.: Der physisch-geographische Komplex im Gebiet des Eibenstocker Turmalin-Granits. Geogr. Berichte, **7** (1962) 4.

LAUCKNER, M.: Landschaftsökologische Untersuchungen im nordwestsächsischen Raum. Wiss. Veröffentlichungen d. Deutschen Inst. f. Länderkunde, **21/22** (1964).

LESER, H.: Landschaftsökologie. Stuttgart 1976.

LIEBEROTH, I.: Die mittel- und jungpleistozänen Lösse Nord-Sachsens. Exkursionsführer „Das Pleistozän im sächsisch-thüringischen Raum", 1962, 1962a.

LIEBEROTH, I.: Die jungpleistozänen Lösse Sachsens im Vergleich zu denen anderer Gebiete. Petermanns Geogr. Mitteilungen, **106** (1962) 3, 1962b.

LIEBEROTH, I.: Über den Einfluß der Ackerkultur auf die Bodenentwicklung im sächsischen Lößgebiet. Albrecht-Thaer-Archiv, **6** (1962) 1, 1962c.

LIEBEROTH, I.: Die Bodenformen der landwirtschaftlich genutzten Standorte in der Deutschen Demokratischen Republik. Sitzungsberichte d. Deutschen Akad. d. Landwirtschaftswiss. zu Berlin, Bd. **XV** (1968) 18.

LIEBEROTH, I.: Die Bodenformen der landwirtschaftlich genutzten Standorte und die wichtigsten Merkmale zu ihrer Ansprache und Gliederung. Tagungsberichte d. Deutschen Akad. d. Landwirtschaftswiss. zu Berlin, Nr. 102 (1970).

LIEBEROTH, I., u. a.: Kennzeichnung und Beschreibung der landwirtschaftlich genutzten Standorte in der Deutschen Demokratischen Republik. Inst. f. Bodenkunde, Eberswalde 1967.

LIEBEROTH, I.: Hauptbodenformenliste mit Bestimmungsschlüssel für die landwirtschaftlich genutzten Standorte der DDR. Inst. f. Bodenkunde, Eberswalde 1971.

MANNSFELD, K.: Landschaftsökologie und ökonomische Wertung der Westlausitzer Platte. Diss. Techn. Univ. Dresden 1971.

MÜLLER, G.: Die Bedeutung der Ackerunkrautgesellschaften für die pflanzengeographische Gliederung West- und Mittelsachsens. Hercynia, **1** (1963/64).

NEEF, E.: Topologische und chorologische Arbeitsweisen in der Landschaftsforschung. Petermanns Geogr. Mitteilungen, **107** (1963) 4.

NEEF, E.: Anwendung und Theorie in der Geographie. Petermanns Geogr. Mitteilungen, **111** (1967) 3.

NEEF, E.: Der Physiotop als Zentralbegriff der komplexen Physischen Geographie. Petermanns Geogr. Mitteilungen, **112** (1968) 1.

NEEF, E.: Zu einigen aktuellen Fragen der Erforschung chorischer Strukturen. Petermanns Geogr. Mitteilungen, **119** (1975) 3.

NEEF, E., RICHTER, H., HAASE, G., u. a.: Beiträge zur Klärung der Terminologie in der Landschaftsforschung. Geogr. Inst. d. Akad. d. Wiss. d. DDR, Leipzig 1973 (Mskr.).

NEEF, E., SCHMIDT, G., und M. LAUCKNER: Landschaftsökologische Untersuchungen an verschiedenen Physiotopen in Nordwestsachsen. Abhandlungen d. Sächs. Akad. d. Wiss., math.-naturwiss. Kl., **74** (1961) 1.

NEUMEISTER, H.: Jungpleistozäne Decksedimente und Bodenentwicklung in der Umgebung von Leipzig. Zpravy Geografickeho ustavu ČSAV, **VIII** (1971).

NEUMEISTER, H.: Probleme der Anwendung und Auswertung der Faktorenanalyse bei geographischen Untersuchungen. Diss. (B) Univ. Halle 1972.

NEUMEISTER, H.: Das „Schichtkonzept" und einfache Algorithmen zur Vertikalverknüpfung von „Schichten" in der physischen Geographie. Petermanns Geogr. Mitteilungen, **123** (1979) 1, 1979a.

NEUMEISTER, H.: Erkundung wesentlicher Wirkungsmechanismen in ausgewählten topischen und chorischen Geosystemen. Inst. f. Geographie u. Geoökologie d. Akad. d. Wiss. d. DDR, Leipzig 1979 (Mskr.), 1979b.

NIEMANN, E.: Eine Methode zur Erarbeitung der Funktionsleistungsgrade von Landschaftselementen. Archiv f. Naturschutz u. Landschaftsforschung, **17** (1977) 2.

REMANE, A.: Das Problem des Typus in der morphologischen Biologie. Studium Generale, **4** (1951).

REUTER, B.: Zur Klassifikation von Raumeinheiten für die Landschaftspflege. Hallesches Jahrbuch f. Geowiss., Bd. **2** (1977).

RICHTER, H.: Beitrag zum Modell des Geokomplexes. Landschaftsforschung — Beiträge zur Theorie und Anwendung. Petermanns Geogr. Mitteilungen, Erg.-H. 271 (1968).

RICHTER, H.: Eine naturräumliche Gliederung der DDR auf der Grundlage von Naturraumtypen (mit einer Karte 1:500000). Beiträge zur Geographie, Bd. **29** (1978).

SCHLÜTER, H.: Ein Beitrag zur Frage ökologischer und soziologischer Artengruppen. Archiv f. Forstwesen, **6** (1957) 1.

SCHLÜTER, H.: Vegetationsform und -mosaiktyp als vegetationsgeographische Raumeinheiten. Wiss. Mitteilungen d. Inst. f. Geographie u. Geoökologie d. Akad. d. Wiss. d. DDR, **1** (1979).

SCHMIDT, G.: Grundfragen der Aufbereitung statistischen Materials. Geogr. Berichte, **21** (1976) 3.

SCHMIDT, G.: Stichprobenverfahren in der Geographie. Geogr. Berichte, **22** (1977) 1.

SCHMIDT, G.: Systemtheoretische Betrachtungsweise und Anwendung der Systemtheorie in der Geographie. Petermanns Geogr. Mitteilungen, **123** (1979) 3.

SCHMIDT, G., KRÖNERT, R., und H. NEUMANN: Anwendung der Faktorenanalyse bei der Gemeindetypisierung. Petermanns Geogr. Mitteilungen, **118** (1974) 3.

SCHMIDT, G., und O. MARGRAF: Die Klassifikation von Zentren mittels der Faktorenanalyse und Dendrogrammen. Petermanns Geogr. Mitteilungen, **120** (1976) 2.

SCHMIDT, I.: Landschaftsökologische Untersuchungen am Ostrande des Lausitzer Berglandes. Diss. Techn. Univ. Dresden 1970.

SCHMIDT, R.: Landschaftsökologisches Mosaik und naturräumliches Gefüge in der nördlichen Großenhainer Pflege. Diss. Techn. Univ. Dresden 1965.

SCHMIDT, R.: Löß, Sandlöß und Treibsand in der Großenhainer Pflege. Sächs. Heimatblätter, **12** (1966) 1.

SCHMIDT, R.: Geoökologische und bodengeographische Einheiten der chorischen Dimension und ihre Bedeutung für die Charakterisierung der Agrarstandorte der DDR. Beiträge zur Geographie, Bd. **29** (1978).

STEINER, D.: Die Faktorenanalyse — ein modernes statistisches Hilfsmittel des Geographen für die objektive Raumgliederung und Typenbildung. Geographica Helvetica, **20** (1965) 1.

THOMAS, M.: Die Böden des Einzugsgebietes der Parthe. Sektion Geographie d. Univ. Halle 1970 (Mskr.).

THOMAS-LAUCKNER, M.: Landschaftsökologische Untersuchungen im westlichen Erzgebirge, speziell in der Gemeinde Sosa und Carlsfeld. Wiss. Zeitschrift d. Univ. Leipzig, math.-naturwiss. Reihe, **15** (1966) 4.

ÜBERLA, K.: Faktorenanalyse, Berlin(West)—Heidelberg—New York 1968, 2. Aufl.

ULRICH, B., und R. MAYER: Systemanalyse des Bioelement-Haushalts von Wald-Ökosystemen. Ökosystemforschung. Berlin(West)—Heidelberg—New York 1973.

VORAČEK, V.: Beiträge zur Regionalforschung und Landschaftslehre. Studia Geographica, Brno, **17** (1971).

WERNER, D.: Naturräumliche Gliederung des Ätna. Göttinger Bodenkundl. Berichte, **3** (1968).

Wollkopf, H.-F.: Schätzung regionaler Parameter mittels faktorenanalytischer Gemeindetypisierung — dargestellt an einem Beispiel der Gemüseversorgung im Bezirk Schwerin. Wiss. Zeitschrift d. Univ. Halle, **XXVI** (1977) 1.

Dr. sc. nat. Heinz Hubrich, Akademie der Wissenschaften der DDR, Institut für Geographie und Geoökologie, 7010 Leipzig, Dimitroffplatz 1.

Beiträge zur Geographie	Bd. 32	S. 213—249	Berlin 1985

Zur Ermittlung von Versickerungs-, Speicher- und Grundwasserdargebotsgruppen topischer und nanochorischer Naturraumtypen im Beispielsgebiet Bitterfeld

Von ECKHARD MÜLLER

Inhalt

1. Problem- und Zielstellung

Das natürliche Wasserangebot und der Wasserbedarf unterliegen unterschiedlichen räumlichen und zeitlichen Verbreitungsregeln. Zur Annäherung von Angebot und Bedarf an Wasser sind Aufwendungen nötig, deren Effektivität sich bei Kenntnis der Leistungsmöglichkeiten des Naturraumes und ihrer räumlichen Differenzierung erhöhen läßt. Das *Konzept der Naturpotentiale* ermöglicht der Physischen Geographie, die differenzierten Anforderungen der Gesellschaft an den Naturraum mit ihren fachspezifischen Möglichkeiten zu bearbeiten.

Am geeignetsten und am besten auf den Naturraum bezogen erscheint die Begriffsbestimmung des „Wasserpotentials" bei HAASE (1978). Es ist demnach das

> „Vermögen des Naturraums, die aus atmosphärischen Prozessen resultierenden Hydrometeore so zu transformieren, daß neben der Versorgung der Vegetation hydrologisch geschlossene (fließende, stehende, unterirdische, oberirdische u. a.) Wasserkörper entstehen, die mit den zur Verfügung stehenden technischen Mitteln genutzt und in der notwendigen Form zeitlich verfügbar gehalten werden können."

Wichtige Zusammenhänge, die der Begriff des Wasserpotentials beinhaltet, sollen mittels eines Schemas verdeutlicht werden (Abb. 1):

- In der Definition sind die verschiedenen Wirkungsbereiche formuliert, die im Schema den einzelnen Stockwerken zugeordnet werden.
- Eine Vielzahl sich wechselseitig in unterschiedlichem Maße beeinflussender Kompo-

nenten und Prozesse aus dem abiotischen und biotischen Bereich des Naturraumes sind an der Ausprägung des Potentials beteiligt.

- Die Zusammenhänge unterliegen einer zeitlichen und räumlichen (vertikalen und horizontalen) Veränderung.
- Schwerpunkt bei der unterschiedlichen Ausprägung des Potentials ist der im Hauptstockwerk ablaufende Transformationsvorgang von Niederschlag zu nutzbaren Wasserkörpern.
- Bei den in der Definition gegebenen Zielrichtungen und den im Schema dargestellten Beziehungen spielt die Durchsickerung eine wichtige Rolle.
- Verschiedene Teilgrößen unterliegen der anthropogenen Beeinflussung.

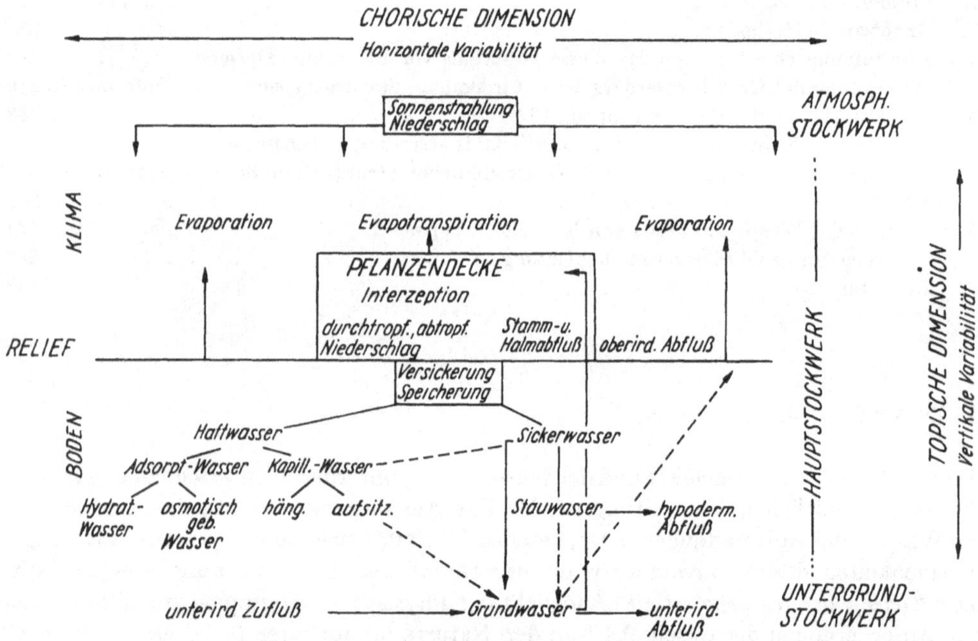

Abb. 1. Schematische Darstellung zum Wasserpotential

Hauptziel dieses Beitrages ist die *Interpretation naturräumlicher Einheiten* als Ergebnis einzelner Etappen der Naturraumerkundung *im Hinblick auf das Wasserpotential.* Auf Grund der hohen Komplexität des Wasserpotentials erfolgt eine Beschränkung auf die Aspekte:

- Versickerungsvermögen,
- Speichervermögen,
- Grundwasserdargebot.

Die Beschränkung der Interpretation auf das Hauptstockwerk mit dem Schwerpunkt Boden ergibt sich aus dem Charakter der Ergebnisse der Naturraumerkundung. Ihre Eignung wird mit Material aus dem Beispielsgebiet Bitterfeld geprüft.

2. Angewandte Methoden

Eine ausführlichere Literatur- und Methodenübersicht ist bei MÜLLER (1983) enthalten, so daß hier eine Straffung auf das Notwendigste erfolgen kann. Bisher durchgeführte Arbeiten zu Aspekten des Wasserpotentials basieren auf

- einer Matrix der Beziehungen zwischen naturräumlichen und landeskulturellen Merkmalen sowie den Anforderungskriterien für das Wasserpotential (ARNOLD 1977),
- der qualitativen Einschätzung des Wasserpotentials von Mikrochorentypen (BARSCH, KNOTHE 1978),
- der Erfassung der Grundwasserneubildung über Stellvertretergrößen durch Einschätzung der Bereitschaft zum Oberflächenabfluß und mehrjährige Bodenfeuchtemessungen (MANNSFELD 1980).

Der hier vorliegende Beitrag will sich stärker der von NEUMEISTER (1979) formulierten Leistung des Naturraumes in bezug auf den Umsatz von Wasser zuwenden. Zu deren Untersuchung und zum schnelleren Erreichen von praktikablen Aussagen über das Gesamtverhalten eines Geosystems scheint es ihm notwendig, die Systemein- und -ausgänge zu untersuchen. Erfolgversprechend erscheint auch der von DYCK (1978) vorgeschlagene Weg:

„Um Systeme behandelbar zu machen, ist es notwendig, sie von der Umwelt abzugrenzen und auf die Elemente zu reduzieren, deren Kopplung für die vorliegende Aufgabe wesentlich ist."

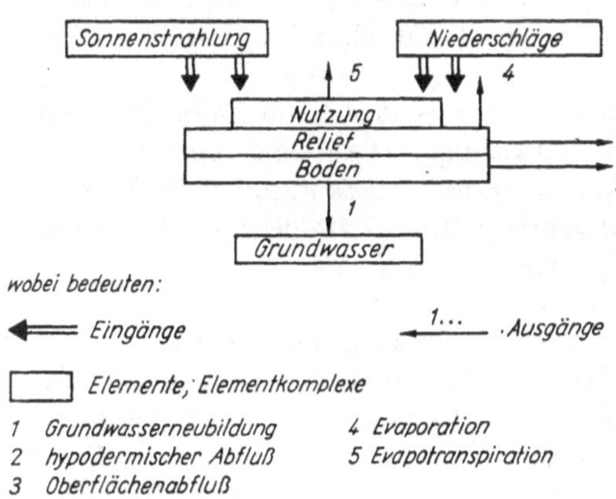

Die Bedeutung der Abgrenzung von Geosystemen wird auch von RICHTER (1968) unterstrichen und von NEUMEISTER (1979) in ihrer Rolle für die Messung der Leistung hervorgehoben.

Wenden wir diese Grundsätze auf das vorgestellte Schema (vgl. Abb. 1) unter der speziellen Aufgabenstellung an, dann ergibt sich folgendes:

Die *qualitative und quantitative Fassung und Verknüpfung der Elementkomplexe sowie der Ein- und Ausgänge* bringen einen Fortschritt gegenüber der bisherigen Betrachtungsweise des Wasserpotentials mit sich. Das eine komplexe Betrachtung im obigen Sinne am ehesten ermöglichende und deshalb hier angewandte Verfahren von Glugla (1970) gehört in die Gruppe der Berechnungen mit Hilfe von Lysimeteruntersuchungen. Es dient zur Ermittlung des Output 1 unter Berücksichtigung der beiden Inputs. Für das Verfahren, das auf langjährigen Werten basiert, wird gefordert, daß Ausgang 3 gleich 0 ist und Ausgang 2 nur örtlich begrenzt auftritt. Folgende Formel (Glugla 1970) kommt zur Anwendung:

$$A = e^{-\frac{\omega \cdot \bar{Q}}{r \cdot \varrho \cdot \bar{N}}}$$

Es bedeuten dabei:

A — Grundwasserneubildung (langjähriges Mittel)
e — Basis des natürlichen Logarithmus
ω — Wirkungsfaktor der Gebietseinheit
$\bar{Q}$ — langjähriges Mittel der Globalstrahlung
r — Verdampfungswärme des Wassers
ϱ — Dichte des Wassers
$\bar{N}$ — langjähriges Mittel des Niederschlages.

Nach diesem Ansatz wurden für ca. 200 Bodenformen im Beispielsgebiet Bitterfeld die Werte für A ermittelt. Um Nutzungseinflüsse auszuschalten, wurde zunächst vegetationsloser Boden angenommen. $\bar{Q}$ wurde analog Glugla mit 89 kcal/(cm^2 · a) gerechnet. Der prozentuale Anteil abschlämmbarer Teilchen ($<$ 0,02 mm) wurde nach dem mit der Horizontmächtigkeit gewichteten Mittel für eine Profiltiefe von 1,50 m bestimmt. Der Niederschlagswert $\bar{N}$ wurde konstant gehalten und entspricht dem der Station Bitterfeld. Er wurde um 9% (N_9) erhöht, um eine Vergleichbarkeit mit flurgleichen Regenmessern zu erreichen.

Beim Auftreten von Niederschlägen über 600 mm macht sich die Anwendung eines weiteren Verfahrens (Glugla/Tiemer 1971) notwendig, das auf eine von Bagrov abgeleitete Beziehung zurückgeht und universell einsetzbar ist: Es wurde in der Form des Programmes RASTER zur Berechnung langjähriger Mittelwerte der Grundwasserneubildung (Glugla, Enderlein, Eyrich 1977) eingesetzt (vgl. Abb. 2).

Durchlässigkeit und Speicherfähigkeit der Bodendecke sind wichtige Merkmale des Bodenwasserhaushaltes und bedeutsam für die Einschätzung des Grundwasserdargebotes bzw. der Grundwasserneubildung. Einsickerungsmessungen von Thomas (1973) erlaubten das Aufstellen einer Bewertungsrichtlinie der Gefügebeschriebe der Bodenschätzung bezüglich der Perkolationsbedingungen. Es werden sechs Stufen der Durchlässigkeit ausgegliedert, deren unterschiedliche Kombination im vertikalen Profilaufbau elf Versickerungsgruppen ergeben (vgl. Tab. 1 und 2).

Dieser Schlüssel wurde für den topologisch kartierten Transsekt und die zur Verfügung stehenden Bodenprofile angewendet. Für das gleiche Datenmaterial erfolgte auch die Bestimmung der Speichergruppe nach dem Bewertungsverfahren von Thomas (1977). Die Unterscheidung von sechs Stufen des Speichervermögens fußt auf der mittleren Frühjahrsfeuchte, dem arithmetischen Mittel aus der Summe der Bodenfeuchtewerte der Monate Februar bis April über einen längeren Meßzeitraum. Aus der Kombination der sechs Stufen ergaben sich zwölf Speichergruppen. Die Bewertungsrichtlinie ist in Tab. 3 dargestellt. Wie aus der Definition der mittleren Frühjahrsfeuchte hervorgeht, sind zu ihrer Bestimmung — als Grundlage der Einordnung in die entsprechenden Spei-

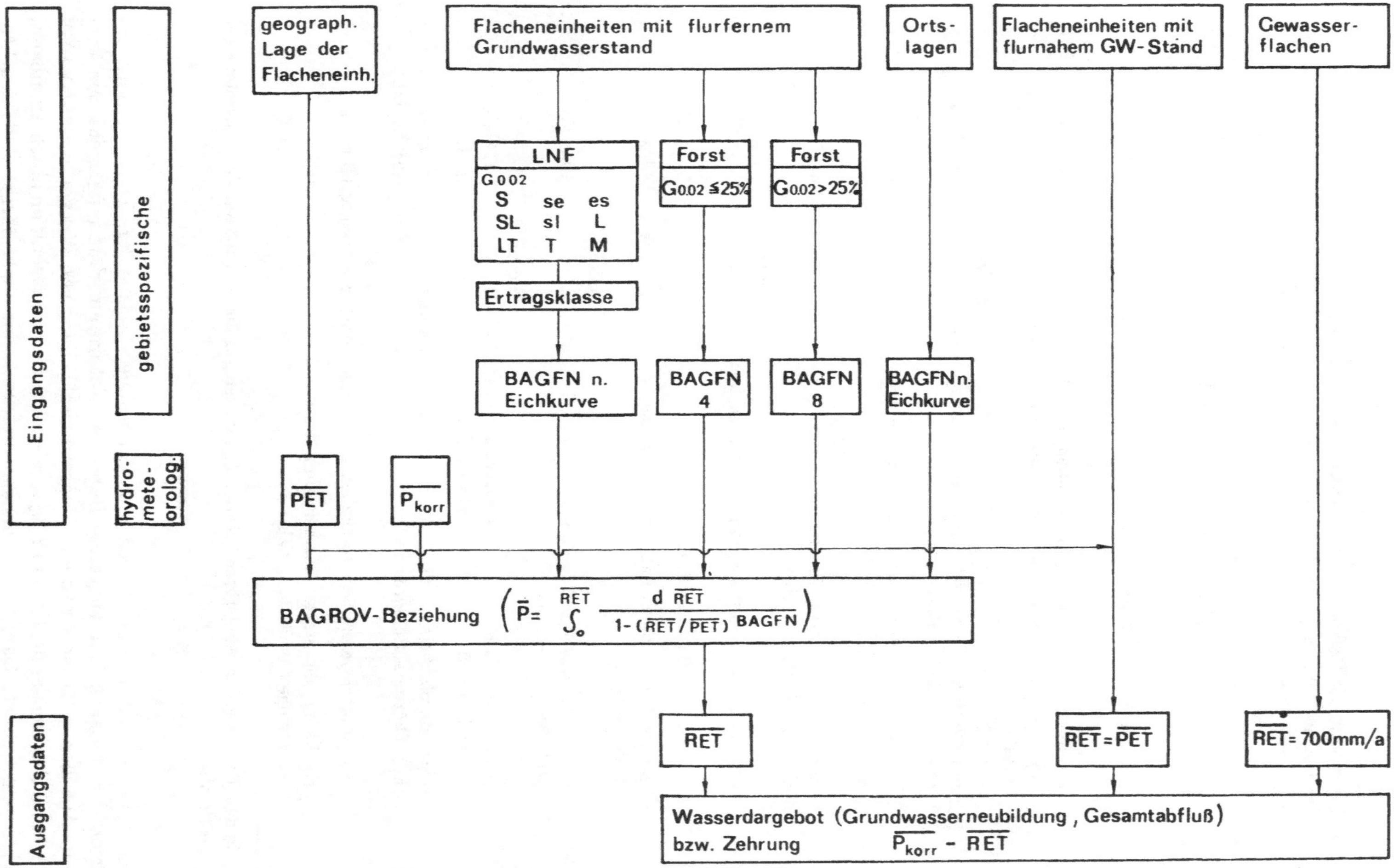

Abb. 2. Schematische Darstellung des Berechnungsverfahrens für langjährige Mittelwerte der Grundwasserneubildung (RASTER) für den Lockergesteinsbereich (zusammengestellt nach GLUGLA, ENDERLEIN, EYRICH 1977 und DYCK 1978)

Tabelle 1. Bewertung der Perkolationsmöglichkeit auf Grund der Profilbeschreibungen der Bodenschätzung (nach Thomas 1973)

Kennziffer	Charakter, Merkmale	Bodenart
I	braunes (humoses)* Substrat ohne jegliche Rost- u. Bleichflecken	S bis sL
	oder	
	nur durch die Korngrößenzusammensetzung gekennzeichnetes Bodenmaterial	(FS bis fsL)
II	(braunes), sehr schwach (bis schwach) mit Bleich- (und) oder Rostflecken (evtl. auch Rostspritzern) durchsetztes Substrat	S bis sL (FS bis fsL)
	oder	
	nur durch die Korngrößenzusammensetzung charakterisierter Horizont	s'L bis L
III	schwach durch Rost- und (oder) Fahlflecken gekennzeichnetes Substrat	lS bis sL (flS bis fsL)
	oder	
	nur durch die Korngrößenzusammensetzung charakterisierter Horizont	stL bis tL
	oder	
	rost- und(oder) fahlfleckiges grobkörniges Bodenmaterial	S bis t'S
	oder	
	braunes, fahlfleckiges Substrat	lS bis TS
IV	mit Rost- und (oder) Fahlflecken durchsetztes mittelkörniges Bodensubstrat	lS bis sL
	oder	
	stark rost- oder (und) fahlfleckiges (verdichtetes) grobkörniges Material	S bis t'S
	oder	
	schwach gebleichtes (und) oder schwach rostfarbenes bis rostfarbenes kräftiges feinkörniges Substrat	s'L bis L (fs L)
V	stark durch Bleich- oder (und) Rostflecken marmoriertes mittelkörniges Substrat	lS bis sL (lFS bis fsL)
	oder	
	bei feinkörnigerem Substrat, auch mit weniger starker Fleckung	tL bis T
VI	starke bis sehr starke Marmorierung des feinkörnigen Bodenmaterials	(s'L) L bis T

* Die in den Text zuweilen eingefügten Klammern weisen auf die Möglichkeit des Auftretens der Merkmale hin.

chergruppen — langjährige Bodenfeuchtemessungen notwendig. Diese standen im Rahmen der dieser Arbeit zugrunde liegenden Naturraumerkundung nicht zur Verfügung. Aus diesem Grunde wird eine Regressionsgleichung von Wienckowski-Krause (1979) zur Ableitung der mittleren Frühjahrsfeuchte aus dem Gehalt an abschlämmbaren Teilchen angewendet. Damit soll versucht werden, ohne mehrjährige Bodenfeuchte-

Tabelle 2. Erläuterung zu den Versickerungsgruppen (nach THOMAS 1973)

Die in der Erläuterung der Gruppen in Klammer gesetzten Zahlenbeispiele verdeutlichen den Text. Sie bedeuten:

I durchlässig	II sehr schwach stauend	III schwach stauend
IV stauend	V stark stauend	VI sehr stark stauend

1 sehr gute Durchlässigkeit in allen Horizonten, z. T. sehr schwach stauend im Unterboden (I/I/I; I/II/II),

1a Böden mit hohem Grundwasserstand,

2 sehr gute Durchlässigkeit bis ca. 40—60 cm Tiefe, schwach stauend im Unterboden (I/I(II)/III),

3 sehr gute Durchlässigkeit im Oberboden, im Unterboden schwach stauend (I/III/III; I/III/II),

4 sehr gute Durchlässigkeit bis etwa 35—50 cm Tiefe, darunter schwach stauend bis stauend (I/I(II)/III/IV; I/I(II)/IV/II),

5 sehr gute Durchlässigkeit im Oberboden, schwach stauend bis ca. 30—60 cm Tiefe, darunter in geringmächtigem Horizont stauend bis stark stauend (I/III/IV(V)/III; I/II/IV/III),

6 sehr gute Durchlässigkeit im Oberboden und sehr gute bis mäßige im tieferen Unterboden, dazwischen geringmächtiger stauender Horizont (I/IV/III-I),

7 sehr gute bis gute Durchlässigkeit bis etwa 35—60 cm Tiefe, darunter stauend bis stark stauend (I/I(II)/IV/V),

8 sehr gute bis gute Durchlässigkeit im Oberboden, darunter stauende Horizonte (I/II)/IV/IV),

9 gute bis sehr gute Durchlässigkeit im Oberboden, im Unterboden bei zunehmender Verdichtung stauend bis stark stauend (II(I)/IV/V),

10 gute bis mäßige Durchlässigkeit im Oberboden, im Unterboden bei zunehmender Verdichtung stauend bis stark stauend (II(III)/IV/V),

11 gute bis mäßige, zuweilen auch schlechte Durchlässigkeit im Oberboden, darunter stark bis sehr stark stauende Horizonte (II(III)/V/V; III(IV)/V/IV; II(III)/VI/VI).

messungen eine quantitative Kennzeichnung der Speichergruppe des Bodens zu erreichen.

Zu den Methoden der topischen und chorischen Naturraumerkundung sei hier auf die umfangreiche einschlägige Literatur sowie eigene Arbeiten verwiesen (ALTMANN, HACKER, HUBRICH, MÜLLER, STOYE 1979a, b).

3. Zur Bestimmung von Aspekten des Wasserpotentials von Geokomplexformen

3.1. Berechnung des Grundwasserdargebotes für Boden-, Substrattypen und Bodenformen

Im Mittelpunkt dieses Abschnittes stehen die mit der dargestellten Methode gewonnenen Ergebnisse der Wasserpotentialbestimmung für das im Laufe der topologischen Erkundung ermittelte Spektrum von Einheiten des Partialkomplexes Boden (vgl. auch Abschn. 4. und Tab. 4.1—4.4).

Tabelle 3. Bewertung des Speichervermögens auf Grund der mittleren Frühjahrsfeuchte (mFF) nach THOMAS (1977)

mFF (Vol.-%)	Kennziffer
> 35,5	I ausgezeichnet
–32,0	II sehr gut
–27,5	III gut
–22,0	IV mäßig
–15,0	V gering
< 15,0	VI sehr gering

Speichergruppen

1	bis 100 cm I, darunter II; oder ausschließlich I
2	bis 20/30 cm I(II), darunter II
3	bis 50/60 cm (evtl. auch bis 100 cm) II, darunter III
4	bis 20/30 cm II(I), darunter III; oder ausschl. III
5	bis 20/30 cm II(I), darunter bis 50/60 (oder auch 100 cm) IV(V), im tieferen Unterboden II (I, III)
6	bis 100 cm II, darunter IV(V). In 20/30 cm auch I und in 60/100 cm auch III möglich
7	bis 50/60 cm II, darunter IV oder/und V
8	bis 20/30 cm II, darunter III(II), im tiefen Unterboden IV(V)
9	bis 100 cm IV(V), darunter III
10	bis 20/30 cm III(II), darunter IV(V), im tieferen Unterboden auch VI möglich
11	ausschließlich IV oder V, im tieferen Unterboden auch VI
12	bis 20/30 cm IV(V), darunter V und VI
13	ausschließlich VI, vereinzelt bis 30 cm V

Die *langjährigen Sickerwassermengen* W (in % von N_9) *auf unterschiedlichen Bodentypen* stellen sich wie folgt dar:

Bodentyp	W	$\bar{x}$	Bodentyp	W	$\bar{x}$
Ranker	64–63	63,5	Braunstaugley	49–31	38
Podsol	63–57	60,5	Griserde	50–28	36
Braunpodsol	64–51	57	Braunschwarzerde	46–29	33
Rosterde	64–41	55	Schwarzerde	47–20	33
Braunerde	61–18	54	Vega	51–19	32
Rendzina	45	45	Bleich-/Fleckenstaugley	42–16	31
Parabraunerde	60–35	44	Schwarzstaugley	41–18	30
Fahlerde	54–27	44	Amphigley	38–23	28

Innerhalb der Bodentypen Ranker, Podsol und Braunpodsol treten die geringsten Schwankungsbreiten auf. Dies ist sicher darin begründet, daß sie im Untersuchungsgebiet häufig auf relativ gleichförmigen Dünensanden und groben Treibsanden vorkommen. Bei den übrigen Bodentypen treten größere Schwankungen der Rechenwerte auf, die zu Überschneidungen führen. Anhydromorphe und hydromorphe Bodentypen können im gleichen Bereich des Grundwasserdargebotes liegen. Die Mittelwerte hingegen zeigen eine deutlichere Trennung.

Zusammenhänge zwischen Sickerwassermengen und den in der Hauptbodenformenliste ausgewiesenen *Substrattypen* zeigt die folgende Übersicht ebenso wie Tab. 4.1.—4.4.:

Substrattyp	W (% von $\bar{N}_9$)	$\bar{x}$	Substrattyp	W (% von $\bar{N}_9$)	$\bar{x}$
w	60	60	op	44—38	41
s	64—54	60	m/l	50—33	40
m/d	58—50	54	s/l	42—36	38
ou/sd	51	51	u	42—34	37
m	54—57	50	p	47—30	37
p/d	53—46	50	u/l	47—20	34
op/d	49	49	ö	42—26	34
l/d	50—47	46	om	33	33
s//l	51—41	46	l	43—20	32
ö/d	46—42	44	ö/l	43—24	32
u/d	47—41	43	d/t	36—24	28
m//l	41	41	ou	33—19	25
			l/t	21—16	19

Die Sickerwasserlieferung reicht von 16% beim Lehmkerf bis zu 64% des Niederschlages beim Sand. Die geringsten Schwankungen treten innernhalb der Typen Kies, Decklehm und Decklöß auf. Besonders breit gefächerte Werte sind bei Schlufftieflehm, Lehm und Lößtieflehm zu beobachten.

Die *Sand-Bodenformen* (Tab. 4.1) erbringen einen Sickerwasseranteil von 33—64%. Die maximale Streubreite innerhalb der gleichen Bodenform beträgt 10% (sBD). Es handelt sich bis auf einen Fall (mU) um anhydromorphe Bodenformen. Lehmunterlagerte Bodenformen (s//lR, s//lB, m//lB) können einen geringeren Beitrag zum Grundwasserdargebot liefern als der hydromorphe Salm-Braunstaugley (m U). Die Verteilung der Versickerungsgruppen (Thomas 1973) ergibt folgendes Bild:

Versickerungsgruppe	1	2	4
Häufigkeit (%)	92	4	4

Die Versickerungsgruppen 2 und 4 treten vorwiegend bei Bodenformen mit Stauwasser-Regime (U) und geschichtetem Substrat mit weniger durchlässiger Liegenden auf (s//l). Ein etwas breiteres Spektrum weist die Verteilung der Speichergruppen (Thomas 1977) auf:

Speichergruppe	6	9	10	11	12	13
Häufigkeit (%)	2	4	6	12	41	35

Das Maximum liegt mit 41% in der Gruppe 12. Die Gruppen 12 und 13 vereinen 76% aller Sand-Bodenformen.

Tabelle 4.1. Grundwasserdargebot, Versickerungs- und Speichergruppen verschiedener Hauptbodenformen auf Sand

Bodenform	Sickerwasser % v. $\bar{N}_9$	$\bar{x}$	Versickerungsgruppe (%)										
			1	2	3	4	5	6	7	8	9	10	11
sA	64—63	64	100										
sR	64—58	61	100										
wD	60	60	100										
sD	63—57	60	100										
wR	60	60	100										
wB	60	60	100										
sB	61—57	59	100										
sBD	64—54	59	100										
m/sP	58—55	56	100										
m/sBD	55	55	100										
mBD	54	54	100										
m/sR	54	54	100										
m/sB	58—51	54	100										
m/sF	54—50	52	100										
s/lBD	51	51	100										
mB	50	50	100										
mU	49	49				100							
s ‖ lB	47	47				100							
s ‖ lR	43—41	42		100									
m ‖ lB	41	41	100										
omV	33	33	100										

Die *Bodenformen auf Lehm* (Tab. 4.2) erbringen 20—53% des Niederschlages als Grundwasserdargebot. Braunerden, Fahlerden, Griserden und Vega auf Decklehmen liefern dabei die höchsten Beiträge (um 50%); lT, m/lF und lJ fallen durch große Spannen auf. lT und lJ erbringen im Einzelfall je 20%; auch zwischen halb- und vollhydromorphen Bodenformen kommt es zu Überschneidungen (z. B. s/lU, s/lS). Bedingt durch das breite Spektrum von Substrattypen, die nach der Hauptbodenformenliste zu Lehm zusammengefaßt werden, sowie durch die unterschiedliche Ausprägung der Staunässe, ist eine entsprechende Auffächerung der Versickerungs- und Speichergruppen vorhanden.

Versickerungsgruppe	1	2	3	4	5	7	8	9	10
Häufigkeit (%)	48	5	5	17	2	9	10	2	2

In den Gruppen 1 bis 3 befinden sich hauptsächlich anhydromorphe Bodenformen. Ab Gruppe 4 setzt in der Mehrzahl der Fälle zunehmende Hydromorphie ein.

Speichergruppe	1	2	3	4	5	6	7	8	9	10	11	12
Häufigkeit (%)	7	2	4	25	13	7	4	7	8	10	13	2

Speichergruppe (%)												
1	2	3	4	5	6	7	8	9	10	11	12	13
												100
											33	67
												100
											20	80
											100	
											100	
											50	50
											33	67
											100	
											100	
										100		
										100		
									20	20	60	
											33	67
										100		
											100	
										100		
									100			
								50	50			
								100				
						100						

Die Gruppen 10 bis 12 mit 25% der Fälle sind charakteristisch für mit durchlässigem Substrat unterlagerte Bodenformen, 6 bis 9 beinhalten durchgängig bindiges Material mit unterschiedlicher Hydromorphieausprägung, während 1 bis 5 fast ausschließlich durch Bodenformen mit Staunässe eingenommen werden.

Mit 19 bis 51% des Niederschlagswassers liegen die *Bodenformen auf Löß* (Tab. 4.3) fast im gleichen Bereich wie die auf Lehm. Relativ hohe Wertestreuungen treten bei Löß-Braunschwarzerde, -Schwarzstaugley und -Schwarzerde auf. Von zahlreichen Bodenformen liegen nur Einzelaufnahmen vor, so daß die Schwankungsbreite nicht beurteilt werden kann. Den höchsten Sickerwasserbeitrag (51%) erbringt eine Deckschluff-Vega, den niedrigsten (19%) eine Schluff-Vega. Die bereits geschilderten Überschneidungen von Bodenformengruppen treten hier ebenfalls auf. Versickerungs- und Speichergruppenverteilung zeigen folgendes Bild:

Versickerungsgruppe	1	2	4	5	7
Häufigkeit (%)	75	5	4	9	7

Speichergruppe	1	2	3	4	6	7	8	9	10
Häufigkeit (%)	5	8	26	12	12	6	22	5	4

Tabelle 4.2. Grundwasserdargebot, Versickerungs- und Speichergruppen verschiedener Hauptbodenformen auf Lehm

Boden-form	Sicker-wasser % v. $\bar{N}_9$	$\bar{x}$	Versickerungsgruppen (%)										
			1	2	3	4	5	6	7	8	9	10	11
l/dI	50	50	100										
p/dB	53–47	51	100										
op/dV	49	49	100										
l/dF	50–47	48	100										
pB	47	47	100										
p/dW	46	46	100										
spK	44	44	100										
m/lP	49–39	43	33	33		34							
lB	43	43	100										
m/lU	47–39	42				100							
s/lS	42	42								100			
m/lF	50–33	40	25		25	50							
pF	45–35	40	100										
pP	39	39	100	100									
opX	38	38		100									
lP	40–36	37	67					33					
sSQ	37–36	36,5								100			
l/lU	37–36	36							100				
l/dJ	36	36				100							
pJ	35	35							100				
m/lS	36–33	35								50		50	
pU	36–32	35	100										
pI	34	34				67				33			
lJ	34	34	100										
pQ	35–30	33											
lF	36–27	33	50		50								
lT	41–20	31	67	33									
U	31	31				100							
J	36–20	27				11			57	11	11		

Die Versickerungsgruppen 1, 2 und 4 mit 84% beinhalten die anhydromorphen Bodenformen, der Rest entfällt auf Staunässeböden. Letztere finden sich vorwiegend in den Speichergruppen 1 und 2.

Die *Bodenformen auf Ton* (Tab. 4.4) steuern 16 bis 36% des Niederschlags zum Grundwasserdargebot bei. Die Trennung bzw. Abfolge von halb- und vollhydromorphen Bodenformen ist gut zu erkennen. Dies trifft auch für die Versickeruugs- und Speichergruppen zu, wie aus den Werten zu ersehen ist. Die Ausbildung von l/tB ist reliefbedingt.

Speichergruppen (%)												
1	2	3	4	5	6	7	8	9	10	11	12	13
									100			
									50	25	25	
										100		
						100			33	67		
										100		
										34		
				33			100	33				
								67		33		
								100				
				25	25			25	25			
					33			33	34			
						100						
			100									
			33				33		34			
			100									
				100								
				100								
			100									
			50		50							
			100									
			67	33								
		50					50					
		25	25	25	25							
33			33				34					
			100									
43	14		43									

Versickerungsgruppe	6	7	9	10
Häufigkeit (%)	14,5	28,5	28,5	28,5
Speichergruppe	1	2	5	
Häufigkeit (%)	43	43	14	

Tabelle 4.3. Grundwasserdargebot, Versickerungs- und Speichergruppen verschiedener Hauptbodenformen auf Löß und Schluff

Boden-form	Sicker-wasser % v. $\bar{N}_9$	$\bar{x}$	Versickerungsgruppen (%)										
			1	2	3	4	5	6	7	8	9	10	11
oz/dV	51	51	100										
u/dT	47	47	100										
u/lF	47	47	100										
ö/dI	46	46	100										
ö/dC	45	45	100										
ö/dT	44	44	100										
ö/lP	43	43	100										
ö/dP	42	42	100										
u/dW	42	42	100										
u/dI	42	42		100									
u/dJ	41	41					100						
öF	39	39	100										
uT	42—34	38	100										
ö/lJ	36	36							100				
öW	42—29	35	100										
uW	39—29	34	100										
ö/lW	39—30	34	100										
öT	40—29	33	83			17							
öJ	38—26	33					66		34				
öI	30	30	100										
qö/lI	32—29	31	100										
ö/lT	32—29	31	67	16		17							
u/lP	39—20	30	100										
u/lI	28	28	100										
ozX	33—23	26					50		50				
ozV	28—19	25		14		86							

Tabelle 4.4. Grundwasserdargebot, Versickerungs- und Speichergruppen verschiedener Hauptbodenformen auf Ton

Boden-form	Sicker-wasser % v. $\bar{N}_9$	$\bar{x}$	Versickerungsgruppen (%)										
			1	2	3	4	5	6	7	8	9	10	11
d/tU	36	36							100				
d/tS	25—24	25						50				50	
l/tJ	18—21	20									100		
l/tB	18	18							100				
l/tS	16	16										100	

Speichergruppen (%)												
1	2	3	4	5	6	7	8	9	10	11	12	13
						100						
									100			
			100									
					100							
							100					
							100					
			100									
						100						
								100				
							100					
							100					
							100					
							100					
			100									
		13			38	12	25	12				
					67		33					
		33	33						34			
		50			17	17		16				
	33						67					
							100					
		50			50							
	14	86										
		50				50						
			100									
25	75											
29		42	29									

Speichergruppen (%)												
1	2	3	4	5	6	7	8	9	10	11	12	13
				100								
	100											
100												
	100											
100												
15*												

3.2. Zur Einführung der Speichergruppe „13"

Wie aus einem Vergleich mit Thomas (1977) festzustellen ist (Tab. 3), wurde die Speichergruppe 13 eingeführt. Die Einstufungsregeln zur Bestimmung der Speichergruppe 12 lauten bei Thomas (1977):

bis 20/30 cm IV (V), darunter V und VI.

Dabei bedeuten:

Kennziffer	mittlere Frühjahrsfeuchte (Vol.-%)
IV mäßig	bis 22
V gering	bis 15
VI sehr gering	< 15

Für diese Arbeit wurden 18 Bodenformen ausgewertet, die eine andere Abfolge der Kennziffern für das Speichervermögen aufweisen. Die Stufe IV tritt überhaupt nicht auf, in wenigen Einzelfällen die V bis maximal 20/30 cm. Dominierend ist die durchgängige Einstufung in die Gruppe „sehr geringes Speichervermögen (VI) mit einer mittleren Frühjahrsfeuchte < 15%".

Als typisches Bodenprofil sei folgendes Beispiel vorgestellt:

Bodenform: sD bodengeologisches Substrat: Flugsand
Versickerungsgruppe: 1 Speichergruppe 13:

Horizont	Tiefe (cm)	Substrattyp	V	≦ 0,02	mFF	S
EsAh	0–18	S	I	4	10,6	VI
Bvs	18–45	S	I	5	11,7	VI
BvC	45–90	S	I	0	5,5	VI
C_1	90–140	S	I	3,5	9,9	VI
C_2	140–200	S	I			

Es bedeuten:

V – Kennziffer für Perkolationsmöglichkeit (I = durchlässig)
S – Kennziffer für Speichervermögen (VI = sehr gering)
mFF – mittlere Frühjahrsfeuchte (Vol.-%)
≦ 0,02 – Anteil an abschlämmbaren Teilchen (%)

Die Speichergruppe 13 ist typisch für den Substrattyp Sand und die bodengeologischen Substrate Flugsand und sandiger Treibsand über glazifluvialen Sanden. Ranker und Podsole bilden fast ausschließlich diese Gruppe; Braunpodsole, Rost- und Braunerden sind in bestimmtem Umfang vertreten (vgl. Tab. 4.1).

Im weiteren soll geprüft werden, ob mit statistischen Möglichkeiten der Nachweis einer signifikanten Trennung der Gruppen 12 und 13 möglich ist. Dabei stehen folgende Daten zur Verfügung:

Speichergruppe	12					13			
n (mFF)	9,4	10,9	11,2	11,4	12,0	5,5	5,5	6,1	6,3
	12,1	12,2	12,3	12,3	12,3	6,7	7,0	7,6	7,9
	12,4	12,5	13,3	13,5	13,5	7,9	8,6	9,7	10,1
	13,5	13,5	14,0	14,3	14,3	10,3	10,7	11,0	11,2
	14,3	14,3	14,6	15,2	15,2	13,3			
	16,3								
$\bar{x}$			13,1					8,5	
s^2			2,38					5,06	
s			1,54					2,25	
VK			11,76					26,53	

Es bedeuten:

n — Einzelwerte (mittlere Frühjahrsfeuchte)
$\bar{x}$ — Mittelwert
s^2 — Varianz
s — Standardabweichung
VK — Vertrauenskoeffizient

Die Ergebnisse des Ausreißertests sowie des F- und t-Tests berechtigen zu einer Trennung der in den Gruppen 12 und 13 enthaltenen Datenmengen. Die Einführung einer Speichergruppe 13 mit den oben angeführten qualitativen und quantitativen Merkmalen erscheint als gerechtfertigt.

3.3. Statistische Prüfung von Speicher- und Grundwasserdargebotsgruppen

Nach den Ergebnissen des vorangegangenen Abschnittes erschien es zweckmäßig, eine generelle *Überprüfung der statistischen Unterscheidbarkeit der bestehenden Gruppen* durchzuführen. Zunächst wurde das Datenmaterial der Speichergruppen untersucht. Als Ergebnis des bereits beschriebenen Bereinigungsverfahrens erfolgte eine Ausklammerung der Ausreißer, wobei die Gruppen 1, 5 und 7—10 keine aufweisen. Die anderen verteilen sich wie folgt:

Speichergruppe	2	3	4	6	11	12	13
Ausreißer (%)	15	7	25	9	7	7	6

Es wurde die Bestimmung von Mittelwert ($\bar{x}$), Varianz (s^2) und Standardabweichung (s) der mittleren Frühjahrsfeuchte (mFF) durchgeführt:

Speichergruppe	n	$\bar{x}$	s^2	s
1	11	38,5	2,45	1,57
2	11	35,3	0,99	0,99
3	26	31,4	0,79	0,89
4	9	29,1	0,05	0,22

Speicher-gruppe	n	$\bar{x}$	s^2	s
5	18	27,8	0,84	0,92
6	10	28,0	2,2	1,48
7	6	25,0	3,1	1,76
8	6	25,1	13,2	3,63
9	16	24,8	1,59	1,26
10	6	19,9	0,12	0,35
11	25	18,3	2,81	1,67
12	24	13,1	1,54	1,24
13	17	8,2	3,83	1,96

Die Zusammenstellung belegt nochmals das Ergebnis der in Abschnitt 3.2. vorgenommenen Ausgliederung der Speichergruppe 13 aus dem Datenmaterial der Gruppe 12. Von Gruppe 1 bis 13 fällt die mittlere Frühjahrsfeuchte fast kontinuierlich in bestimmten Abständen von 38,5 auf 8,2 Vol.-%. Eine Ausnahme bilden jedoch die Gruppen 5 und 6 mit einem Anstieg von $\bar{x} = 27{,}8$ auf $\bar{x} = 28$ und 7 zu 8 mit $\bar{x} = 25$ und $\bar{x} = 25{,}1$. Auffällig nahe liegt mit 24,8 der Mittelwert von Gruppe 9. Insgesamt handelt es sich um Gruppen mit relativ hoher Standardabweichung und eng beieinander liegenden Mittelwerten, deshalb wurden der F- und t-Test für alle Gruppen auf den Niveaus $q = 0{,}95$; 0,99; 0,995 durchgeführt. Es ergibt sich, daß für alle statistischen Sicherheiten die Mittelwerte der Gruppen 5—6, 7—8, 8—9 als gleich angesehen werden können; ein Ergebnis, das auch vor Durchführung des Ausreißertests auftrat.

Zu diesem Resultat führt wahrscheinlich das Zusammenwirken verschiedener Ursachen. Nach Wienckowski-Krause (1979) erhöht sich die Streuung der abgeleiteten Werte besonders bei höheren Mittelschluffgehalten, z. B. bei den Lößböden. Die Charakteristik der Gruppen (Tab. 3) umfaßt in vielen Fällen Wertespannen, die bei einer Quantifizierung des Gesamtprofils zu Überschneidungen führen können, wie zum Beispiel:

7 bis 50/60 cm II,	darunter IV oder/und V
8 bis 20/30 cm II,	darunter III (II), im tieferen Unterboden IV(V)
9 bis 100 cm IV(V),	darunter III.

Es wird vorgeschlagen, die Gruppen 5 und 6 sowie 7, 8 und 9 zu je einer Gruppe zusammenzufassen. Dabei kommt es zu folgenden Veränderungen der Kennziffern:

Gruppe	n	$\bar{x}$	s^2	s
5, 6 (5)	28	27,9	1,61	1,27
7, 8, 9(6)	28	24,9	3,92	1,98

Der t-Test bestätigt für $q = 0{,}9995$ hochsignifikant die Unterschiedlichkeit der Mittelwerte. Als nachteilig könnte die durch die Zusammenfassung entstehende vergröberte Ansprache angesehen werden. Für das vorliegende Grundlagenmaterial halten sich die Veränderungen jedoch in Grenzen. Die Hauptbodenformen auf Sand und Ton sind nicht betroffen. Die Salmtieflehm-Fahlerde (m/lF) und die Lehm-Fahlerde (lF) kommen statt bisher zu je 25% in den Gruppen 5 und 6 mit 50% in der neuen Speichergruppe 5 vor. Bei den Bodenformen auf Löß und Schluff sind Löß-Schwarzerden (öT) und Löß-Braunschwarzerden (öW) der Gruppen 7—9 betroffen:

	7	8	9	→ 6
öW	12%	25%	13%	50%
öT	17%	0%	16%	33%

Wie bereits dargestellt, erfolgte eine Berechnung des Grundwasserdargebotes der Speichergruppen für einen konstanten Niederschlagswert von 584 mm. Die Beseitigung der Ausreißer wird wieder mittels NALIMOW-Test vorgenommen, wobei die Gruppen 1, 4, 6, 8 und 10 keine aufweisen. Die anderen verteilen sich folgendermaßen:

Grundwasser-dargebotsgruppe	2	3	5	7	9	11	12	13
Ausreißer (%)	8	21	6	17	6	21	4	6

Die anschließend durchgeführte Bestimmung von Mittelwert ($\bar{x}$), s^2 und s des Grundwasserdargebots (in mm) ergibt nachstehendes Bild:

Gruppe	n	$\bar{x}$	s^2	s
1	11	120,2	168,36	12,98
2	12	146,2	41,24	6,42
3	22	178,3	54,21	7,36
4	12	203,7	33,70	5,81
5	17	206,9	59,61	7,72
6	11	200,4	409,85	20,24
7	5	221,0	249,00	15,78
8	6	223,5	244,30	15,63
9	16	234,9	34,65	5,89
10	9	264,1	118,61	10,89
11	22	287,6	62,54	7,91
12	25	331,8	94,14	9,70
13	17	362,2	152,69	12,36

Von Gruppe 1 bis 13 steigt der Mittelwert des langjährigen Grundwasserdargebotes von 21 auf 62% des flurgleichen Niederschlages. Die stetige Zunahme wird von Gruppe 5 (207) zu 6 (200) unterbrochen. Der Mittelwert der Gruppe 4 (204) ist dem der 5 eng benachbart. Die größten Varianzen treten in den Gruppen 6—8 auf. Der F- und t-Test für $q = 0{,}95$ ergibt, daß die Mittelwerte der Gruppen 4—5, 5—6 und 7—8 als gleich angesehen werden können; für $q = 0{,}975$; 0,99; 0,995 kommen noch die Paare 6—7 und 8—9 mit den gleichen Eigenschaften hinzu. Es wird vorgeschlagen, die Gruppen 4, 5 und 6 sowie 7 und 8 zu je einer Gruppe zusammenzufassen. Dabei verändern sich die Kennziffern:

Gruppe	n	$\bar{x}$	s^2	s
4, 5, 6 (4)	40	203	123,8	11,12
7, 8 (5)	11	222	223,5	14,95

Der t-Test bestätigt für $q = 0{,}995$ die Unterschiedlichkeit der Mittelwerte und rechtfertigt damit auch die Einführung der Grundwasserdargebotsgruppe 13 (neu: 10). Die durchgeführten Zusammenfassungen ergaben folgende Modifizierungen:

veränderte Speichergruppe	Speichergruppe (Thomas 1977)	Grundwasser-dargebotsgruppe
1	1	1
2	2	2
3	3	3
4	4	
	5	4
5	6	
	7	
6	8	5
	9	6
7	10	7
8	11	8
9	12	9
10		10

4. Aspekte des Wasserpotentials und naturräumliche Struktur am Beispiel eines Transsektes

Der Transsekt erstreckt sich von Bitterfeld nach Gräfenhainichen. Er liegt in folgenden, von Richter und Barsch (1975) ausgegliederten Naturraumtypen:

Naturraumtypen der Sandgebiete

- Sandgebiet, örtlich mit lehmunterlagerten Sanden,
- Sandgebiet mit tiefgründigen Sandsedimenten und örtlichem Grundwassereinfluß

Talböden des Tieflandes

- Talboden mit Auelehmdecke und überwiegend geringem Grundwassereinfluß,
- eingedeichte große Stromaue.

Er ist ein repräsentativer Profilstreifen durch die bei Legler (1968) beschriebenen und von Müller (1973) nach Physiotypkombinationen charakterisierten chorischen Nyturräume der „Muldeaue" und der „geschiebelehmbeeinflußten Sandplatte von Burgkemnitz".

In Anlehnung an Hubrich und Schmidt (1968) wurde ein Typenkatalog erarbeitet. Dabei wurde auf die Verwendung solcher Merkmale orientiert, die sich nach Hubrich (1974) zweifelsfrei im Gelände feststellen lassen (vgl. dazu Tab. 5).

Der südliche Teil des Transsekts (Abb. 3, Abschn. II) wird durch vorwiegend sickerwasserbestimmte Geotoptypen (vgl. Tab. 6) mit forstlicher Nutzung bestimmt. Nur eine im Mittel in 50 cm Tiefe anstehende Grundmoräneninsel führt zur Ausbildung von Staunässemerkmalen im Bodenprofil. Diese Unterschiede spiegeln sich deutlich in einer Verminderung des Versickerungsvermögens (von Gruppe 1 auf Gruppe 7), einer Er-

Tabelle 5. Typisierungsmerkmale

1. *Gefügestil* (nach SCHMIDT 1973)

H = Hanggefüge (regelhafte Abfolge der Böden in Gefällerichtung, hervorgerufen durch reliktische oder aktuelle Verlagerung von Substanz und/oder durch Veränderung der Bodenwasserverhältnisse hangabwärts)

S = Senkengefüge (gesetzmäßige räumliche Ordnung der Böden in Abhängigkeit von den Grundwasserverhältnissen, der langjährigen und mehrjährigen Dynamik des Grundwassers)

P = Plattengefüge (regelhafte Ordnung der Böden in Abhängigkeit von Substratunterschieden (und Stauwasserverhältnissen, in denen die Pedotope relativ statisch nebeneinander liegen)

2. *Genese- und Substrattyp*

Al = mächtiger Aulehm (ol, op, ou)
FL/S = fluviatil überprägtes bzw. gebildetes lehmiges Tälchensubstrat über sandigen Substraten (l/d, p/d, m/d)
FS/S = fluviatil überprägtes sandiges Tälchensubstrat über sandigen Substraten (s)
NtO = Niedermoorsubstrate
TrS/T+S = Treibsand über tonigen und sandigen Substraten (s/l, t, s, s/t)
lTrS/L = lehmiger Treibsand über lehmigen Substraten (m/l)
TrS/S = Treibsand über sandigen Substraten (s)
DS = Dünensande (s)

3. *Hydromorphieflächen-Typen*

A0 = vollständig sickerwasserbestimmt
S1 = sehr schwach und nur auf kleinen Flächen stauwasserbeeinflußt
S2 = schwach und wenig flächenhaft stauwasserbeeinflußt
S3 = mäßig aber fast flächendeckend stauwasserbestimmt
S4 = stark und flächendeckend stauwasserbestimmt
G1 = sehr schwach und nur auf kleinen Flächen grundwasserbeeinflußt
G2 = schwach und wenig flächenhaft grundwasserbeeinflußt
G3 = mäßig aber fast flächendeckend grundwasserbestimmt
G4 = stark und flächendeckend grundwasserbestimmt
S/G2 = Amphigleye schwach ausgebildet, wenig flächendeckend verbreitet; schwach stau- und grundwasserbeeinflußt
S/G3 = Amphigleye mäßig ausgebildet, aber fast flächendeckend verbreitet; stark stau- und grundwasserbeeinflußt

4. *Relieftyp*

I = ebene Platten- und Talstrukturen
II = leicht wellig bzw. flach geneigte Platten- u. Talstrukturen
III = wellige bzw. mäßig geneigte Hang- und Talstrukturen
IV = stark geneigte, z. T. kuppige Hangstrukturen

höhung der Speicherfähigkeit von Gruppe 10 (9) auf 5 und einer erheblichen Abnahme des Grundwasserdargebotes von Gruppe 10 (9) auf Gruppe 4. Nur ein sich bei Plodda erstreckendes Tälchen, das auf Grund meliorativer Eingriffe vorwiegend als Acker genutzt wird, hat ein schmales Spektrum hydromorpher Geotope.

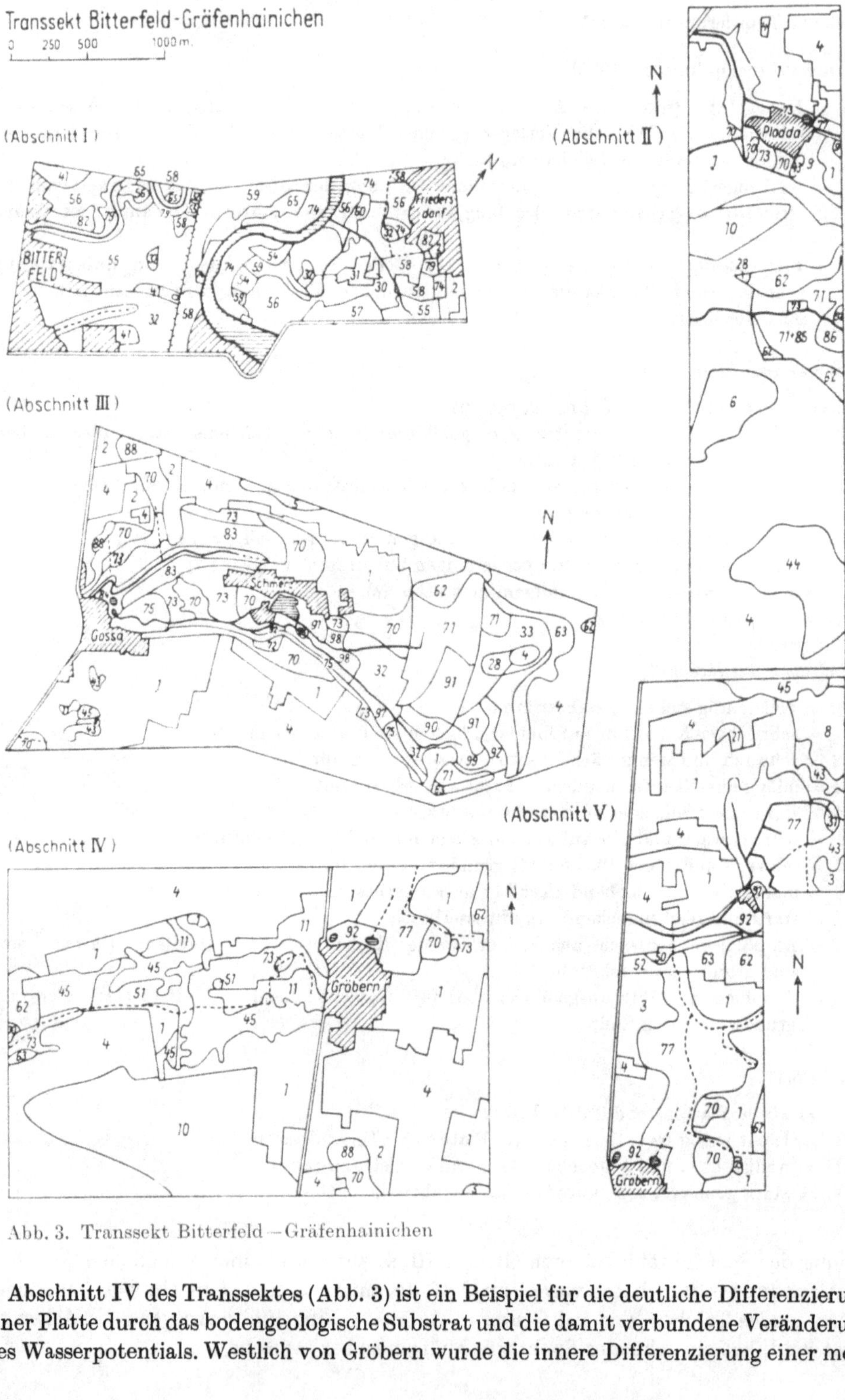

Abb. 3. Transsekt Bitterfeld – Gräfenhainichen

Abschnitt IV des Transsektes (Abb. 3) ist ein Beispiel für die deutliche Differenzierung einer Platte durch das bodengeologische Substrat und die damit verbundene Veränderung des Wasserpotentials. Westlich von Gröbern wurde die innere Differenzierung einer mehr oder weniger stark sandüberdeckten Geschiebelehmplatte kartiert. Es herrschen Geotope vor (vgl. Tab. 6 Typ 45, 51), bei denen die Tiefe des Lehmkörpers zwischen 5 und 8 dm Tiefe schwankt. Je nach Ausprägung des Staunässegrades treten die Versickerungsgruppen 4 (m/lU) oder 8 (m'lQ) sowie die Speicher- und Grundwasserdargebotsgruppen 6, (8) und 4 auf. Die nicht staunässebeeinflußten Typen (1, 11) mit Beeinflussung durch Lehm im Untergrund kommen in den Versickerungsgruppen 2 (1) und den Speicher- und Grundwasserdargebotsgruppen 6 und 7 vor. Hydromorphe Typen spielen eine untergeordnete Rolle und sind reliefbedingt.

Abschnitt V (Abb. 3) zeigt den nördlichen Teil des Transsektes, in dessen südlich von Gräfenhainichen liegendem Teil der Übergang zu einer Geschiebelehmplatte angedeutet wird, deren Wasserpotential vergleichbar mit dem Gebiet westlich Gröbern (Abschnitt IV) ist. Der restliche Teil des Profilstreifens dokumentiert die vorwiegend von Relief und Tiefe des Grundwasserspiegels abhängige Differenzierung der Geotoptypen, wobei Braunerden, Rosterden und Humusgleye als Bodentypen bestimmend sind. Sie verkörpern Extreme des Wasserpotentials einerseits mit sehr gutem Grundwasserdargebot und andererseits bei letzteren als Grundwasserzehrer (Tab. 6, Typ 1, 77, 92).

Tabelle 6. Das Wasserpotential der Geokomplex-Typen des Transsektes Bitterfeld—Gräfenhainichen

Typ	Relief Neigung	Bodenformen		Versickerungsgruppe	Speichergruppe	Grundwasserdargebotsgruppe	Vegetation
1	2	3		4	5	6	7
A 1	Sickerwasserbestimmt, geringe Wasserkapazität						
1	Platte 0—1°	Sand-Braunerde Sand-Rosterde	(sB) (sR)	1	10,9	10,9	Papaveretum argemonis
2	Platte 0—1°	Sand-Braunerde Sand-Rosterde	(sB) (sR)	1	10,9	10,9	Aphano-Matricarietum typ. UG verarmte Ausb.
3	Platte 0—1°	Sand-Braunerde Sand-Rosterde	(sB) (sR)	1	10,9	10, 9	Aphano-Matricarietum typ. UG reichere Ausb.
4	Platte 0—1°	Sand-Braunpodsol Sand-Braunerde	(sBD) (sB)	1	10, (9)	10, (9)	Deschampsia flexuosa-Kiefernforst (Typ 4–6)
5	Flachhang 4—7°	Sand-Ranker	(sA)	1	10	10	
6	Platte 0—1°	Sand-Braunerde Bändersand-Braunerde	(sB) (bsB)	1	9, 10	9, 10	
A 3	Schichtsickerwasserbestimmt, geringe über höherer Wasserkapazität						
8	Platte 0—1° (Flachhang 1—3°)	lehmunterlagerte Sand-Rosterde	(s | lR)	2	7	7	Aphano-Matricarietum typ. UG verarmte Ausb.

Tabelle 6. (Fortsetzung)

Typ	Relief Neigung	Bodenformen		Versickerungsgruppe	Speichergruppe	Grundwasserdargebotsgruppe	Vegetation
1	2	3		4	5	6	7
9	Platte 0–1° (Flachhang 1–3°)	lehmunterlagerte Sand-Rosterde	(s | lR)	2	6	6	Aphano-Matricarietum, UG von Equisetum arvense
10	Platte 0–1° (Flachhang 1–3°)	Bändersand-Braunerde	(bsB)	2, (1)	7	7	Brachypodium silvaticum-Kiefernforst
		lehmunterlagerte Sand-Braunerde	(s || lB)				
11	Platte 0–1°	Salmtieflehm-Braunerde	(m/lB)	2	6	6	Aphano-Matricarietum typ. UG verarmte Ausb.
		lehmunterlagerte Salm-Braunerde	(m || lB)	1	6	6	
		lehmunterlagerte Salm-Rosterde	(m || lR)				
A 5	Schichtsickerwasserbestimmt, mäßig-höhere, über geringer Wasserkapazität						
21	Platte 0–1°	Decksalm-Braunerde	(m/sB)	1	9	9	Deschampsia flexuosa-Kiefernforst
		Decksalm-Parabraunerde	(m/sP)	1	9	9	
		sandunterlagerte Salm-Braunerde	(m || sB)	1	8	8	
		sandunterlagerte Salm-Parabraunerde	(m || sP)	1	8	8	
30	Platte 0°	Decksalm-Vega	(om/sV)	1	9	9	Arrhenatheretum eliatoris UG v. Deschampsia caespitosa
31	Platte 0°	Salm-Vega	(omV)	1	6	5	Euphorbio-Melandrietum typ. UG
32	Platte 0°	Decksandlehm-Vega	(op/sV)	1	8	8	Arrhenatheretum eliatoris UG v. Deschampsia caespitosa

Tabelle 6. (Fortsetzung)

Typ	Relief Neigung	Bodenformen		Versickerungsgruppe	Speichergruppe	Grundwasserdargebotsgruppe	Vegetation
1	2	3		4	5	6	7
B 1	Tiefstauwasserbeeinflußt						
41	Platte 0°	Sandlehm-Vega	(opV)	1	5	4	Euphorbio-Melandrietum typ. UG
B 2	Stauwasserbeeinflußt						
43	Platte 0–1°	Sandtieflehm-Braunstaugley	(s/lU)	7	5	4	Aphano-Matricarietum typ. UG reichere Ausb.
44	Platte 0–1°	Sandtieflehm-Braunstaugley	(s/lU)	7	5	4	Brachipodium silvaticum-Kiefernforst
45	Platte 0–1°	Salmtieflehm-Braunstaugley	(m/lU)	4	6, (8)	6, (8)	Aphano-Matricarietum typ. UG reichere Ausb.
B 3	Stauwasserbestimmt						
50	Platte 0–1°	Sandtieflehm-Staugley	(s/lSQ)	8	6	6	Brachypodium silvaticum-Kiefernforst
51	Platte 0–1°	salmbeeinflußter Lehm-Fleckenstaugley	(m'lQ)	8	4	4	Aphano-Matricarietum typ. UG reichere Ausb.
52	Platte 0–1°	Lehm-Staugley	(lSQ)	8	4	4	Brachypodium silvaticum-Kiefernforst
B/C	Stau- und grundwasserbeeinflußt						
54	Aue 0–1°	Auensalmbeeinflußter Sandlehm-Amphigley	(om'opX)	2	4	4	Galio moluginis-Alopecuretum
55	Aue 0–1°	Auenschluff-Amphigley	(ozX)	4	2	2	Euphorbio-Melandrietum
		sandunterlagerter Auenschluff-Amphigley	(oz ‖ dX)	6	3	3	
56	Aue 0–1°	Auenschluff-Amphigley	(ozX)	4	2	2	Rorippo-Chenopodietum
		tonunterlagerter Auenschluff-Amphigley	(oz ‖ tX)	7	1	1	
57	Aue 0–1°	Auenschluff-Amphigley	(ozX)	4	2	2	Arrhenatheretum eliatoris typ. UG

Tabelle 6. (Fortsetzung)

Typ	Relief Neigung	Bodenformen		Versickerungsgruppe	Speichergruppe	Grundwasserdargebotsgruppe	Vegetation
1	2	3		4	5	6	7
58	Aue 0–1°	Auenschluff-Amphigley	(ozX)	4	2	2	Arrhenatheretum eliatoris
		sandunterlagerter Auenschluff-Amphigley	(oz ∥ dX)	6	3	3	UG von Deschampsia caespitosa
		Deckauenschluff-Amphigley	(oz ∥ dX)	3	5	4	
		tonunterlagerter Auenschluff-Amphigley	(oz ∥ tX)	7	2	2	
59	Aue 0–1°	Auenschluff-Amphigley (op′, om′)	(ozX)	3	2	2	Galio mollugin is Alopecuretum
60	Aue 0–1°	Auenschluff-Amphigley	(ozX)	4	2	2	Sanguisorbo-Silaetum
C 1	Tiefgrundwasserbeeinflußt (V, VI)						
62	Platte 0–1° (Flachhang 1–3°)	Sand-Braunpodsol	(sBD)	1a	9	Zehrung (Z)	Brachypodium-silvaticum-Kiefernforst
		Sand-Braunerde	(sB)				
		Sand-Braungley	(sL)				
63	Flachhang 1–3°	Sand-Braungley	(sL)	1a	9	Z	Molinia carulaea-Kiefernforst
		Bändersand-Braungley	(bsL)				
65	Aue 0–1°	Salm-Vegagley (s′, op′)	(omK)	2	7	5	Sanguisorbo-Silaetum
		Sandlehm-Vegagley	(opK)				
		Decksandlehm-Vegagley	(op | dK)				
		sandunterlagerter Sandlehm-Vegagley	(op ∥ dK)				
C 2	Grundwasserbeeinflußt (IV)						
70	Tälchen 0–1° (Flachhang 1–3°)	Sand-Braungley	(sL)	1a	8	Z	Aphano-Matricarietum UG von
		Sand-Graugley	(sG)				
71	Tälchen 0–1°	Sand-Graugley	(sG)	1a	8	Z	Equisetum arvense Molinia caerulea-Kiefernforst
73	Tälchen 0–1° (Flachhang 1–3°)	Sand-Humusgley	(dM)	1a	8	Z	Arrhenatheretum eliatoris UG von D. caespitosa

Tabelle 6. (Fortsetzung)

Typ	Relief Neigung	Bodenformen		Versickerungsgruppe	Speichergruppe	Grundwasserdargebotsgruppe	Vegetation
1	2	3		4	5	6	7
74	Aue 0–1°	Decksalm-Vegagley Salm-Vegagley Sand-Vegagley (op′) Sandlehm-Vegagley (s′)	(om ‖ dK) (omK) (sK) (opK)	1a	7	Z	Galio molluginis-Alopecuretum Sanguisorbo-Silquetum
75	Tälchen 0–1°	Sand-Humusgley	(dM)	1a	8	Z	Cirsietum oleracii
77	Tälchen 0–1°	Decklehm-Humusgley	(l/dM)	1a	7	Z	Aphano-Matricarietum UG von Equisetum arvense
79	Aue 0–1°	Schluff-Vegagley (op′)	(ozK)	1a 1a	3	Z	Rorippo-Chenopodietum
82	Aue 0–1°	Deckschluff-Vegagley Lehm-Vegagley (op′)	(oz/dK) (clK)	1a	4	Z	Galio molluginis-Alopecuretum
83	Tälchen 0–1°	Decklehm-Humusgley	(l/dM)	1a	7	Z	Cirsietum oleracii
84	Tälchen 0–1°	Decklehm-Humusgley	(l/dM)	1a	7	Z	Caricetum gracilis
85	Tälchen 0–1°	Sand-Anmoor	(eO)	1a		Z	Molinia coerulea-Kiefernforst
86	Tälchen 0–1°	Sand-Humusgley Sand-Anmoor	(dM) (dO)	1a	8	Z	Carici elongatae-Alnetum
C 3	Grundwasserbestimmt (III, II)						
88	Tälchen 0–1°	Sand-Humusgley Decklehm-Humusgley	(dM) (l/dM)	1a		Z	Aphano-Matricarietum UG von Equisetum arvense
90	Tälchen 0–1°	Sand-Humusgley	(dM)	1a		Z	Carici elongatae-Alnetum
91	Tälchen 0–1° (Flachhang 1–3°)	Sand-Graugley	(sG)	1a		Z	Arrhenatheretum eliatoris UG von Deschampsia caespitosa

Tabelle 6. (Fortsetzung)

Typ	Relief Neigung	Bodenformen		Versickerungsgruppe	Speichergruppe	Grundwasserdargebotsgruppe	Vegetation
1	2	3		4	5	6	7
92	Tälchen 0–1°	Sand-Graugley Sand-Humusgley	(sG) (dM)	1 a		Z	Cirsietum oleracii
97	Tälchen 0–1°	Sand-Anmoor	(dO)	1 a		Z	Arrhenatheretum eliatoris UG von Deschampsia caespitosa
98	Tälchen 0–1°	Sand-Anmoor sandüberdeckter Torfschichtgley	(dO) (d'hG)	1 a		Z	Cirsietum oleracii
99	Tälchen 0–1°	Sand-Anmoor sandüberdeckter Torfschichtgley	(dO) (d'hG)	1 a		Z	Caricetum gracilis

Die Muldeaue zwischen Bitterfeld und Friedersdorf ist mit einer bis zu 2 m mächtigen Auelehmdecke versehen, wobei Verschiedenheiten zwischen West- und Ostseite auftreten, die für die Ausgliederung der Bodenformen jedoch nur lokal bedeutsam sind. Beiderseitig der Mulde wurden entsprechend der unterschiedlichen Transportkraft bei Überschwemmungen sandige Auelehme, die zum Auenrand hin in schluffige übergehen, sedimentiert. Diese Tendenzen wurden auch von Hubrich (1964) in der Muldeaue bei Eilenburg und von Neumeister (1964) im Pleiße- und Elstergebiet beobachtet. Für die Versickerungsmöglichkeiten bedeutet dies eine Abnahme zum Auenrand hin (von Gruppe 1 über 3 auf 7), während die Speicherfähigkeit in gleicher Richtung wächst (von Gruppe 7 auf 2 und 1) und die Höhe des Grundwasserdargebotes von Gruppe 5 auf 2 und 1 abnimmt. Vom Grundwasser bestimmte Tope treten in Flußnähe oder in kleinen Rinnen auf.

In diesen Gebieten herrscht nach dem Verfahren von Glugla (1970) Grundwasserzehrung vor. Der überwiegende Teil der Aue wird von stau- und grundwasserbeeinflußten Geotopen eingenommen. Hier überwiegen die Versickerungsgruppen 7 und 4 sowie sehr gutes Speichervermögen (Gruppen 1, 2) und geringes Grundwasserdargebot (Gruppen 1, 2). Grünlandnutzung findet sich innerhalb der Deiche auf den Flächen, die durch periodische Überschwemmungen gefährdet sind und bei mäßiger Speicherung (Gruppe 7) Zehrgebiete darstellen. Tagebaumaßnahmen und die Muldeverlegung haben zu einer erheblichen Absenkung des Grundwasserspiegels geführt. Für das Wasserpotential des untersuchten Ausschnittes bedeutet das den Wegfall der Zehrgebiete. An die Stelle der Versickerungsgruppe 1a treten die Gruppen 2 oder 3 und die Dargebotsgruppen 3 und 5.

5. Aspekte des Wasserpotentials von Nanochorentypen

Die zu interpretierenden Ausschnitte (Abb. 4) befinden sich im nordöstlichen Teil des Untersuchungsgebietes Bitterfeld, in der Dübener Heide. Neben den Ergebnissen der Erkundung der Transsekte wurden weitere geotopologische Stichprobenaufnahmen durchgeführt und Unterlagen der bodengeologischen und forstlichen Standorterkundung herangezogen. Ein derartiges Vorgehen erfüllt die Voraussetzungen für eine wissenschaftlich begründete und weitgehend zuverlässige Extrapolation (Haase und Richter 1965).

Um die ausgegliederten Nanochoren in ihrer Vielfalt überschaubar zu machen sowie wesentliche Merkmale ihres Inventars und ihrer Arealstruktur zu erkennen, erfolgte nach den von Hubrich (1974, 1976) dargelegten Prinzipien ihre Zusammenfassung zu Nanochorentypen. Die formelhafte Typenkennzeichnung wurde aus den Typisierungsmerkmalen abgeleitet (vgl. Tab. 5). Der Deckungsgrad des topischen Inventars der Nanochoren wurde nach einem Flächenschätzungsrahmen ermittelt. Dabei erfolgte zunächst die Prüfung, welchen Einfluß die in den Schätzstufen enthaltenen Spannen der Flächendeckung auf die Bildung des Grundwasserdargebotes haben. Zur Anwendung gelangte das *Verfahren RASTER* (Abb. 2) mit einem Wert $\overline{N}_9 = 705$ mm, der für Schköna (Dübener Heide) und Umgebung gilt.

Beispiel 1

Hauptbodenform	Fläche (m²)	Deckungsgrad (%)	Schätzstufe	Grundw.-dargebot (mm)	Grundw.-dargebot (l/Areal)
1	2	3	4	5	6
s//lBD	1400000	74	IV	184	257600000
sB	350000	18,5	II	201	70350000
sBD	140000	7,4	II	201	28140000
sBVI	2000	0,1	I	42	84000
	1892000				356094000

Senkbar sind jedoch bei gleicher Schätzstufe auch folgende Varianten:

Beispiel 2

1	2	3	4	5	6
s//lBD	946000	50	IV	184	174064000
sB	473000	25	II	201	95073000
sBD	378400	20	II	201	76058400
sBVI	94600	5	I	42	3937000
	1892000				349168600

Beispiel 3

1	2	3	4	5	6
s//lBD	946000	50	IV	184	174064000
sB	473000	25	II	201	95073000
sBD	454080	24	II	201	91270080
sBVI	18920	1	I	42	794640
	1692000				361201720

Es folgen zwei weitere Beispiele im bindigeren Substratbereich. Zur Anwendung gelangte das *Verfahren* RASTER mit einem Wert $\overline{N}_9 = 584$ mm, der für Bitterfeld und Umgebung gilt.

Beispiel 4

1	2	3	4	5	6
s/lF	1000000	50	IV	184	184000000
m/lU	500000	25	II	146	73000000
lQ	500000	25	II	123	61500000
	2000000				318500000

Beispiel 5

1	2	3	4	5	6
s/lF	1500000	75	IV	184	276000000
m/lU	250000	12,5	II	146	36500000
lQ	250000	12,5	II	123	30750000
	2000000				343250000

Alle Beispiele zeigen die *deutliche Differenzierung des Grundwasserdargebotes* innerhalb der gleichen Schätzstufen *bei unterschiedlichem Deckungsgrad des topischen Inventars.* Gegenüber dem topisch erkundeten Beispiel 1 mit nach der Wägemethode ermitteltem Deckungsgrad weicht Beispiel 2 mit 6925400 l um 2% in den negativen Bereich aus, während Beispiel 3 ein Dargebot von 5207720 l mehr erbringt. Die Beispiele 4 und 5 als Varianten einer Geschiebelehmplatte differieren um 8% (24750000 l) im langjährigen Mittel des Grundwasserdargebotes. Auf Grund dieser doch erheblichen Schwankungsmöglichkeiten des Grundwasserdargebotes bei der Verwendung von Schätzstufen erscheint es angebracht — zumal keine auf Nanochoren bezogene Niederschlagswerte vorliegen —, anstelle einer Berechnung eine Charakteristik der Aspekte des Wasserpotentials von Nanochoren nach Leit- und Begleittypen vorzunehmen.

Dabei ergibt sich folgende Gruppierung (vgl. Abb. 4):

1. Nanochorentypen mit höchstem Grundwasserdargebot sind in den ausgewählten Ausschnitten nicht enthalten.
   Sie liegen u. a. nördlich im Gebiet um Jüdenberg und beinhalten vorwiegend den Typ 41 H-DS-AO-IV[1]) auf Dünenfeldern.

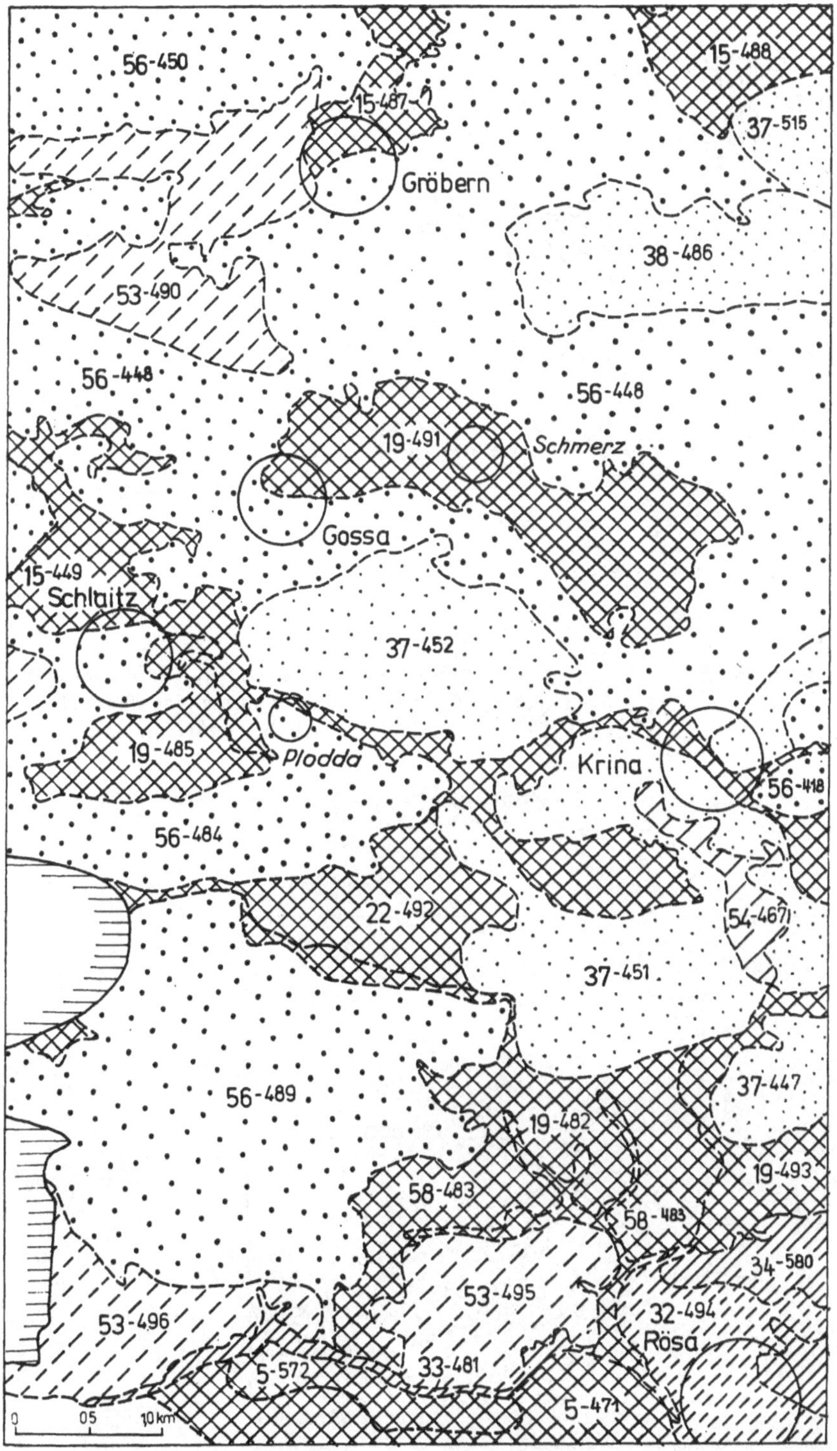

Abb. 4.1. Aspekte des Wasserpotentials von Nanochorentypen im Raum Bitterfeld (Ausschnitt Gröbern)

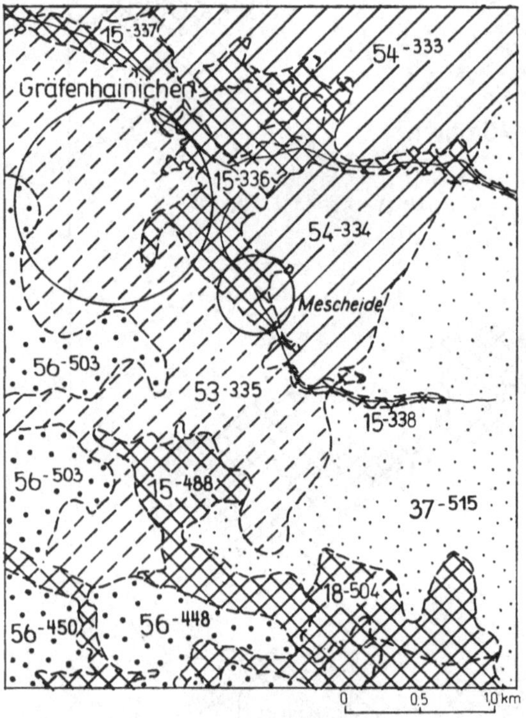

Abb. 4.2. Aspekte des Wasserpotentials von Nanochorentypen im Raum Bitterfeld (Ausschnitt Gräfenhainichen)

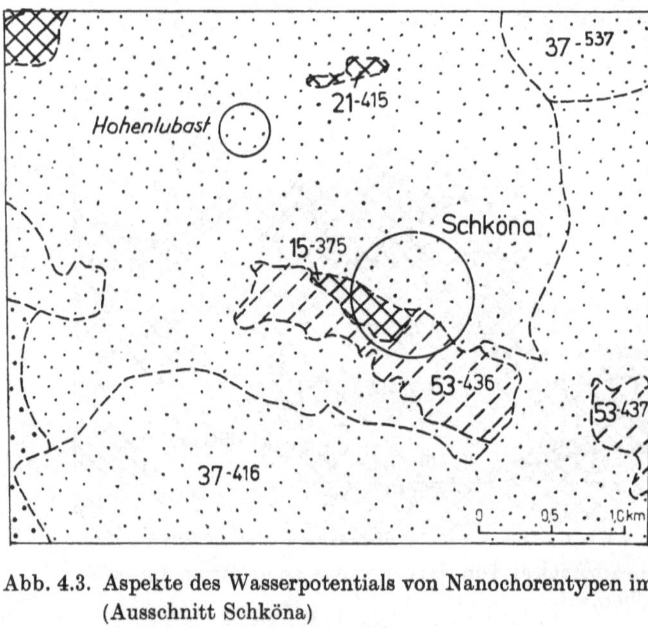

Abb. 4.3. Aspekte des Wasserpotentials von Nanochorentypen im Raum Bitterfeld (Ausschnitt Schköna)

Nanochorentypen mit sehr hohem Grundwasserdargebot

Leittyp: 1. Grundwasserdargebotsgruppe 9
2. Speichergruppe 9

singuläre Typen: 1. 10
2. 10

Nanochorentyp mit hohem Grundwasserdargebot

Leittyp: 1. 8 Begleittyp: 1. 9
2. 8 2. 9

singuläre Typen: 1. 4
2. 5

Nanochorentyp mit mittlerem Grundwasserdargebot

Leittyp: 1. 6 Begleittyp: 1. 8
2. 6 2. 8

singuläre Typen; 1. 4
2. 5

Nanochorentyp mit mäßigem Grundwasserdargebot

Leittyp: 1. 4 Begleittyp: 1. 6
2. 5 2. 6

singuläre Typen: 1. 8
2. 8

Nanochorentyp mit geringem Grundwasserdargebot

Leittyp: 1. 2 Begleittyp: 1. 4
2. 2 2. 5

Nanochorentyp mit sehr geringem Grundwasserdargebot

Leittyp: 1. 1 Begleittyp: 1. 2
2. 1 2. 2

Nanochorentypen mit minimalem Grundwasserdargebot bzw. Grundwasserzehrung

Abb. 4.4. Aspekte des Wasserpotentials von Nanochorentypen im Raum Bitterfeld — Legende

2. Nanochorentypen mit sehr hohem Grundwasserdargebot

37 H-TrS/S-AO-III[1])
38 H-TrS/S-AO-IV[1])

[1]) Tab. 6 enthält die Typcharakteristik nach den in Tab. 5 angeführten Merkmalen, Die räumliche Verteilung und Zuordnung der einzelnen Typen (Nr. 1—99) zu bestimmten Nanochorengruppen ist aus Abb. 4.1—4.3 ersichtlich.

Typ 38 beinhaltet die Satzendmoräne des Hohen Jöst westlich Gröbern. Die Nanochoren des Typs 37 bestimmen den Ausschnitt Schköna sowie den westlichen Rand der Ausschnitte Gröbern und Gräfenhainichen. Es handelt sich dabei um den dem zentralen Teil des Endmoränengebietes der Dübener Heide vorgelagerten und nur wenig reliefierten Sander. Die hier verbreiteten Nanochoren unterscheiden sich durch den Wechsel dominierender Bodenformen zwischen Sand- bzw. Bändersand-Braunerden, Braunpodsolen sowie Rosterden.

3. Nanochorentyp mit hohem Grundwasserdargebot

   56 P-TrS/S-AO-I/II[1])

   Die Minderung des Grundwasserdargebotes wird durch kleine Geschiebelehminseln und singulär auftretenden lehmigen Treibsand hervorgerufen. Der Typ ist außerhalb des Sanders auf den Ausschnitten Gröbern und Gräfenhainichen anzutreffen.

4. Nanochorentyp mit mittlerem Grundwasserdargebot

   53 P-lTrS/L-61/2-I/II[1])

   Der Typ 53 repräsentiert schichtsickerwasser- und stauwasserbeeinflußte Nano chŏren im Bereich von Verebnungsflächen des Sanders (vgl. Abb. 4.3), der randlichen Bereiche von Grundmoränenplatten (Abb. 42) un.d einzelnen Geschiebelehminseln (Abb. 4.1).

5. Nanochorentyp mit mäßigem Grundwasserdargebot

   54 P-lTrS/L-S3/4-I/II[1])

   Nanochoren dieses Typs sind charakteristisch für Geschiebelehmplatten, wie z. B. bei Gräfenhainichen (Abb. 4.2).

6. Nanochorentyp mit geringem Grundwasserdargebot

   32 H-TrS/T + S-S1/2-III/IV[1])

7. Nanochorentypen mit sehr geringem Grundwasserdargebot

   33 H-TrS/T+S-S3/4-III/IV
   34 H-TrS/T+S-S/G2/3-III-IV[1])
   34 H-TrS/T+S-S/G2/3-III-IV[1])

Die Nanochorentypen der Gruppen 6 und 7 treten außer im Staumoränenbogen im zentralen Teil der Dübener Heide am Südrand des Ausschnittes Gröbern (Abb. 4.1) dort auf, wo miozäne Tone oberflächennah vorkommen.

8. Nanochorentypen vorwiegend mit Grundwasserzehrung oder unwesentlichem Grundwasserdargebot

   5 S-AL-S/G2-I
   15 S-FL/S-G3/4-I/II
   18 S-FS/S-G1/2-I/II
   19 S-FS/S-G3/4-I/II
   21 S-FS/S-G3/4-III/IV
   22 S-Nto-G3/4-I/II
   58 P-TrS/S-G1/-I[1]).

Innerhalb der Muldeaue sind grund- und stauwasserbeeinflußte Nanochoren (Typ 5) am weitesten verbreitet. Sie nehmen meist randliche Tallagen ein. Die von Knoth (1978) aus geologischer Sicht beschriebenen rinnen- und wannenförmigen Depressionen, ausgehend von Trockentälern des östlich anschließenden Sanders, bilden NW–SO gerichtete Senkengefüge (vgl. Abb. 4.1) von unregelmäßiger Gestalt und wechselnder Eintiefung. Ihre standörtlichen Verhältnisse werden von unterschiedlichen Grundwasserständen und Humusgehalten bestimmt, die sich im Vegetationsmosaik widerspiegeln (Typen 15, 19 und 22 in Abb. 4.1). Im Übergangsbereich zwischen Grundmoräne und Sander (Abb. 4.2) treten Quellen aus, deren Wasser bestimmender Faktor in den Senkengefügen des Typ 15 ist. Im Quellenbereich sind in schmalen Bachtälchen ausschließlich Grau- und Humusgleye mit Erlenbrüchen oder Erlen-Eichenwälder entwickelt. Mit breiter werdenden Tälchen erfolgt ein allmählicher Übergang zu Wiesenabfolgen und ackerbaulich genutzten Flächen. Die Typen 18 (Abb. 4.2) und 21 (Abb. 4.3) kommen nur kleinflächig vor.

Резюме

Определение групп просачивания и накопления осадков и предложения грунтовых вод топических и нанохорических типов природного пространства в области Биттерфельд

Природное предложение воды и спрос воды подлежают различных пространственных и временных правил разпределения.

К приближению предложения и спроса нужны затраты, эффективность которых повышается при знании мощности природного пространство и его пространственной дифференциации. Главная задача этой статьи — интерпретация природных единиц как результат отдельных этапов разведки природного пространства на счет водного потенциала. Из-за высокой комплексности происходит ограничение на аспекты способности просачивания и накопления осадков в почве и предложение грунтовых вод.

Кроме методов разведки природного пространства на топическом и хорическом уровне были применены к вычислению много-летнего среднего предложения грунтовых вод методы по Глугла (1970) и Глугла, Эндерлейн, Эйрих (1977) по модели РАСТЕР. Для одинаковых данных и произошло определение групп просачивания и накопления по Томас (1977), при этом последные были определены при счете.

В растирение, тех в статьи Томас (1977) наиденных 12 групп накопления, возможно было дополнить одну новую группу. Проверка групп накопления осадков в почве и групп предложения грунтовых вод насчет различий произошло ф- и т-тесту. Остались 10 в статистическом смысле различных групп. Новая группа была утверждена.

Интерпретация природно-пространственной структуры была проведена на примере трансекта Биттерфельд-Грэфенхайнихен. Результатом являются 49 геотоптипов, аспекты водного потенциала которых были определены и изучены в их пространственном разпределении.

Основой точного определения предложения грунтовых вод нанохоров является доля площади топического состава. Так как нет полной топической разведки, была применена оценка доли площади в 5 степеней. Показано было четкая дифференциация предложения грунтовых вод внутри одинаковой степени оценки при различной доли площади топического состава. Таким образом не произошло вычисление аспектов водного потенциала, а характеристика по основным и сопутствующим группам предложения грунтовых вод и накопления в 8 степеней.

Summary

Towards the determination of groups of topical and nanochorical types of natural regions with different percolation and storage capacities and groundwater supply in the model area of Bitterfeld

The natural supply of water and the demand for it are subject to different spatial and temporal rules of distribution.

In order to obtain an approximation of the supply and the demand efforts are necessary the effectivity of which can be increased when knowing the capacity of a natural region and its spatial differentiation. The main intent of this paper is the interpretation of natural units as a result of the individual phases of landscape research with regard to the water potential. Because of the complexity of the subject the author confines himself to the aspects of percolation and storage capacity and the supply of groundwater.

Besides methods of landscape research in the topical and choric dimensions, methods by GLUGLA (1970) and GLUGLA, ENDERLEIN, EYRICH (1977) according to the model RASTER are used for the calculation of many years' average supply of groundwater. The same set of data (about 200 soil profiles) was used for determining percolation and storage groups according to THOMAS (1977), the latters being worked out mathematically.

In extension of the 12 storage groups defined by THOMAS (1977), one more could be introduced. The defined storage and groundwater-sypply groups were tested with regard to their differences by F- and t-tests, which revealed 10 statistically distinguishable groups and confirmed the new one.

The natural structure of a topologically surveyed area is interpreted by the example of the landscape section of Bitterfeld-Graefenhainichen. The result of this are 49 mapped geotypes the aspects of water potential of which were determined and studied with regard to their spatial distribution.

The basis of an exact determination of the groundwater supply of nanochores is the degree of congruence of the topical inventory. Since no full topological survey had been made, calculations were made within a scale of areal estimates. It is proved by examples that there are distinct differences in the groundwater supply within the same level of estimates with different degrees of congruence of the topical inventory. This was the reason why no aspects of the water potential were obtermined, but a characterization according to leading and accompanying groups of groundwater supply and storage in 8 stages was made.

Literatur

ALTMANN, R., HACKER, E., HUBRICH, H., MÜLLER, E., und H. STOYE: Nanochorentypen im Testgebiet Bitterfeld. Forschungsmaterial 79/2, Inst. f. Geographie u. Geoökologie d. Akad. d. Wiss., Leipzig 1979, (a).

ALTMANN, R., HACKER, E., HUBRICH, H., MÜLLER, E., und H. STOYE: Die naturräumliche Struktur des Testgebietes Bitterfeld, dargestellt an geotopologischen Transsekten. Potsdamer Forschungen, Reihe B, **15** (1979), (b).

ARNOLD, K.-H.: Gesellschaftliche Anforderungen an den Naturraum in bezug auf das Wasserpotential. Dresden/Leipzig 1977 (Mskr.).

BARSCH, H., und D. KNOTHE: Ableitung von Potentialeigenschaften chorischer Naturräume aus geoökologischen Unterlagen. Wiss. Abhandlungen d. Geogr. Gesellschaft d. DDR, **14** (1978).

DYCK, S., u. a.: Angewandte Hydrologie, Teil 2. Berlin 1978.

GLUGLA, G.: Zur Ermittlung der Grundwasserneubildung unter Berücksichtigung der Beziehungen zwischen Wärme- und Wasserhaushalt. Wasserwirtschaft—Wassertechnik (1970) 12.

GLUGLA, G., und K. TIEMER: Ein verbessertes Verfahren zur Berechnung der Grundwasserneubildung. Wasserwirtschaft—Wassertechnik, (1971) 10.

GLUGLA, G., ENDERLEIN, R., und A. EYRICH: Anwenderinstruktion für das Rechenprogramm RASTER zur Berechnung langjähriger Mittelwerte der Grundwasserneubildung und des Wasserhaushalts für den Lockergesteinsbereich. Berlin 1977.

HAASE, G.: Zur Ableitung und Kennzeichnung von Naturpotentialen. Petermanns Geogr. Mitteilungen, **122** (1978) 2.

HAASE, G., und H. RICHTER: Bemerkungen zum Entwurf der Karte „Naturräumliche Gliederung Nordsachsens 1:200000". Exkursionsführer: Symposium Naturräumliche Gliederung, Berlin 1965.

HUBRICH, H.: Die Physiotope der Muldeaue zwischen Püchau und Gruna. Wiss. Veröffentlichungen d. Deutschen Inst. f. Länderkunde, NF **21/22** (1964).

HUBRICH, H.: Zur Typenbildung in der topischen Dimension. Petermanns Geogr. Mitteilungen, **118** (1974) 3.

HUBRICH, H.: Zur Typisierung in der geographischen Landschaftsforschung. Petermanns Geogr. Mitteilungen, **120** (1976) 2.

HUBRICH, H., und R. SCHMIDT: Der Vergleich landschaftsökologischer Typen des nordsächsischen Flachlandes und ein Vorschlag zu ihrer Klassifikation. Petermanns Geogr. Mitteilungen, Erg.-H. 271 (1968).

KLOSTERMANN, H.: Die genetische Einteilung der Regimefaktoren. Wasserwirtschaft—Wassertechnik, (1970) 9.

KNOTH, W.: Die geologischen Verhältnisse der Hochfläche von Gräfenhainichen—Bad Schmiedeberg (Dübener Heide). Hallesches Jahrbuch f. Geowiss., Gotha/Leipzig, Bd. **3**, (1978).

LEGLER, B.: Regionalgeographische Untersuchung der Raumstruktur des Elbe-Mulde-Winkels. Diss. Univ. Leipzig 1968.

MANNSFELD, K.: Beiträge zur Ableitung der natürlichen Potentialstruktur aus der naturräumlichen Ordnung. Diss. (B), Techn. Univ. Dresden 1980.

MÜLLER, E.: Erster Entwurf einer Karte naturräumlicher Einheiten 1:100000 des Beispielsgebietes Bitterfeld. Inst. f. Geographie u. Geoökologie d. Akad. d. Wiss. d. DDR, Leipzig 1973 (Mskr.).

MÜLLER, E.: Zur Bestimmung von Aspekten des Wasserpotentials aus Ergebnissen der topischen und chorischen Naturraumerkundung. Diss. (A), Leipzig 1983.

NEUMEISTER, H.: Beiträge zum Auelehmproblem des Pleiße- und Elstergebietes. Wiss. Veröffentlichungen d. Deutschen Inst. f. Länderkunde, N.F. **21/22** (1964).

NEUMEISTER, H.: Zur Messung der „Leistung" des Geosystems — Forschungsansätze in der physisch-geographischen Prozeßforschung. Petermanns Geogr. Mitteilungen, **123** (1979) 2.

PLEISS, H.: Der Kreislauf des Wassers in der Natur. Jena 1977.

RICHTER, H.: Naturräumliche Strukturmodelle. Petermanns Geogr. Mitteilungen, **112** (1968) 1.

RICHTER, H., u. H. BARSCH: Physische Geographie der DDR. 2. Abriß der Naturraumtypen im Gebiet der DDR. Lehrbriefe für das Fernstudium der Lehrer. Potsdam 1975.

SPENGLER, R.: Beiträge zur Ermittlung der Grundwasserneubildung und des Grundwasserdargebotes im Lockergesteinsbereich, dargestellt am Parthegebiet. Diss. Univ. Halle/Wittenberg 1973.

THOMAS, M.: Über die Möglichkeit der Anwendung einer Methode zur Klassifikation der Durchlässigkeit bodenkundlich definierter Flächen auf die durch die Bodenschätzung gekennzeichneten Gebiete. Archiv f. Acker- u. Pflanzenbau u. Bodenkd, **17** (1973) 3.

THOMAS, M.: Wertung der Pedohydrotypen für wasserwirtschaftliche u. geoökologische Bilanzierungszwecke. Hercynia, **14** (1977) 1.

WIENCKOWSKI-KRAUSE, W.: Ermittlung von bodenhydrologischen Kennwerten aus korrelativen Beziehungen. Archiv f. Acker- u. Pflanzenbau u. Bodenkunde, **23** (1979) 11.

Dr. rer. nat. ECKHARD MÜLLER, Akademie der Wissenschaften der DDR, Institut für Geographie und Geoökologie, 7010 Leipzig, Dimitroffplatz 1.

FSC
www.fsc.org
MIX
Papier | Fördert gute Waldnutzung
FSC® C083411

Zeitfracht Medien GmbH
Ferdinand-Jühlke-Straße 7
99095 Erfurt, Deutschland
produktsicherheit@kolibri360.de